21世纪高等院校规划教材

网页设计与制作

（第二版）

任正云　赖　玲　严永松　编著

中国水利水电出版社
www.waterpub.com.cn

内 容 提 要

本书全面介绍网页设计与制作技术，它以目前最流行的网页设计制作软件为技术支撑，详细介绍了 Dreamweaver CS5、Fireworks CS5、Flash CS5 三种软件的使用方法。

全书共 12 章，从 HTML 入门、网站规划开始，配以丰富的实例，重点介绍使用“三剑客”制作网页的方法和技巧。主要内容包括 HTML 初步、网页文档的创建、网页的定位技术、网页的修饰技术、图像处理技术、网页动画制作技术、动态网站技术。每章后面都给出了精心设计的思考题和练习题，以便读者进一步理解和巩固所学的知识。

本书按照网页设计的认知体系进行编排，参照全国计算机信息高新技术考试（网页制作）模块编写，结构合理，实例丰富，内容翔实，操作方法简单易学，融基础性、技术性、实用性为一体，不仅适合作为各大、中专院校及网页设计培训班的教材，也可供从事网站设计的人员及相关工作人员参考。

本书配有电子教案、案例的源代码和素材文件，读者可以从中国水利水电出版社网站和万水书苑免费下载，网址为：http://www.waterpub.com.cn/softdown/和 http://www.wsbookshow.com。

图书在版编目（CIP）数据

网页设计与制作 / 任正云，赖玲，严永松编著. --
2版. -- 北京 : 中国水利水电出版社, 2011.11（2024.8 重印）
21世纪高等院校规划教材
ISBN 978-7-5084-9129-5

Ⅰ. ①网… Ⅱ. ①任… ②赖… ③严… Ⅲ. ①网页制作工具－高等学校－教材 Ⅳ. ①TP393.092

中国版本图书馆CIP数据核字(2011)第224420号

策划编辑：杨庆川　责任编辑：杨元泓　加工编辑：陈　洁　封面设计：李　佳

书　　名	21 世纪高等院校规划教材 **网页设计与制作（第二版）**
作　　者	任正云　赖　玲　严永松　编著
出版发行	中国水利水电出版社 （北京市海淀区玉渊潭南路 1 号 D 座　100038） 网址：www.waterpub.com.cn E-mail：mchannel@263.net（答疑） sales@mwr.gov.cn 电话：（010）68545888（营销中心）、82562819（组稿）
经　　售	北京科水图书销售有限公司 电话：（010）68545874、63202643 全国各地新华书店和相关出版物销售网点
排　　版	北京万水电子信息有限公司
印　　刷	三河市德贤弘印务有限公司
规　　格	184mm×260mm　16 开本　19 印张　492 千字
版　　次	2007 年 7 月第 1 版　2007 年 7 月第 1 次印刷 2011 年 11 月第 2 版　2024 年 8 月第 4 次印刷
印　　数	7001—8000 册
定　　价	32.00 元

序

随着计算机科学与技术的飞速发展，计算机的应用已经渗透到国民经济与人们生活的各个角落，正在日益改变着传统的人类工作方式和生活方式。在我国高等教育逐步实现大众化后，越来越多的高等院校会面向国民经济发展的第一线，为行业、企业培养各级各类高级应用型专门人才。为了大力推广计算机应用技术，更好地适应当前我国高等教育的跨跃式发展，满足我国高等院校从精英教育向大众化教育的转变，符合社会对高等院校应用型人才培养的各类要求，我们成立了“21 世纪高等院校规划教材编委会”，在明确了高等院校应用型人才培养模式、培养目标、教学内容和课程体系的框架下，组织编写了本套“21 世纪高等院校规划教材”。

众所周知，教材建设作为保证和提高教学质量的重要支柱及基础，作为体现教学内容和教学方法的知识载体，在当前培养应用型人才中的作用是显而易见的。探索和建设适应新世纪我国高等院校应用型人才培养体系需要的配套教材已经成为当前我国高等院校教学改革和教材建设工作面临的紧迫任务。因此，编委会经过大量的前期调研和策划，在广泛了解各高等院校的教学现状、市场需求，探讨课程设置、研究课程体系的基础上，组织一批具备较高的学术水平、丰富的教学经验、较强的工程实践能力的学术带头人、科研人员和主要从事该课程教学的骨干教师编写出一批有特色、适用性强的计算机类公共基础课、技术基础课、专业及应用技术课的教材以及相应的教学辅导书，以满足目前高等院校应用型人才培养的需要。本套教材消化和吸收了多年来已有的应用型人才培养的探索与实践成果，紧密结合经济全球化时代高等院校应用型人才培养工作的实际需要，努力实践，大胆创新。教材编写采用整体规划、分步实施、滚动立项的方式，分期分批地启动编写计划，编写大纲的确定以及教材风格的定位均经过编委会多次认真讨论，以确保该套教材的高质量和实用性。

教材编委会分析研究了应用型人才与研究型人才在培养目标、课程体系和内容编排上的区别，分别提出了 3 个层面上的要求：在专业基础类课程层面上，既要保持学科体系的完整性，使学生打下较为扎实的专业基础，为后续课程的学习做好铺垫，更要突出应用特色，理论联系实际，并与工程实践相结合，适当压缩过多过深的公式推导与原理性分析，兼顾考研学生的需要，以原理和公式结论的应用为突破口，注重它们的应用环境和方法；在程序设计类课程层面上，把握程序设计方法和思路，注重程序设计实践训练，引入典型的程序设计案例，将程序设计类课程的学习融入案例的研究和解决过程中，以学生实际编程解决问题的能力为突破口，注重程序设计算法的实现；在专业技术应用层面上，积极引入工程案例，以培养学生解决工程实际问题的能力为突破口，加大实践教学内容的比重，增加新技术、新知识、新工艺的内容。

本套规划教材的编写原则是：

在编写中重视基础，循序渐进，内容精炼，重点突出，融入学科方法论内容和科学理念，反映计算机技术发展要求，倡导理论联系实际和科学的思想方法，体现一级学科知识组织的层次结构。主要表现在：以计算机学科的科学体系为依托，明确目标定位，分类组织实施，兼容互补；理论与实践并重，强调理论与实践相结合，突出学科发展特点，体现学科发展的内在规律；教材内容循序渐进，保证学术深度，减少知识重复，前后相互呼应，内容编排合理，整体结构完整；采取自顶向下设计方法，内涵发展优先，突出学科方法论，强调知识体系可扩展的原则。

本套规划教材的主要特点是：

（1）面向应用型高等院校，在保证学科体系完整的基础上不过度强调理论的深度和难度，注重应用型人才的专业技能和工程实用技术的培养。在课程体系方面打破传统的研究型人才培养体系，根据社会经济发展对行业、企业的工程技术需要，建立新的课程体系，并在教材中反映出来。

（2）教材的理论知识包括了高等院校学生必须具备的科学、工程、技术等方面的要求，知识点不要求大而全，但一定要讲透，使学生真正掌握。同时注重理论知识与实践相结合，使学生通过实践深化对理论的理解，学会并掌握理论方法的实际运用。

（3）在教材中加大能力训练部分的比重，使学生比较熟练地应用计算机知识和技术解决实际问题，既注重培养学生分析问题的能力，也注重培养学生思考问题、解决问题的能力。

（4）教材采用"任务驱动"的编写方式，以实际问题引出相关原理和概念，在讲述实例的过程中将本章的知识点融入，通过分析归纳，介绍解决工程实际问题的思想和方法，然后进行概括总结，使教材内容层次清晰，脉络分明，可读性、可操作性强。同时，引入案例教学和启发式教学方法，便于激发学习兴趣。

（5）教材在内容编排上，力求由浅入深，循序渐进，举一反三，突出重点，通俗易懂。采用模块化结构，兼顾不同层次的需求，在具体授课时可根据各校的教学计划在内容上适当加以取舍。此外还注重了配套教材的编写，如课程学习辅导、实验指导、综合实训、课程设计指导等，注重多媒体的教学方式以及配套课件的制作。

（6）大部分教材配有电子教案，以使教材向多元化、多媒体化发展，满足广大教师进行多媒体教学的需要。电子教案用 PowerPoint 制作，教师可根据授课情况任意修改。相关教案的具体情况请到中国水利水电出版社网站 www.waterpub.com.cn 下载。此外还提供相关教材中所有程序的源代码，方便教师直接切换到系统环境中教学，提高教学效果。

总之，本套规划教材凝聚了众多长期在教学、科研一线工作的教师及科研人员的教学科研经验和智慧，内容新颖，结构完整，概念清晰，深入浅出，通俗易懂，可读性、可操作性和实用性强。本套规划教材适用于应用型高等院校各专业，也可作为本科院校举办的应用技术专业的课程教材，此外还可作为职业技术学院和民办高校、成人教育的教材以及从事工程应用的技术人员的自学参考资料。

我们感谢该套规划教材的各位作者为教材的出版所做出的贡献，也感谢中国水利水电出版社为选题、立项、编审所做出的努力。我们相信，随着我国高等教育的不断发展和高校教学改革的不断深入，具有示范性并适应应用型人才培养的精品课程教材必将进一步促进我国高等院校教学质量的提高。

我们期待广大读者对本套规划教材提出宝贵意见，以便进一步修订，使该套规划教材不断完善。

21 世纪高等院校规划教材编委会

2004 年 8 月

第二版前言

自《网页设计与制作》（任正云、陆大修编著，中国水利水电出版社出版）出版以来，经过多年的使用，得到了广大教师和读者的肯定，根据教育部高等学校计算机基础课程教学指导委员会《高等学校计算机基础核心课程教学实施方案》的要求，针对应用型人才培养的目标，根据软件升级和实际需要，吸取广大读者的宝贵意见，在第 1 版的基础上进行了如下几个方面的改进：

（1）将应用软件从 Dreamweaver 8、Fireworks 8、Flash 8 全面升级到 Dreamweaver CS5、Fireworks CS5、Flash CS5，详细地介绍 CS5 的使用方法和操作技巧，将网页设计过程中的难点、要点贯穿一线，循序渐进地介绍了网页制作的整个过程，其中包括构思、规划、制作和发布等。

（2）按照网页设计的实际过程介绍软件知识，从而使读者在学习软件功能的同时，还能掌握一些实际设计中必备的基础知识和软件应用技巧。

（3）在安排各章内容和实例时，严格控制篇幅和实例的难易程度，兼顾了教师教学。教材所有的实例都提供了素材，满足了教学和读者自学的需要。

（4）本书提供了配套教材《网页设计与制作（第二版）实训指导》，每个实训任务都提出明确的实训要求，通过生动的实例，剖析利用网页三剑客进行网站设计开发的全过程，在掌握网页设计与制作强大功能的同时，还能帮助读者增强创作灵感和实战经验。

本书由任正云、赖玲、严永松编著，任正云负责第 1～10 章的编写，赖玲和严永松负责第 11 和第 12 章的编写，赖玲还参与了第 1、2、3 章的编写，参加编写的人员还有陈万华、琚辉、王娅芬、沈成涛、李敏、李祥琴、李俊梅、张牧和肖衡。全书由任正云统稿，赖玲负责校对，陈万华、严永松、沈成涛、吴际林为本书绘制了大量的插图，在编写和修改过程中，田原、胡玉荣、李素若提出了宝贵的意见和建议，并给予非常大的帮助，在此一并表示感谢！

由于编者水平有限，编写时间仓促，书中如有疏漏和不足之处，敬请读者和专家批评指正。

编　者

2011 年 11 月

第一版前言

随着计算机技术和通信技术的飞速发展，网络的应用已经深入人们的工作和生活。为了充分利用网络资源，企业可以宣传自己的产品；政府可以发布有关的政策法规；学校可以为学生提供有关的教学信息。为了使自己的网站能够吸引越来越多的用户，迫切需要了解并掌握网页设计技术。

本书从实际出发，以理论结合实际的方式，详细地介绍了 Dreamweaver 8、Fireworks 8、Flash 8 三个软件的使用方法和操作技巧，将网页设计过程中的难点、要点贯穿一线，循序渐进地介绍了网页制作的整个过程，其中包括构思、规划、制作和发布等。

本书共分 12 章，从 HTML 入门、网站规划开始，配以丰富的实例，重点介绍使用“三剑客”制作网页的方法和技巧；第 1 章介绍了 HTML 初步，第 2～9 章介绍了网页文档的创建、网页的定位技术、网页的修饰技术；第 10 章介绍了如何使用 Fireworks 8 处理网页图像；第 11 章介绍了如何使用 Flash 8 制作网页动画，第 12 章介绍了动态网站技术。每章后面都给出了精心设计的思考题和上机练习题，以便于读者进一步理解和巩固所学的知识。

本书十分重视实际能力的培养，每讲一个知识点，都配有实践技能训练，为帮助读者掌握这些技能，写作时着重注意如下几点：

（1）表述概念力求准确而不冗长，尽可能深入浅出。

（2）对操作过程尽量配以图形说明。

（3）提供了丰富详实的例子，让读者学习轻松，上手容易，将读者学习软件时的困难一一化解。

（4）每章的最后都附有练习题和上机练习题，便于读者巩固加深所学的知识。

本书由任正云、陆大修编著，参加编写的人员还有陈万华、琚辉、严永松、沈成涛、毛红鹰、刘青筱、李成海、熊治梅和肖衡。全书由任正云完成统稿和校对，陈万华、严永松、沈成涛、刘青筱为本书绘制了大量的插图，在编写和修改过程中，田原、胡玉荣、李素若提出了宝贵的意见和建议，并给予非常大的帮助，在此一并表示感谢！

由于编者水平有限，编写时间仓促，书中如有疏漏和不足之处，敬请读者和专家批评指正。

编　者

2007 年 4 月

目　　录

第 1 章　网页基础知识

1.1　网页概述

1.1.1　什么是网页

Web 直译过来就是“网”，可以理解为通过超级链接将各种文档连接起来的一个大规模的信息集合。

网页（Web 页）实际上就是 HTML 文件，是一种可以在 WWW 上传输，并能被浏览器认识和翻译成页面的文件。WWW 是 World Wide Web 的缩写；HTML 则是 Hyper Text Markup Language 的缩写，意为“超文本标记语言”，它是一种规范，一种标准。超文本就是指页面可以包含图片、链接、音乐等非文字的元素。网页实际上就是由 HTML 语言编写出来的。HTML 语言的发展很快，已经经历了 HTML 1.0、HTML 2.0 和 HTML 3.0 多个版本，现在正朝着动态 HTML（DHTML）和虚拟 HTML（VHTML）方面发展，对于一般网页制作者而言，只要掌握 HTML 2.0 就可以了。

制作网页所需要的硬件和软件如下：

（1）硬件。计算机主频最好在 PⅡ以上，内存最好在 128MB 以上，必须有足够大的空间来存放网页素材。如果条件许可，还可以配置一台扫描仪和数码相机，以便获取和处理图片素材。

（2）软件。Dreamweaver CS5 是目前制作网页的最新软件版本，FrontPage 也是一个不错的产品。处理网页图像和文字可以选择 Fireworks，若要制作网页动画，可以选择 Flash，还有很多与之相关的软件就不一一介绍。

1.1.2　网页中的基本元素

网页包括的主要元素有文本、图像、动画、声音、视频、表格、表单等，图 1-1 所示就是一个包含了多元素的网页。

1. 文本

文本是人类最重要的信息载体和交流的工具，网页的主体一般以文本为主。在制作网页时，可以根据需要设置文本的字体、字号、颜色以及所需要的其他格式。

文本在网页中的主要功能是显示信息和超级链接，文本通过文字的具体内容与不同的格式来显示信息的重要内容，这是文本的直接功能。此外，文本作为一个对象，往往又是超级链接的触发体，通过文本表达的链接目标指向相关内容。

2. 图像

图像在网页中可以起到提供信息、展示作品、美化网页以及体现风格等效果。图像可以用作标题、网站标志、网页背景、链接按钮、导航条、网页主图等，网页中使用图像的格式主要有 GIF、JPEG、PNG 等格式。

（1）GIF 图像。GIF（Graphics Interchange Format）由 Compu-Serve 公司 1987 年 6 月制定，支持 64000 像素的图像，最多只能支持 256 色到 16MB 颜色的调色板，也就是 8 位的图

像。GIF 靠水平扫描像素行找到固定的颜色区域进行压缩，然后减少同一区域中像素数量。单个文件中的多重图像，可按行扫描迅速解码以及有效的压缩，具有硬件无关性，GIF 通常对于卡通、图像、Logo 以及带有透明区域的图像、动画很有作用，主要用于多媒体制作与网页制作中。GIF 文件格式的扩展名是.gif。GIF 文件的特点是文件小，使用时占用系统内存少，调用时间短。

图 1-1　新浪网主页

（2）JPEG 图像。JPEG（Joint Photographic Experts Group，联合照片专家组）是一种特别为照片图像设计的图片压缩处理格式。JPEG 文件格式的扩展名为.jpg。JPEG 文件采用先进的压缩算法（分无损压缩与有损压缩两类），可以保持较好的图像保真度和较高的压缩比。当压缩比达到 48:1 时，可以保持很好的图像效果。JPEG 文件格式是扫描照片、带材质的图像、带渐变色过渡的图像或者多于 256 种颜色图像的最佳格式。

（3）PNG 图像。PNG（Portable Network Graphic）即可移植网络图形。PNG 图像是专门针对 Web 开发的一种无损压缩图像，它的压缩比要大大超过许多传统的图像无损压缩算法，同时还支持透明背景和动态效果。PNG 文件格式的扩展名是.png。

3. 动画

动画实质上就是动态的图像。在网页中使用动画可以有效地吸引浏览者的注意。由于活动的对象比静止的对象更具有吸引力，因而网页上通常有大量的动画。网页中使用较多的是 GIF 动画和 Flash 动画。动画的功能是提供信息、展示作品、装饰网页、动态交互。

4. 声音

声音是多媒体网页的重要组成部分。当前存在着一些不同类型的声音文件和格式，也有不同的方法将这些声音文件添加到 Web 页中去。在决定被添加声音的格式和方式之前，需要考虑声音的用途、声音文件的格式、声音文件的大小、声音的品质和浏览器的差别等，不同的浏览器对于声音文件的处理方法是非常不同的，彼此之间可能不兼容。用于网络声音文件的格式非常多，常用的是 MIDI、MAV、MP3 和 AIF 等。

一般来讲，不要使用声音文件作为网页的背景音乐，那样会影响网页的下载速度。可以在网页中添加一个链接来打开声音文件作为背景音乐，让播放音乐变得可以控制。

浏览器不同，处理声音文件的方式也会有很大差异，最好将声音文件添加到 Flash 影片中，然后嵌入 SWF 文件以改善一致性。

5. 视频

网页中视频文件的格式也非常多，常见的有 RealPlayer、MPEG、AVI 和 DivX 等。视频文件的采用让网页变得非常精彩而且有动感。网络上的许多插件也使得向网页中插入视频文件变得非常简单。

6. 表格

表格是一种用来控制网页中页面布局的有效方式。为了达到理想的视觉效果，通常都不显示边框，我们所看到的网页如果具有横竖分明的风格，一般都是用表格来辅助布局的。

在创建表格后，就可以方便地修改其外观和结构，创建者可以执行以下任意操作：

（1）添加网页内容。

（2）添加、删除、拆分及合并行和列。

（3）修改表格、行或单元格属性以添加颜色和对齐。

（4）拷贝和粘贴单元格。

许多设计人员使用表格对网页进行布局。Dreamweaver 提供两种方式来查看和操作表格：标准视图和布局视图。在标准视图中，表格显示为行和列的网格，而布局视图允许创建者在将表格用作基础结构的同时在网页上绘制、移动方框以及调整方框的大小。

7. 表单

表单是一种特殊的网页元素。表单的主要用途是收集联系信息、接受用户要求、获得反馈意见、设置访问者签名、让浏览者输入关键字搜索相关网页、让浏览者注册会员或以会员身份登录。在图 1-1 中，登录的用户名、密码、搜索引擎等都是表单。

表单由不同功能的表单域组成，最简单的表单也要包含一个输入区域和一个提交按钮。站点浏览者填写表单的方式通常是输入文本、选中单选按钮和复选框，以及从下拉列表框中选择选项。根据表单功能和处理方式的不同，通常可以将表单分为用户反馈表单、留言簿表单、搜索表单和用户注册表单等类型。

除了上面介绍的元素，还可以在 Dreamweaver CS5 文档中插入 Flash 影片或对象、QuickTime 或 Shockwave 影片、Java Applets、ActiveX 控件或者其他音频和视频对象。

1.1.3 网页的类型

网页或网站由一个或多个超级文本组成，一个网页包含的元素很多，但经过浏览器编译后能够看到以下几大类元素：文字、图像、表格、动画和视频等。还有很多元素是看不到的，比如应用程序的执行过程。不同内容的网页被执行的过程是不同的，一般有 3 种类型：基本网页、动态网页和模板网页。

1. 基本网页

基本网页又称静态网页，是相对动态网页而言的，并不是指网页中的元素是静止不动的，而是指客户端浏览器与服务器端不发生任何交互的网页，如图 1-2 所示。但网页中可能包括 GIF 动画、Flash 动画或变换图像，当单击或鼠标指针经过时才会变化，这种静态网页执行过程较为简单，如图 1-3 所示就是它的工作原理。

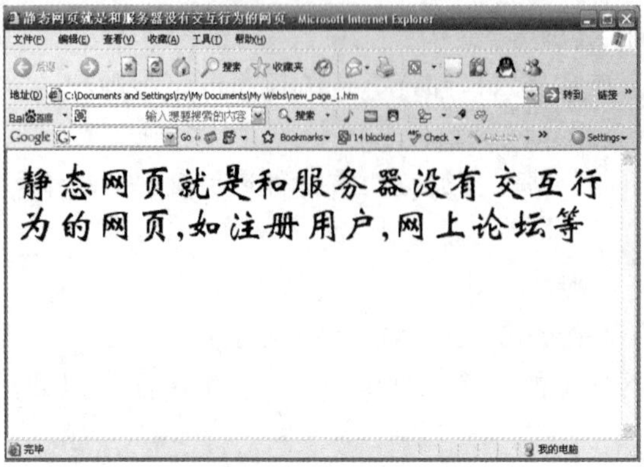

图 1-2　静态网页实例

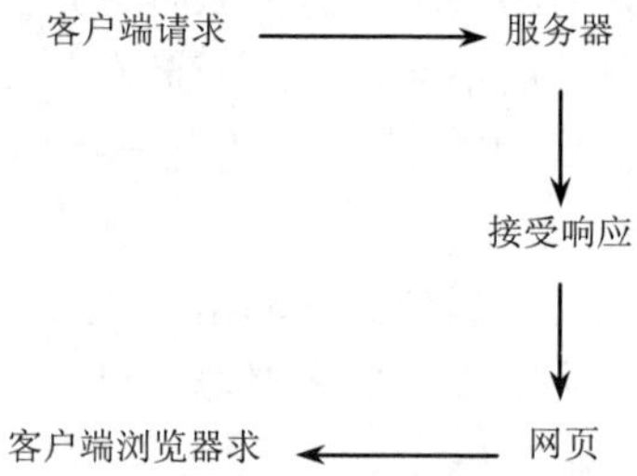

图 1-3　静态网页工作过程

2．动态网页

动态网页中除了基本网页中的元素以外还包括一些程序，这些应用程序需要浏览器与服务器之间发生交互行为，而且应用程序的执行需要应用程序服务器才能完成。

应用程序服务器的作用是读取动态网页上的代码，根据代码中的指令完成网页，然后将代码从网页上去掉，所得的结果将是一个静态网页；应用程序服务器将该网页传送回网页服务器，网页服务器将网页发送到浏览器，浏览器得到的仍然是一个纯 HTML 的静态网页。

动态网页是人与服务器对话的结果，如图 1-4 所示的登录、注册、网上购物等都属于此类网站。

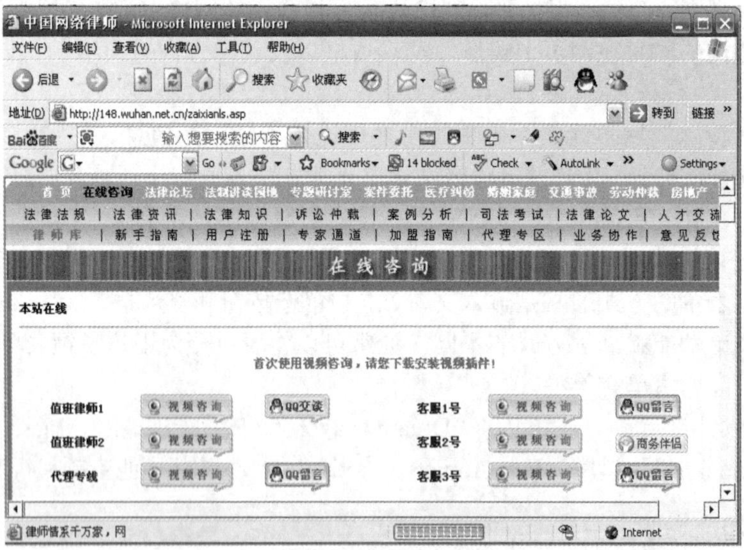

图 1-4　中国网络律师

动态网页有两种：一种是普通动态网页，它不包含数据库；一种是包含数据库的动态网页。

（1）普通动态网页，其工作过程如图 1-5 所示。

1）客户端浏览器向网络中的服务器发出请求，指向某个动态网页。

2）服务器接受请求信号后，将该网页送到应用程序服务器。

3）应用程序服务器检查该网页，并执行其中的如 JavaScript、VBScript、CGI、ASP、PHP 和 Perl 等应用程序代码。

4）应用程序服务器将完成的网页再传回给服务器。

5）服务器将完成的静态网页传回给浏览器。

6）客户端浏览器接收到服务器传来的信号后，开始解读 HTML 标签，然后将结果转换并显示出来。

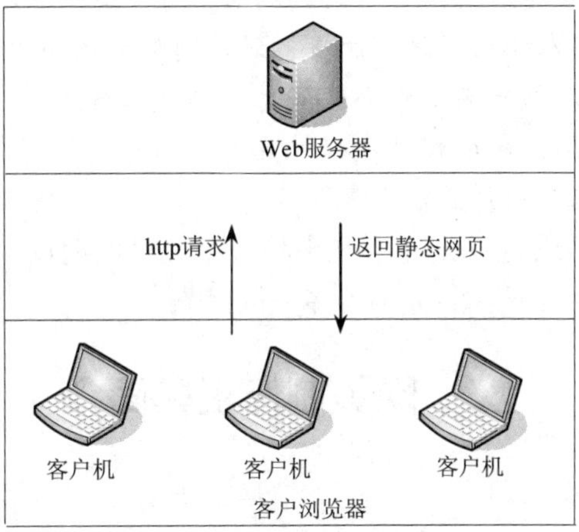

图 1-5　动态网页工作过程

（2）包含数据库如 Access、SQL、MYSQL 等的动态网页，其工作过程如图 1-6 所示。

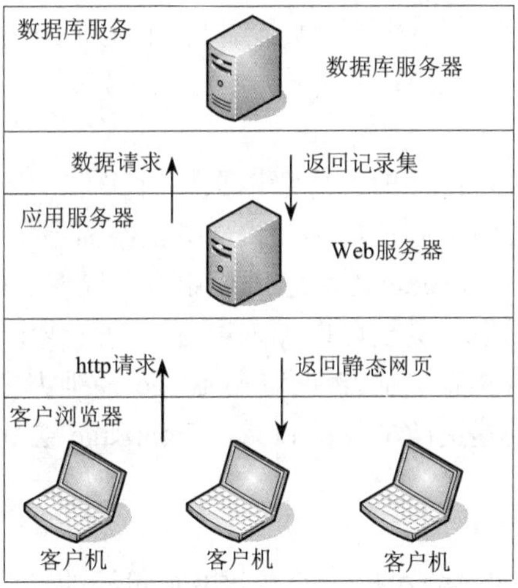

图 1-6　包含数据库的动态网页工作工程

1）浏览器向网络中的服务器发出请求，指向某个动态网页。

2）服务器接受请求信号后，将该网页送至应用程序服务器。

3）应用程序服务器检查该网页，查询网页中的应用程序指令。

4）应用程序服务器将查询指令发送到数据库驱动程序。

5）数据库驱动程序对数据库进行查询。

6）记录集被返回给数据库驱动程序。

7）驱动程序再将记录集送到应用程序服务器。

8）应用程序服务器将数据插入网页，此时动态网页又变成静态网页。

9）服务器将完成的静态网页传回给浏览器。

10）浏览器接到服务器送来的信号后，开始解读 HTML 标签，然后将其结果转换并显示。

3．模板网页

模板提供一个标准页面，它的模式固定，例如页面布局、字体排列等固定不变，只需要改变页面的内容，这有助于读者成批地建立页面风格相同的页面，从而使网站风格得到统一。模板能够带给你对网页功能和布局更为完整的概念，并且模板文件能够让你更容易地浏览页面代码。

注意：浏览器在浏览网页（静态网页和动态网页）的时候并不是请求一次，而是请求多次。当服务器第一次将网页以文本的形式送回浏览器时，浏览器顺序“阅读”网页中的代码，当遇到图像、GIF 动画、Flash 动画或应用程序代码时，浏览器就会发送第二次请求，服务器找到图像、GIF 动画、Flash 动画、应用程序代码并运行它们，并将完成的结果送回浏览器，这样经过反复多次请求，才将整个网页显示出来。

在实际工作中，整个请求过程只需要几十秒甚至几秒的时间，这要取决于浏览器客户端计算机的性能、网络速度以及网页的大小等多方面因素。

1.2 网页制作工具简介

1.2.1 网页编辑工具

过去创建和管理网页是由训练有素的专业人员采用 HTML 语言手工编写程序来实现的。而现在有许多可视化程度很高的网页制作工具，不需要掌握专门网页制作技术就能够创作出富有特色、动感十足的网页来。下面简单介绍目前流行的网页编辑工具 FrontPage 和 Dreamweaver。

1. FrontPage

FrontPage 是 Microsoft 公司出品的入门级网页编辑软件。FrontPage 支持所见即所得的编辑方式，它不需要掌握很深的网页制作技术知识，甚至不需要了解 HTML 语言格式。如果会使用 Word，很快就能学会 FrontPage，因为它的使用方法同 Word 相似。可以像编辑 Word 文档那样在文章中加入表格、图像，甚至可以加入声音、动画或电影。FrontPage 自带的向导和模板能使初学者在编辑网页时感到更加方便。FrontPage 最强大之处是站点管理功能。在更新服务器上的站点时，不需要创建更改文件的目录，FrontPage 会跟踪文件并拷贝那些新版本的文件。

2. Dreamweaver CS5

Dreamweaver CS5 是 Adobe 公司推出的一款网页设计的专业软件，其功能强大和易操作性使它成为同类开发软件的佼佼者。Dreamweaver 是集网站的创建和管理于一身的专业性网页编辑工具，因其界面更为友好和人性化、操作容易、可快速生成跨平台及跨浏览器的网页和网站，并且能进行可视化的操作，拥有强大的管理功能，所以受到了广大网页设计师的青睐，一经推出就好评如潮。Dreamweaver CS5 是 Adobe 公司推出的最新版本，它与 Adobe 公司的 Flash、Fireworks 配合使用，功能更为强大，是目前专业人士首选的网页制作工具。Dreamweaver、Flash 和 Fireworks 被称为“网页制作三剑客”。

1.2.2 网页动画制作软件

Flash 也是公司推出的一款功能强大的动画制作软件，它将动画设计与处理推向了一个更高、更灵活的艺术水准。Flash 是一种交互式动画设计工具，用它可以将音乐、声效、动画以及富有新意的界面融合在一起，以制作出高品质的 Flash 动画。Flash 动画文件较小，能提高网络传送的速度，大大增强了网站的视觉冲击力，吸引了越来越多的浏览者访问网站。Flash CS5 目前的最新版本。

1.2.3　网络图像处理软件

Adobe Fireworks CS5 是 Adobe 推出的一款网页图形图像制作软件，该软件可以加速网页设计与开发，是一款创建与优化网页图像和快速构建网站界面的理想工具。Fireworks CS5 不仅具备编辑矢量图形与位图图像的灵活性，还提供了一个预先构建资源的公用库，并可与 Adobe Photoshop CS5、Adobe Illustrator CS5、Adobe Dreamweaver CS5 和 Adobe Flash CS5 软件集成。在 Fireworks 中可以设计网页中的图像，如设计网页标志、网页按钮、网络广告、网站的整体页面效果和处理产品图像等。

Photoshop 是由 Adobe 公司出品的著名的图形图像处理软件。它能够实现各种专业化的图像处理，是专业图像创作的首选软件。

1.3　网页的设计

网页的设计包括页面构图、色彩搭配、平面布局、版式设计、空间表现等方面的内容，这些内容要求符合人们的审美心理，给人以艺术美感和视觉冲击，能引起浏览者的注意。

1.3.1　确定网页内容

网页设计人员美化网页，增加网页设计的艺术感，都是为网页设计的内容服务的。网页的内容与其性质有关，不同性质的网页，内容也不同，所产生的美化效果也不同。一般说来，网页有几项基本内容：标题、网站标志、主体内容、页眉页脚、导航栏、广告栏等。

1. 标题

设计一个页面，首先要有明确的标题。标题能够体现出网页设计的目的，在很大程度上决定了网页其他元素的定位。一个好的网页要求其标题有概括性，简短、有特色、易记，还要符合自己的总体风格，页面中的内容要紧紧围绕其标题来组织，绝对不要出现名不副实的现象。

2. 背景

背景是指网页的底部图案，许多网页的背景都为纯色的，实际上并不一定要这样，网页选用的背景应该与整套页面的色彩相协调。要使自己的网页美观，合理地使用颜色是非常重要的。

如果你的网页属于庄重型的，可以使用蓝色作背景，因为这样看来比较肃穆一些；如果你的网页属于感情化的，就多使用一些浪漫的颜色，如粉红色、淡紫色和玫瑰红等。黑色不常用，因为黑色太深沉，给人以压抑感。在图案设计中，黑色通常用来勾画或点缀最深沉的部分。

3. 文字

当标题确定后，就要采集内容，所采集的内容必须与标题相符，同时要保证内容的正确性。还要注意的是内容的数量，一般而言，站点的质量是与它的内容成正比的，只有丰富的内容才能满足更广泛的浏览者需求。但内容不要繁杂，同时应保证内容的趣味性。在采集内容的过程中，一定要注意特色。

所谓特色，就是要突出个性。如果是个人主页，就要突出自己的性格、兴趣、爱好等；如果是企业网页，那就要突出本企业的特点和企业文化。放置相关的内容时，应把这些内容进行分类，设置栏目，让人清楚明了。栏目不要设置太多，要注意分层，较重要的栏目最好能从首页进入，并且保证用各种浏览器都能看到页面的最佳效果。

4. 图片

一个页面上如果没有图片只有文字叙述，肯定会让人感到索然无味，就会不愿多看，因此必须在网页上加一些图片，以增加其可视性。但必须注意到，美观只是网页的要求之一，还必须内容充实。

5. 网站的标志

网站作为一种信息交流的媒体，在传递信息的同时，也需要对自身进行宣传，就是说它需要有自己的特定标志。网站标志如同一个产品的商标，集中体现了网站的特色、内容、文化内涵及个性。一般网站的标志都十分醒目、独特，并设置在网页的显要位置，给浏览者留下深刻的印象。当前常见的网站，其网站标志的位置一般在页面的左上方。

6. 页眉和页脚

页眉是指网页上端的部分（如图 1-7 所示）。它和整个页面的设计风格相同，良好的页眉在页面中会起到较好的标志作用。页眉的位置是浏览者注意力较集中的地方，大多数网站设计者会在这里放置广告条或一些重要链接等。

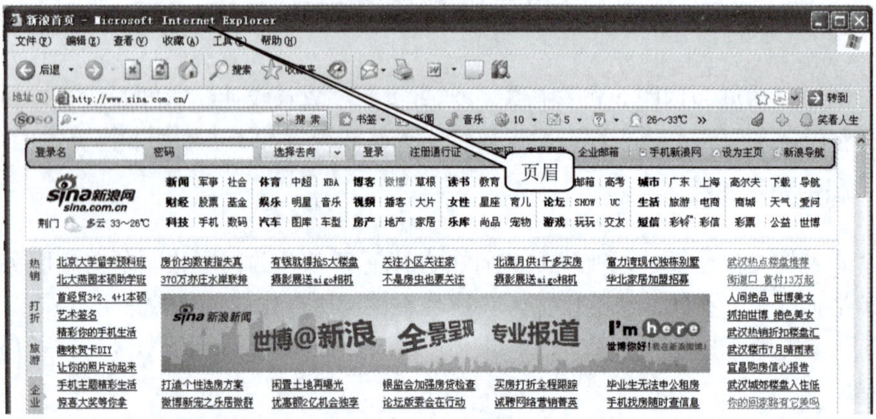

图 1-7 页眉

页脚是指页面的低端部分（如图 1-8 所示）。页脚的部分一般用来标注网站所属的企事业单位的名称和地址，网站的版权及电子信箱等，浏览者可以从这里了解到一些站点所有者的情况。

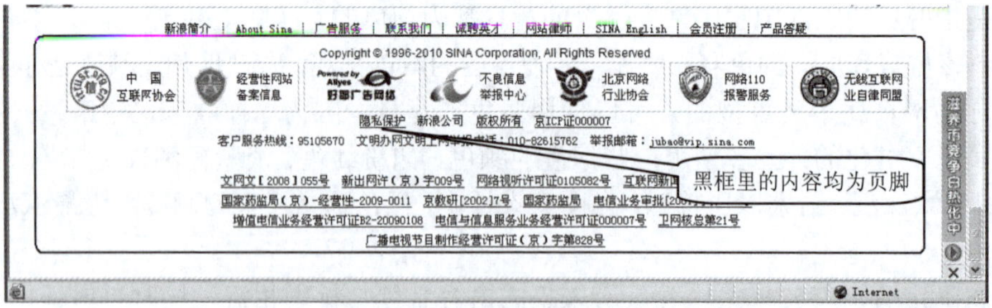

图 1-8 页脚

7. 导航栏

成功的网页是不能缺少导航栏这个重要部分的。导航栏是网站设计中的一个独立部分，它的位置对网页的结构和整体布局有着至关重要的作用。导航栏的位置一般有 4 种：页面左侧、右侧、顶部和底部。有的网站设置了多种导航，就是为了增强网页的可访问性。

8. 其他内容

如果想使自己的网站更具有特色，可适当地使用一些网页制作技巧，如添加背景音乐、视频、制作动态网页等，这些措施可以让网页更有可观性，但是这些技巧不要加得太多，否则会影响网页下载的速度。

1.3.2 确定网站的CI

所谓CI（Corporate Idendity，公司统一标志）就是通过视觉来统一企业的形象。网站的功能不仅仅局限于传递信息，它在宣传方面的功能丝毫不亚于报刊杂志等传统媒体，一个优秀的网站和一个实际存在的公司一样，需要整体的形象包装和设计。

一般来说，网站的CI设计涉及以下几个方面的内容。

1. 网站的标志

通常使用有代表性的人、物、符号等作为网站的标志（如图1-9所示），可口可乐公司就使用本公司的商标作为站点的标志。

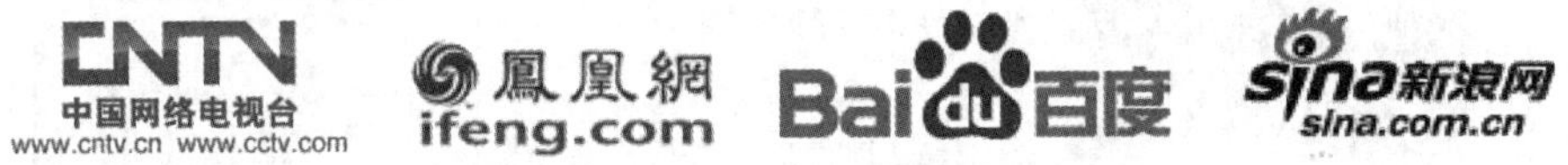

图1-9 网站的标志

2. 网站的标准色彩

标准色彩是指能体现网站形象和延伸内涵的色彩。如IBM的深蓝色、肯德基的红兰条型。一般来说，一个网站的标准色彩不超过3种，太多则让人眼花缭乱。

标准色彩用于网站的标志、标题、主菜单和主色块，能够给人一种整体统一的感觉，如图1-10所示的网页标准色彩使用深红色，图1-11所示的网页使用浅绿色。而其他色彩的使用只是作为点缀和衬托，决不能喧宾夺主。

图1-10 “荆楚理工学院校园网”首页

下面介绍一些网页配色时的小技巧。

（1）用一种色彩。这里是指先选定一种色彩，然后调整透明度或者饱和度，这样的页面看起来色彩统一，有层次感。

（2）用两种色彩。先选定一种色彩，然后选择它的对比色。

（3）用一个色系。简单地说就是用一个感觉的色彩，例如淡蓝、淡黄、淡绿；或者土黄、土灰、土蓝。

图 1-11 tom.com 首页

3. 网站的标准字体

和标准色彩一样，标准字体是指用于标志、标题和主菜单的特有字体。一般网页默认的中文字体是宋体。为了体现站点的“与众不同”和特有风格，可以根据需要选择一些特别字体，如要体现设计精美可以用广告体，要体现亲切随意可以用手写体。

4. 网站的宣传标语

网站的宣传标语是用来概括网站的目的和精神的标志性语言，往往只是一句话甚至一两个字。如雀巢咖啡的广告词“味道好极了！”，Intel 的“给你一个奔腾的心”等，都能给听众或浏览者留下非常深刻的印象。

1.3.3 首页设计

主页是一个网站的门面，要想设计出一个优秀的网站，就必须有一个“要让浏览者想不看都难”的主页，它必须引人入胜，能吸引每一个来访者的注意力，引发人们的好奇心，能让人产生一种深入探索网站的冲动。优秀的主页是一个好的网站必须具备的第一要素。

首页设计要注意的几个问题：

（1）简洁明快。首页是吸引用户注意的关键所在，设计上要以清楚醒目为上，让人一目了然。不要过于繁杂，堆砌太多的细节。

（2）浏览速度快。一般来说，首页的下载时间超过 10～15 秒，很多用户就会失去耐心，提高浏览速度，就要尽可能地减小首页的数据量，少用图像，特别是大的图像。另外要尽量减少表格嵌套，不要把所有内容都放在一个大表里。

（3）使首页易于漫游。首页其实就是一张大的导航图，设计上要尽量使浏览更快捷更方便，能让用户迅速定位到感兴趣的页面上。

（4）保持新鲜感。如果首页从不改变，用户很快会厌倦，应时刻确保主页提供的是最新信息。可以在首页上预告即将有新资料推出，可吸引用户再来浏览，或是在页头以大字标题宣布新消息，或是定期改变主页上的图像、主页的式样。

1.3.4 版面设计

版面指的是浏览器看到的完整的一个页面（可以包含框架和层）。由于显示器分辨率的不同的原因，同一个页面可能用 640×480 像素、800×600 像素、1024×768 像素的分辨率等来显示。布局，就是以最适合浏览的方式安排图片和文字在页面上的位置。

版面布局的步骤要经过三个步骤，一是设计草案，这属于创意阶段，不讲究细腻工整，不必考虑细节功能，只以粗陋的线条勾画出创意的轮廓即可；二是粗略布局，遵循突出重点、平衡谐调的原则，把需要的功能模块安排到页面上；三是制定方案，将粗略布局精细化，具体化。

常用的版面布局形式有：

（1）T 结构布局。指页面顶部为横条网站标志+广告条，下方左面为主菜单，右面显示内容的布局，因为菜单条背景较深，整体效果类似英文字母 T，所以我们称之为 T 型布局（如图 1-12 所示）。这是网页设计中用的最广泛的一种布局方式（如图 1-13 所示）。优点是页面结构清晰、主次分明、容易掌握。缺点是规矩呆板，如果细节色彩上不注意，很容易让人感到乏味。

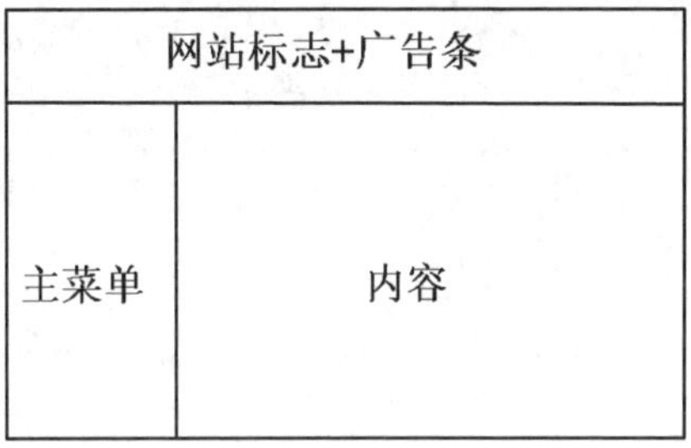

图 1-12　T 型结构示意图

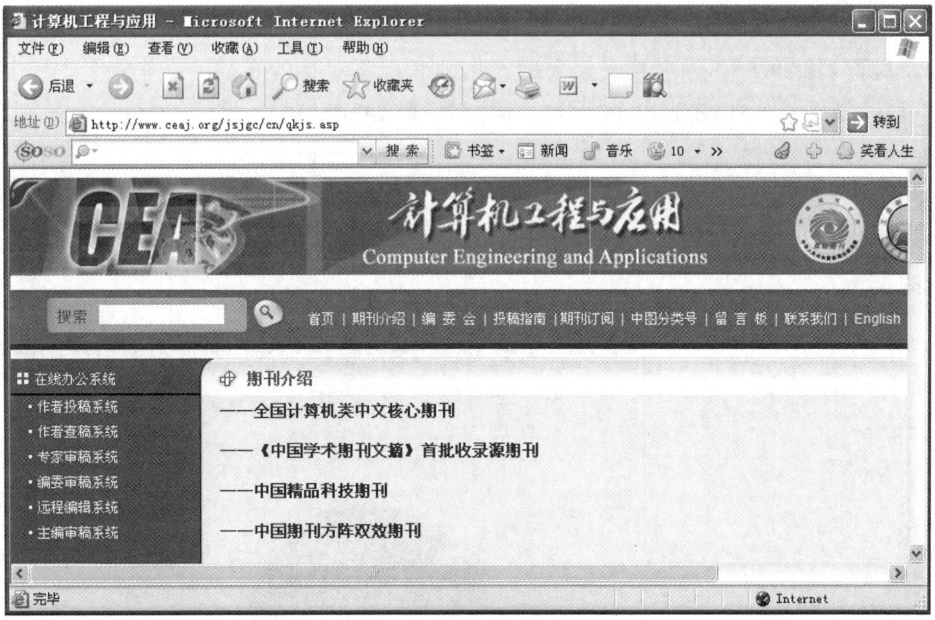

图 1-13　网页实例 1

（2）“口”型布局。这是一个象形的说法，就是页面一般上下各有一个广告条，左面是主菜单，右面放友情链接等，中间是主要内容（如图 1-14 所示）。这种布局的优点是充分利用版面（如图 1-16 所示），信息量大，缺点是页面拥挤，不够灵活。

（3）“三”型布局。这种布局多用于国外站点，国内用得不多（如图 1-15 所示）。特点是页面上横向两条色块，将页面整体分割为 4 部分，色块中大多放广告条。

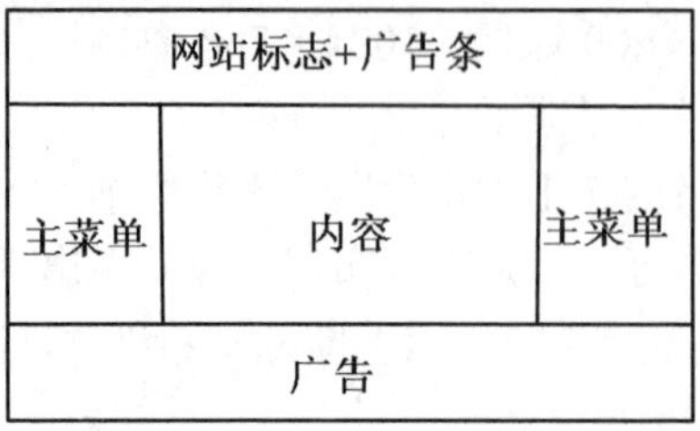

图 1-14 “口”型结构布局示意图

图 1-15 “三”型结构布局示意图

图 1-16 网页实例 2

（4）对称对比布局。顾名思义，采取左右或者上下对称的布局，一半深色，一半浅色，一般用于设计型站点（如图 1-17 所示）。优点是视觉冲击力强，缺点是将两部分有机地结合比较困难。

（5）POP 布局。POP 引自广告术语，就是指页面布局像一张宣传海报，以一张精美图片或 Flash 动画作为页面的设计中心（如图 1-18 所示）。优点是显而易见，漂亮吸引人；缺点就是速度慢。

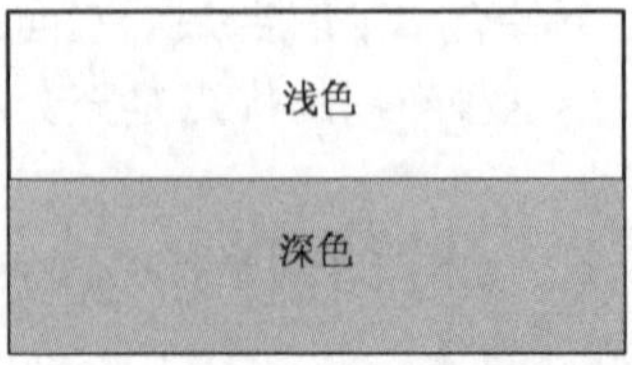

图 1-17 对称对比布局示意图

图 1-18 POP 布局

1.3.5　可用性设计

对于网站来说，可用性是指用户能否有效地找到所需的信息或完成他的任务，效率如何，以及是否让人有愉快满意的感受？如果网站的可用性较差，将会浪费用户的时间，从而大大降低网站的回头访问率，还会引起不必要的网络阻塞。这对网站的生存是一个至关重要的问题。因此，为网站开发人员提供可用性设计指导是十分必要的。

下面从屏幕布局、内容设计、可访问性、媒体使用、与用户的沟通、一致性和导航等方面介绍网站的可用性设计。

1. *屏幕布局*

（1）内容应占据网页的大部分空间，至少应占一半，最好接近 80%，导航部分应不超过 20%（如图 1-19 所示）。

图 1-19　“搜狐”首页

（2）使用空白区而不是粗线条或广告来分隔不同内容。

（3）颜色选择：

- 除了图片和图像之外，不要使用太多的颜色来修饰某个对象。
- 正文和背景色的对比度要大。
- 正文区和其他功能区（如工具条、菜单条等）应使用不同的背景色。

（4）可读性：

- 标题区、标题行和正文区应使用不同大小的字体。
- 使用静止的正文，而不要用移动、闪烁或变焦的文字。
- 字体应足够大，字体太小会降低可读性。但也不要太大或太疏，尽量避免看网页时需要很大的滚动。
- 不要将字体设置成绝对尺寸，应尽量使用相对尺寸。
- 使用统一的字体，不要混合使用多种字体，否则会降低阅读速度。
- 底色或背景图片应与文字对比强烈，易于阅读。

（5）可浏览性：

- 每个网页都应该有标题，且网页标题应该清楚地表明网页的内容（如图 1-20 所示）。

图 1-20　网页标题

- 句子或段落应简短，每句不超过 20 个词，每段不超过 5 个句子。
- 每个网页都应按照“倒金字塔”原则进行编写，即从一个简单的结论开始渐次展开。
- 使用排版印刷的设计风格，横向排列信息，以符合用户的阅读习惯。

（6）要考虑不同的用户环境，选择适合的分辨率。目前 15 寸显示器常用的分辨率为 800 像素×600 像素；目前 17 寸显示器常用的分辨率为 1024 像素×768 像素；目前 19 寸显示器常用的分辨率为 1280 像素×1024 像素。目前最为普遍的是以 1024 像素×768 像素分辨率为基准制作网页，设置为居中显示方式，但实际要传达的信息部分以 800 像素×600 像素分辨率为基准。在这种情况下，网页的两侧会出现空白，可以在空白处添加一些背景图像、背景色和浮动广告（尽可能的少）等。

2. 内容设计

（1）范围。

- 网站的内容应既要能达到网站设计的目标，又能满足用户的期望。
- 网站的内容应及时更新，以反映当前的最新状态。

（2）准确性。

- 写作质量要高，没有语法、拼写和排版错误。
- 文章应该分段，这样用户容易理解。
- 那些既向用户提供信息，又允许用户进行评论的网页，应明确区分信息区和评论区。

（3）著作权。

- 每篇文章或文档应标明作者姓名等相关信息。
- 应提供相应的参考文献。
- 应介绍站点拥有者的背景资料，如公司图标、名字、地址、电话号码和 E-mail 地址。

（4）实用性。

- 应该标明网站所用资源的产生日期。

- 应指出网页最近修改的时间。

（5）提供选择功能。

- 应该有输出和打印的格式选择。
- 让不同的用户选择不同的语言来显示网页。

3. 网页设计

（1）网页的大小。

网页的大小不应超过 30000 字节，以使用户能够在 10 秒钟之内打开网页。

（2）链接。

- 为链接加上描述信息。
- 当一个链接被点击后，要把所有指向同一目标的链接都表示成已被访问过。
- 在链接旁注明下载文件的大小，帮助用户预测下载时间。

（3）框架。

只有在必要时才使用框架。由于 IE 及 Netscape 对框架属性定义有所差异，公开网页前应作多方面测试，可能框架在 IE 下显示是漂亮的一页，但在 Netscape 下显示可能很丑陋。

4. 可访问性

（1）下载速度。

下载网页的时间应使用户能够接受，一般来说在 10～20 秒之间。

（2）浏览器的兼容性。

- 保证网页能被所有主流的浏览器兼容。
- 保证网页能被同一浏览器的不同版本兼容。
- 保证网页能被不同类型的显示器（如单色显示器和数字电视等）兼容。

（3）搜索功能。

提供站内搜索功能，帮助用户更快地查找到所需的信息（如图 1-21 所示）。

图 1-21　设置收索功能

（4）网站的可访问性。

- 利用 META 标记为搜索引擎提供本网页的关键词和描述信息。

- 按照规范向搜索引擎提交信息以保证站点能够被搜索到。

（5）网站内容的可访问性。

为多媒体（声音、动画等）提供等价的文本形式，以便使那些只能使用纯文本浏览器的用户能够获得网页的内容。同样，应为那些不能阅读和阅读困难的用户（如盲人）提供与文字等效内容（如声音文件等）。

5. 多媒体的使用

（1）音频、动画和视频。

- 只有在必要时（如示范、教学、演讲等）才使用。
- 提供向一个多媒体元素的超链接，并说明文件格式和大小的文字，让用户根据自己的带宽判断是否下载。

（2）图形、图像。

- 只有当图形或图像真正有助于用户对信息的理解时才使用它。
- 使用图像的缩略图技术。
- 不要在搜索页面中使用图形。
- 在必须使用图形的时候，可以多次使用同一个图形。

6. 交互性

- 在网站上提供网站所有者的E-mail地址和联机表单，以便获取用户对网站的反馈意见。
- 提供网上论坛、网络会议等功能，让用户能够共享观点并进行讨论。

7. 一致性

- 网页布局应该一致。
- 文本的字型、字体和颜色应该保持一致。
- 网页的导航帮助（如菜单条、按钮等）应一致。
- 不要每页都采用不同的背景图片，以免每次跳转都要花费时间去下载，采用相同的底色或背景图片还可以增加网页的一致性，树立风格。

8. 导航

- 每页中都应设有返回主页的链接（如图1-22所示）。

图1-22 指向网站首页的链接

- 应该把站点的内容按类别分组（如图 1-23 所示）。

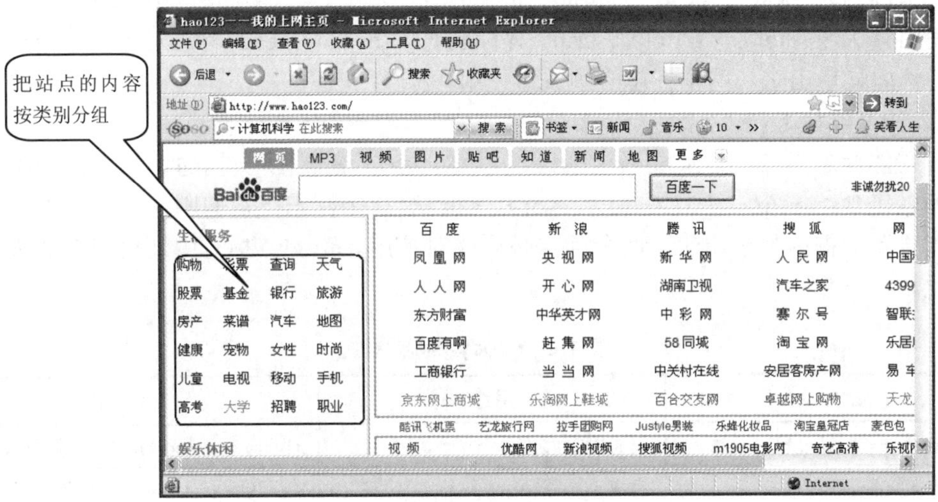

图 1-23　内容按类别分组

- 用户找到所需内容的点击链接次数要尽可能少（一般不应超过 3 次）。
- 应该保证用户点击链接时不会出现网页不存在的情况。
- 应提供站点结构图以帮助用户更快地找到所需的信息。
- 为用户提供反馈信息，告诉他目前在站点中的位置。

1.4　HTML 基础

HTML（Hyper Text Markup Language，超文本标记语言）是构成 Web 页面的主要工具，是用来表示网上信息的符号标记语言。

在 Internet 上，如果想在全球范围内发布信息，需要一个能够被广泛理解的语言，也就是说所有计算机都能够理解的用于出版的“母语”。WWW（World Wide Web）所使用的出版语言就是 HTML 语言。

通过 HTML，将所需要表达的信息按某种规则写成 HTML 文件，通过专用的浏览器来识别，并将这些 HTML“翻译”成可以识别的信息，就是我们所见到的网页。HTML 的功能如下：

（1）出版在线的文档，其中包含了标题、文本、表格、列表以及照片等内容。

（2）通过超链接检索在线信息。

（3）为获取远程服务而设计表单，可用于检索信息、订购产品。

（4）在文档中直接包含了电子表格、视频剪辑、声音剪辑以及其他一些功能。

1.4.1　HTML 语言结构的基本标志

HTML 语言是标准的 ASCII 文件，从结构上讲，HTML 文件由元素组成，组成文件的许多元素用于组织文件内容和指导文件的输出格式。

1. 文档标志

文档标志为<html></html>。<html>标志用于 HTML 文档的最前面，用来标识 HTML 文档的开始。而</html>标志恰恰相反，它放在 HTML 文档的最后面，用来标识 HTML 文档的结束，两个标志必须成对使用。

2. 文件头标志

文件头标志为<head></head>。<head>和</head>构成 HTML 文档的开头部分，在此标志之间可以使用<title></title>、<script></script>等标志对。<head></head>标志对之间的内容不会在浏览器的框内显示出来。两个标志必须成对使用。

3. 文件主体标志

文件主体标志为<body></body>。<body></body>是 HTML 文档的主体部分，在此标志对之间可以包含<p></p>、<h1></h1>、
、<hr>等众多标志。它们所定义的文本、图像等将会在浏览器的框内显示出来。两个标志必须成对使用。<body>标志中还可以有如表 1-1 所示的属性。

表 1-1 <body>标志属性

属性	用途	示例
<body bgcolor="# rrggbb">	设置背景颜色	<body bgcolor="red">红色背景
<body text="# rrggbb">	设置文本颜色	<body textr="#0000ff">蓝色文本
<body link="# rrggbb">	设置链接颜色	<body link="blue">链接为蓝色
<body vlink="# rrggbb">	设置已经使用的链接的颜色	<body vlink="#ff0000">

4. 文件标题标志

文件标题标志为<title></title>。使用过浏览器的人可能都会注意到浏览器窗口最上边的蓝色部分显示的文本信息，那些信息一般是网页的“主题”。要将网页的主题显示到浏览器的顶部其实很简单，只要在<title></title>标志对之间加上显示的文本即可。

注意：<title></title>标志对只能放在<head></head>标志对之间。

下面是一个综合的例子，说明了 HTML 文档中最基本标志的使用。

```
<html>
<head>
<title>显示在浏览器最上边蓝色条中的文本</title>
</head>
<body bgcolor="red"text="blue">
<p>红色背景、蓝色的文本</p>
</body>
</html>
```

1.4.2 页面格式标志

在网页设置中会用到 HTML 页面设置、列表设置等格式标志。

1. 段落标志

（1）<p></p>。<p></p>标志对是用来创建一个段落，在此标志对之间加入的文本将按照段落的格式显示在浏览器上。另外，<p>标志还可以使用 align 属性，它用来说明对齐方式，语法是<p align=" "></p>。align 可以是 Left（左对齐）、Center（居中）和 Right（右对齐）三个值中的一个。

如<p align="Center"></p>表示标志对中的文本使用居中对齐方式。

（2）<per></per>。<per></per>标志对用来对文本进行预处理操作。

2. 换行标志

是一个很简单的标志，它没有结束标志，因为它是用来创建一个回车换行的。在

的使用上面还有一定的技巧，如果把
加在<p></p>标志对的外边，将创建一个很大的回车换行，即
前面和后面文本的行与行之间的距离很大，若放在<p></p>的里面，则
前面和后面的文本行与行之间的距离比较小。

3. 列表标志

（1）<dl></dl>、<dt></dt>、<dd></dd>。<dl></dl>用来创建一个普通的列表，<dt></dt>用来创建列表中的上层项目，<dd></dd>用来创建列表中最下层项目，<dt></dt>和<dd></dd>都必须放在<dl></dl>标志对之间。

下面是一个创建普通列表的例子：

```
<html>
<head>
<title>一个普通的列表</title>
</head>
<body tetx="blue">
<dl>
<dt>中国城市</dt>
<dd>北京<dd>
<dd>上海<dd>
<dd>广州<dd>
<dt>美国城市</dt>
<dd>华盛顿<dd>
<dd>芝加哥<dd>
<dd>纽约<dd>
</dd>
</body>
</html>
```

上面实例在浏览器中的显示结果如图 1-24 所示。

（2）<ol></ol>、<ul></ul>、<li></li>。<ol></ol>标志对用来创建一个有数字的列表；<ul></ul>标志对用来创建一个标有圆点的列表；<li></li>标志对只能在<ol></ol>或<ul></ul>标志对之间使用，此标志对用来创建一个列表项，若<li></li>放在<ol></ol>之间，则每个列表项加上一个数字，若<li></li>放在<ul></ul>之间，则每个列表项加上一个圆点。

```
<html>
<head>
<title>一个普通的列表</title>
</head>
<body tetx="blue">
<ol>
<p>中国城市</p>
<li>北京</li>
<li>上海</li>
<li>广州</li>
</ol>
<ul>
<p>美国城市</p>
<li>华盛顿</li>
<li>芝加哥</li>
<li>纽约</li>
</ul>
</body>
</html>
```

实例在浏览器中显示的结果如图 1-25 所示。

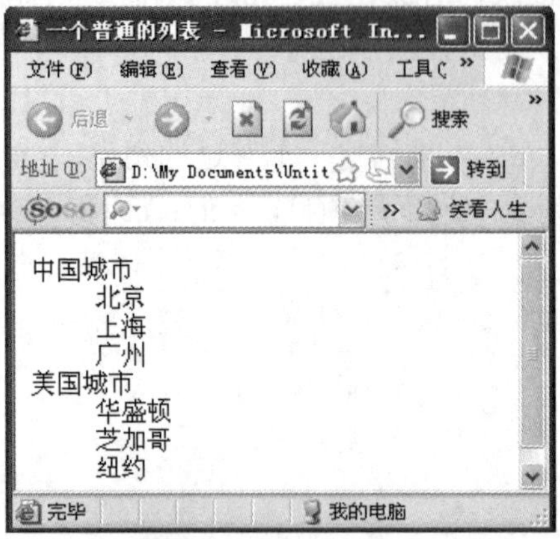

图 1-24 列表标志在浏览器中的显示效果

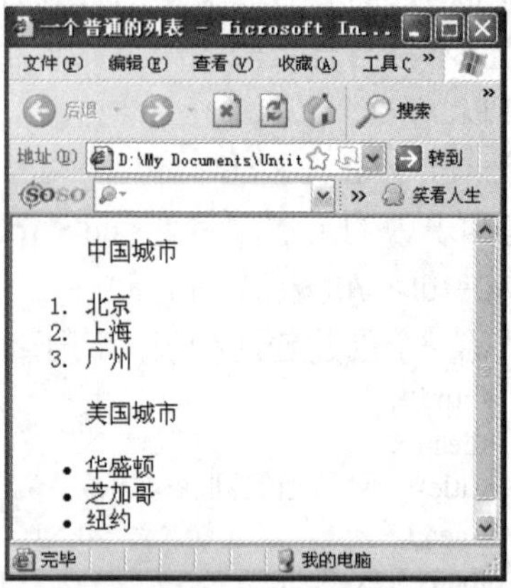

图 1-25 列表标志在浏览器中的显示效果

（3）<div></div>。<div></div>标志对用来排版大块 HTML 段落，也用于格式化表，此标志对的用法与<p></p>标志对非常相似，同样有 align 对齐方式属性。

4. 标题格式标志

HTML 语言提供了一系列对文本中的标题进行操作的标志对，如<h1></h1>…<h6></h6>，一共有 6 对标题的标志对。<h1></h1>是最大的标题，而<h6></h6>则是最小的标题，也就是说标志中 h 后面的数字越大标题文本就越小。如果 HTML 文档需要输出标题文本，就可以使用这 6 对标题中的任何一对。

1.4.3 文本标志

1. 黑体字、斜体字、下划线标志对

<b></b>用来使文本以黑体字的形式输出。

<i></i>用来使文本以斜体字的形式输出。

<u></u>用来使文本以下划线的形式输出。

2. 文字字型标志

文字字型标志还有<tt></tt>、<cite></cite>、<em></em>、<strong></strong>。这些标志对的用法和上面讲的一样，差别只是输出文本的字体不一样。

<tt></tt>用来输出打字机风格字体的文本。

<cite></cite>用来输出引用方式的字体（通常是斜体）。

<em></em>用来输出需要强调的文本（通常是斜体加黑体）。

<strong></strong>则用来输出加重文本（通常是斜体加黑体）。

3. 文字大小、字体、颜色标志

<font></font>是很有用的标志对，它可以对输出文本的字体大小、颜色进行随意地改变，这些改变主要是通过对两个属性 size 和 color 的控制来实现的。size 属性用来改变字体大小，它可以取值–N、N 和+N；而 color 属性则用来改变文本的颜色。颜色的取值可以是基本标志中讲过的十六进制 RGB 颜色码或 HTML 语言给定的颜色常量名。

4. 文本标志的综合应用

```
<html>
<head>
<title>文本标志的综合示例</title>
```

```
</head>
<body tetx="blue">
  <h1>最大的标题</h1>
  <h3>使用 h3 的标题</h3>
  <h6>最大的标题</h6>
  <p><b>黑体字文本</b></p>
  <p><i>斜体字文本</i></p>
  <p><u>下划线文本</u></p>
  <p><tt>打字机风格的文本</tt></p>
  <p><cite>引用方式的文本</cite></p>
  <p><em>强调文本</em></p>
  <p><strong>加重文本</strong></p>
  <p><font size="+1" color="#FF0000">size 取值"+1"color 取值为红色时的文本</font></p>
</body>
</html>
```

上面程序在浏览器中显示的效果如图 1-26 所示。

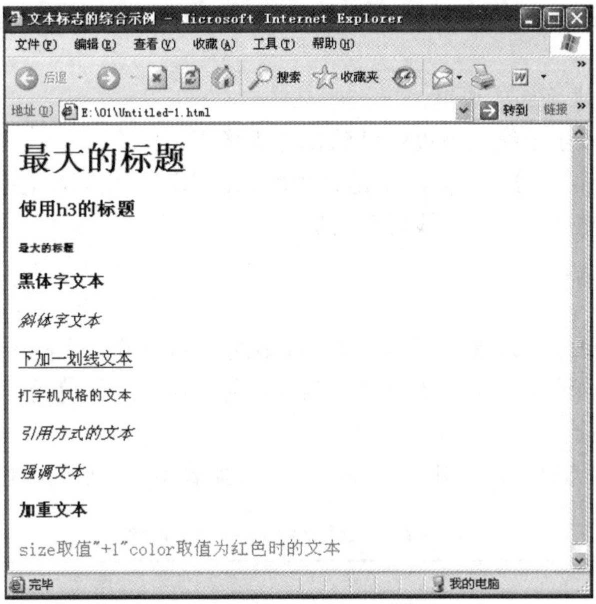

图 1-26 文本标志在浏览器中的显示效果

1.4.4 图像标志

图像在网页制作中担任着非常重要的角色。HTML 语言也专门提供了<img>标志来处理图像的输出。

1. 图像属性赋值标志

<img>标志并不是真正将图像加入到 HTML 文档中，而是将标志对的 SRC 属性赋值。这个值是图像文件的文件名，包括路径，这个路径可以是相对路径，也可以是网址。实际上就是通过路径将图形文件嵌入到文档中。

所谓相对路径是指所要链接或嵌入到当前 HTML 文档的文件与当前文件的相对位置所形成的路径。通常有如下情况：

（1）假如 HTML 文件与图形文件（假设文件名为 logo.gif）在同一个目录下，则可以将代码写成<img src="logo.gif">。

（2）假如图形文件放在当前 HTML 文档所在目录的一个子目录（子目录名假设是 images）下，则代码应该为<img src="images/logo.gif">。

（3）假设图形文件放在当前 HTML 文档所在目录的上层目录（目录名假设是 home）下，则相对路径就必须是准网址。即用“../”表示网站，然后在后面紧跟文件在网站中的路径。假设 home 是网站下的一个目录，则代码应为<img src="../home/logo.gif">，若 home 是网站目录 king 下面的一个子目录，则代码应该为<img src="../king/home/logo.gif">。

必须强调，src 属性在<img>标志中是必须赋值的，是标志中不可缺少的一部分。除此之外，<img >标志还有 alt、align、border、width 和 height 属性。

1）alt 属于是当鼠标移动到图像上时显示的文本。

2）align 是图形的对齐方式。

3）border 属性是图形的边框，可以取大于或者等于 0 的整数，默认单位是像素。

4）width 和 height 属性是图形的宽和高，默认单位是像素。

2. 水平线标志

<hr>标志是在 HTML 文档中假如一条水平线，它可以直接使用，具有 size、color、width 和 noshade 属性。

（1）size 是设置水平线的厚度。

（2）width 是设置水平线的宽度，默认单位为像素。

（3）noshade 属性不需要赋值，而是直接加入标志即可使用，它是用来加入一条没有阴影的水平线（不加入此属性，水平线将有阴影）。

1.4.5 表格标志

表格标志对于网页制作是很重要的，现在很多网页都使用多重表格，主要是因为表格不但可以固定文本和图像的输出，而且还可以任意进行背景和前景颜色的设置。

1. 创建表格标志

<table></table>标志对用来创建一个表格，它有如表 1-2 所示的属性。

表 1-2 <table></table>标志属性

属性	用途
<table bgcolor="">	设置表格的背景色
<table border="">	设置边框的宽度，若不设置宽度默认值为 0
<table bordercolor="">	设置边框的颜色
<table bordercolorlight="">	设置边框明亮部分的颜色（当 border 的值大于等于 1 才有用）
<table bordercolordark="">	设置边框昏暗部分的颜色（当 border 的值大于等于 1 才有用）
<table cellspacing="">	设置表格的单元格之间的空间大小
<table cellspacing="">	设置表格的单元格边框与其内部内容之间空间大小
<table width="">	设置表格的宽度，单位用绝对像素值或总宽度的百分比

2. 行、单元格和表格头标志

（1）<tr></tr>、<td></td>。<tr></tr>标志对用来创建表格的每一行。此标志对只能放在<table></table>标志对之间使用，而在此标志对之间加入文本是无用的，因为<tr></tr>之间只能紧跟<td></td>标志对才是有效的语法。<td></td>标志对用来创建表格中每一行中的每一个单元格，此标志对只有放在<tr></tr>标志对之间才是有效的，输入的文本也只有放在<td></td>标志对之间才有效（即才能被显示出来）。<table></table>、<tr></tr>和<td></td>标志对之间的关系，如表 1-3 所示。

表 1-3 <table></table>、<tr></tr>和<td></td>标志对之间的关系

标志	含义
<table>	最外层，创建一个表格
<tr>	创建一行
<td>要输出的文本只能放在此处</td> <td>要输出的文本只能放在此处</td> <td>要输出的文本只能放在此处</td>	创建一个单元格（这里总共创建了三个单元格）
</tr>	行末尾
</table>	最外层

此外，<tr>还有 align 和 valign 属性。

align 是水平对齐方式，取值为 left（左对齐）、center（居中对齐）、right（右对齐）。

valign 是垂直对齐方式，取值为 top（靠顶端对齐）、middle（居中间对齐）、bottom（靠底部对齐）。

<td>具有 width、colspan、rowspan 和 nowrap 属性。

width 是单元格的宽度，单位用绝对像素值或总宽度的百分比。

colspan 设置一个表格单元格跨占的列数（缺省值为 1）。

rowspan 设置一个表格单元格跨占的行数（缺省值为 1）。

nowrap 禁止对表格单元格内的内容自动断行。

（2）<th></th>。<th></th>标志对用来设置表格头，文字通常是黑体、居中。

3. 表格标志的综合应用

```
<html>
<hrad>
<title>表格标志的综合示例</title>
</head>
<body>
<table  border="1"width="80%"bgcolor="#e8e8e8" cellpadding="2" bordercolor= "30000ff">
<tr>
<th width="33%" colspan="2" valign="bottom">意大利</th>
<th width="36%" colspan="2" valign="bottom">英格兰</th>
<th width="36%" colspan="2" valign="bottom">西班牙</th>
<tr>
<td width="16%" align="center">AC 米兰</td>
<td width="16%" align="center">佛罗伦萨</td>
<td width="17%" align="center">曼联</td>
<td width="17%" align="center">纽卡斯卡</td>
<td width="17%" align="center">巴塞罗那</td>
<td width="17%" align="center">皇家社会</td>
<tr>
<td width="16%" align="center">尤文图斯</td>
<td width="16%" align="center">桑普多利亚</td>
<td width="17%" align="center">利物普</td>
<td width="17%" align="center">阿森纳</td>
```

```
<td width="17%" align="center">皇家马德里</td>
<td width="17%" align="center">......</td>
<tr>
<td width="16%" align="center">拉奇奥</td>
<td width="16%" align="center">国际米兰</td>
<td width="17%" align="center">切尔西</td>
<td width="17%" align="center">米德尔斯堡</td>
<td width="17%" align="center">马德里竞技</td>
<td width="17%" align="center">......</td>
</table>
</body>
</html>
```

以上例子在浏览器中显示的结果如图 1-27 所示。

图 1-27 表格标志在浏览器中的显示效果

1.4.6 链接标志

链接是 HTML 语言的一大特色。正因为有了它，人们对内容的浏览才具有灵活性和网络性。

1. 创建链接页面标志

创建页面标志对的 href 属性是不可缺少的，标志对之间加入需要链接的文本和图像（链接图像即加入<img src=" ">标志）。Href 的值可以是网址或相对路径，也可以为 mailto:形式。对于第一种情况，语法为<a href="URL"></a>，这样就可以创建一个超文本链接，例如：

```
<a href="xld.home.chinaren.net/"> 这是我的网站</a>
```

对于第二种情况，语法为<a href="mailto:EMAIL"> </a>，这就创建一个自动发送电子邮件的连接，mailto:后边紧跟着要自动发送的电子邮件的地址（即 E-mail 地址），例如：

```
<a href="mailto:jmun_jsjxy@163.com">这是我的电子邮箱(E-mail)</a>
```

此外，<a href=" "> </a>还具有 target 属性。此属性用来指明浏览的目标帧，这将在 1.3.7 节介绍目标帧的时候给予介绍，这里提到它的目的是要说明如果不使用 target 属性，当浏览者单击链接之后将在原来的浏览窗口中浏览新的 HTML 文档。当 target 的值等于"_blank"时，单击链接后将会打开一个新的浏览器窗口来浏览新的 HTML 文档。例如：

```
<a href="xld.home. chinaren.net/" target="_blank"> 这是我的网站</a>
```

2. 创建链接标签标志

<a name=""></a>标志对要结合<a href=" "> </a>标志对使用才有效果。<a name=""></a>标志对用来在 HTML 文档中创建一个标签（也就是做一个记号），属性 name 是不可缺少的，它的值是标签名，例如：

```
<a name="标签名">此处创建了一个标签</a>
```

创建标签是为了在 HTML 文档中创建一些链接，以便能够找到同一文档中有标签的地方。要找到标签所在地，就必须使用<a href=" "> </a>标志对，例如要找到“标签名”这个标签，就要编写如下代码：

```
<a href="#标签名">单击此处将使浏览器跳到"标签名" </a>
```

1.4.7 标志帧

帧可以用来向浏览器窗口中装载多个 HTML 文件。也就是说每个 HTML 文件占据一个帧，而多个帧可以同时显示在同一浏览器窗口中，它们组成了一个最大的帧，即一个包含多个 HTML 文档的 HTML 文件（我们称它为主文档）。帧通常的使用方法是在一个帧中放置目录（即可以供选择的链接），然后将 HTML 文件显示在另一个帧中。

1. 帧属性标志

<frameset></frameset>标志对放在帧主文档<body></body>标志对的外边，也可以嵌套在其他帧的文档中，并且可以嵌套使用。此标志对用来定义主文档中有几个帧并且各个帧是如何排列的。它具有 rows 和 cols 属性，使用<frameset>标志时这两个属性至少选择一个，否则浏览器窗口只显示第一个定义的帧，剩下的一概不管，<frameset></frameset>标志对也就没有起到任何作用。

rows 用来规定主文档中各个帧的行定位，而 cols 用来规定主文档中各个帧的列定位。这两个属性的取值可以是百分数、绝对像素值或者*，其中*代表那些未被说明的空间，如果同一个属性中出现多个*则将剩下的未被说明的空间平均分配。同时，所有的帧按照 rows 和 cols 值从左到右，然后从上到下排列，示例如表 1-4 所示。

表 1-4　帧属性标志示例说明

示例	说明
<frameset rows="*,*,*">	总共有三个按列排列的帧，每个帧占整个浏览器窗口的 1/3
<frameset cols="40%,*,*">	总共有三个按行排列的帧，第一个帧占整个浏览器窗口的 40%，剩下的空间平均分配给另外两个帧
<frameset rows="40%,*" cols="50%,*,200">	总共有六个帧，先是在第一行中从左到右排列三个帧，然后在第二行中从左到右再排列三个帧，即两行三列，所占空间依据 rows 和 cols 属性的值，其中 200 的单位是像素

2. 帧内容标志

（1）<frame>。<frame>标志放在<frameset></frameset>之间，用来定义某一个具体的帧。<frame>标志具有 src、name、scrolling 和 noresize 属性，其中 src 和 name 属性都是必须赋值的。

src 是此帧的源 HTML 文件名（包括网络路径、相对路径或网址），浏览器将会在此帧中显示 src 指定的 HTML 文件。

name 是此帧的名字，这个名字用来供超文本链接标志<a href="" target="">中的 target 属性，用来指定链接的 HTML 文件将显示在哪一个帧中。例如定义一个帧，名字是 main，在帧中显示的 HTML 文件名是 jc.htm，则代码为：<frame src="jc.htm" name="main">。当有一个链接单击了这个链接后，文件 new.htm 将要显示在名为 main 的帧中，则代码为<a href="new.htm" target="main">需要链接的文本</a>。这样就可以在一个帧中建立网站目录，加入一系列链接，当单击链接以后在另一帧中显示被链接的 HTML 文件。

scrolling 用来指定是否显示滚动轴，取值可以是 yes（显示）、no（不显示）、auto（若需要则会自动显示，不需要则自动不显示）。

noresize 属性值直接加入标志中就可以使用，不需要赋值，它用来禁止用户调整一个帧的大小。

（2）<noframes></noframes>。<noframes></noframes>标志对也是放在<frameset></frameset>标志对之间，用来在那些不支持帧的浏览器中显示文本或图像信息。

3. 帧标志的综合应用

下面是一个有关帧的综合应用的例子。

主文档：

```
<html>
<head>
<title>帧标志综合示例</title>
</head>
<frameset cols="25%,*">
<frame src="menu.htm" scrolling="no" name="Left">
<frame src="pagel.htm" scrolling="auto"   name="Main">
<noframes>
<body>
<p>对不起,您的浏览器不支持"帧"!</p>
</body>
</noframes>
</frameset>
</html>
```

目录页 meun.htm:

```
<html>
<head>
<title>目录</title>
</head>
<body>
<p><font color="#ff0000">目录</font></p>
<p><a href="pagel.htm" target="Main">链接到第一页</a></p>
<p><a href="page2.htm" target="Main">链接到第二页</a></p>
</body>
</html>
```

第一页 pagel.htm

```
<html>
<head>
<title>第一页</title>
</head>
<body>
<p align="center"><font color="#8000ff">这是第一页!</font></p>
</body>
</html>
```

第二页 page2.htm

```
<html>
<head>
<title>第二页</title>
</head>
<body>
<p align="center"><font color="#ff0080">这是第二页!</font></p>
</body>
</html>
```

综合实例的运行效果如图 1-28 所示。

图 1-28　综合实例运行效果

1.4.8　表单标志

表单在 Web 网页中用来给访问者填写信息，从而获取用户信息，使网页具有交互的功能。一般是将表单设计在一个 HTML 文档中，当用户填写完信息后执行提交（submit）操作。于是表单的内容就从客户端浏览器传送到服务器上，经过服务器上的 ASP 或 CGI 等处理程序处理后，再将用户所需信息传送回客户端的浏览器上，这样网页就具有了交互性。

1. 创建表单标志

<form></form>标志对用来创建一个表单，也就是定义表单的开始和结束位置，在标志对之间的一切都属于表单内容。<form>标志还有 action、method 和 target 属性。

action 的值是处理程序的程序名（包含绝对路径和相对路径），如<form action="http://myhome.com/counter.cgi">，当用户提交表单时，服务器将执行网址http://myhome.com/上的名为 counter.cgi的 CGI 程序。

method 属性用来定义处理程序从表单中获得信息的方式，可以取 GET 和 POST 中间的任何一个。GET 方式是处理程序从当前 HTML 文档中获取数据，然而这种方式传送的数据量是有所限制的，一般限制在 1KB 以下。POST 方式与 GET 方式正好相反，它是当前的 HTML 文档把数据传送给处理程序，传送的数据量要比使用 GET 方式大得多。

terget 属性用来指定目标窗口或目标帧。

2. 定义输入区标志

<input type=" " >标志用来定义一个用户输入区，用户可以在其中输入信息。此标志必须放在<form></form>标志对之间。

<input type=" " >标志中共提供了 8 种类型的输入区域，具体是哪一种类型由 type 属性决定，这 8 种类型的具体内容如表 1-5 所示。

表 1-5　type 属性列表

Type 属性取值	输入区域类型	输入区域示例
<input type="text" size="" maxlength="" >	单行文本输入区域，size 与 maxlength 属性用来定义此种输入区域显示尺寸大小与输入的最大字符数	
<input type="submit">	将表单内容提交给服务器按钮	submit
<input type="reset">	将表单的内容全部清除，重新填写按钮	reset

续表

Type 属性取值	输入区域类型	输入区域示例
<input type="checkbox" checked="checked">	一个复选框，checked 属性用来设置该复选框缺省时是否被选中，右边示例使用了三个复选框	你喜欢哪些教程： ☑ HTML入门 ☑ 动态HTML ☐ ASP
<input type="hidden">	隐藏区域，用户不能在其中输入，用来预设某些要传送的信息	
<input type="image" src="URL">	使用图像来代替 submit 按钮，图像的源文件由 src 属性指定，用户单击后，表单中的信息和单击位置的 X、Y 坐标一起传送给服务器	
<input type="password">	输入密码的区域，当用户输入密码时，区域内将会显示*	请输入您的密码：
<input type="radio">	单选框类型，radio 属性表示输入项是一个单选项，右边示例中使用了三个单选项	10月3日中韩国奥队比赛结果会是： ◉ 中国胜 ○ 平局 ○ 韩国胜

此外，八种类型的输入区域有一个公共的属性 name，此属性给每一个输入区域一个名字。这个名字与输入区域是一一对应的，即一个输入区域对应一个名字。服务器就是通过调用某一个输入区域名字的 value 属性来获得该区域的数据。而 value 属性是另一公共属性，它可以用来指定输入区域的缺省值。

3. 创建列表框标志

（1）<select></select>。<select></select>标志对用来创建一个下拉列表框或可以复选的列表框。此标志对用于<form></form>标志对之间。<select>具有 multiple、name 和 size 属性。

name 是此列表的名字，它与上面介绍的 name 属性作用是一样的。

size 属性用来设置列表的高度，缺省时值为 1，若没有设置（加入）multiple 属性，显示的将是一个弹出式的列表框。

（2）<option>。<option>标志是用来指定列表框的一个选项，它放在<select></select>标志对之间。此标志具有 selected 和 value 属性。selected 属性用来指定默认的选项。value 属性用来给<option>指定的选项赋值，这个值是要传送到服务器上的，服务器正是通过调用<select>区域的名字的 value 属性来获得该区域选中的数据项，如表 1-6 所示。

表 1-6 示例说明

HTML 代码	浏览器显示的结果
<from action="cgi-bin/tongji.cgi" method="post"> <p>请选择最喜欢的女歌手 ： <select name="gxl" size="1"> <option value="zh">祖海 <option value="szy" selected>宋祖英 <option value="hh">韩红 <option value="sy">孙悦 </select> </form>	请选择最喜欢的女歌手 ： 宋祖英
<form action="cgi-bin/tongji.cgi" method="post"> <p>请选择最喜欢的男歌手 ： <select name="gxl" size="1"> <option value="ldh">刘德华 <option value="zhxy" selected>张学友 <option value="gfch">郭富城 <option value="lm">黎明 </select> </form>	请选择最喜欢的男歌手 ： 张学友

4. 创建文本框标志

<textarea></textarea>用来创建一个可以输入多行的文本框，此标志对用于<form></form>标志对之间。<textarea>具有 name、cols 和 rows 属性。cols 和 rows 属性分别用来设置文本框的列数和行数，这里的行和列是以字符为单位的，如表 1-7 所示。

表 1-7　示例说明

HTML 代码	浏览器显示的结果
<form action="cgi-bin/tongji.cgi" method="post"> <p>你的意见对我很重要: <textarea name="yj" cols="20" rows="5">请将意见输入此区域 </textarea> </form>	你的意见对我很重要：请将意见输入此区域

1.4.9　多媒体标志

多媒体标志用于插入音乐和各种多媒体插件。

1. 插入背景音乐标志

<bgsound>用来插入背景音乐，但只适用于 IE，其参数设定不多。

例如：

```
<bgsound src="your.mid"autostart="true" loop="infinite">
src="your.mid"
```

设定 mid 档案及路径，可以是相对路径，也可以是绝对路径。

```
autostart="true"
```

是否在音乐文件传完之后就自动播放音乐。true 表示是，false 表示否（内定值）。

```
loop="infinite"
```

是否自动反复播放。loop=2 表示重复 2 次，infinite 表示重复多次。

2. 插入各种多媒体标志

<embed>用以插入各种多媒体，格式可以是 MIDI、MAV、AIFF、AU 等，netscape 及新版的 IE 都支持。其参数设定较多。

例如：

```
<embed src="your.mid" autostart="true" loop="true" height="true">
src="your.mid"
```

设定 mid 档案及路径，可以是相对路径，也可以是绝对路径。

```
autostart="true"
```

是否在音乐文件传完之后，就自动播放音乐。true 表示是，false 表示否（内定值）。

```
loop="true"
```

是否自动反复播放。loop=2 表示重复 2 次，infinite 表示重复多次。

```
hidden="true"
```

是否完全隐藏控制画面，true 为是，no 为否（内定）。

```
starttime="分:秒"
```

设定歌曲开始播放的时间。如 starttime="00:30"表示从第 30 秒处开始播放。

```
volume="0-100"
```

设定音量的大小，数量是 0 到 100 之间。内定值为使用者系统本身设定。

```
width="整数"和 high="整数"
```

设定控制画面的宽度和高度（若 hidden="no"）。

```
align="center"
```

设定控制画面和旁边文字的对齐方式，其值可以是 top、bottom、center、baseline、left right texttop、middle、absmiddle、absbottom。

Controls="smallconsole"

设定控制画面的外貌。预设值是 console。其中 console 一般正常的面板；smallconsole 较小的面板；playbutton 只显示播放按钮；pausebutton 只显示暂停按钮；stopbutton 只显示停止按钮；volumelever 只显示音量调整按钮。

1.4.10 其他标志

1. <marquee>

<marquee>适用于 IE，译为“跑马灯”。例如 status Bar，其意思是指走动或卷动的文字，其参数设定较多。例如：

```
<marquee behavior="scroll" direction="left" bgcolor="#0000ff" height="30" width="150" hspace="0"
vspace="0" loop="infinite" scrollamount="30" scrolldelay= "500">hello</marquee>
```

behavior="scroll"。设定文字的卷动方式，可选值为：

scroll 一般卷动，是内定值。

slied 例如幻灯片，一格格的，效果是文字一接触左边便全部消失。

alternate 文字向左右两边撞来撞去。

direction="left"

设置文字卷动方向，left 表示向左，是内定值，right 表示向右。

bgcolor="#0000ff"

设置文字卷动范围的背景颜色。

height="30" width="150"

设置文字卷动范围，可以采取相对或绝对值，如 30%或 30 等，单位为像素。

hspace="0" vspace="0"

设定文字的水平及垂直空白位置。

loop="infinite"

设定文字卷动的次数，其值可以是正整数或 infinite，infinite 是内定的，表示无限次。

scrollamount="30"

设定每“格”文字之间的间隔，单位是像素。

scrolldelay="500"

设定文字卷动的停顿时间，单位是毫秒。

2. <blink>

<blink>是令文字闪烁，只适用于 netscape，用法直接，没有参数。例如：

```
<blink>天上的星星不说话，地上的孩子叫妈妈<blink>
```

显示的结果为：天上的星星不说话，地上的孩子叫妈妈

3. <meta>

```
<meta http-equiv="content-type" content="text/html;charset=big5">
<meta http-equiv="content-type" content="text/html;charset=iso-8859-1>
```

设定这是 HTML 文件及其编码语系，中文网页请使用 BIG5，或者不设编码也可，纯英文网页建议使用 ISO-8859-1。

```
<meta name="GENERATOR" content="Mozilla/4.04[en] (win95;I) [Netscape]">
<meta name="GENERATOR" content="Microsoft FrontPage 3.0">
```

表示该网页由什么编辑器写成。

```
<meta http-equiv="refresh" content=10;url=html:www.3wc.com>
```

这一行较为实用，能在预定的秒数内自动转到指定的网址，原始码中的 10 表示 10 秒。

4. <link>

<link>用来将目前文件与其他 URL 链接，但不会有链接按钮，用于<head>标志，格式如下：

```
<link href="URL" rel="relationship">
<link href="URL" rev="relationship">
```

1.5　实践技能训练

1.5.1　字体设置标记

实例说明：本实例介绍字体设置标志的方法，效果如图 1-12 所示。

实例分析：利用字体设置标志，设置字体的大小、颜色及字体的属性，完成字体设置的 HTML 网页的制作。

操作步骤如下：

（1）选择“开始”→“程序”→Macromedia→Dreamweaver CS5，启动 Dreamweaver CS5 程序。

（2）选择 HTML 进入编辑环境，选择代码。

（3）在文档窗口输入源代码如下所示：

```
<html>
    <head>
      <title>HTML 中字体的设置</title>
    </head>
    <body>
        <h1 align=center>
            <font size="14" color="#0000FF" face=cursive>欢迎进入校园网站</font>
        </h1>
     </body>
</html>
```

（4）选择“文件”→“保存”命令，在“另存为”对话框选择存放位置、输入网页文件名。例如，输入 ziti.htm。在“保存类型”中选择“所有文件”，然后单击“保存”按钮。

（5）双击打开 ziti.htm 文件，显示的结果如图 1-29 所示。

图 1-29　字体设置显示效果

1.5.2　字符修饰标记

实例说明：本实例介绍字符修饰标记的使用方法，效果如图 1-30 所示。

实例分析：利用字符修饰标记，<i></i>、<u></u>，完成字符修饰 HTML 网页的制作。

操作步骤如下：

（1）选择“开始”→“程序”→Macromedia→Dreamweaver CS5，启动 Dreamweaver CS5 程序。

（2）选择 HTML 进入编辑环境，选择代码。

（3）在文档窗口输入源代码如下所示：

```
<html>
    <head>
    <title>HTML 中字符修饰的设置</title>
    </head>
    <body bgcolor="ffffff" text="#000000">
       <font size="12"><i><u>校园是我家，大家共同建设她.</u></i></font>
        </body>
</html>
```

（4）选择“文件”→“保存”命令，在“另存为”对话框选择存放位置、输入网页文件名。例如，输入 zifu.htm。在“保存类型”中选择“所有文件”，然后单击“保存”按钮。

（5）双击打开 zifu.htm 文件，显示的结果如图 1-30 所示。

图 1-30　字符修饰设置显示效果

1.5.3　表格标记

实例说明：本实例介绍表格标记的使用方法，效果如图 1-31 所示。

图 1-31　表格设置显示效果

实例分析：利用表格标记，<table>元素用于定义一个表格，每一个表格只有一对<table></table>。<td></td>用来定义表格单元，一张网页可以包含多个表格单元。<tr></tr>用来定义表格的行，<th></th>用来定义表格的头。

操作步骤如下：

（1）选择“开始”→“程序”→Macromedia→Dreamweaver CS5，启动 Dreamweaver CS5 程序。

（2）选择 HTML 进入编辑环境，选择 代码。

（3）在文档窗口输入源代码如下所示：

```
<html>
    <head>
      <title>表格标记的是设置</title>
    </head>
    <body>
           <table align="center" border="15" width="100" height="100">
                 <caption valign="top">学生成绩单</caption>
                  <tr><th colspan="100">赵亮</th></tr>
                   <tr>
                          <th bgcolor="white">语文</th>
                          <th bgcolor="white">数学</th>
                           <th bgcolor="white">英语</th>
                   </tr>
                   <tr>
                          <td align="left">98</td>
                           <td align="center">97</td>
                           <td align="right">86</td>
                   </tr>
             </table>
       </body>
</html>
```

（4）选择“文件”→“保存”命令，在“另存为”对话框选择存放位置、输入网页文件名。例如，输入 biao.htm。在“保存类型”中选择“所有文件”，然后单击“保存”按钮。

（5）双击打开 biao.htm 文件，显示的结果如图 1-31 所示。

本章思考与练习

1．什么是网页？网页中常用哪些元素？常用的网页设计工具有哪些？

2．组建一个网站，需要考虑哪几个方面的内容？

2．常用的 HTML 标记有哪些？

3．HTML 有什么主要的功能？

4．什么叫相对路径？

第 2 章　Dreamweaver CS5 入门

Dreamweaver CS5 是业界领先的 Web 开发工具，使用该工具可以高效地设计、开发和维护网站。利用 Dreamweaver CS5 中的可视化编辑功能，可以快速地创建网页而不需要编写任何代码，这对网页制作者来说，使工作变得轻松。

2.1　Dreamweaver CS5 界面介绍

启动 Dreamweaver CS5 时会出现如图 2-1 所示的一个界面。Dreamweaver CS5 的主界面由欢迎界面、菜单栏、文档窗口、属性面板、浮动面板、站点管理窗口组成。

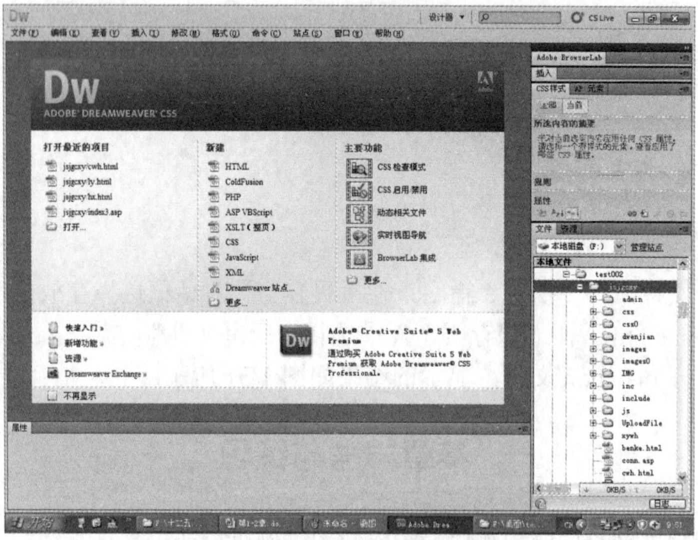

图 2-1　Dreamweaver CS5 主界面

在 Dreamweaver CS5 中首先显示一个起始页，可以勾选这个窗口下面的“不再显示此对话框”来隐藏它。在这个页面中包括“打开最近的项目”、“新建”、“主要功能”三个方便实用的项目，建议大家保留。

新建或打开一个文档，进入 Dreamweaver CS5 的标准工作界面。Dreamweaver CS5 的标准工作界面包括标题显示、菜单栏、插入面板组、文档工具栏、标准工具栏、文档窗口、状态栏、属性面板和浮动面板组，如图 2-2 所示。

Dreamweaver CS5 标准工作界面大致可以分为以下几个区域：

（1）菜单栏。提供全面的 Dreamweaver CS5 菜单命令，包括文件、编辑、查看、修改、文本、命令、站点、窗口和帮助。

（2）文档窗口。文档窗口主要用于文档的编辑，可同时打开多个文档进行编辑，可以在“代码”视图、“拆分”视图和“设计”视图中分别查看文档。

（3）插入面板。插入面板集成了所有可以在网页应用的对象，包括插入菜单中的选项。有常用、布局、表单、spry、数据、Incontext Editing、文本和收藏夹、颜色图标和显示标签共

10 个二级菜单。

（4）属性面板。属性面板主要用于查看和更改所选对象的各种属性，并允许用户在面板中对元素的属性直接进行修改。选中的元素不同，属性面板的参数设置也不相同。如果选择的是图片，则面板上显示的是图片的属性；如果选择的是表格，则面板上显示的是表格的属性。默认情况下，属性面板上显示的是文字的属性。

图 2-2 Dreamweaver CS5 标准工作界面

（5）浮动面板组。在 Dreamweaver CS5 工作界面的右侧排列着一些浮动面板，如文件、行为、层等。这些面板集中了网页编辑和站点管理过程中常用的一些工具按钮，这些面板被集合到面板组中，每个面板组都可以打开和折叠，并且可以和其他面板停靠在一起。面板组还可以停靠到集成的应用程序窗口中，这样就能够很容易地访问所需的面板。

（6）站点管理窗口。管理站点中的所有文件、资源，包括站点上传、远程维护等。

2.2 Dreamweaver CS5 常用工具

2.2.1 菜单栏工具

提供全面的 Dreamweaver CS5 菜单命令，包括文件、编辑、查看、修改、文本、命令、站点、窗口和帮助。其中，编辑菜单中提供了对 Dreamweaver CS5 菜单“首选参数”的访问，其界面如图 2-3 所示。

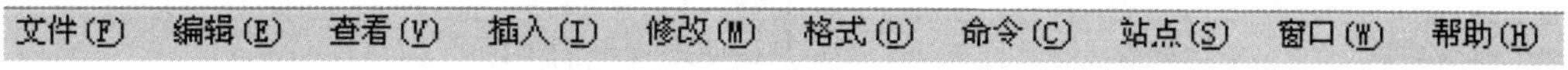

图 2-3 菜单栏

（1）文件：用来管理文件。例如新建、打开、保存、另存为、导入、输出打印等。

（2）编辑：用来编辑文本。例如剪切、复制、粘贴、查找、替换、参数设置和快捷键的设置等。

（3）查看：应用来查看对象，包括代码的查看、网络线与标尺的显示、面板的隐藏和工具栏的显示等。

（4）插入：用来插入网页各种元素，例如图片、多媒体组件、表格、框架及超级链接等。

（5）修改：具有对页面元素修改的功能，例如在表格中插入表格，拆分、合并单元格，对齐对象等。

（6）格式：用来对文本操作，包括字体、字形、字号、字体颜色、HTML/CSS 样式、段落格式化、扩展、缩进、列表、文本的对齐方式等。

（7）命令：收集了所有的附加命令项，包括应用记录、编辑命令清单、获得更多命令、扩展管理、清除 HTML/Word HTML、检查拼写和排序表格等。

（8）站点：用来创建和管理站点，包括新建站点、管理站点、上传与存回和查看链接等。

（9）窗口：用来打开所有的面板和窗口，包括插入栏、"属性"面板、站点窗口和"CSS"面板等。

（10）帮助：内含 Dreamweaver 帮助、Spry 框架帮助、Dreamweaver 支持中心、产品注册和更新等。

2.2.2 文档工具栏

文档工具栏包含各种按钮（见表 2-1），它们提供各种文档窗口视图（如设计视图和代码视图）的选项、各种查看选项和一些常用操作（如在浏览器中预览），界面如图 2-4 所示。

图 2-4 文档工具界面

表 2-1 文档工具按钮的名称和功能

图标	按钮名称	主要功能
代码	显示代码视图	在主窗口中显示网页的 HTML 源代码
拆分	显示代码视图和设计视图	在窗口中同屏显示网页的源代码和页面效果
设计	显示设计视图	网页编辑窗口，只显示网页排版效果
实时代码	显示实时代码	在代码视图中显示实时视图源
	检查浏览器兼容性	
实时视图	实时视图	将设计视图切换到实时视图
检查		打开实时视图和检查模式
	在浏览器中预览或调试	单击按钮后弹出的菜单主要有两项命令：①预览在 IExplore 6.0；②编辑浏览器列表（E）
	刷新设计视图	修改了网页的源代码后单击此按钮将刷新设计视图，使其显示修改后的效果
标题: 荆楚理工	文档标题	说明本网页的主题
	实时视图选项	选择不同的视图选项
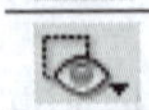	可视化处理	
	后退	
	向前	
	首页	
地址: file:/.	插入文件的地址	

2.2.3 插入面板

插入面板集成了所有可以在网页应用的对象，包括插入菜单中的选项。有常用、布局、表单、spry、数据、Incontext Editing、文本和收藏夹、颜色图标和显示标签共 10 个二级菜单。插入面板组其实就是图像化了的插入指令，通过一个个的按钮，可以很容易地加入图像、声音、多媒体动画、表格、图层、框架、表单、Flash 和 ActiveX 等网页元素，属性面板的界面如图 2-5 所示。常用按钮如表 2-2 所示。

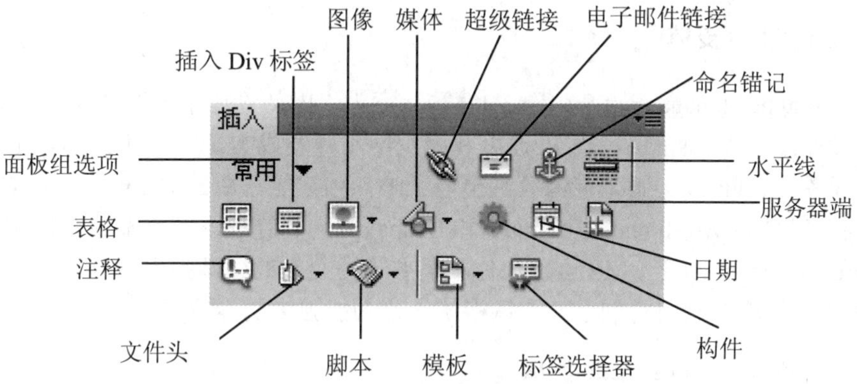

图 2-5 插入面板中常用工具的界面

表 2-2 插入面板及常用工具按钮

图标	按钮名称	主要功能
常用 ▼	插入面板的常用按钮	插入面板共有常用、布局、表单、数据、Spry 等 10 个选项
	超级链接	在光标处插入一个超文本链接
	电子邮件链接	在光标处插入 E-mail 链接
	命名锚记	又称锚点，通常为指定的对象命名，在浏览器中不显示
	插入表格	在文档的光标处插入表格
	插入 Div 标签	
	图像	在文档的光标处插入外部图像。有图像、图像占位符、鼠标经过图像、Fireworks html、导航条、绘制矩形热点、绘制椭圆热点、绘制多边形热点 8 个选项
	媒体	在光标处插入多媒体。有 flash、flash 按钮、flash 文本、flash paper、shockwave、Applet、参数、Actives 和插件共 9 个选项
	日期	在光标处插入日期
	服务器端	
	注释	在光标处插入注释说明，在浏览器中并不显示
	模板	模板选择标签，此处共有创建模板、创建嵌套模板、可编辑模板、可编辑区域、可选区域、重复区域、可编辑的可选区域和重复表格八个选项
	标签选择器	选择不同的标签

布局工具、表单工具以及文本工具栏，应用程序等将在后面的章节中逐步介绍。

2.3 Dreamweaver CS5 的新功能

Adobe Dreamweaver CS5 软件是设计人员和开发人员能充满自信地构建基于标准的网站，可以快速、轻松地完成设计、开发、维护网站和 Web 应用程序的全过程。由于同新的 Adobe CS Live 在线服务 Adobe BrowserLab 集成，因此可以使用 Adobe Dreamweaver CS5 的 CSS 检查进行设计，并使用内容管理系统进行开发并实现快速、精确的浏览器兼容性测试，与以往的版本相比有很大的改进，增加了许多新功能。下面予以介绍。

2.3.1 集成 CMS 支持

CMS 是 Content Management System 的缩写，意为“内部管理系统”。CMS 具有许多基于模板的优秀设计，可以加速网站开发的速度和减少网站开发成本。CMS 不只局限于文本处理，它也可以处理图片、Flash 动画、声像流甚至电子邮件档案等。新的 Dreamweaver CS5 软件集成 CMS 支持，尽享对 WordPress、Joomla！和 Drupal 等内容管理系统框架的创作和测试支持。

使用 Dreamweaver 结合 CMS 可以让你不需要学习复杂的建站技术，不需要学习太多复杂的 HTML 语言，就能够利用它创建一个风格统一、功能强大的专业网站。

2.3.2 与 Adobe BrowserLab 集成

Adobe Dreamweaver CS5 软件集成了 Adobe BrowserLab（一种新的 Adobe CS Live 在线服务），该服务为跨浏览器兼容性测试提供了快速准确的解决方案。通过 BrowserLab，可以使用多种查看和比较工具来预览 Web 页和本地内容，可以生成网站在不同浏览器下的网页快照，从而方便测试网站的兼容性。

Adobe BrowserLab 支持 Windows XP 以及 MAC OS X 平台上的绝大多数主流浏览器。除此之外，Adobe BrowserLab 还提供了如下功能：

（1）支持标尺和标线：能够精确定位到页面在不同浏览器中有差别的位置。

（2）支持快捷键：方便操作。

（3）截屏延迟：可以让页面完全渲染之后再截图。

（4）保持到本地：在页面截图上右击，在弹出的快捷菜单中单击 Save Locally 选项，即可保存到本地。

Adobe BrowserLab 提供了水平两栏对比和洋葱皮对比两种模式，可以在不同网页渲染模式下将结果重叠在一起，以便查看在不同浏览器下网页显示效果有哪些不同。

2.3.3 CSS 新增功能

Adobe Dreamweaver CS5 可以轻松切换 CSS 属性，并且无需读取代码或使用其他应用程序，较以前的版本相比，增加了如下功能：

（1）CSS 禁用/启用：CSS 禁用/启用允许用户直接从 CSS 样式面板禁用和重新启用 CSS 属性。禁用 CSS 属性只会取消指定属性的注释，而不会实际删除该属性。

（2）CSS 检查：检查模式允许用户以可视化方式显示 CSS 框模型属性，包括填充、边框和边距，无须读取代码，也不需要独立的第三方使用程序。

（3）CSS 起始布局：Adobe Dreamweaver CS5 包含更新和简化的 CSS 布局。Dreamweaver CS4 布局中复杂的子代选择器已被删除，并被替换为简化和易于理解的类。

2.3.4　PHP 自定义类代码提示

PHP 自定义类代码提示显示 PHP 函数、对象和常量的正确语法，有利于你输入更准确的代码。代码提示还使用用户自己的自定义函数和类以及第三方框架。

2.3.5　Business Catalyst 集成

Adobe Business Catalyst 是一种承载应用程序，它将传统的桌面工具替换为一个中央平台，供 Web 设计人员使用。Business Catalyst 于 1997 在澳大利亚成立，是一家为互联网提供一站式服务，以满足其开发者对于独立工作平台需求的公司。2009 年 Adobe 公司收购了 Business Catalyst 网络服务平台。该应用程序与 Dreamweaver 配合使用，允许用户构建任何内容，包括数据驱动的基本 Web 站点以及功能强大的在线商店。利用 Dreamweaver 与 Adobe Business Catalyst 服务之间的集成，无须编程即可实现卓越的在线业务。

2.3.6　Subversion 支持新增功能

Dreamweaver 可以连接到使用 Subversion（SVN）的服务器，Subversion 是一种版本控制系统，它使用户能够协助编辑和管理远程 Web 服务器上的文件。Dreamweaver 不是一个完整的 SVN 客户端，但却可使用户获取文件的最新版本、更改和提交文件。

Dreamweaver CS5 扩展了对 Subversion 的支持，使用户可以在本地移动、复制和删除文件，然后将更改与远程 SVN 存储库同步。新的还原命令允许用户快速更正冲突或回退到以前的版本的文件。此外，新扩展允许用户指定要在给定的项目中使用的 Subversion 版本。

2.3.7　简化站点设置

Adobe Dreamweaver CS5 将以前版本中的“站点定义”对话框更改为“站点设置”对话框，使用户设置本地 Dreamweaver 站点更简单，通过该对话框用户可以立即开始构建 Web 页，“服务器”类别允许在一个视图中指定远程服务器和测试服务器。“高级设置”中包含本地设置、遮盖、设计备注、文件视图列表、Contribute 模板、Spry 等项目，使原来需要通过多个步骤或多个窗口才能设置的内容，在一个对话框中统一完成，提高了站点设置效率（“站点设置”请参阅本教材 2.5 节）。

2.4　在 Dreamweaver CS5 中规划站点

在 Dreamweaver 中，站点这个术语既可以是 Web 站点，也可以指属于 Web 站点的文档在本地存储的位置。当开始考虑创建 Web 站点时，为了确保站点的成功，应该按照一系列的规划步骤进行。即使创建个人主页，仔细规划站点也是有用的。

要开发一个优秀的网站，通常应该遵循以下工作流程：首先明确开发网站的目的，做好网站的规划工作；接下来对网站的外观进行设计；然后进行实际页面的制作；接着再对制作的网站进行测试，以确保所做的网站符合最初设计的目标；最后是将网站发布。发布网站后还要定期对网站进行维护，以便及时更新网站内容。

网站的规划主要包括以下内容。

1．确定网站的主题和名称

网站主题是指用户建立网站所要包含的主要内容。现在网站的主题很多，这一步是整个网站规划最重要的环节。一般来说，确定网站主题时要遵循以下原则：

（1）主题鲜明、小而精。一个网站必须有一个明确的主题，在主题范围内做到内容小而全、精而深。

（2）主题是自己最擅长的、最感兴趣的。找准一个自己最感兴趣的内容做深、做透。

（3）体现自己的个性。把自己的兴趣、爱好尽情的发挥出来，突出自己的个性，办出自己的特色。

2. 搜集资料

确定网站的主题后，要围绕主题开始搜集资料。资料既可以从图书、报纸、光盘、多媒体上获得，也可以从网上搜集；然后再把搜集的资料去粗取精，去伪存真，作为自己制作网页的素材。

3. 规划站点

规划站点就像设计一座大楼一样，只有图纸设计好了，才能建成一座漂亮的楼房。在规划网站时，首先要把网站的内容一一列举出来，根据内容列出一个结构化的蓝图，根据实际情况设计各个页面之间的链接。网站的规划内容有确定网站点题材、确定网站的名称、确定网站的框架等。

4. 栏目的设置

合理的设计网站的栏目和板块，一般要注意以下事项：

（1）突出主题。把主题栏目放在最显眼的地方，让访问者更快、更鲜明地知道你的网站所要表现的内容。

（2）设计一个“最近更新”的栏目。

5. 目录结构设计

目录结构设计一般要注意以下事项：

（1）按照栏目内容建立子目录。

（2）每个目录下分别为图像创建一个目录 image。

（3）目录的层次不要太深，最好少于五层。

（4）尽量使用意义明确的非中文目录（一般用拼音）。

6. 颜色搭配

合理地应用色彩是非常关键的，不同的色彩搭配产生不同的效果，并能够影响访问者的情绪。网页的背景颜色并不一定非要用白色，选用的背景应该和整套页面的色调协调。总之，色彩搭配要遵循和谐、均衡、重点突出的原则。

7. 版面布局

网页页面的版面布局是不可忽视的。要合理地运用空间，让自己的网页疏密有致，井井有条。如果把整个网页都填得密密实实的，没有一点空隙，这样会给人一种压抑感。一般遵循的原则是：突出重点、平衡和谐，将网站标志、主菜单等最重要的模块放在最显眼、最突出的位置。同时还要注意其他页面和首页风格的一致性，要有返回首页的链接。

8. 图像的运用

网页上不能只有文字，必须适当地增加一些图像，使用图像一般要注意以下事项：

（1）图像为主页的内容服务，不要让整个页面花花绿绿，喧宾夺主。

（2）图像要兼顾大小美观。图片不仅要好看，还要在保证图片质量的情况下尽量缩小图片的大小，单张图像不要超过 30KB。

（3）合理地使用 JPG 和 GIF 格式。一般来说，颜色较少的（在 256 色以内的）图像要把它处理成 GIF 格式；颜色比较丰富的图像，最好把它处理成 JPG 格式。

2.5 搭建与设置站点

使用 Dreamweaver CS5 创建网站的第一步就是创建站点，不管用户是新手还是网站的专业制作者，规划好站点是搭建出清晰脉络结构的前提。

2.5.1 搭建站点

Dreamweaver CS5 提供了更加完善的网页编辑功能，并且在站点管理方面也有了极大的改善。可以说，它是一个集网页创作和站点管理两大利器于一身的超重量级的创作工具。Dreamweaver CS5 中提供了使用向导搭建站点和直接建立站点两种方式，作为网页制作的初学者，建议使用较为简单的方式建立站点，步骤如下：

（1）选择“站点”→“管理站点”命令，弹出如图 2-6 所示的下拉列表，选择“管理站点”，弹出“管理站点”对话框，如图 2-7 所示。

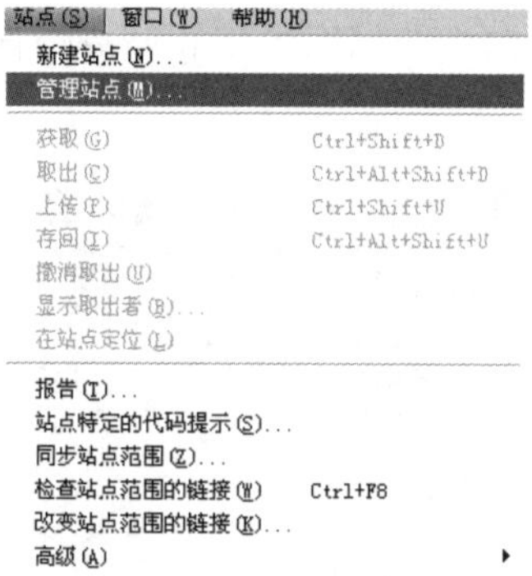

图 2-6 “站点”下拉列表

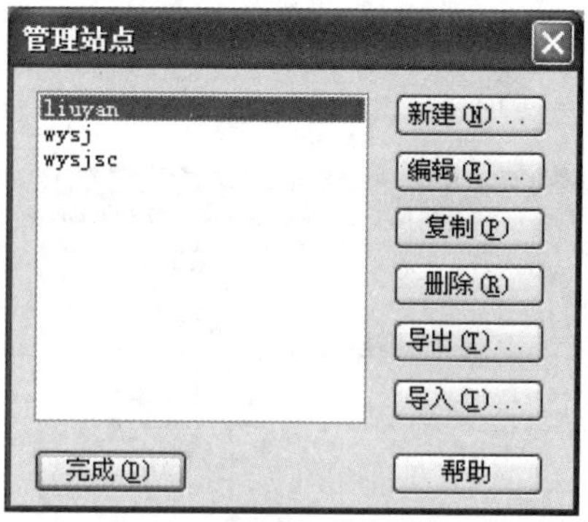

图 2-7 “管理站点”对话框

（2）在“站点管理“对话框中单击“新建”按钮，弹出如图 2-8 所示的对话框，在对话框中，“站点名称”命名为“xmweb”，“本地站点文件夹”文本框用于在本地磁盘指定一个文件夹，Dreamweaver 将在其中存储站点文件的本地版本，单击文本框旁边的文件夹图标，指定一个空文件夹，我们指定 D 盘的 root，如图 2-8 所示。

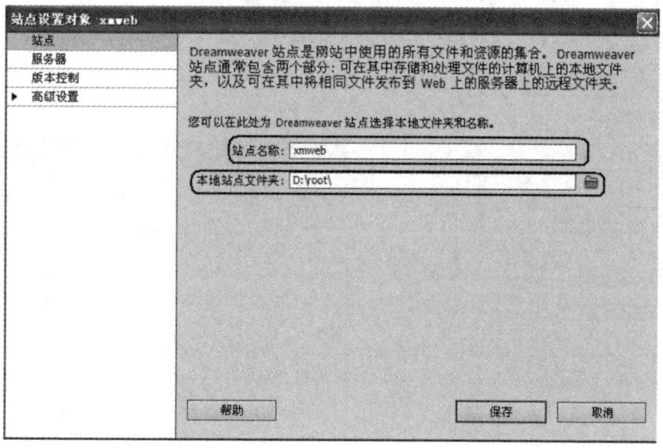

图 2-8 定义站点名称与设置本地站点文件夹

（3）单击“保存”按钮，更新站点缓存，如图 2-9 所示。出现“管理站点”对话框，其中显示了新建的站点，如图 2-10 所示。

（4）单击“完成”按钮，此时在“文件”面板中可以看到创建的站点文件，如图 2-11 所示。

图 2-9 “正在更新站点缓存”对话框

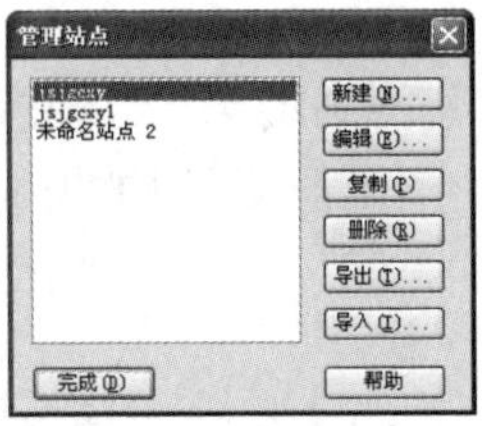

图 2-10 “站点管理”对话框

图 2-11 创建的站点

2.5.2 设置站点

建立了站点之后，可以进一步通过“管理站点”命令了解并调整站点的设置，步骤如下：

（1）继续前面的操作，在“管理站点”对话框中双击列表框中站点的名称或在单击站点名称之后单击右边的“编辑”按钮，对选中的站点进行再编辑，如图 2-12 所示。

（2）在仅设置本地站点的情况下，可以随时修改刚才设置的站点名称和站点路径信息，如图 2-13 所示。

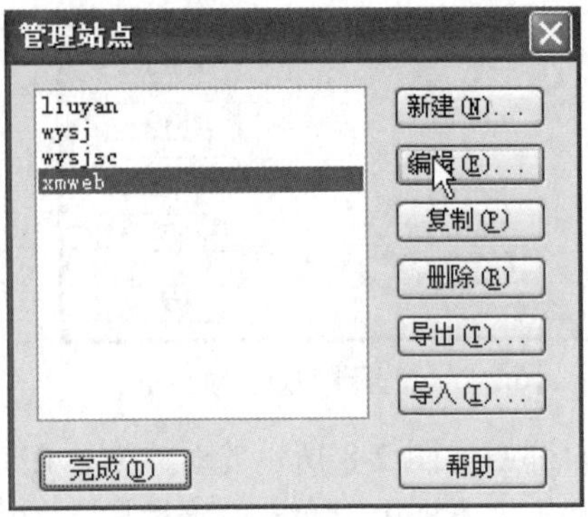

图 2-12 编辑站点

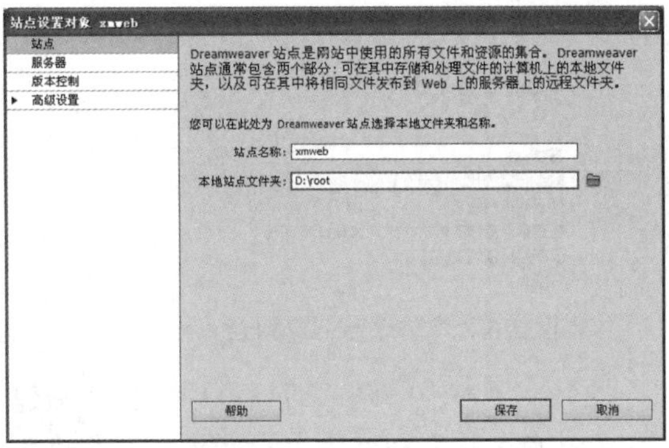

图 2-13 设置本地站点

（3）单击窗口左侧的“服务器”选项，单击+按钮，出现图 2-14 所示的对话框，对远端信息进行设置，单击例如 FTP 方式，用户可以通过文件传输协议（FTP）与自己的 Web 服务器进行链接，设置完成后单击“保存”按钮，返回到“服务器设置”对话框，刚才设置的信息就显示在文本框中，如图 2-15 所示。

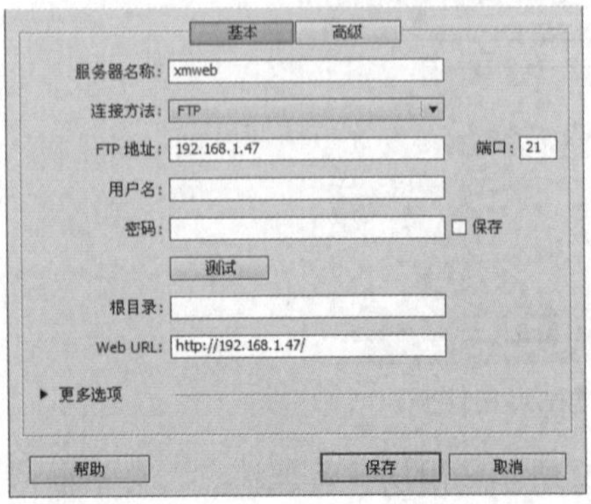

图 2-14 服务器的基本设置

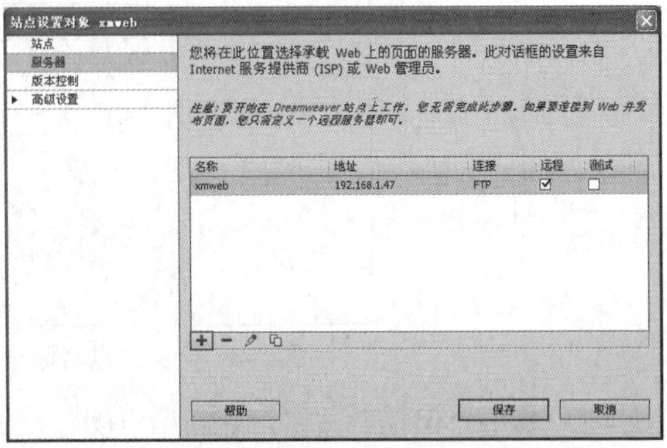

图 2-15 “服务器设置”对话框

（4）单击窗口左侧的“高级设置”下三角图表，还可以更细致地设置站点的详细信息，如本地信息、遮盖、设计备注、文件视图列等多项内容，相关知识稍后介绍，如图 2-16 所示。

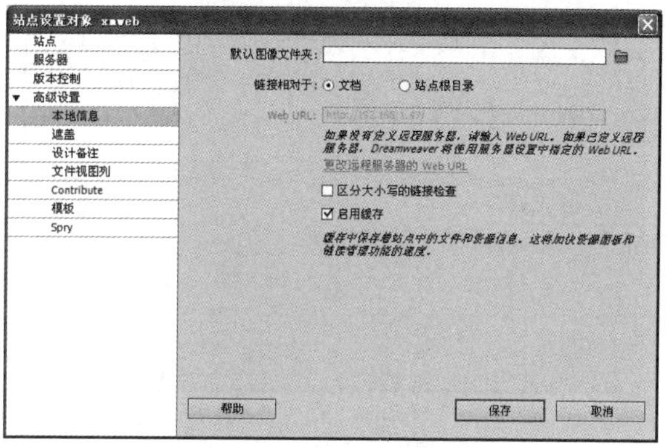

图 2-16　进行高级设置

2.5.3　服务器

在“服务器”选项面板中（如图 2-17 所示）单击“添加新服务器”按钮，将进行远程服务器的设置。在“基本”选项卡（如图 2-18 所示）中各项参数的含义如下：

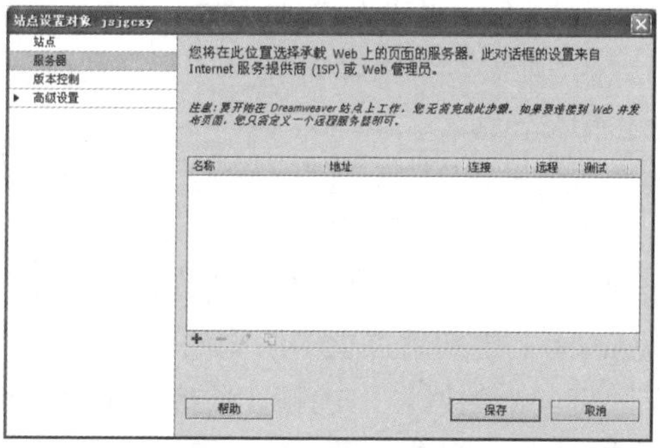

图 2-17　“服务器”设置对话框

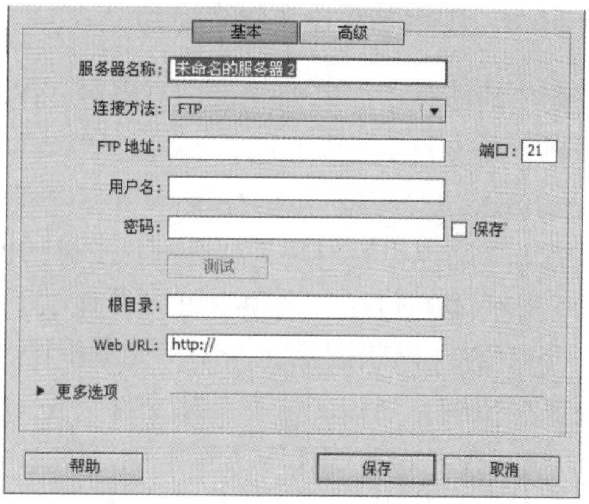

图 2-18　“添加新服务器”基本设置

（1）服务器名称：指定新服务器的名称。

（2）连接方法：在设置远程文件夹时，必须为 Dreamweaver 选择连接方法，以将文件上传和下载到 Web 服务器，一般采用 FTP 方式较多。

（3）FTP 地址：输入要将网站文件上传到的 FTP 服务器地址。

（4）用户名、密码：输入用户连接到 FTP 服务器的用户名和密码。

（5）测试：测试 FTP 地址、用户名和密码。

（6）根目录：输入远程服务器上用于存储公共显示的文档目录（文件夹）。

（7）Web URL：输入 Web 站点的 URL，Dreamweaver 使用 Web URL 创建站点根目录相对链接，并在使用连接检查器时验证这些链接。

（8）更多选项：可以设置更多项目，如是否使用被动式 FTP、是否使用 IPv6 传输模式等。

“高级”选项卡（如图 2-19 所示）中各项参数的基本含义如下：

（1）维护同步信息：如果希望自动同步本地和远程文件，则勾选该复选框。

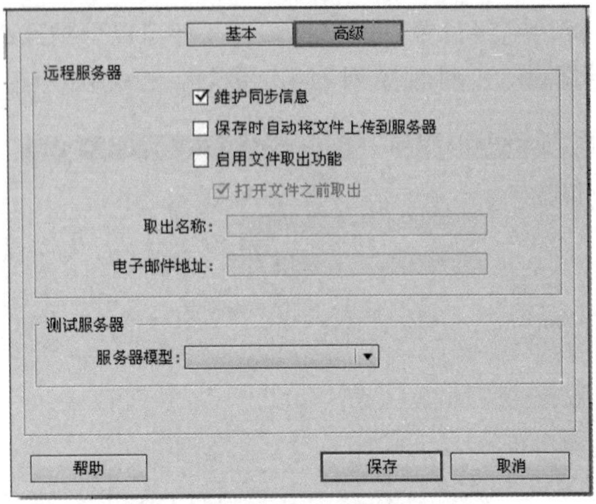

图 2-19　添加新服务器的高级设置

（2）保存时自动将文件上传到服务器：如果希望在保存文件时 Dreamweaver 将文件上传到远程站点，则勾选该复选框。

（3）启用文件读取功能：如果希望激活“存回/取出”系统，则勾选该复选框，并可以设置取出名称和电子邮件地址。

（4）服务器模型：如果使用的是测试服务器，则从下拉列表中选择一种服务器模型。

2.5.4　使用高级设置建立站点

除了前面使用向导建立本地站点外，Dreamweaver CS5 还可以在“站点设置对象”对话框中选择“高级设置”选项卡，快速设置“本地信息”、“遮盖”、“设计备注”、“文件视图列”、“Contribute”、“模板”和“Spry”中的参数来创建本地站点。

打开“站点设置对象”对话框，在对话框中的“高级设置”中选择“本地信息”，如图 2-20 所示。在“本地信息”选项中可以设置以下参数：

（1）在“默认图像文件夹”文本框中，输入此站点的默认图像文件夹的路径，或者单击文件夹按钮浏览到该文件夹。此文件夹是 Dreamweaver 上传到站点上的图像的位置。

（2）在“Web URL”文本框中，输入网站在因特网上的网址，能够在验证使用绝对地址的链接时发挥作用。在输入网址的时候需要注意，网址前面必须包含“http://”。

（3）“启用缓存”复选框表示制定是否创建本地缓存以提高链接和站点管理任务的速度。在对话框的“高级设置”中选择“遮盖”选项，如图 2-21 所示。

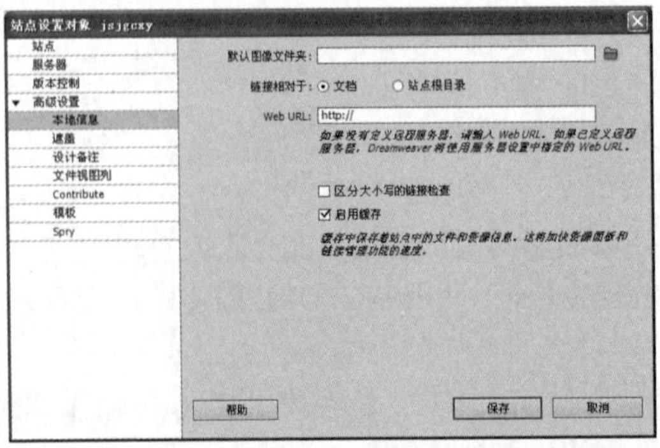

图 2-20　“本地信息”选项

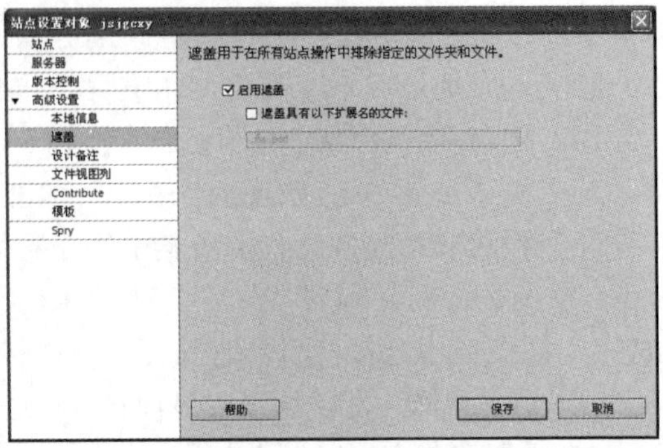

图 2-21　“遮盖”选项

在“遮盖”选项中可以设置以下参数：

（1）启用“遮盖”：选中后激活文件遮盖。

（2）遮盖具有以下扩展名文件：勾选此复选框，可以对特定文件名结尾的文件使用遮盖。

在对话框中的“高级设置”中选择“设计备注”选项，在最初开发站点，需要记录一些开发过程中的信息，备忘。如果在团队中开发站点，需要记录一些与别人共享的信息，然后上传到服务器，供别人访问，如图 2-22 所示。在“设计备注”选项中可以进行如下设置：

（1）维护设计备注：可以保存设计备注。

（2）清理设计备注：单击此按钮，删除过去保存的设计备注。

（3）启用上传并共享设计备注：可以在上传或取出文件的时候，设计备注上传到“远程信息”中设置的远程服务器上。

在对话框的“高级设置”中选择“文件视图列”选项，用来设置站点管理器中的文件浏览器窗口所显示的内容，如图 2-23 所示。

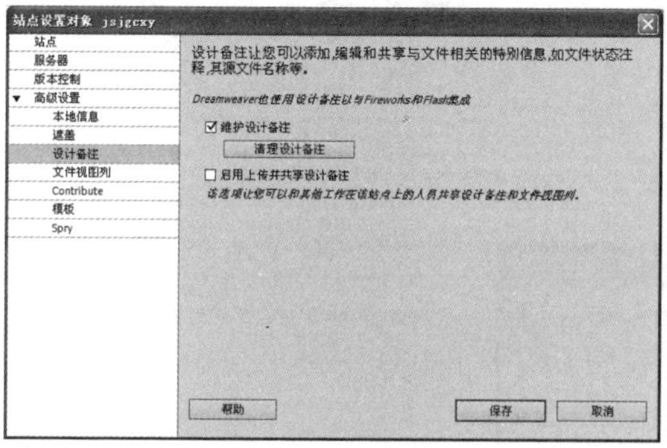

图 2-22 “设计备注”选项

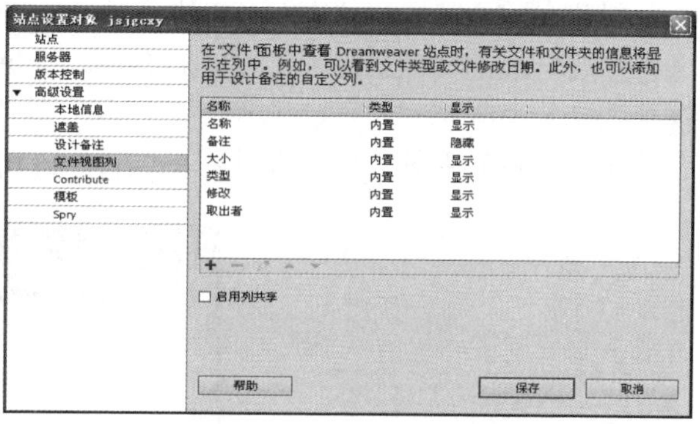

图 2-23 “文件视图列”选项

在“文件视图列”选项中可以进行如下设置：

（1）名称：显示文件名。

（2）备注：显示设计备注。

（3）大小：显示文件大小。

（4）类型：显示文件类型。

（5）修改：显示修改内容。

（6）取出者：正在被谁打开或修改。

在对话框“高级设置”中选择“Contribute”选项，勾选“启用 Contribute 兼容性”复选框，则可以提高与 Contribute 用户的兼容性。

在对话框的“高级设置”中还可以对“模板”和“Spry”选项进行设置。

2.5.5 搭建站点结构

站点是文件与文件夹的集合，下面根据前面对 xmweb 网站的设计来新建 xmweb 站点要设置的文件和文件夹，如图 2-24 所示。

新建文件夹，在文件面板的站点根目录下右击，从弹出菜单中选择“新建文件夹”命令，然后给文件夹命名。这里新建 8 个文件夹，分别命名为 img、med、swf、txt、css、js、moan 和 fy，分别用来存放网站设计中所需要的图片、音乐、动画、文本和样式等。

创建页面，在文件面板的站点根目录下右击，从弹出菜单中选择“新建文件”命令，然后给文件命名。首先要添加首页，我们把首页命名为 index.html，再分别新建 01.html、02.html、03.html、04.html 和 05.html，如图 2-25 所示。

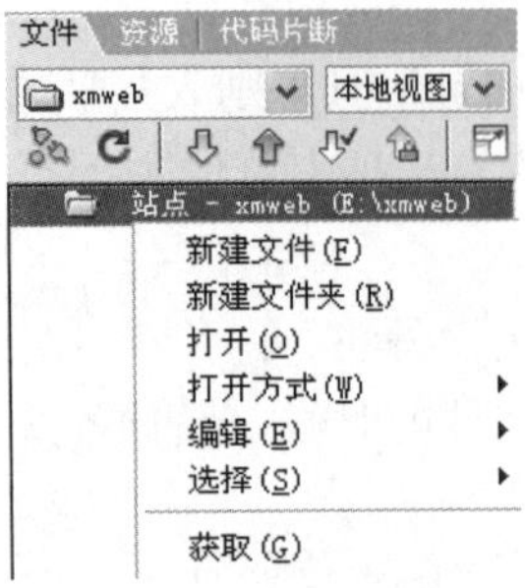

图 2-24　新建文件夹

图 2-25　创建网页名

站点文件与文件夹的管理

对建立的文件和文件夹，可以进行移动、复制、重命名和删除等基本的管理操作。单击选中需要管理的文件或文件夹，然后右击，从弹出菜单中选择“编辑”命令，即可进行相关操作。

到此，我们完成了站点的创建，如图 2-26 所示。

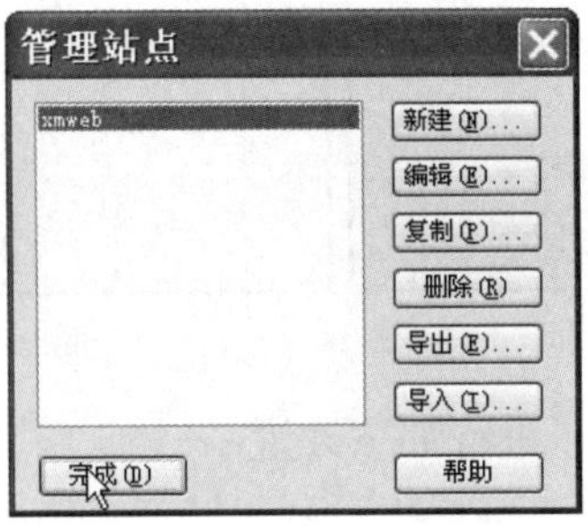

图 2-26　站点创建的完成

2.6　站点的测试与发布

网站建好之后需要将做好的网页上传到服务器上，以便网站能够被其他人访问。Dreamweaver CS5 集成了远程站点的管理工具，可以方便地管理本地站点与远程服务器中的文件。

2.6.1　获得 Web 服务器

获得 Web 服务器有多种途径，对于个人来讲，可以申请免费的个人主页空间。网易、搜狐等公司都提供这种服务，可以到相应的网站申请。免费的个人主页空间一般容量比较小，性能和安全性相对较弱，但对于学习性质的网站已经足够。

企业用户对性能、稳定性和空间大小等要求比较高，一般可以申请虚拟主机、租用服务器或者自建服务器。

虚拟主机与租用服务器都是由专业服务供应商提供的，区别在于前者由几个网站共用一个 Web 服务器，而后者是一个网站独占一个服务器。大部分的服务提供商还提供主机托管业务，其实质就是由个人或公司将配制好的主机放到这些公司的机房里，由他们提供网络接口及维护服务。

自建服务器的方式与主机托管类似，不同之处在于，除了自行设立服务器主机外还要租用专用线路和获得固定的公网 IP 地址。这种方式灵活性大，但比较麻烦。

服务器与主机的区别在于，服务器是软件，即服务程序，而主机是运行服务程序的计算机，硬件上服务器主机一般采用稳定性高、处理能力强的部件。

2.6.2 网站的测试

在完成了对站点中页面的制作后，通过获取的 Web 服务器之后，就可以将网页发布到 Internet 上供大家浏览和欣赏了。但是在此之前，还应该对所创建的站点进行测试。测试的内容是在本地计算机上对站点中的文件进行逐一检查，以便尽早发现并解决问题。

测试站点过程应该注意以下几个方面：

（1）在测试的过程中应确保在目标浏览器中，网页按预期的效果显示和工作，没有损坏的链接，并且下载时间不会过长等。

（2）了解各种浏览器对 Web 页面的支持程度。不同的浏览器在观看同一个 Web 页面时，会有不同的效果，有时制作的特殊效果，在有些浏览器中会看不到，因此需要对浏览器兼容性进行检测，以找出不被其他浏览器所支持的部分。

（3）检查链接是否正确，可以通过 Dreamweaver 提供的检查链接功能检查文件或站点中的内部链接及孤立文件。

2.6.3 上传站点

站点定义完成后就可以将文件上传到设定的远程服务器上。方法如下：

（1）打开“文件”面板，如图 2-27 所示。

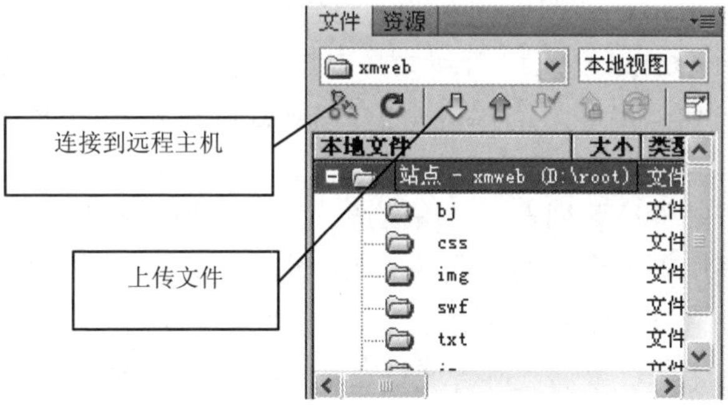

图 2-27 上传文件

（2）单击按钮，Dreamweaver CS5 则根据设置与 FTP 服务器通信。

（3）单击右边的下拉菜单，选择“远程视图”可以查看已上传到服务器的文件。如果需要下载服务器上的文件，可以选定文件后单击按钮，则服务器上的文件就会下载到本地站点相应的位置，如图 2-28 和图 2-29 所示。

注意： 在一些特殊情况下，可能文件面板中反映的不是最新的文件列表，此时可以单击刷新按钮刷新文件面板中的文件列表。

2.6.4 网站的维护与推广

互联网的应用和繁荣为我们提供了广阔的电子商务市场和商机，但是互联网上大大小小的各种网站数以百万计，因此如何让更多的人能够迅速地访问网站成为一个十分重要的问题，特别是企业网站建设以后，不进行推广，那么企业的产品与服务在网上仍然不为人所知，所以企业在建立网站之后应即刻着手利用各种手段推广自己的网站。网站的宣传有很多方式，下面介绍一些主要的方法。

图 2-28　上传选定文件

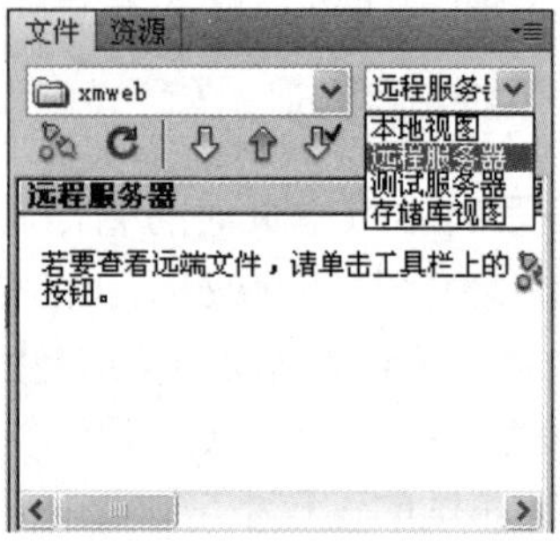

图 2-29　远程视图

1. 注册到搜索引擎

经权威机构调查，全世界 85%以上的互联网用户采用搜索引擎来查找信息，而通过其他方式访问网站的不到 15%。这就意味着当今互联网上最为经济、实用和高效的网站推广方式就是注册到搜索引擎。目前国内比较有名的搜索引擎有：百度（http://www.baidu.com）、谷歌（http://www.Google.com）、雅虎中国（http://www.yahoo.com.cn）、搜狐（http://www.sohu.com）、新浪（http://www.sina.com.cn）等。

2. 交换广告条

广告交换是宣传网站的一种较为有效的方法。登录到要与之进行广告交换的网站，填写一些信息，如广告图像、网站地址等。之后它会要求将一段 HTML 代码加入到网站中。这些广告条就可以在其他网站中出现了。当然你的网站上也会出现其他网站的广告条。

另外，也可以与一些合作伙伴或朋友的公司交换友情链接。友情链接包括为文字链接和图像链接。文字链接一般是公司的名字。图像链接包括 Logo 链接和 Banner 链接。

3. 电子邮件推广

电子邮件推广是利用电子邮件地址列表，将信息通过 E-mail 发送到对方的邮箱，来达到宣传的目的。电子邮件是目前使用最为广泛的互联网应用。它方便快捷、成本低廉，不失为一种有效的联络工具。电子邮件推销类似传统的直销方式，属于主动信息发布，带有一定的强制性。对此发布会给他人留下不好的印象，影响口碑。通过发送 E-mail 成功推广网站的关键是所发送的广告信息写得要有诚意，而且最好网站所提供的内容正好是收到这封邮件的人所需要的。

除了上面所介绍的外，网络广告和 BBS 论坛宣传也是不错的推广。

2.7　实践技能训练

本节通过一个实例讲述构建网站的开发环境和 Dreamweaver CS5 开发环境的方法。

2.7.1　建立并设置本地根文件夹

开发网站需要在本地计算机上创建一个本地文件夹。如果本地计算机用来开发 Web 应用程序的同时，还要做测试服务器，最好把该文件夹既用作本地根文件夹又用作测试服务器文件夹，所以需要在新建的文件夹上指定虚拟目录。

操作步骤如下：

（1）新建本地文件夹。在本机硬盘的某位置新建一个文件夹，例如 C 盘根目录下，文件夹命名为 mysite，如图 2-30 所示。

（2）右击相应的文件夹，从弹出的菜单中选择“共享”菜单项。

（3）这时会出现文件夹属性对话框，选择“Web 共享”选项卡，如图 2-31 所示。

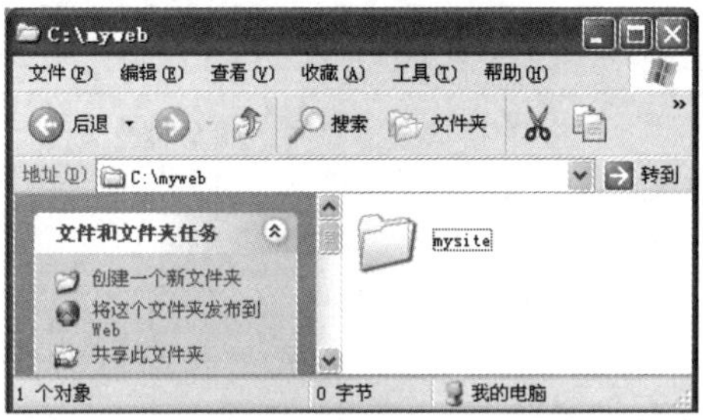

图 2-30　新建本地文件夹

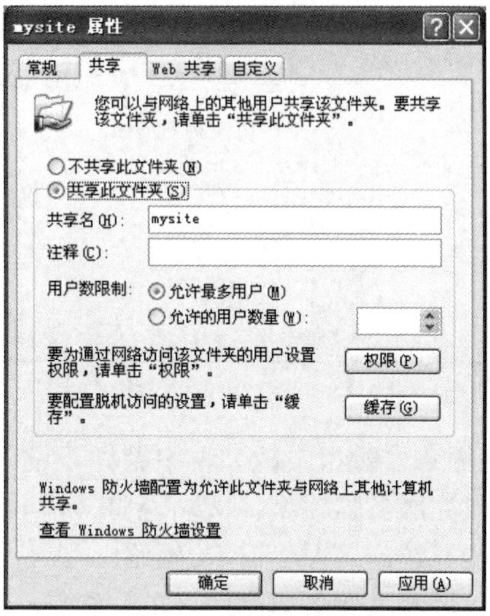

图 2-31　“Web 共享”选项卡

（4）单击“共享文件夹”单选按钮，出现“编辑别名”对话框，如图 2-32 所示。

（5）输入虚拟目录的别名，或按照缺省设置，如图 2-33 所示。

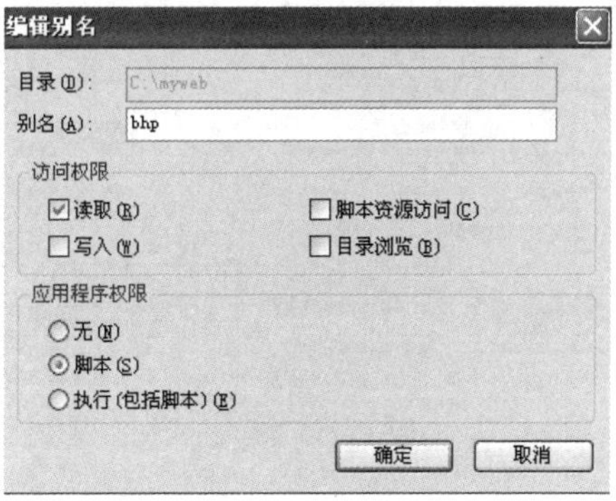

图 2-32　“编辑别名”对话框

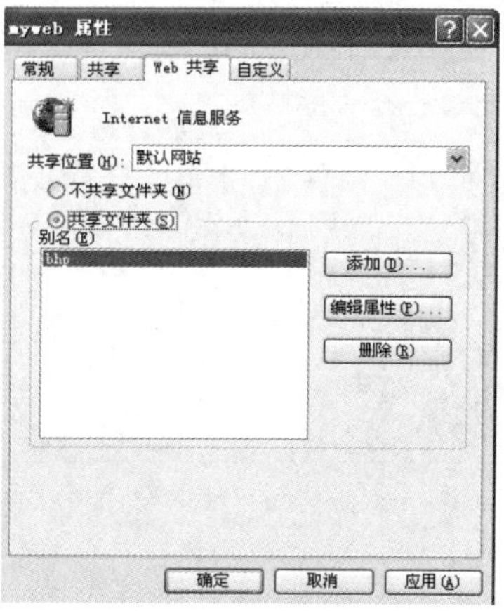

图 2-33　编辑别名

2.7.2　定义站点

建立并设置了本地根文件夹，下一步将建立站点。

（1）打开开发环境，选择“站点”→“新建站点”命令，打开“站点定义”对话框，单击“高级”选项卡，切换到创建站点的高级模式下。

（2）本地信息选项设置如下：

1）站点名称（N）：我的站点。

2）本地根文件夹（F）：C:\myweb\。

3）HTTP 地址（H）：http://localhost。

4）选中“自动刷新本地文件列表（R）”和“启用缓存（E）”两个复选框，如图 2-34 所示。

（3）单击“分类”列表中的“测试服务器”，如图 2-35 所示。

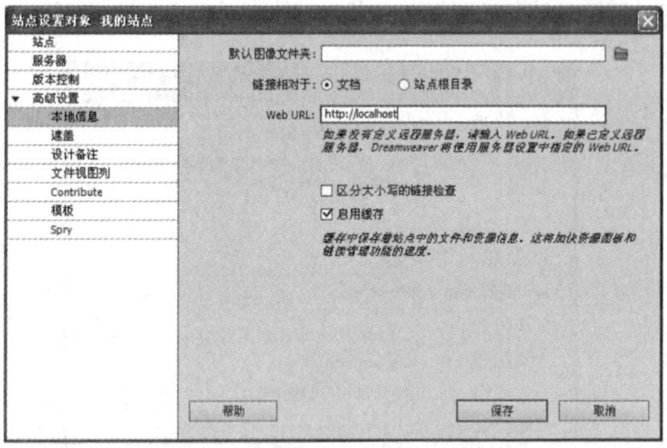

图 2-34　设置站点的本地信息

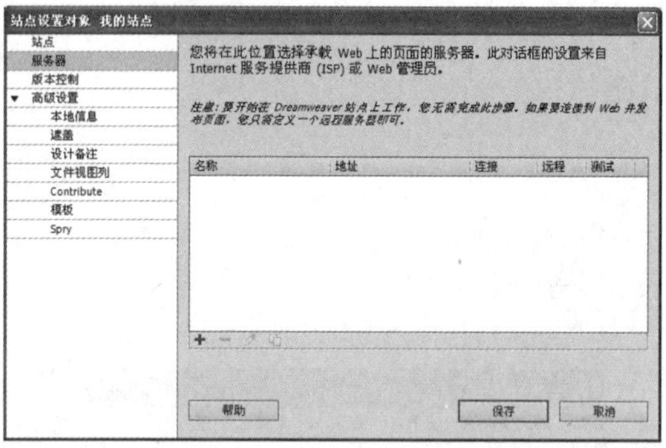

图 2-35　选择“测试服务器”

在服务器模型下拉列表中做如下设置：

（1）服务器模型（M）：ASP VBScript。

（2）访问（A）：本地/网络。

（3）测试服务器文件（R）：C:\mysite\。

（4）URL 前缀：http://localhost/mysite/。

（5）选中“自动刷新远程文件列表”复选框，如图 2-36 所示。

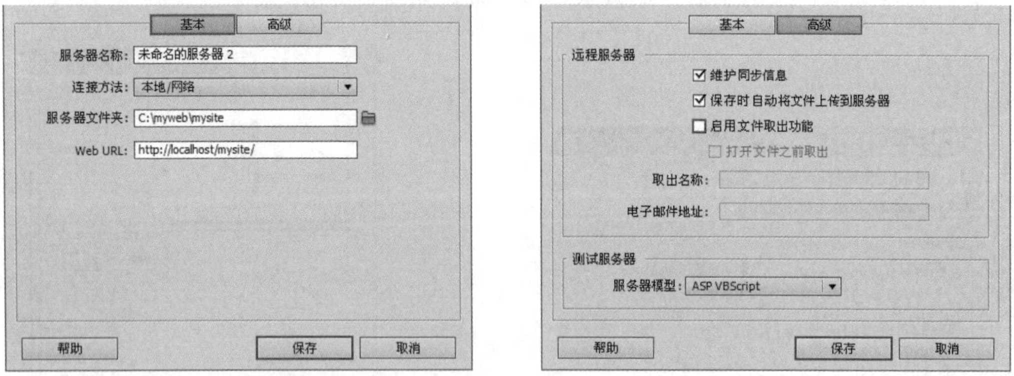

（a）基本设置　　　　（b）高级设置

图 2-36　设置测试服务器信息

2.7.3　创建 ODBC 连接

创建 ODBC 连接，就是建立 DNS。

（1）单击“开始”→“资源管理器”→“控制面板”→“管理工具”→“数据源”命令，如图 2-37 所示。

（2）启动 ODBC 数据源管理器（没有创建的要自己参考其他资料创建），单击 ODBC 数据源管理器中的“系统 DSN”标签，打开选项卡如图 2-38 所示。

（3）单击“添加”按钮，出现“创建新数据源”对话框，选择要安装数据库的驱动程序。

这里选择 Access 数据库的 Microsoft Access Driver（*.mdb）驱动，如图 2-39 所示。

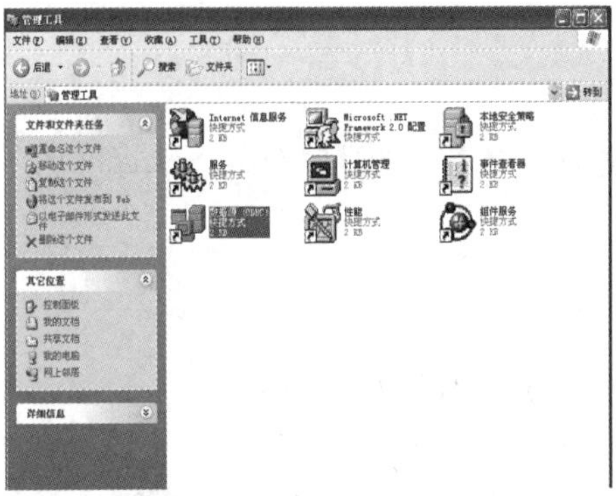

图 2-37　控制面板中的 ODBC 数据源管理器图标

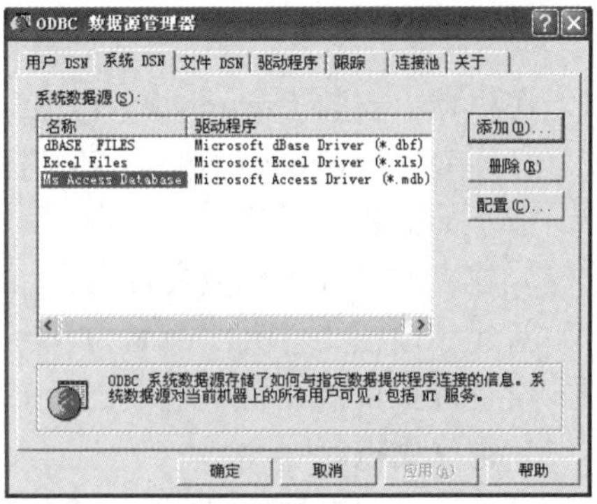

图 2-38　ODBC 数据源管理器中的系统 DSN

（4）单击“完成”按钮将出现“ODBC Microsoft Access 安装”对话框，如图 2-40 所示。

图 2-39　“创建新数据源”对话框

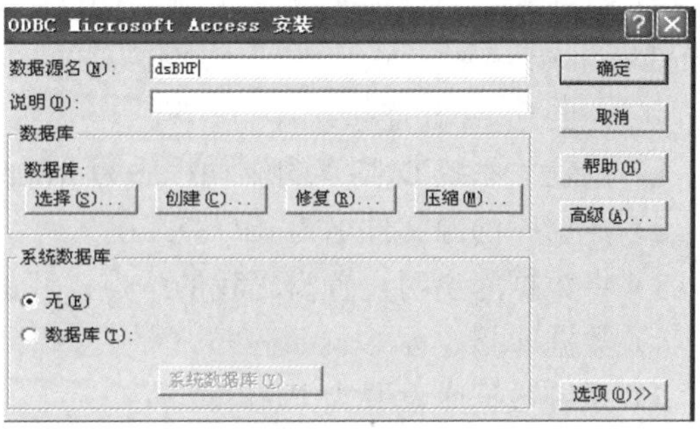

图 2-40　“ODBC Microsoft Access 安装”对话框

（5）在“数据源名”文本框中输入数据源的名称，一般该数据源的名称以 ds 开头，这样便于说明该名称是数据源名称，这里输入 dsBHP，在“描述”栏可以输入对该数据库的描述性语言，单击“选择”按钮，出现“选择数据库”对话框，选择提供数据的 Access 数据库。选择一个数据库，例如 c:\myweb 文件夹中的 dsBHP.mdb 数据库，如图 2-41 所示。

（6）单击“确定”按钮，会出现一个对话框，对该对话框的设置如下：

1）数据源名：dsBHP。

2）说明：我的站点我的世界。

3）数据库：选择 C:\MYWEB\dsBHP.mdb。

4）系统数据库：无，如图 2-42 所示。

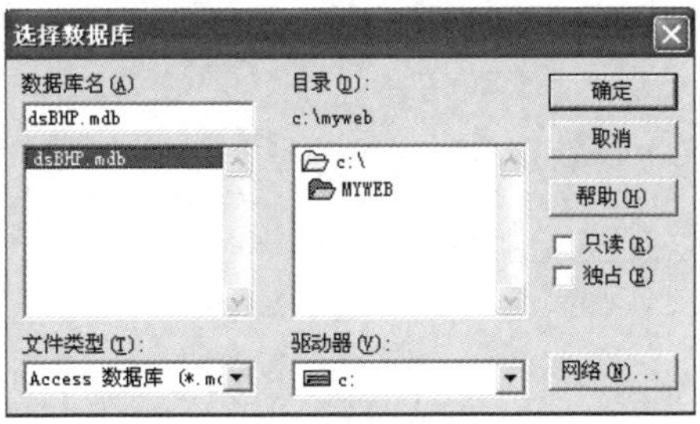

图 2-41　“选择数据库”对话框

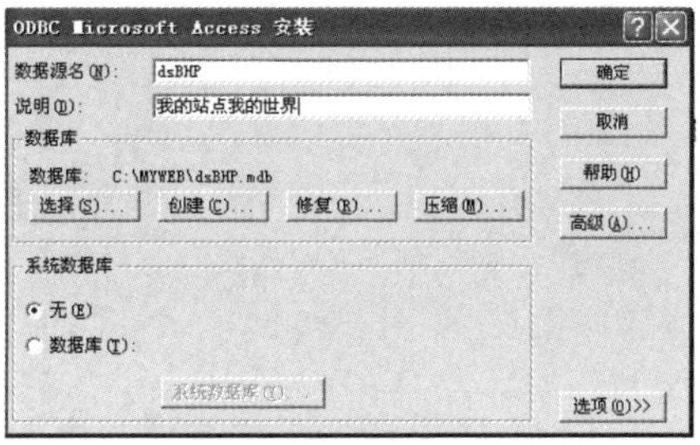

图 2-42　“ODBC Microsoft Access 安装”对话框

（7）单击“确定”按钮即可建立 DNS。

上机练习

1．在机器上安装 Dreamweaver CS5。

2．打开 Dreamweaver CS5，了解其操作界面的组成、各部分的功能及各个浮动面板的作用。

3．按下面的要求新建一个站点。

（1）建立并设置本地根文件夹。

1）新建本地根文件夹，命名为 root。

2）设置虚拟目录，将本地根文件夹设置为虚拟目录，别名为 root。

（2）定义站点。

1）设置站点的本地信息：站点的名称为“我的站点 2”，本地根文件夹指定为 root，启用“自动刷新本地文件列表”和“文件缓存”选项；HTTP 地址设置为http://localhost。

2）定义测试服务器信息：设置服务器模型为 ASP VBScript；访问方式为本地/网络；启用“自动刷新远程文件列表”选项，测试服务器文件夹为 root 文件夹；URL 前缀为 http://localhost/root。

（3）创建 DNS 连接：

1）设置“系统 DNS”的驱动程序为 Microsoft Access Driver(*.mdb)。

2）数据库的源文件名为 dsOSTA-01。

3）将数据库说明设置为“我的站点，我的世界”。

4）数据库指定为 C:osta.mdb。

5）系统数据库设置为“无”。

第 3 章　创建和编辑网页文档

在第 2 章中，我们已经搭建了一个站点，接下来的任务就是制作一个个网页。本章将具体介绍网页制作的基础知识，包括文档的创建，文字、图片、动画和影像等元素的插入与编排。

3.1　创建一个新文档

在 Dreamweaver CS5 中可以创建基本页面、动态页、模板、框架集等空白文档或模板；还可以创建特殊文件类型（如 CSS、JavaScript、VBScript 或文本文件）的空白文档；而且还可以使用预置的设计文件来创建自己的页面。

3.1.1　创建新的空白文档

启动 Dreamweaver CS5，在图 3-1 所示启动界面的“新建”组合框中选择合适的文件类型，即可直接进入文档窗口进行编辑。

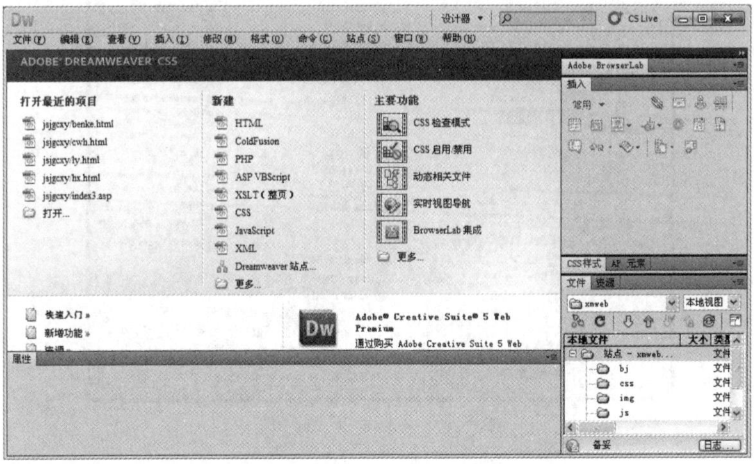

图 3-1　Dreamweaver CS5 的启动界面

也可选择主菜单中的“文件”→“新建”命令或按下 Ctrl+N 快捷键，系统弹出“新建文档”对话框，如图 3-2 所示。在对话框中选择“空白页”中的 HTML，然后单击“创建”按钮，在本地站点下新建一个空白静态网页。

3.1.2　打开现有文档

在 Dreamweaver CS5 中可以打开现有的 Web 页或基于文本的文档，即使这些文档不是用 Dreamweaver CS5 创建的也可以将其打开，然后利用 Dreamweaver CS5 在“设计”视图或“代码”视图中编辑该文档。

如果打开的文档是一个另存为 HTML 文档的 Microsoft Word 文件，则可使用“清理 Word 的 HTML”命令来清除 Word 插入到 HTML 文件中的无关标记标签。

打开现有文档有以下几种方法：

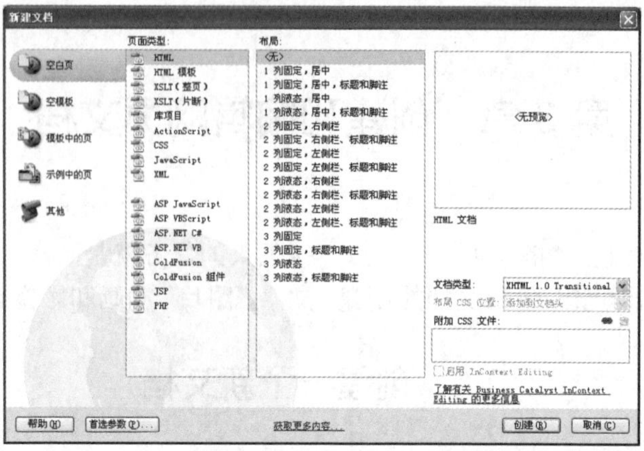

图 3-2 “新建文档”对话框

1. 在“文档”窗口中打开选择的文档

在“文档”窗口选择“文件”→“打开”命令，弹出如图 3-3 所示的对话框，从中选择文档，单击“打开”按钮即可。

图 3-3 “打开”对话框

2. 导入 Word 文档

使用微软公司的 Word 软件制作 HTML 文件。在 Word 中进行编辑可以为 HTML 文件设置许多格式，但生成的代码较多。选择“文件”→“导入”→“Word 文档”命令，弹出如图 3-4 所示的对话框，然后从中选择文档，单击“打开”按钮即可导入 Word 文档。

3. 在资源管理器中打开文档

在资源管理器中选中要打开的文档图标右击，从弹出的快捷菜单中选择“使用 Dreamweaver CS5 编辑”命令即可在 Dreamweaver CS5 中打开该文档。

除此之外，Dreamweaver CS5 还可以通过“模板中的页”来创建页面。在 Dreamweaver CS5 中可以将已经制作好的页面另存为模板，然后可以使用这个模板来生成新的文档，并且可以设定模板中的一部分为可编辑区域，另外的部分是不可编辑区域，从而实现了将内容从设计方案中分离出来。同时，如果修改了模板，Dreamweaver CS5 还可以自动把所使用的模板创建的文档进行相应的修改，这对网页设计师来说是梦寐以求的功能。

图 3-4　“导入 Word 文档”对话框

下面通过一个实例了解在 Dreamweaver CS5 中创建网页的基本步骤：

（1）新建网页文档。启动 Dreamweaver CS5，选择主菜单中的“文件”→“新建”命令或按下 Ctrl+N 快捷键，系统弹出“新建文档”对话框。在对话框中可以选择新建网页的类型，如空白页、空模板、模板中的页，示例中的页或其他等。我们选择“空白页”中的 HTML，然后单击“创建”按钮，在本地站点下新建一个空白静态网页。

（2）制作网页主体内容。在本例中可以直接在网页文档窗口的光标处单击，再输入如图 3-5 所示的文本内容。

（3）保存并预览网页。在制作网页时，如果文档窗口标题栏文件名后有一个星号“*”，则表示当前文档没有保存，文档窗口标题栏中显示无标题文档 Untitled-4.HTML 字样，此时执行“文件”→“另存为”命令，在弹出的“另存为”对话框中选择保存文件的类型，命名网页文件名，如 first.html，将网页保存到站点中。Dreamweaver CS5 提供了多种保存格式，可以是 HTML 文件或其他的动态网页文件，这里选择 HTML 格式。

按 F12 键可在浏览器中预览网页效果，本例效果如图 3-6 所示。

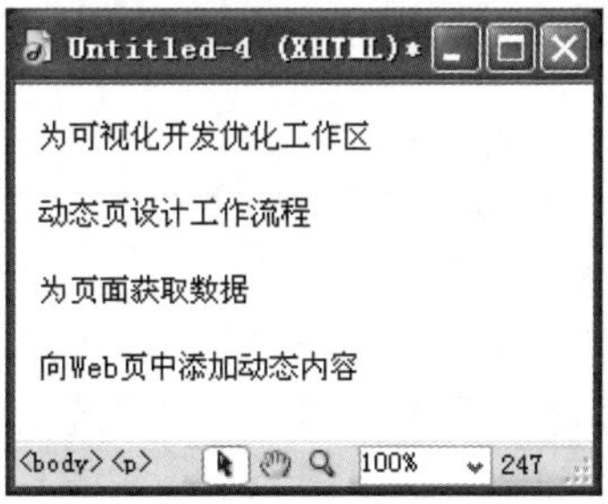

图 3-5　在文档窗口输入文本

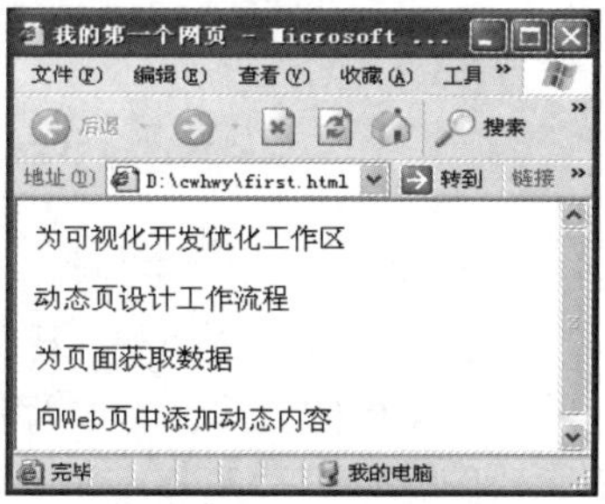

图 3-6　实例效果图

如果对网页中的对象进行属性设置，我们应经常按 F5 键刷新文档。

注意： 网页制作完成后，按下 F12 键可以在浏览器中预览页面。为了更快捷地制作页面，Dreamweaver CS5 提供了实时预览功能。

“实时视图”与传统的 Dreamweaver“设计”视图的不同之处在于，它提供页面在某一预览器中非可编辑的、更逼真的呈现外观。在“设计”视图中操作时，随时可以切换到“实时视图”。进入“实时视图”后，“设计”视图变为不可编辑；“代码”视图保持可编辑状态，用户可以继续更改代码，然后刷新“实时视图”以查看所进行的更改是否生效。处于“实时视图”时，“实时代码”按钮处于激活状态。

3.1.3 设置页面属性

网页标题、背景颜色、背景图像、超链接颜色等都属于页面属性，在 Dreamweaver CS5 中可轻松地设置这些属性。

1. 设置网页标题及编码

网页标题是用来说明网页内容的文字，通常显示在浏览器窗口的标题栏中。每个网页都应有一个标题，而网页标题文字最好能够恰如其分地描述网页的内容。

设置网页标题的方法为：在文档窗口工具栏的“标题”文本框中直接输入网页的标题文字；也可在文档窗口中选择“修改”→“页面属性”命令，或者按 Ctrl+J 快捷键，打开“页面属性”对话框，选择“标题/编码”分类，在右侧的“标题”文本框内设置网页的标题，如“我的第一个网页”；在“编码”下拉列表中选择“简体中文（GB2312）”设置网页使用的编码，如图 3-7 所示。

2. 设置网页其他属性

除前面介绍的方法外，还可以单击页面属性面板中的 页面属性... 按钮，弹出“页面属性”对话框设置页面其他属性。设置完成后单击“确定”按钮完成页面属性的设置。

（1）外观（CSS）。主要设置网页基本页面布局选项，包括页面字体、大小、文本颜色、背景颜色、背景图像、左边距、右边距、上边距和下边距，如图 3-8 所示，对页面字体、大小、文本颜色、背景颜色、背景图像进行了设置，这些都是根据所制作网页的实际需要而选择性设置的。一般来说，在一个页面中，背景颜色和背景图像只设置其中的一个。

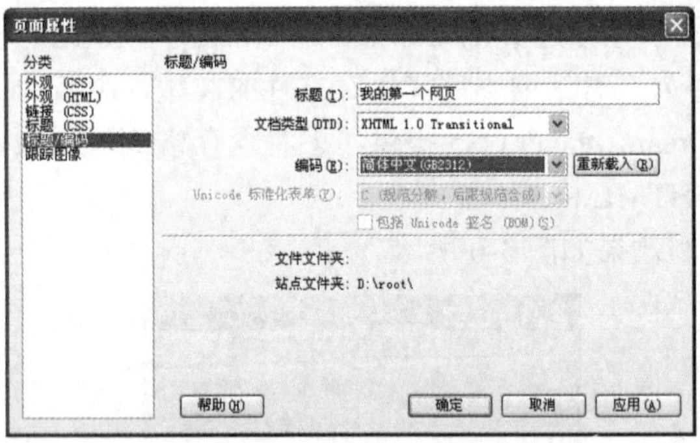

图 3-7 设置网页标题及编码

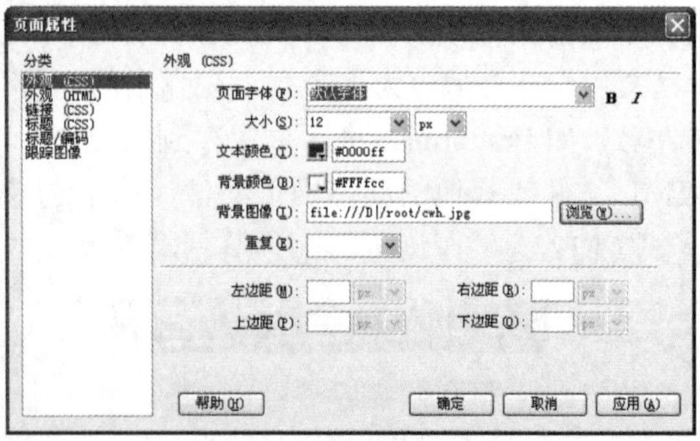

图 3-8 设置网页外观属性

（2）外观（HTML）。“外观（HTML）”属性以传统的 HTML 语言的形式设置页面的基本属性，可以设置文档的背景图像、背景颜色、文本颜色、链接颜色、已访问链接颜色、左边距、上边距、边距宽度、边距高度等，如图 3-9 所示。

（3）链接。网页中的链接是以文字或图像作为基本链接对象的，然后对此链接对象指定一个要跳转的网页地址，当浏览者单击这些对象时，浏览器就跳转到指定的目标网页。

链接对话框主要用来设置网页中超链接的字体、字体大小、各种链接颜色、链接下划线的样式，在图 3-10 中就分别进行了设置。

（4）跟踪图像。跟踪图像是放在“文档”窗口背景中的 JPEG、GIF 或 PNG 图像。在“跟踪图像”对话框中，可以隐藏图像、设置图像的不透明度和更改图像的位置，如图 3-11 所示。

如果用户需要跟踪图像的透明度，在“跟踪图像”对话框中拖动滑杆可设置跟踪图像在文档窗口中的透明度。

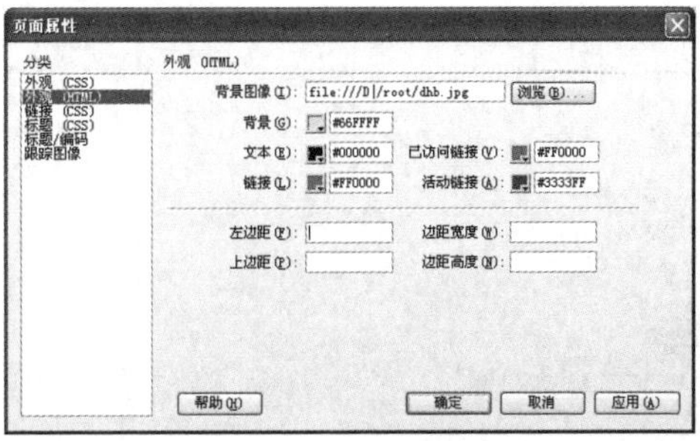

图 3-9　设置页面“外观（HTML）”属性

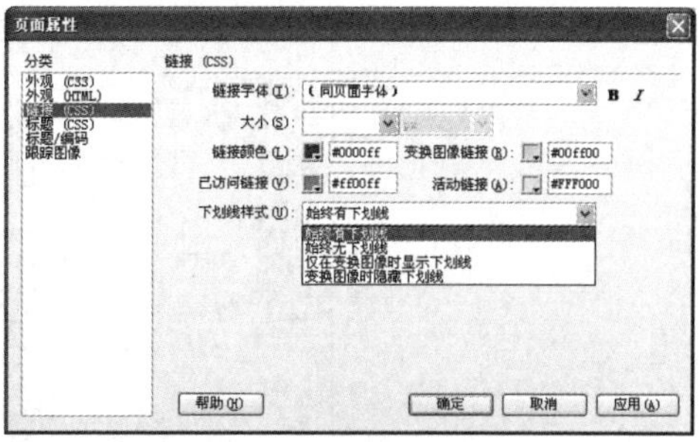

图 3-10　设置页面的链接属性

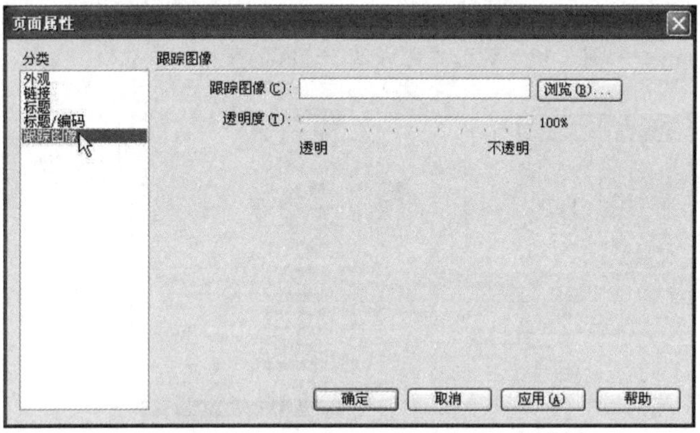

图 3-11　“跟踪图像”对话框

3.2　文字处理

文字处理主要包括输入文字、设置文字大小、设置字体、设置文本颜色、设置文本对齐方式等。

3.2.1　输入文字

（1）打开 Dreamweaver CS5 之后，在需要插入文本的位置单击鼠标定位插入点输入文字。如果需要开始新的一段，按 Enter 键即可，对应的 HTML 标签是<p>；如果想换行显示一段内容，可以按 Shift+Enter 组合键，对应的 HTML 标签是
；如果输入的文字超出一行，输入的文本将自动换行。

（2）输入连续空格。在 Dreamweaver CS5 中一般只能输入一个空格，若要输入连续空格，可以采用下面几种方法中的一种：

1）执行菜单“编辑”→“首选参数”命令，打开“首选参数”对话框后，选定“分类”栏中的“常规”选项，然后在右边编辑选项中勾选“允许多个连续的空格”复选框即可，如图 3-12 所示。

2）将光标定位到需要输入多个空格的位置，切换到代码视图即 HTML 源文档，连续输入多个“ ”，或者单击“插入”工具栏文本分类中的，弹出下拉菜单，选择“不换行空格”选项即可，如图 3-13 所示。

3）选择“插入”→“HTML”→“特殊字符”→“不换行空格”命令即可，如图 3-14 所示。

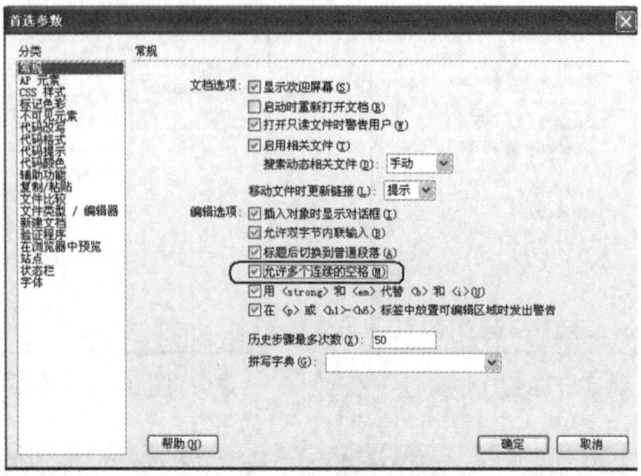

图 3-12　勾选“允许多个连续的空格”复选框

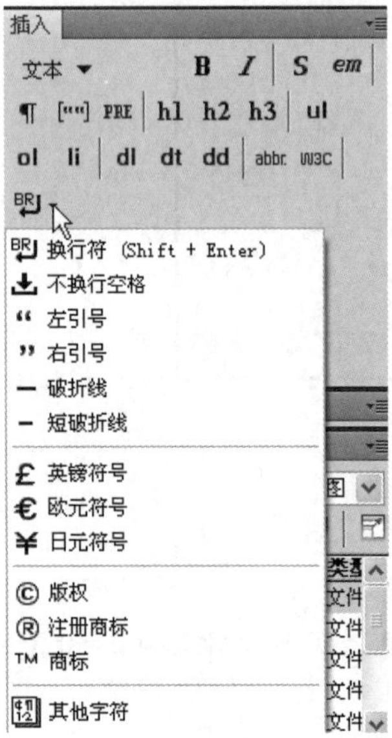

图 3-13　选择“不换行空格”选项

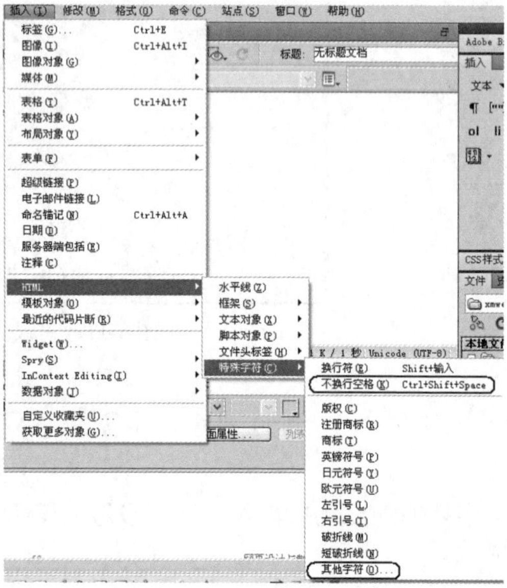

图 3-14　“不换行空格”对话框

（3）输入特殊字符。除了一般文本以外，如果需要在网页中插入特殊字符，例如注册商标符号®、版权符号©、英镑符号£等，应该首先定位光标，然后单击“插入”工具栏文本分类中的“字符”按钮旁的下拉按钮，弹出下拉菜单，如图 3-13 或图 3-14 所示，然后选择相应选项，如在图 3-13 或图 3-14 中选择“©版权”选项输入版权字符。

若在图 3-13 或图 3-14 中找不到要输入的字符，可单击图 3-13 中的“其他字符”选项或执行菜单“插入”→“HTML”→“特殊字符”→“其他字符...”命令，如图 3-14 所示，均弹出如图 3-15 所示的对话框，然后在对话框中选择一个字符，再单击“确定”按钮。

3.2.2 编辑文字

1. 设置文字标题与段落

设置文字标题与段落的方法基本相同，方法如下：

（1）将光标定位到应用段落样式或文本样式的文本中，或直接选取文本。

（2）单击属性面板中的格式选择框，在弹出的下拉列表中选择“段落”或“标题”，如图 3-16 所示，选择“标题 1”。

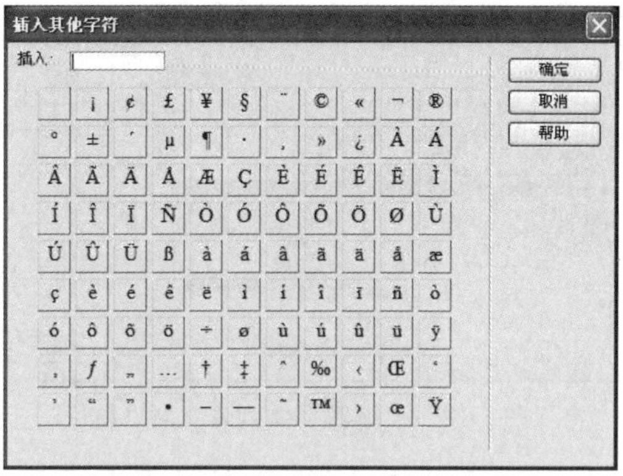

图 3-15 “插入其他字符”对话框

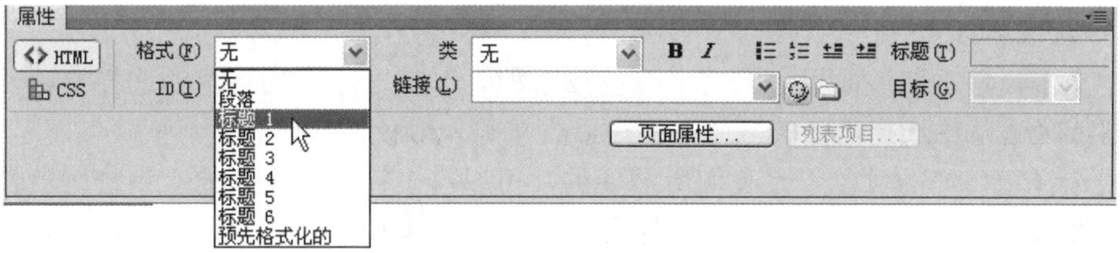

图 3-16 选择“标题 1”选项

在“格式”选项中包含了预定义的样式，选择字体样式后将应用于插入点所在的整个段落，而不需要另外选择文本。其中：

1）无：没有指定任何格式状态。

2）段落：将多行文本内容设置为一个段落。选择段格式后，在选择内容的前后部分分别生成一个空行。

3）标题 1～标题 6：在网页文本中提供的标题格式。切换到代码视图，我们就会发现，字符属性面板的“格式”列表框中的“段落”、“标题 1”、“标题 2”、“标题 3”、“标题 4”、“标题 5”、“标题 6”和“预先格式化的”等选项，分别对应 HTML 语言中的<p>、<h1>、<h2>、<h3>、<h4>、<h5>、<h6>和<pre>标记。数字越大，字号越小。

文本的“类”属性：选择文档中使用的样式，如果是与文本文本相关的样式，可以如实应用字体大小和字体颜色等。

2. 设置文字字体及大小

（1）设置字体。选中文本，单击属性面板上 CSS 按钮，选择属性面板中的“字体”选择框，如图 3-17 所示，在弹出的下拉列表中选择需要的字体。如果没有需要的字体，则从下拉列表中单击“编辑字体列表”，打开“编辑字体列表”对话框添加需要的字体。添加时，在“可用字体”列表中选择要添加的字体，单击<<按钮，将选择的字体添加到“字体列表”中，如图 3-18 所示添加了“华文新魏”字体。如果要建立可替换的字体，可添加多个字体后再单击“确定”按钮。重复这个过程，直到完成添加为止。

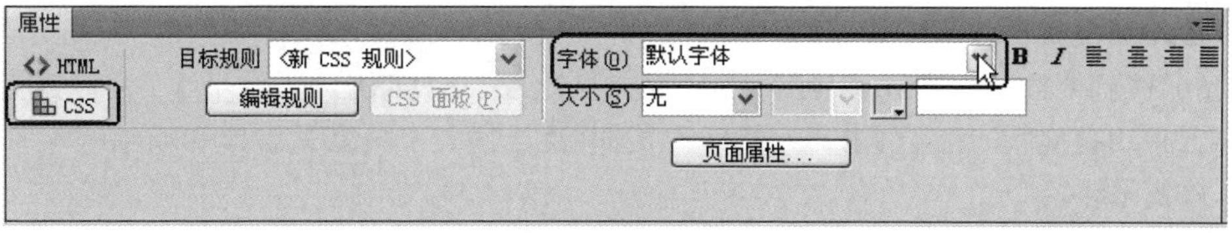

图 3-17 CSS 格式的文本属性面板

图 3-18 “编辑字体列表”对话框

（2）设置字号。选中文本，单击属性面板上“大小”选择框，打开下拉列表，从中选择合适的字体大小。

3. 设置文本颜色

选中文本，单击属性面板上的文本颜色按钮，弹出一个常用颜色的选择窗口，使用颜色选择器或吸管从中选择需要的颜色，也可以直接输入颜色的代码。

如果选择窗口中的颜色不是我们所需要的，可以单击窗口右上角的“系统颜色拾取器”按钮，在打开的“颜色”对话框中选择文本颜色，再单击“确定”按钮，如图 3-19 所示。

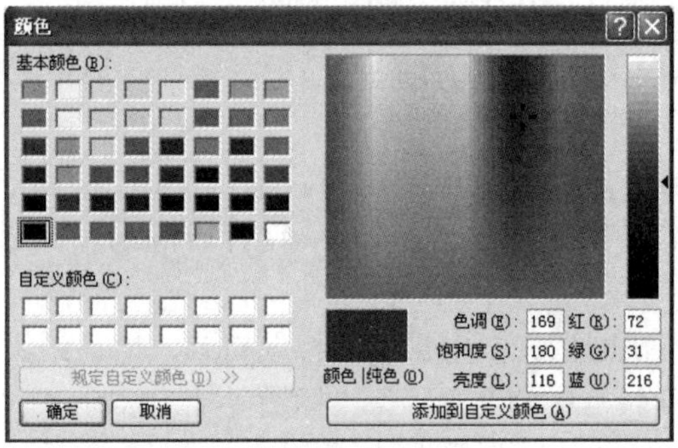

图 3-19 设置自定义颜色

4. 设置文本对齐方式

选中要进行对齐的文本或将光标置于要设置文本对齐方式的文本块中，单击属性面板上的对齐方式按钮即可。按钮从左到右的对齐方式分别是“左对齐”，“居中对齐”，“右对齐”和“两端对齐”。

在 Dreamweaver CS5 中，对文字进行复制、粘贴、移动、删除及设置字体字形（粗体、斜体、下划线）等与其他文字处理软件（如 Microsoft Word）操作方法基本相同。

3.2.3 插入水平线

水平线在网页文档中经常用到，它主要用于分割文档内容，使文档结构清晰明了，合理使用水平线可以获得非常好的效果。因此被广泛应用于一个文档中需要区分的不同的场景中。

1. 插入水平线

将光标移到要插入水平线的位置，执行菜单“插入”→HTML→“水平线”命令或者在“插入”栏中选择 HTML，然后单击“水平线”按钮，插入一条默认宽度和粗细的水平线。

2. 修改水平线

选定插入的水平线，打开属性面板，设置水平线的高度、宽度、对齐方式以及是否有阴影等属性，如图 3-20 所示。

图 3-20　水平线的属性面板

3. 设置水平线的颜色

Dreamweaver CS5 的属性面板中并没有提供水平线颜色的设置选项，如果需要改变水平线的颜色，只需要直接进入源代码更改<hr color="对应代码的代码颜色" />即可，如<hr color="red"/>。

3.2.4　插入更新日期

Dreamweaver 提供了一个方便的日期对象，该对象使用户以喜欢的格式插入当前日期，还可以选择在每次保存文件时都自动更新该日期。

1. 插入日期、星期和时间

将插入点移到要插入日期的位置，执行“插入”→“日期”命令或者在“插入”栏中，选择“常用”类，然后单击“日期”按钮，均弹出“插入日期”对话框，选择一种日期格式，单击“确定”按钮完成日期的插入，如图 3-21 所示。

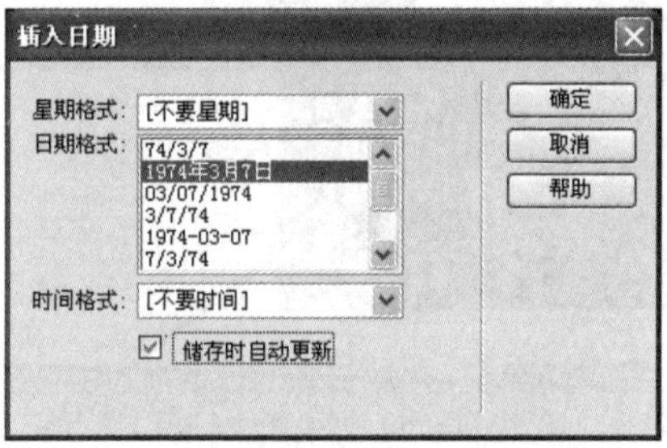

图 3-21　“插入日期”对话框

若要插入星期或时间，则在“插入日期”对话框中选择一种星期格式或时间格式。若插入日期时不插入星期或时间，则在对话框的星期格式或时间格式中分别选择“不要星期”或“不要时间”。

2. 插入更新日期

如果希望插入的日期能够随着时间的变化而自动更新，则在图 3-21 所示的“插入日期”对话框中勾选“储存时自动更新”复选框。

3. 修改日期

要修改网页中已插入的日期，有两种方法：

（1）若没有勾选“储存时自动更新”，则直接手动修改日期。

（2）若勾选了“储存时自动更新”，则选中日期后在属性面板中单击[编辑日期格式]按钮，同样弹出“插入日期”对话框，在其中编辑修改日期格式。

3.3　在网页中使用图像

在网页中插入图像可以起到美化页面的作用，在 Web 上常用的图像格式包括以下三种：GIF、JPEG 和 PNG。虽然网页中插图图像为网页增色不少，但图像过大会影响网页的下载速度，因此网页中插入的图像要用得少而精，必要的图像应使用图像处理软件在不失真的情况下进行尽量的压缩。

3.3.1 编辑图像

在 Dreamweaver 中插入一张图片，属性面板上就多了几个与图片相关的属性图标。改变图片的大小后，在图片大小设置栏旁边就多了一个带箭头的图形按钮图标，这可快速使图片还原到原始大小的工具。切换到 Fireworks 图标旁边的一组图表中，也是一个这样的图标。Dreamweaver CS5 同时还增加了剪切（Crop）工具（剪切图片）、亮度/对比度调节工具、锐化工具三个图片处理的新功能。有了这些简单的图片处理工具，在编辑网页图片时，不需要启动其他图像处理软件，提高了工作效率。

1. 图片剪切

（1）在 Dreamweaver CS5 中打开一张图片（选择“插入”→“图像”命令）。

（2）在属性面板中选择“剪切”工具，用鼠标在图片上圈出所要选择图形的范围。

（3）双击鼠标，Dreamweaver CS5 将图片剪切成所需要的尺寸，如图 3-22 所示。

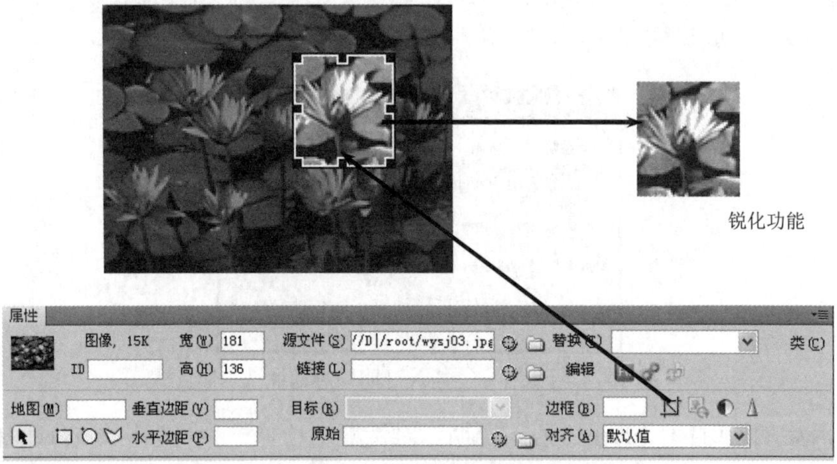

图 3-22 图片的剪切功能

2. 亮度的调节

插入一张数码照片，选择属性面板中的“亮度/对比度”工具，如图 3-23 所示。然后设置亮度参数为 25，对比度参数为 34，图片效果发生了改变。

3. 锐化

继续上一步的图片操作，选择“锐化”工具，将参数设置为 5，如图 3-24 所示，这时所看到的图像就清晰了一些。

注意：Dreamweaver 的编辑功能仅适用于 JPGE 和 GIF 图像格式，其他位图文件格式不能使用这些图像的编辑功能。

3.3.2 插入图像

在 Dreamweaver 中插入图像的基本方法如下：

（1）将光标置于要插入图像的位置，在插入工具栏的“常用”类中单击“图像”按钮或选择“插入”→“图像”命令，打开“选择图像源文件”对话框，如图 3-25 所示。

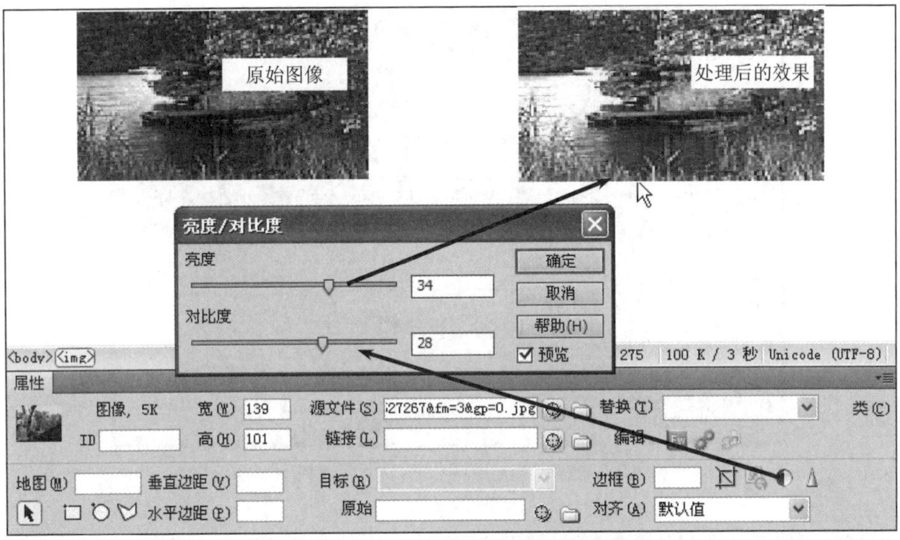

图 3-23　亮度调节功能

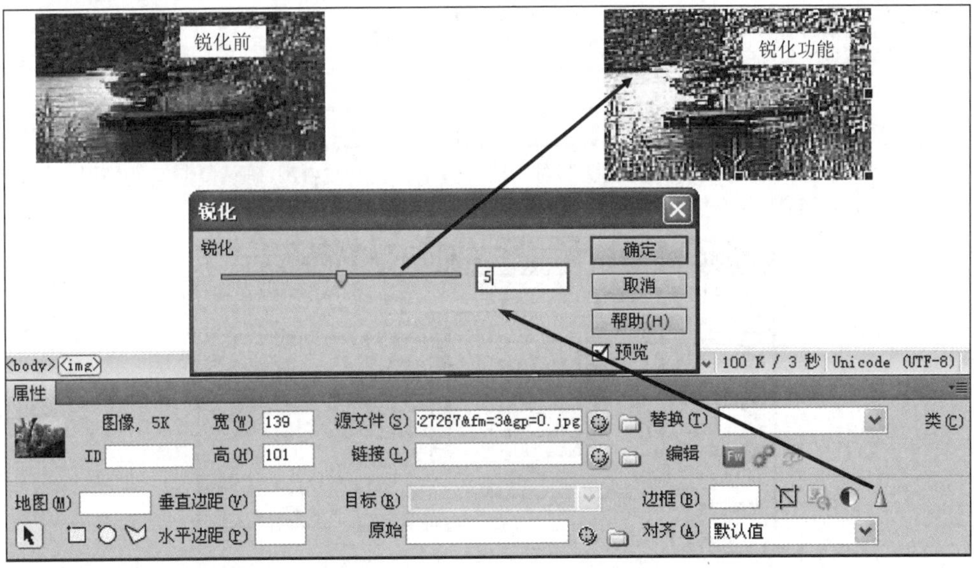

图 3-24　锐化功能

（2）在对话框中显示有图像文件名、文件类型和图像源的路径 URL（每个网页都有唯一的地址，称作统一资源定位器即 URL）。我们选取存放在站点中的图像文件，然后单击“确定”按钮将显示“图像标签辅助功能属性”对话框，如图 3-26 所示，在“替换文本”和“详细说明”文本框中输入内容，单击“确定”按钮，即可将图片插入到指定区域。

（3）如果所选择的图像文件不在用户设定的当前站点，则将打开 Dreamweaver 对话框，如图 3-27 所示。提示是否将图像文件复制到根文件夹，单击“是”按钮，然后打开“复制文件为”对话框，定位到站点中用于存放图像文件的文件夹 images，如图 3-28 所示，最后单击“保存”按钮即可。

3.3.3　设置图像属性

在网页中插入图像后可以对图像的各种相关属性进行设置，如图 3-29 所示。

图 3-25 “选择图像源文件”对话框

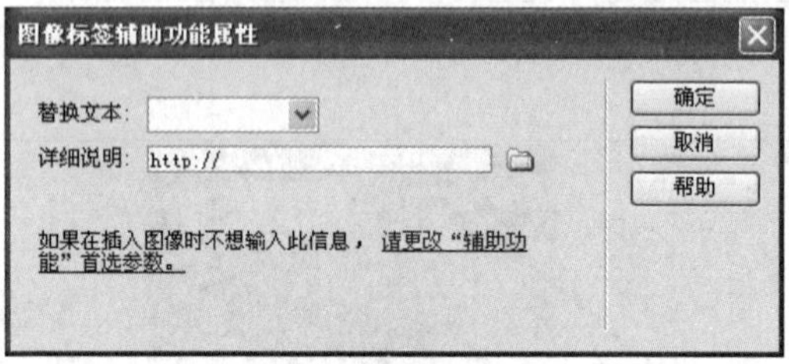

图 3-26 “图像标签辅助功能属性”对话框

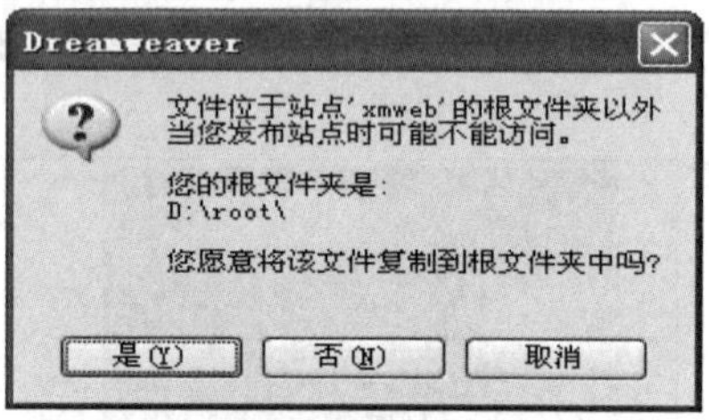

图 3-27 确认复制文件到根文件夹

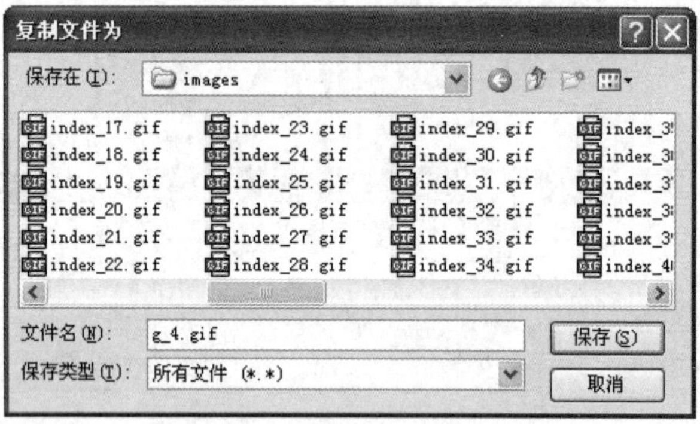

图 3-28 “复制文件为”对话框

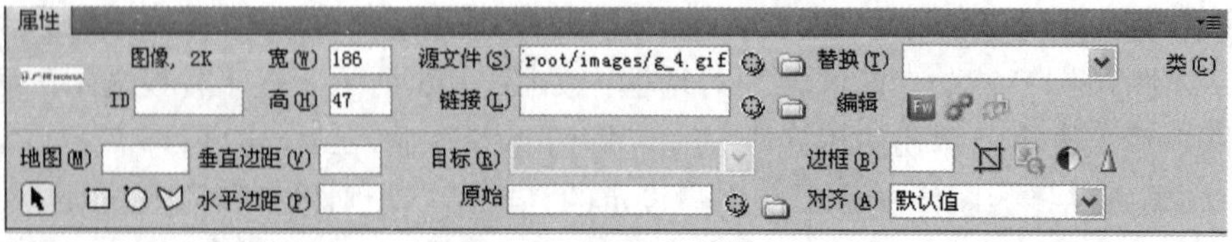

图 3-29 图像属性面板

若要设置图像属性，请执行以下操作：

（1）图像 ID 及大小：使用缩略图右边的文本框设置名称，以便在使用 Dreamweaver 行为（如“交换图像”）或脚本语言（如 JavaScript 或 VBScript）时可以引用该图像。图像名称应该是英文，不能使用特殊字符，而且在输入的内容中不能有空格。而缩略图右侧标明了所插入图像的大小，如图 3-29 所示为“图像，2K”。

（2）宽和高：以像素为单位指定图像的宽度和高度。当你在页中插入图像时，Dreamweaver 自动用图像的原始尺寸更新这些文本框。

在“宽”和“高”文本框中输入新值，实现图像大小改变，但却与图像的实际宽度和高度不相符，若要恢复图像原始值，可单击“宽”和“高”文本框右侧的“恢复图像到原始大小”按钮重设大小。

（3）源文件：显示图像文件的路径。若想选择其他图像，可以单击“浏览”按钮后再在“选择图像源文件”对话框中选择新图像。

（4）链接：指定图像的超级链接。将“指向文件”图标拖到“站点”面板中的某个文件，或单击文件夹图标浏览到站点上的某个文档，或手动输入 URL。

（5）对齐：在其下拉列表中指定图像周围的文本放置方式。

（6）替代：图像的替代文字，当用户的浏览器不能正常显示图像时，鼠标经过该图像的位置时会用这个文字替代图像。

（7）地图名称和热点工具：允许标注和创建图像映射。

（8）垂直边距和水平边距：沿图像的边缘添加边距（以像素为单位）。“垂直边距”沿图像的顶部和底部添加边距。“水平边距”沿图像左侧和右侧添加边距。若图像和文字贴得太近，容易使人产生压迫感。因此，适当调整图像间边距可以使浏览者在浏览网页时更加舒适。

（9）目标：指定链接的页应当在其中载入的框架或窗口（当图像没有链接到其他文件时，此选项不可用）。在其下拉列表中有_blank、_parent、_self 和_top 四个选项。

- _blank：将链接的文件载入一个未命名的新浏览器窗口中。
- _parent：将链接的文件载入含有该链接的框架的父框架集或父窗口中。
- _self：将链接的文件载入该链接所在的同一框架或窗口中，此为默认值。
- _top：将链接的文件载入整个浏览器窗口中，因而会删除所有框架。

（10）低解析度源：指定在载入主图像之前应该载入的图像。

（11）边框：以像素为单位的图像边框的宽度。默认无边框。

（12）编辑：启动在“外部编辑器”首选参数中指定的图像编辑器并打开选定的图像。

- 编辑 Fw：启动 Fireworks CS5 并打开该图像。
- 编辑图像设置：单击此按钮打开“图像预览”对话框，在对话框中进行相应的设置。
- 从源文件中更新：单击此按钮更新图像文件。

（13）原始：图像过大会需要很长的读取时间。在这种情况下，在全部读取源图像之前，临时指定出现在浏览器中的低分辨率图像文件。

（14）边框：设置图像的边框宽度。该值越大边框越粗。

- 裁剪：修剪图像大小，删除不需要的区域。
- 重新取样：对已调整大小的图像重新取样，提高图片在新形状下的品质。
- 亮度和对比度：调整图像的亮度和对比度设置。
- 锐化：调整图像的清晰度。

3.3.4 插入图像占位符

在网页的页面布局中，有时个别图像的制作还没有完成，而我们又想看到整体效果，就可以依据这个图像的大小在页面中设置大小相同的图像占位符来代替，从而实现布局。当图像制作完成，直接删除图像占位符，然后以图像代替它。

在 Dreamweaver 中插入图像占位符的基本操作如下：

（1）将光标置于要插入图像占位符的位置，在插入工具栏的“常用”分类中选择“图像占位符”按钮或选择“插入”→“图像对象”→“图像占位符”命令，打开“图像占位符”对话框，如图 3-30 所示。

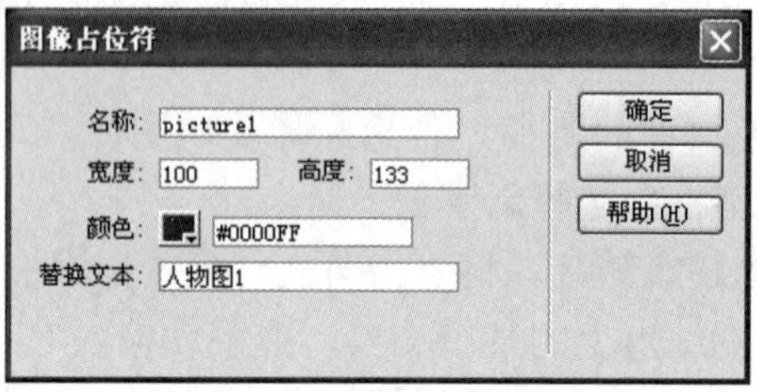

图 3-30 “图像占位符”对话框

（2）在对话框中进行设置（本例设置如图 3-30 所示）：

1）在“名称”文本框中，输入要作为图像占位符的标签文字显示的文本。名称可有可无，但名称必须以字母开头，且只能包含字母和数字；不允许使用空格和高位 ASCII 字符。

2）在“宽度”和“高度”文本框中，以像素为单位输入数字以设置图像大小。

3）为图像占位符选择一种颜色，可以使用颜色选择器或直接输入颜色的十六进制值（如 #FF0000）或输入网页安全色名称（如 red）。

4）在“替代文本”中，为使用只显示文本的浏览器的访问者输入描述该图像的文本。

（3）单击“确定”按钮。网页文档中即会出现图像占位符。

3.3.5 插入鼠标经过图像

鼠标经过图像指当访问者移动鼠标，使鼠标指针经过图像时，图像变为另一幅图像；而鼠标指针离开时，图像又恢复为原始图像。这种效果通常用于导航条、图像互动等。它由两幅图像组成，一是首次载入时显示的图像即原始图像，二是鼠标经过后翻转的图像即鼠标经过图像。在创建鼠标经过图像时应使用相同大小的两幅图像；如果这两个图像大小不同，Dreamweaver 将自动调整第二个图像的大小以匹配第一个图像的属性。

在 Dreamweaver 中插入鼠标经过图像的方法如下：

（1）将光标置于要插入鼠标经过图像的位置，在插入工具栏的“常用”分类中选择“鼠标经过图像”按钮或选择“插入”→“图像对象”→“鼠标经过图像”命令，打开“插入鼠标经过图像”对话框，如图 3-31 所示。

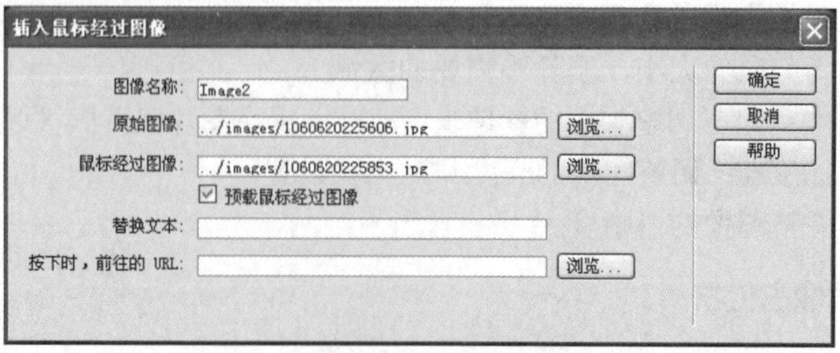

图 3-31 “插入鼠标经过图像”对话框

（2）设置对话框选项：

1）在“图像名称”文本框中输入鼠标经过图像的名称，如图 3-31 所示。

2）在“原始图像”文本框中，单击“浏览”按钮选择在载入网页时显示的图像，或在文本框中输入图像文件的路径。

3）在“鼠标经过图像”文本框中，单击“浏览”按钮选择在鼠标指针滑过原始图像时显示的图像，或在文本框中输入图像文件的路径。

提示：如果希望图像预先载入浏览器的缓存中，以便用户将鼠标指针滑过图像时不发生延迟，请选择“预先载入图像”选项。

4）在“替换文本”文本框中，输入浏览器中显示的描述该图像的替代文本。

5）在“按下时，前往的 URL”文本框中，单击“浏览”按钮选择文件，或者输入在用户单击鼠标经过图像时要打开的文件的路径。

提示：如果不为图像设置链接，Dreamweaver 将在 HTML 源代码中插入一个空链接（#），该链接上将附加鼠标经过图像行为。如果删除该空链接，鼠标经过图像将不再起作用。

（3）单击“确定”按钮完成设置，按 F12 键可预览效果。

3.3.6　实践技能训练

1. 插入图像占位符

（1）打开 wysj0301 网页文档，如图 3-32 所示。

（2）将光标放置在腰插入图。

像占位符的位置，选择“插入”→“图形对象”→“图像占位符”命令，弹出“图像占位符”对话框，在对话框进行相应的设置，如图 3-33 所示。

图 3-32　打开 wysj0301 网页文档

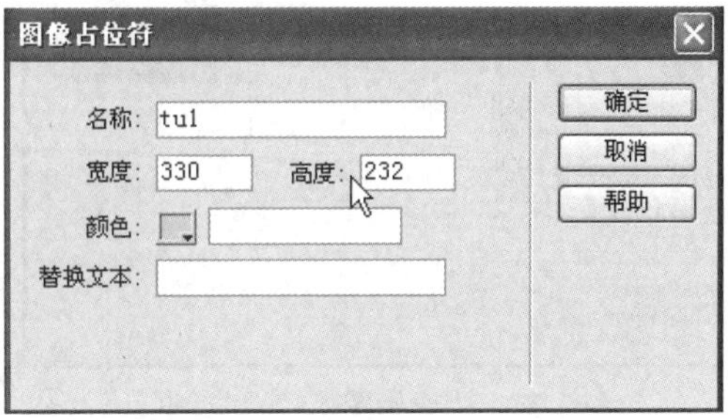

图 3-33　选择“图像占位符”命令

（3）单击“确定”按钮，插入图像占位符，并设置图像“右对齐”，如图 3-34 所示。

（4）保存文档，按 F12 键在浏览器中预览效果，如图 3-35 所示。

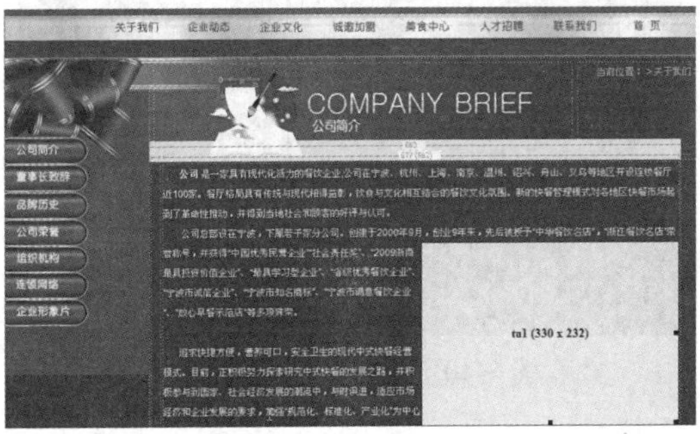

图 3-34　插入图像占位符

图 3-35　插入图像占位符的效果

2. 创建鼠标经过图像

（5）将光标置于图 3-34 要插入图像的位置，选择菜单“插入”→“图形对象”→“鼠标经过图像”命令，弹出“插入鼠标经过图像”对话框，如图 3-36 所示。

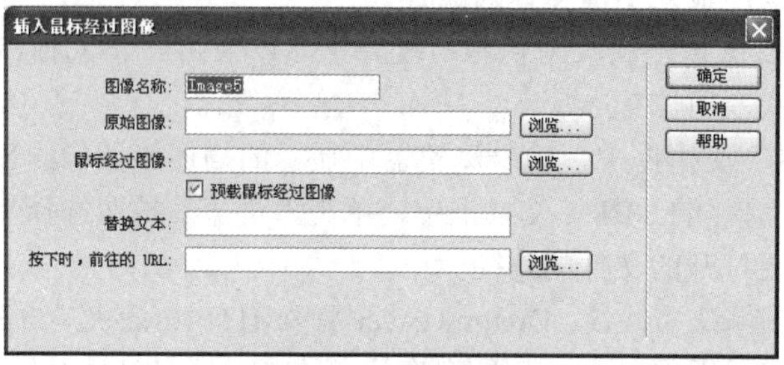

图 3-36 “插入鼠标经过图像”对话框

（6）在对话框中单击“原始图像”文本右边的“浏览”按钮，弹出“原始图像：”对话框，在对话框中选择图像 tu1.jpg，如图 3-37 所示。

（7）单击“确定”按钮，将图像路径添加到文本框中，单击“鼠标经过图像”文本框右边的“浏览”按钮，弹出“鼠标经过图像”对话框，在对话框中选择图像 tu2.jpg，如图 3-38 所示。

图 3-37 “原始图像：”对话框

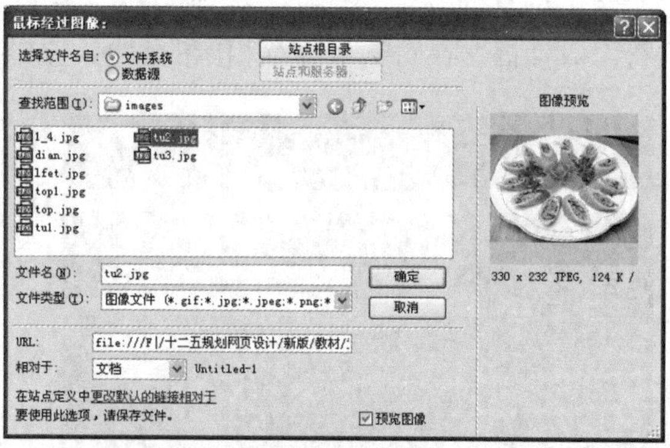

图 3-38 “鼠标经过图像：”对话框

（8）单击“确定”按钮，将图像路径添加到文本框中，如图 3-39 所示。

（9）单击“确定”按钮，插入鼠标经过图像，如图 3-40 所示。

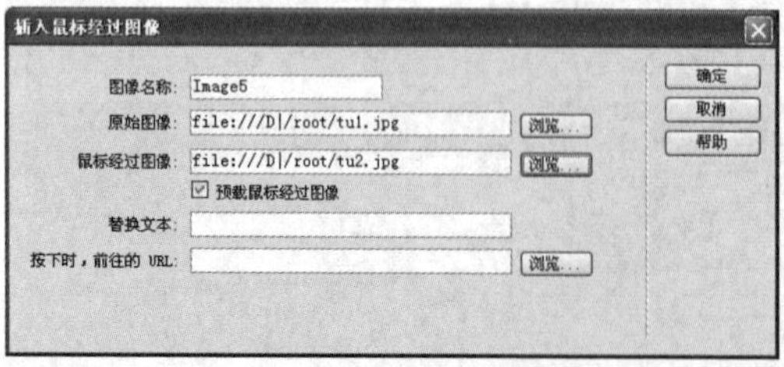

图 3-39 “插入鼠标经过图像”对话框

图 3-40 插入鼠标经过图像

（10）保存文档，按 F12 键在浏览器中浏览效果，鼠标经过前的效果如图 3-41 所示，鼠标经过后的效果如图 3-42 所示。

图 3-41　鼠标经过前的效果

图 3-42　鼠标经过后的效果

3.4　超级链接

超级链接（又称超链接、链接）是组成网站的基本元素，它将千千万万个网页组织成一个个网站，而千千万万个网站通过它组成了风靡全球的 WWW，浏览者只需轻轻单击一下鼠标，就可访问相关内容，因此可以说超链接就是 Web 的灵魂。

一个完整的超级链接包括链接载体（如文字和图像等）、链接标志和链接目标。

3.4.1　超级链接的概念

超级链接是指从一个网页指向一个目标的连接关系，即在 Web 页面中插入的指向其他文档的引用。目标可以是一个另外的网页，也可以是一张图片、一个文件、一个程序等。链接可以将任何类型的资源转换为链接，但最常用的链接类型是文本链接。可以在站点创建过程的任何阶段创建超级链接。

超级链接的外观多种多样，可以是导航按钮、文本、图片，无论是哪一种格式，只要用鼠标单击链接对象，即可跳转到指定的目标网页。当鼠标指向链接载体时，链接载体会发生一些变化，如鼠标指向文字载体，文字的字体、字号、颜色等会发生改变，有的带有下划线。

1. 超链接的分类

根据超级链接目标文件的不同，可以分为页面超链接、锚点超链接和电子邮件超链接等；根据超级链接单击对象的不同，超级链接可分为文字超链接、图像超链接和图像映射等。

2. 路径

创建超链接必须先了解链接与被链接载体的路径。在一个网站中，路径通常有三种表示方式：绝对路径、根目录相对路径和文档目录相对路径。

（1）绝对路径。绝对路径提供所链接文档的完整 URL，包括所使用的协议（Web 页通常使用 http://）。例如，http://www.macromedia.com/support/dreamweaver/contents.html 就是一个绝对路径。对本地链接，尽管也可使用绝对路径，但将此站点移动到其他位置，则所有本地绝对路径都将断开，因此最好不采用这种方式。

（2）根目录相对路径。根目录相对路径提供从站点根文件夹到被链接文档经过的路径。站点上所有公开的文件都存放在站点的根目录下。站点根目录相对路径以“/”开始，表示站点根文件夹。例如，/support/tips.html 是文件（tips.html）的站点根目录相对路径，该文件位于站点根文件夹的 support 子文件夹中。在某些 Web 站点中，需要经常在不同文件夹之间移动 HTML 文件，在这种情况下，站点根目录相对路径通常是指定链接的最佳方法。移动含有根目录相对链接的文档时，不需要更改这些链接。

（3）文档目录相对路径。文档目录相对路径是指以当前文档所在位置为起点到被链接文档所经过的路径，这种方式适合于创建本地链接。文档相对路径的基本思想是省略掉对于当前文档和所链接文档都相同的绝对 URL 部分，而只提供不同的路径部分。

3.4.2 创建超级链接

Dreamweaver 提供多种创建超链接的方法，可创建到文档、图像、多媒体文件或可下载软件的链接。可建立到文档内任意位置的文本或图像（包括标题、列表、表、层或框架中的文本或图像）的链接。

1. 创建到其他文档或文件的超级链接

Dreamweaver 使用文档目录相对路径创建指向站点中其他网页的链接，还可以使用根目录相对路径创建新链接。如果在保存文件之前创建文档相对路径，Dreamweaver 将临时使用以 file://开头的绝对路径，直至该文件被保存；当保存文件时，Dreamweaver 将 file://路径转换为相对路径。创建从图像、对象或文本到其他文档或文件（如图形、影片、PDF 或声音文件）的超级链接主要有以下几种方法：

（1）使用属性面板。使用属性面板（又称属性检查器）创建超级链接的方法如下：

1）在文档窗口的“设计”视图中选择文本或图像。

2）执行菜单“窗口”→“属性”命令，打开属性面板，然后执行下列操作之一：

- 单击“链接”文本框右侧的文件夹图标，选择一个被链接的文件，如图 3-43 所示。

在 URL 文本框中显示了被链接文档的路径。选择对话框中的“相对于”弹出菜单，指示该路径是文档相对路径还是根目录相对路径，所选择的路径类型只适用于本链接。

- 直接在“链接”文本框中输入文档的路径和文件名。

若要链接到站点内的文档，可输入文档目录相对路径或站点根目录相对路径。若要链接到站点外的文档，则输入包含协议（如 http://）的绝对路径。此种方法可用于输入尚未创建的文件链接。

提示：对于文档相对路径，则省略对于当前文档和所链接文档都相同的绝对 URL 部分。如果要链接的目标文件与当前文档位于同一文件夹中，则只输入文件名；如果位于子文件夹中，则依次输入子文件夹名称、反斜杠（/）、文件名；如果位于父文件夹中，则在文件名前添加../（其中“..”表示“文件夹层次结构中向上提升一级”）。

3）从“目标”弹出菜单中选择文档打开的位置。若要使所链接的文档出现在当前窗口或框架以外的其他位置，可从属性检查器的“目标”弹出菜单中选择_blank、_parent、_self 或_top 中的一个选项。

（2）使用“指向文件”图标。使用“指向文件”图标创建超级链接的操作如下：

1）选择文本或图像。

2）拖动属性检查器中“链接”文本框右侧的“指向文件”图标，指向另一个打开的文档、已打开文档中的可见锚记或者指向“文件”面板中的一个文档，如图 3-44 所示创建一个由图像文件 car3.jpg 到“文件”面板中的 10.html 的超级链接。

3）释放鼠标按钮，“链接”文本框将更新，以显示所创建的超链接。

提示：只有当“文档”窗口中的文档未最大化时，才能链接到打开的文档。如果指向打开的文档，则在进行选择时，该文档移至屏幕的最前面。

图 3-43 “选择文件”对话框

图 3-44 使用“指向文件”图标创建超级链接

2. 使用站点地图

通过站点地图创建超级链接的操作方法如下：

（1）执行菜单“窗口”→“站点”命令或按 F8 键打开文件面板，如图 3-45 所示，然后单击面板上的“展开以显示本地和远端站点”按钮，展开文件面板，然后单击“站点地图”图标，选择“地图和文件”，这时将同时显示“站点文件”和“站点地图”视图，如图 3-46 所示。

（2）在站点地图右窗口中选择一个文件并设为首页文件，如 index.htm，然后选中左窗口中的 index.htm 文件，其旁边将出现“指向文件”图标。

（3）拖动“指向文件”图标，指向站点地图中另一个文件，或者指向“站点文件”视图（站点地图右窗口）中某个待链接的本地文件（本例为 3.html）上，如图 3-47 所示，然后释放鼠标，在左窗口中立即出现创建的链接关系。用同样的方法可以创建左窗口中的文件与左、右窗口中的文件之间的链接关系，最后的效果如图 3-48 所示。

还可以通过下面的方法在站点地图中创建超链接：

图 3-45 文件面板

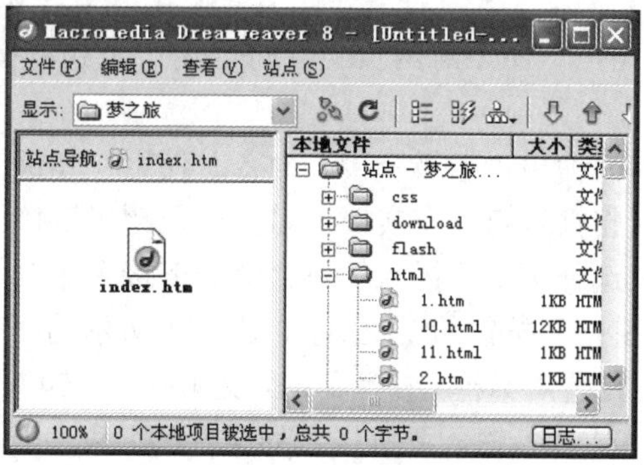

图 3-46 index.htm 未与其他文件建立链接

1）在站点地图中选择一个 HTML 文件，然后执行菜单“站点”→“链接到已有文件”命令，或者右击选择的文件，从弹出的快捷菜单中选择“链接到已有文件”命令，如图 3-49 所示，均弹出如图 3-47 所示的对话框，在对话框中选择文件即可。

2）在站点地图中选择一个 HTML 文件，然后选择“站点”→“链接到新文件”命令，或者右击选择的文件，从弹出的快捷菜单中选择“链接到新文件…”命令，如图 3-49 所示，然后弹出对话框并在对话框中输入文件名或在“选择 HTML 文件”对话框中选择文件，如图 3-50 所示。

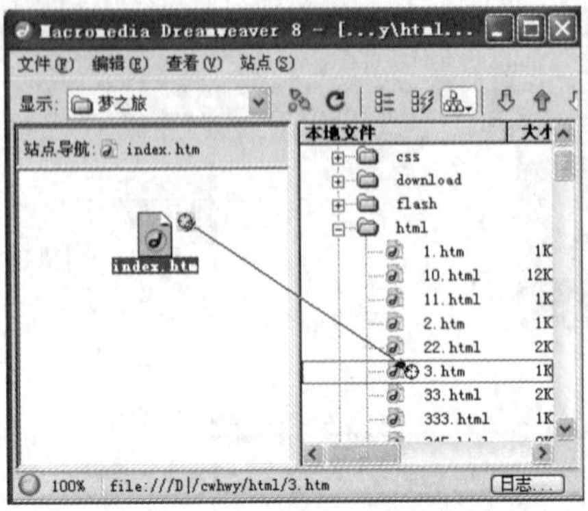

图 3-47 在站点地图中创建超链接

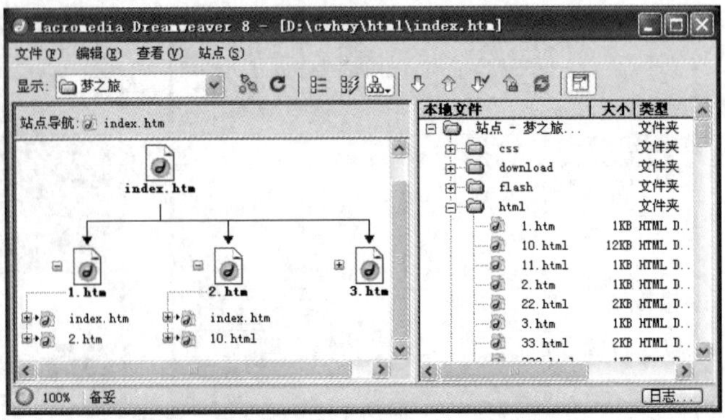

图 3-49 在站点地图中创建多个超链接后的效果图

图 3-49 快捷菜单

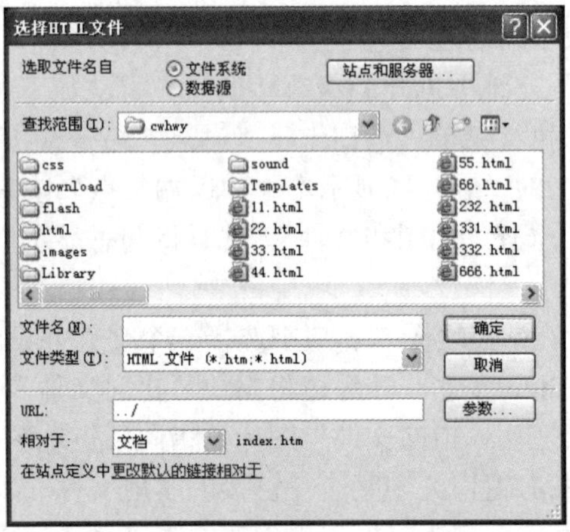

图 3-50 “选择 HTML 文件“对话框

提示：在图 3-48 所示的左窗口，链接结构图标左边有一个符号⊞，表示此文件中已创建链接，点击符号⊞，将展开此文件链接结构，如图 3-48 所示的 1.htm 和 2.htm。

在站点地图上对网页文件每创建一个超链接，都会在其页面文档上自动出现一个超链接文字样。

（4）使用“超级链接”命令。使用“超级链接”命令添加超级链接的操作方法如下：

1）将插入点放在文档中希望出现超级链接的位置。

2）选择菜单“插入”→“超级链接”命令或在“插入”工具栏的“常用”类别中，单击“超级链接”按钮，出现如图 3-51 所示的“超级链接”对话框。

3）设置对话框。在“文本”文本框中，输入要在文档中作为超级链接显示的文本。在“链接”文本框中，输入要链接到的文件的名称，或者单击文件夹图标以通过浏览选择该文件。在“目标”弹出菜单中选择一个窗口，在该窗口中，该文件应在“目标”文本框中打开。在“Tab 键索引”文本框中，输入 Tab 键顺序的编号。在“标题”文本框中输入超级链接的标题。在“访问键”文本框中输入键盘等价键（一个字母）以便在浏览器中选择该超级链接。

4）单击“确定”按钮。

3. 创建到文档内特定位置的超级链接

创建到文档内部的特定位置的超级链接就是创建命名锚记链接。通过在文档的特定主题处或顶部放置命名锚记（又称锚点），创建到这些命名锚记的链接，就可以让浏览者快速地浏览网页。

创建到命名锚记链接的过程分为两步：第一步是创建命名锚记，第二步是创建到该命名锚记的链接。图 3-52 为创建的锚点链接效果。

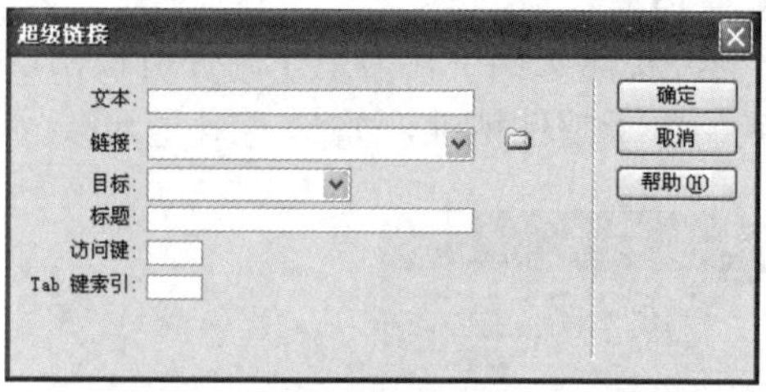

图 3-51　“超级链接”对话框

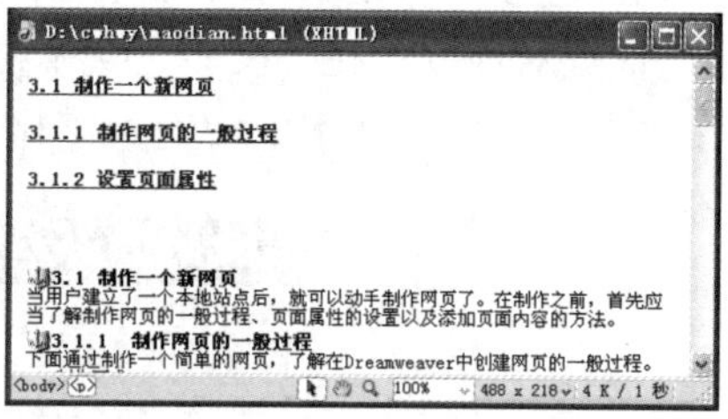

图 3-52　锚点链接效果

（1）创建命名锚点。

1）在“文档”窗口的“设计”视图中，将插入点放在需要命名锚点的地方，如图 3-36 中正文部分的“3.1 制作一个新网页”。

2）选择菜单“插入”→“命名锚记”命令或按下 Ctrl+Alt+A 组合键或在“插入”工具栏的“常用”类别中，单击“命名锚记”按钮，出现如图 3-53 所示的“命名锚记”对话框。

图 3-53　“命名锚记”对话框

3）在“锚记名称”文本框中键入锚记的名称，本例为 m1，单击“确定”按钮。锚记标记在插入点处出现。

提示：如果看不到锚记标记，可选择菜单“查看”→“可视化助理”→“不可见元素”命令。

（2）链接到命名锚点。

1）在“文档”窗口的“设计”视图中，选择要创建链接的文本或图像，如在图 3-36 中选中网页顶部的“3.1 制作一个新网页”文字部分。

2）在属性检查器的“链接”文本框中，输入一个#符号和锚点名称。如本例为 #m1。若要链接到同一文件夹内其他文档中的名为 top 的锚点，则输入 filename.html#top。请注意锚记名称区分大小写。还可以采用以下两种方法链接到命名锚点：

方法 1：单击属性检查器中“链接”文本框右侧的“指向文件”图标，然后将其拖到要链接到的锚点上。

方法 2：在“文档”窗口中，按住 Shift 键进行拖动，从所选文本或图像拖动到要链接到的锚点。

说明：锚点可以是同一文档中的也可以是其他打开文档中的。

4. 创建电子邮件链接

单击电子邮件链接时，该链接打开一个新的空白信息窗口。在电子邮件消息窗口中，“收件人”文本框自动更新为显示电子邮件链接中指定的地址。

（1）使用“插入电子邮件链接”命令。

1）在“文档”窗口的“设计”视图中，将插入点放在希望出现电子邮件链接的位置，或者选择要作为电子邮件链接出现的文本或图像。

2）选择“插入”→“电子邮件链接”命令或在“插入”工具栏的“常用”类别中单击“插入电子邮件链接”按钮，弹出如图 3-54 所示的对话框。

3）设置对话框。在“文本”文本框中输入或编辑要在文档中作为电子邮件链接出现的文本，在“电子邮件”文本框中输入该邮件将发送到的电子邮件地址，如图 3-54 所示。

图 3-54 “电子邮件链接”对话框

4）单击“确定”按钮。

（2）使用属性检查器。

1）在“文档”窗口的“设计”视图中选择文本或图像。

2）在属性检查器的“链接”文本框中，输入 mailto:，后面跟电子邮件地址。在冒号和电子邮件地址之间不能输入任何空格，如输入mailto:wangjun666@163.com。

3.4.3 管理超级链接

为避免站点中出现断链接，可以激活链接管理，使 Dreamweaver 在你作出更改后自动更新链接。也可以使用站点的可视化表示形式来修改链接，或者通过一次更改将所有链接更新到一个特定的文件中。

1. 自动更新链接

每当在本地站点内移动或重命名文档时，Dreamweaver 可自动更新指向该文档的链接。当将整个站点（或其中完全独立的部分）存储在本地硬盘上时，此项功能最适用。为了加快更新过程，Dreamweaver 可创建一个缓存文件，用以存储有关本地文件夹中所有链接的信息。在添加、更改或删除指向本地站点的文件的链接时，该缓存文件以可见的方式进行更新。

（1）在 Dreamweaver 中启用链接管理。

1）选择“编辑”→“首选参数”命令，显示如图 3-55 所示的“首选参数”对话框。

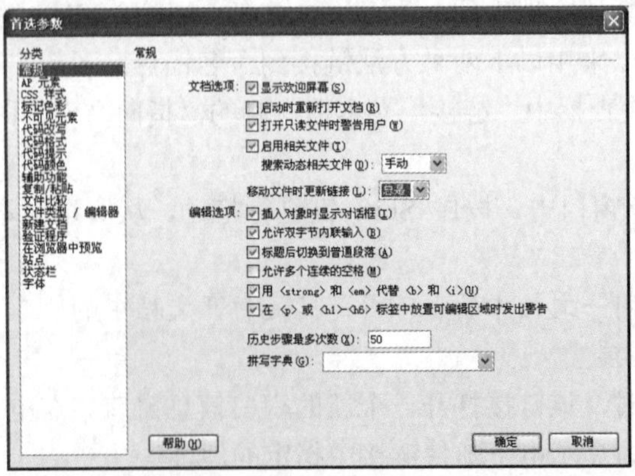

图 3-55 “首选参数”对话框

2）从左侧的“分类”列表中选择“常规”，在“文档选项”部分，从“移动文件时更新链接”下拉列表中选择“总是”、“提示”或“从不”。若选择“总是”，则每当移动或重命名选定文档时，Dreamweaver 将自动更新指向该文档的所有链接。如果选择“提示”，Dreamweaver 将显示“更新文件”对话框，如图 3-56 所示，列出此更改影响到的所有文件。单击“更新”按钮可更新这些文件中的链接，而单击“不更新”将保留原文件不变。

（2）为站点创建缓存文件。

1）选择“站点”→“管理站点”命令，出现如图 3-57 所示的“管理站点”对话框。

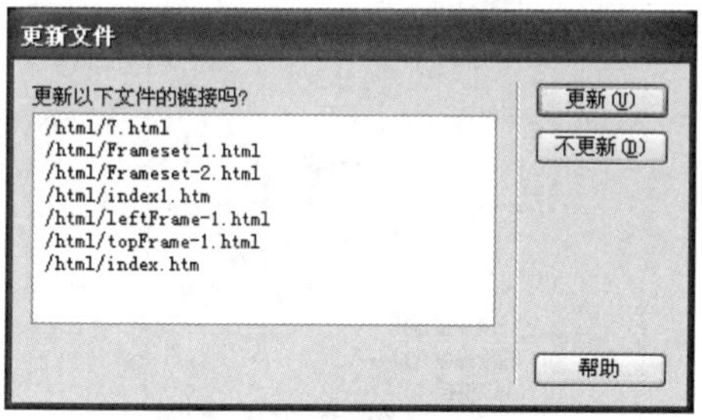

图 3-56　“更新文件”对话框

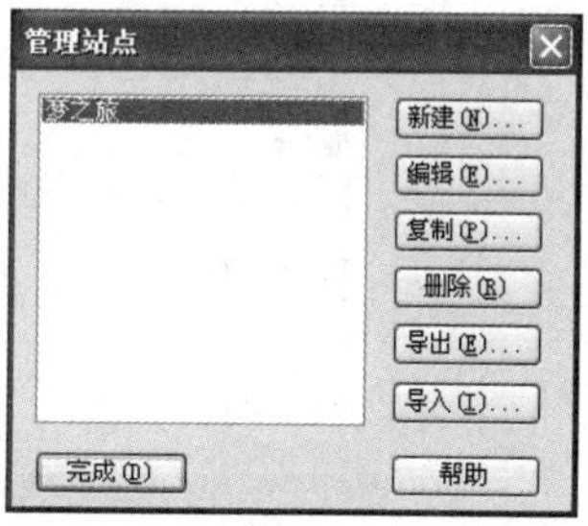

图 3-57　“管理站点”对话框

2）选择一个站点，然后单击“编辑”命令，出现“站点定义”对话框。

3）单击“高级”选项卡，从左侧的“分类”列表中选择“本地信息”，显示“本地信息”选项。在“本地信息”类别中，选中“启用缓存”复选框，如图 3-58 所示。

在较大型的站点上，载入缓存可能需要一段时间，其中的大部分时间用于将本地站点上文件的时间戳与缓存中记录的时间戳进行比较，以确定缓存是否过期。

（3）重新创建站点缓存。在“文件”面板中，单击按钮，在弹出菜单中选择“站点”→“重建站点缓存”命令，或者执行菜单“站点”→“高级”→“重建站点缓存”命令，重新创建站点缓存，如图 3-59 所示。

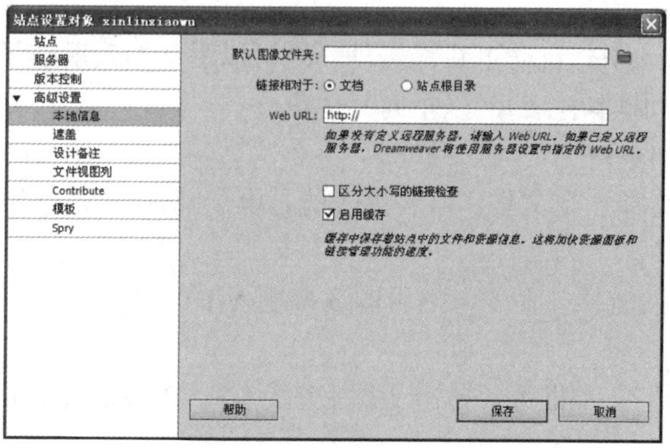

图 3-58　“启用缓存”复选框

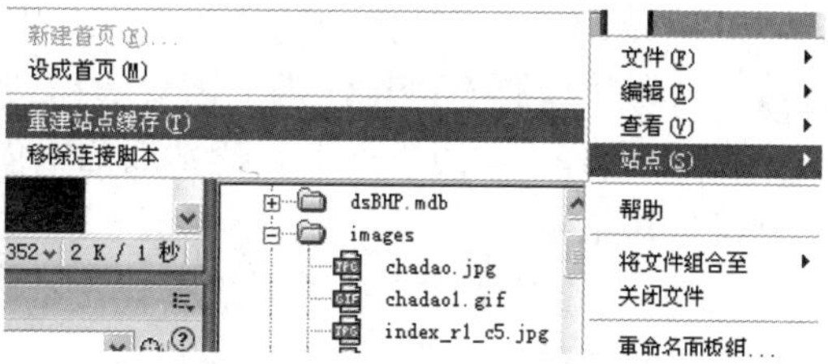

图 3-59　“重新创建站点缓存”对话框

2. 在站点地图中修改链接

在站点地图中通过添加、更改和删除链接来修改站点的结构。Dreamweaver 会自动更新站点地图以显示对站点所做的更改。

（1）更改链接。

1）在站点地图中，选择要更改的链接所指向的页面，然后选择菜单“站点”→“改变链接”命令或者右击，弹出快捷菜单，如图 3-60 所示，然后选择“改变链接”。

2）通过浏览找到希望链接指向的文件，或者输入 URL。

（2）移除链接。

1）在站点地图中选择页面。

2）选择“站点”→“移除链接”命令或右击，弹出快捷菜单，如图 3-61 所示，然后选择“移除链接”。

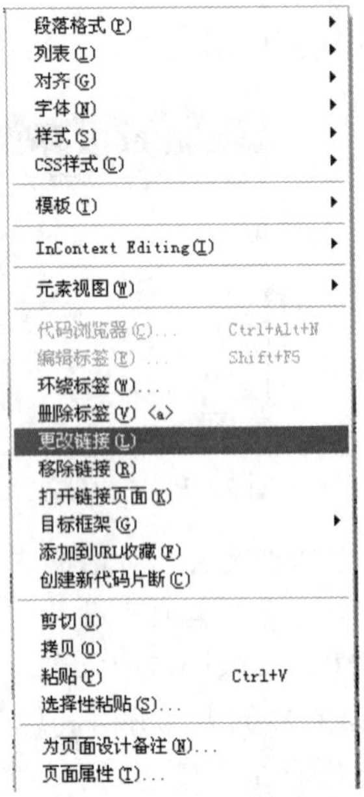

图 3-60 改变链接

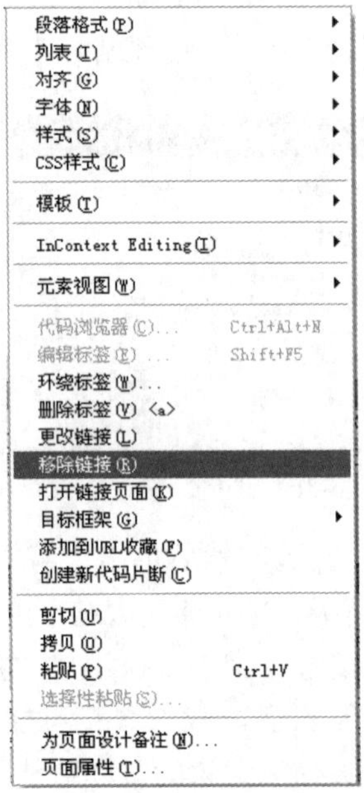

图 3-61 移除链接

移除链接不会删除网页文件，只是从指向该链接的页面上的 HTML 源代码中删除该接代码，即删除链接关系。

3. 在整个站点范围内更改链接

除了每当移动或重命名文件时让 Dreamweaver 自动更新链接外，还可以手动更改所有链接（包括电子邮件链接、FTP 链接、空链接和脚本链接），以指向其他位置。

在整个站点范围内更改链接的基本操作如下：

（1）在“文件”面板的“本地视图”中选择一个文件。但若更改的是电子邮件链接、FTP 链接、空链接或脚本链接，则不需要选择文件。

（2）选择“站点”→“改变站点范围内的链接”命令，出现图 3-62 所示的“更改整个站点链接”对话框。

（3）设置对话框。在“更改所有的链接”文本框旁，单击文件夹图标，然后通过浏览选择要更改链接的文件。

在“变成新链接”文本框旁边，单击文件夹图标，选择要链接到的新文件。

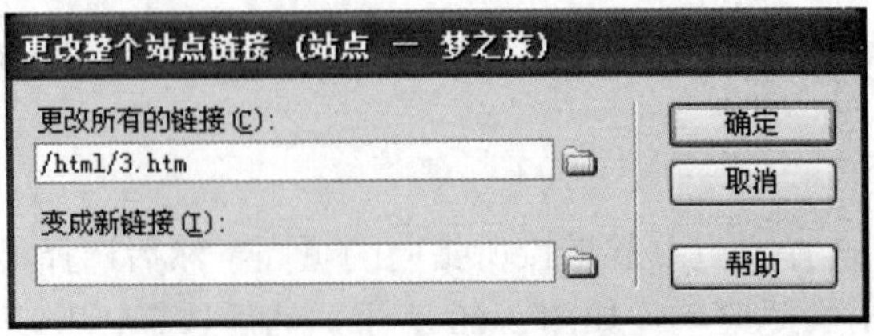

图 3-62 “更改整个站点链接”对话框

提示：如果更改的是电子邮件链接、FTP 链接、空链接或脚本链接，则直接输入链接的完整文本。例如，若要更新指向旧地址的所有电子邮件链接，可在“更改所有的链接”文本框中输入mailto:jeuser@isp.com，然后在“变成新链接”文本框中输入mailto:jeuser-interface@isp.com。

（4）单击“确定”按钮。

3.4.4　图像映射

图像映射就是指在一幅图像中定义若干个区域（这些区域称为热点），每个区域中指定一个不同的超链接，当单击不同区域时可以跳转到相应的目标页面。

下面介绍创建图像映射的过程。

（1）新建网页，在文档中插入图像。

（2）选择图像，打开属性面板，设置图像热区。

在属性面板中，可以使用矩形工具、圆形工具、多边形工具和选择工具来创建矩形、圆形和多边形热区，如图 3-63 所示，方法如下：

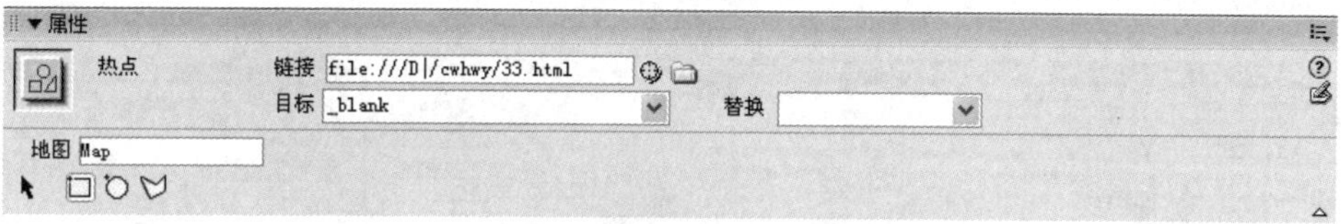

图 3-63　图像映射属性面板

1）矩形工具：选择此工具后在图像上移动鼠标，鼠标变成“+”形，按住鼠标左键在图像上拖动可绘制一个矩形区域，此区域就是热区。

2）圆形工具：使用方法与矩形工具相同，用于绘制圆形热区。

3）多边形工具：使用方法与矩形工具相同，用于绘制多边形热区。

4）选择工具：选定热区后，使用此工具可以拖动热区边缘的控制柄调整热区的大小，也可以拖动鼠标指针移动热区图形，改变热区位置。

（3）一个热区绘制完毕后，在属性面板的“链接”文本框中输入链接地址，如 33.html，链接目标设置为“_blank”。这样设置可以使链接页面在一个新的窗口中打开，在“替换”选择框中可以输入显示图像的说明文字。

使用同样的方法可以制作其他热区的链接，然后再设置链接属性，从而制作一个完整的图像映射。

3.5　插入媒体

在静态网页中插入多媒体元素，可以极大地丰富网页内容和效果。在 Dreamweaver 中可以快速便捷地向页面添加声音、影片或其他交互式元素。

在 Dreamweaver 文档中可以插入 SWF 文件、QuickTime 或 Shockwave 影片、AVI、Java applet、ActiveX 控件以及各种格式的音频文件。

3.5.1　插入 Flash

SWF 动画是在专门的 Flash 软件中完成的，在 Dreamwever 中能将现有的 SWF 动画插入到文档中。

要插入 SWF 文件可执行以下操作：

（1）在“文档”窗口中，将插入点置于要插入对象的位置。

（2）执行“插入”→“媒体”→“Flash”命令或“插入”工具栏的“常用”类别，在“媒体”菜单中选择 SWF，进入“选择文件”对话框。

（3）在显示的对话框中，选择一个 SWF 文件。Flash 占位符随即出现在“文档”窗口中，如图 3-64 所示。

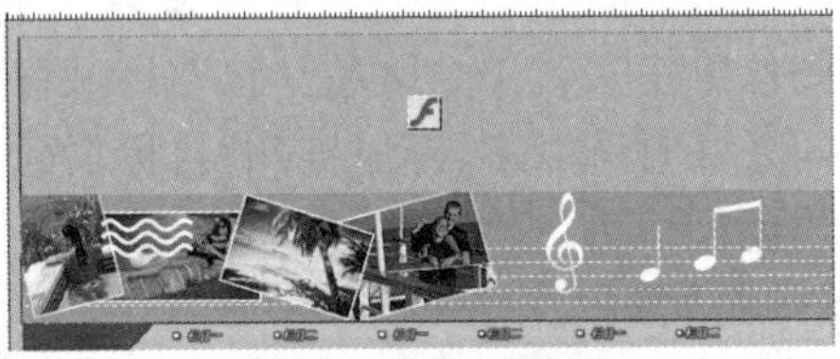

图 3-64　插入 Flash

在 Dreamwever CS5 文档窗口中插入 Flash 动画，就会在属性面板中出现 Flash 动画的相关属性。属性面板（如图 3-65 所示）中的各项参数如下：

图 3-65　动画属性面板

（1）SWF：输入 Flash 动画的名称。

（2）宽、高：指定 Flash 动画的宽度和高度。没有输入单位时，会自动选择像素单位。若想使用 inch、mm、cm 等单位，就要在数字后面输入单位。

（3）文件：指定指向 Flash 文件的路径。可以单击“浏览”按钮来选择文件。

（4）源文件：指定 Flash 源文档（FLA）的路径。若要编辑 Flash 文件（SWF），更新影片的源文档，必须指定。如果安装了 Flash 软件，就输入该软件的路径。输入完软件的路径后，单击“编辑”按钮，就会自动运行 Flash 软件。

（5）编辑：可以运行 Flash 软件来编辑 Flash 动画。如果计算机上没有安装 Flash，此按钮将被禁用。

（6）背景颜色：指定影片区域的背景颜色。Flash 动画较大时，从网页文件读取 Flash 动画的过程中，动画的位置显示为白色。因此，Flash 动画的背景颜色最好与文本的背景颜色相同，以便在不播放影片时（在加载时和在播放后）也显示此颜色。

（7）自动播放：在浏览器上读取该网页文件的同时，页面加载将自动播放影片。

（8）垂直边距和水平边距：指定影片上、下、左、右空白的像素数。

（9）品质：使用<object>标签或<embed>标签来插入动画时的品质参数。设置越高，影片的观看效果就越好。“低品质”更注重速度，而“高品质”更注重外观。“自动低品质”首先注重速度，但如有可能则改善外观。“自动高品质”同时注重这两种品质，但根据需要可能会因为速度而影响外观。

（10）比例：在宽、高属性中指定的动画区域上，选择 Flash 动画的显示方式。

- 默认值：显示整个影片。
- 无边框：维持原始的纵横比。
- 严格匹配：对影片进行缩放以适合设定的尺寸，而不管纵横比如何。

（11）对齐：选择 Flash 动画的放置位置。

（12）Wmobe：为 SWF 文件设置 Wmobe 参数以避免与 DHTML 元素（例如 spry 构建）相冲突。默认是不透明，这样在浏览器中，DHTML 元素就可以显示在 SWF 文件的上面。如果 SWF 文件包括透明度，并且希望 DHTML 元素显示在其后面，选择“透明”选项。选择“窗口”选项可以从代码中删除 Wmobe 参数并允许 SWF 文件显示在其他 DHTML 元素上面。

（13）播放/停止：单击“播放”或“停止”按钮，就会在文档窗口中播放或停止 Flash 动画。

（14）参数：可以添加 Flash 动画属性和相关参数。

（15）类：可以选择已经定义好的样式定义该动画。

3.5.2 插入音视频

1. 插入 Flash 视频

Flash 视频并不是 Flash 动画，它的出现是为了解决 Flash 以前对于连续视频只能使用 JPEG 图像进行帧内压缩。压缩效率低，文件很大，不适合作视频存储的弊端。Flash 视频采用帧间压缩方法，可以有效地缩小文件大小，并保证视频质量。

在插入面板的“常用”分类中单击“媒体”按钮右侧的下三角按钮，在弹出的下拉列表中选择 FLV 选项，打开“插入 FLV”对话框，如图 3-66 所示，选择需要插入的文件，填写好相关内容，单击“确定”按钮，Flash 视频文件就添加到网页页面中。

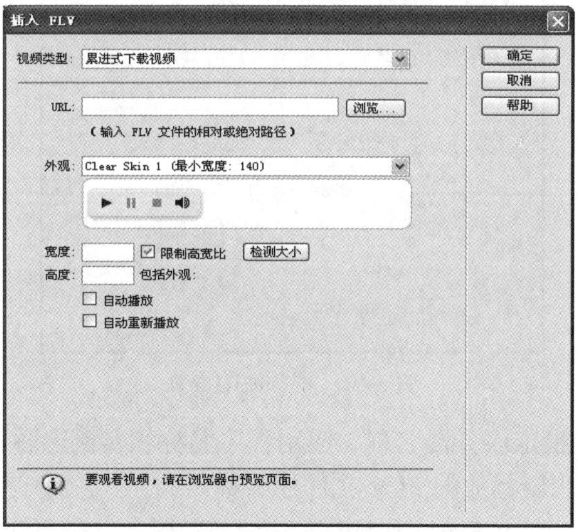

图 3-66　“插入 FLV”对话框

视频类型：选择视频类型。有“累进下载视频”和“视频流”两个选项。

（1）累进式下载视频：将 Flash 视频（FLV）文件下载到访问者的硬盘上，然后播放。但是，与传统的“下载并播放”视频传送方法不同，累进式下载允许在下载完成之前就开始播放视频文件。

（2）流视频：对 Flash 视频内容进行流式处理，并在一段很短时间的缓冲（可确保流畅播放）后在 Web 页上播放该内容。若要在 Web 页上启用流视频，必须具有访问 Macromedia Flash Communication Server 的权限。

如果选择“累进式下载视频”，可以设置如下内容：

（1）URL：指定 FLV 文件的相对或绝对路径。若要指定相对路径，则单击“浏览”按钮，导航到 FLV 文件并将其选定。

（2）外观：指定 Flash 视频组件的外观。

（3）宽度和高度：指定 FLV 文件的宽度和高度（单位为像素）。单击“检测大小”按钮可让 Dreamweaver 确定 FLV 文件的准确宽度和高度。

（4）限制宽高比：保持 Flash 视频组件的宽度和高度之间的纵横比不变。

（5）检测大小：检测 Flash 视频的大小。

（6）自动播放：在浏览器上读取 Flash 视频文件的同时立即运行 Flash 视频。

（7）自动重新播放：指定播放控件在视频播放完之后自动重播。

Flash 视频的优点是可以整合进 Flash 文件中，也可以独立于 Flash 文件外，支持跨平台、功耗低，具有流媒体的特性。Flash 文件体积小，清晰的 FLV 视频 1 分钟文件的大小为 1MB 左右，是普通视频文件大小的 1/3，再加上 CPU 占有率低、视频质量良好等特点，使其在网络上盛行，目前网上的几家著名的视频共享网站均采用 FLV 格式文件提供视频。

如果选择“流媒体”选项，则进入流媒体设置界面，如图 3-67 所示。Flash 视频时一种流媒体格式，它可以使用 HTTP 服务器或者专门的 Flash Communication Server 流服务器进行流式传送。相关选项的功能设置和前面介绍的差不多，多出的设置如下：

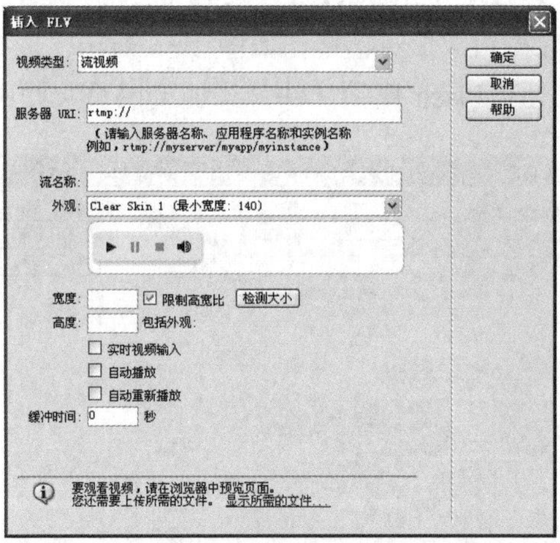

图 3-67 视频流的设置

（1）服务器 URL：指定服务器名称、应用程序名称和实例名称。

（2）流名称：指定想要播放的 FLV 文件的名称。

（3）实时视频输入：指定 Flash 视频内容是否是实时的。如果选定了“实时视频输入”，Flash Player 将播放从 Flash Communication Server 流入的实时视频输入。

（4）缓冲时间：设置流媒体文件的缓冲处理所需的时间（以秒为单位）。

2. 插入普通音视频

网络中最常遇到的音频莫过于在线音乐和电影预告片。在网页中插入音视频文件或者单击链接，就可以运行 Windows Media Player 或 RealPlayer 等播放软件来收听收看音视频。

如果希望在页面上显示播放器的外观，包括播放、暂停、停止、音量及音视频文件的开始电和结束点等控制面板，可以使用这种方法。

Dreamweaver CS5 用一般的插件对象将音视频嵌入到网页中。该对象只需要音视频文件的源文件名、对象的宽度和高度。

在插入面板的“常用”分类中单击“媒体”按钮右侧的下三角按钮，在下拉列表中选择

插件，打开“选择文件”对话框，单击“确定”按钮后，Dreamweaver CS5 会将“插件”显示为一个通用的占位符，属性面板（如图 3-68 所示）中可以设置如下参数：

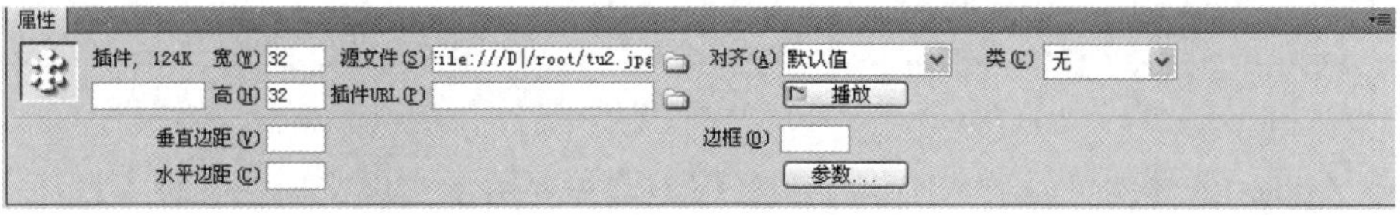

图 3-68　插件属性面板

（1）插件名称：可以输入用于播放媒体对象的插件名称，使该名称可以被脚本所引用。

（2）宽：可以设置对象的宽度，默认的单位是像素，也可以采用其他单位 Pc、Pt、in、mm、cm 或%。

（3）高：可以设置对象的高度，默认的单位是像素，同对象的跨度设置一样，也可以采用其他单位。

（4）源文件：可以设置插件内容的 URL 地址，既可以直接输入地址，也可以单击右侧的文件夹按钮，从磁盘上选择文件。

（5）插件 URL：可以输入插件所在的路径。在浏览网页时，如果浏览器中没有安装该插件，则会从此路径上下载插件。

（6）对齐：可以选择插件内容在文档窗口水平方向上的对齐方式，可用的选项同处理图像对象一样。

（7）垂直边距：可以设置对象上端和下端同其他内容的间距，单位是像素。

（8）水平边距：可以设置对象左端和右端同其他内容的间距，单位是像素。

（9）边框：可以设置对象边框的宽度，单位是像素。

（10）播放/停止：单击“播放”按钮，就会在文档窗口中播放插件。在播放插件的过程中“播放”按钮会切换成“停止”按钮，而单击该“停止”按钮，可以停止插件的播放。

（11）参数：单击该按钮，会提示用户输入其他属性面板上没有出现的参数。

流式视频文件的形式主要使用 ASF 或 WMV 格式。而利用 Dreamweaver CS5 参数面板就可以调节各种 WMV 视频画面。它可以在播放时移动视频的进度滑块，也可以在视频下面显示标题，这些都是通过调节参数来进行设置的。具体的参数设置限于篇幅，请参阅相关资料。

3.5.3　插入 JavaApplet 和 ActiveX

Java 是一种允许开发并可以嵌入 Web 页面的编程语言。用 Java 可开发两种类型的程序——JavaAppication 和 JavaApplet。JavaApplet 是在 Java 的基础之上演变而成的应用程序，特可以嵌入到网页中用来指定一定的任务（比如动态合交互的效果）。而 ActiveX 控件技术很多是用于插入网页页面，提供了网页页面不受浏览器限制和可以进行交互的能力。

1. 插入 JavaApplet

Java 是一种完全的编程语言，用于在网页上实现“真正的交互”，它试图在 Internet 上建立一种可以在任意平台、任意机器上运行的程序（Applet），从而实现多种平台之间多交互操作。Applet 可以在 UNIX、Windows 以及 Machintosh 上运行，只需一个支持 Java 的浏览器即可。在创建了 JavaApplet 后，可以用 Dreamweaver CS5 将其插入到网页中，使用 Applet 标签来标记对此 JavaApplet 文件的引用，如图 3-69 所示。

Applet 的“属性”面板中的各项参数设置如下：

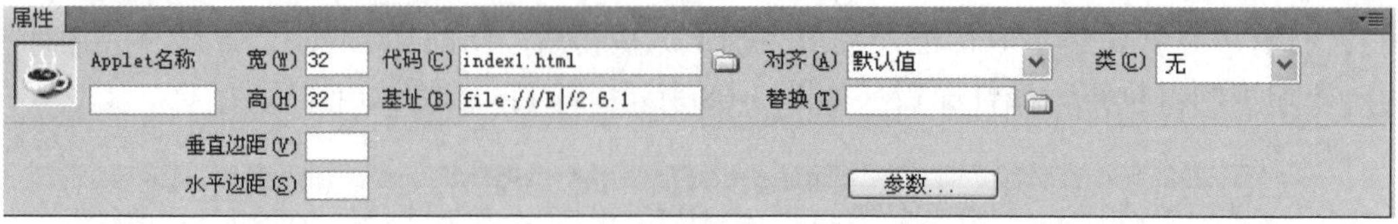

图 3-69　设置 Applet 属性

（1）Applet 名称：可以输入小程序的名称，这主要用于实现文档中各种小程序之间的相互定位和通信。

（2）宽和高：以像素为单位设置小程序运行时的宽度和高度。

（3）代码：指定该 Applet 的 Java 代码文件，单击按钮以浏览某一文件，或直接在文本框中输入文件的路径。

（4）基址：可以输入小程序所在的文件夹的路径。它同“代码”中输入的内容一起构成小程序文件的 URL 地址。

（5）对齐：设置 Applet 在文档中的对齐方式。

（6）替换：指定如果用户的浏览器不支持 Java Applet 或者已经禁用 Java，将要显示的替换内容。如果输入文本，Dreamweaver CS5 将插入该文本，将其作为 Apple 的 alt 属性的值。

（7）垂直边距和水平边距：指定 Apple 上、下、左、右同其他内容的间距。单位是像素。

（8）参数：单击此按钮，会提示用户输入其他在属性面板中无法输入的参数。

2. 插入 ActiveX 控件

ActiveX 控件是对浏览器能力的扩展，ActiveX 控件仅在 Windows 系统上的 Internet Explorer 中运行。ActiveX 控件的作用和插件的作用是相同的，它可以在不发布浏览器新版本的情况下扩充浏览器的能力。

要插入 ActiveX 控件内容，可执行以下操作：

（1）在“文档”窗口中，将插入点置于要插入对象的位置。

（2）执行“插入”→“媒体”→“ActiveX”命令或“插入”工具栏的“常用”类别，从“媒体”菜单中选择 ActiveX 按钮，打开“对象标签辅助功能属性”对话框。

3.6　实践技能训练

下面为一个已经排版完成的网站页面的制作链接关系，使其形成一个完整的站点。制作好的 5 个页面如图 3-70 至图 3-74 所示。

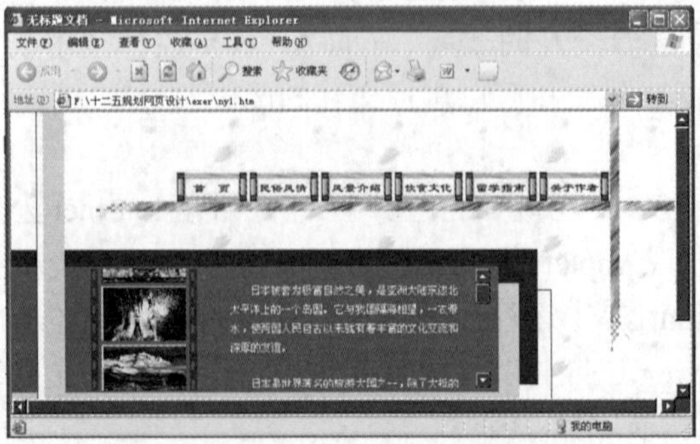

图 3-70　ny1.html 页面

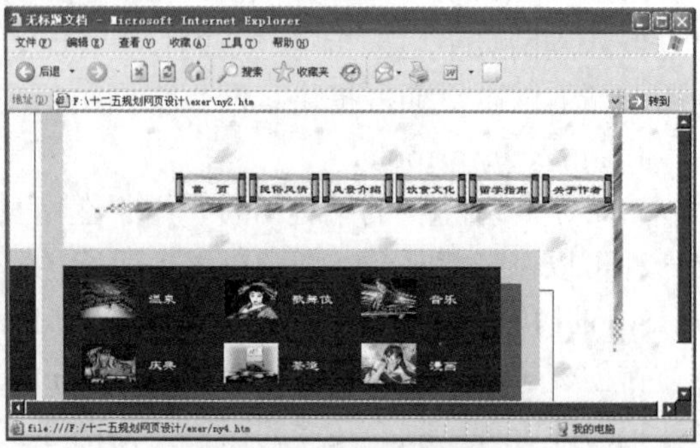

图 3-71　ny2.html 页面

（1）打开 wysjsc03\030\index.html 页面（如图 3-75 所示），然后依次选择“风景介绍”、“民俗风情”、“饮食文化”、“留学指南”、“关于作者”的图像，分别拖动“链接”后的“指向文件”按钮到“站点”面板上的 ny1.html、ny2.html、ny3.html、ny4.html、zuozhe.html 网页文件，则链接指向这几个网页，如图 3-76 所示。

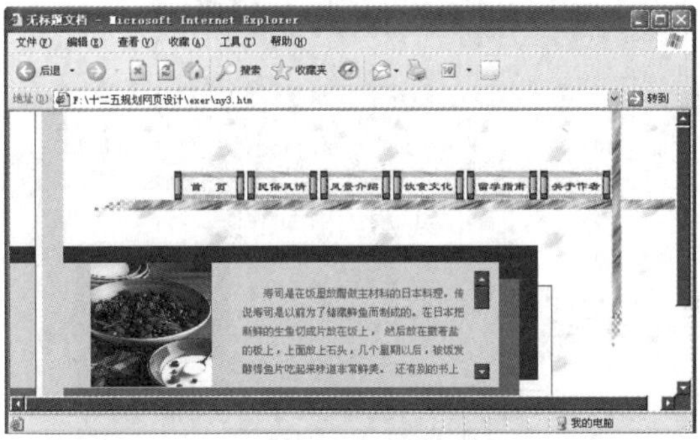

图 3-72　ny3.html 页面

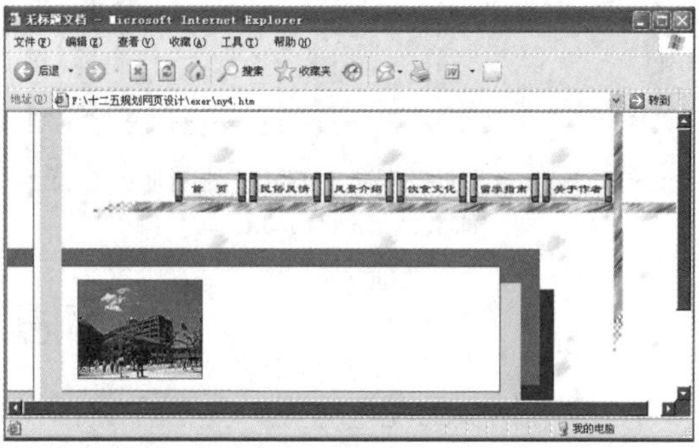

图 3-73　ny4.html 页面

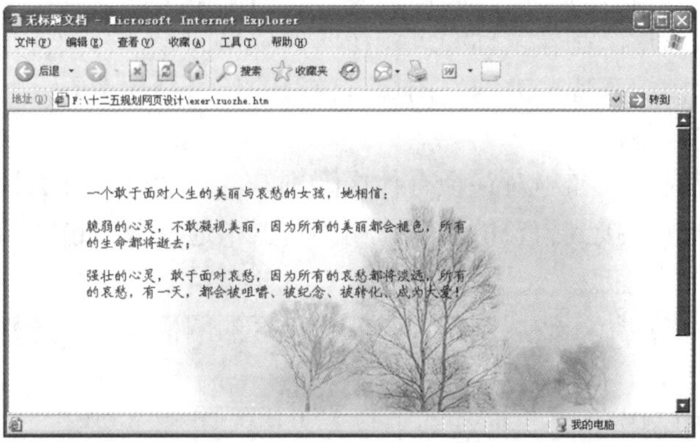

图 3-74　zuozhe.html 页面

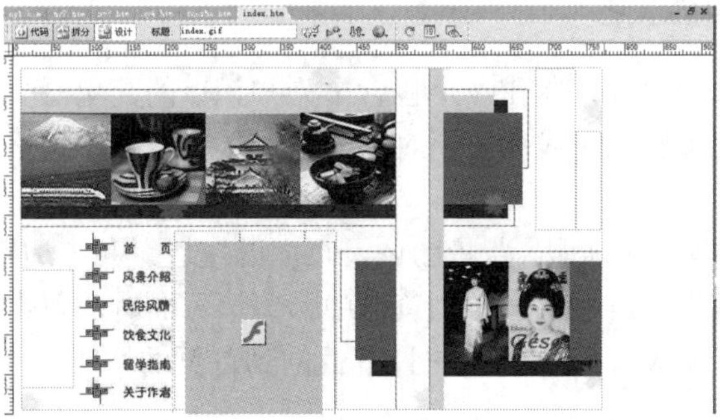

图 3-75　首页

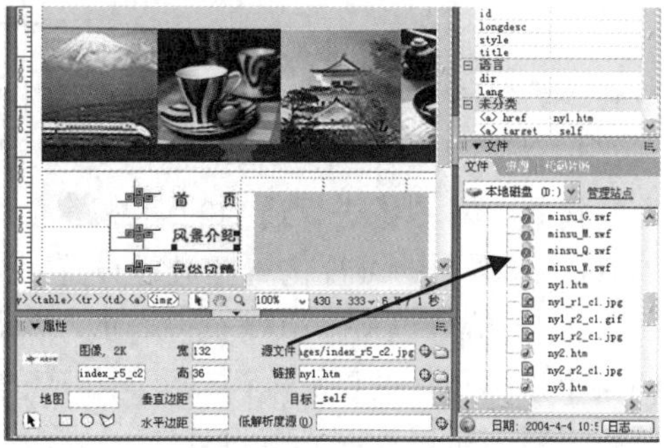

图 3-76　指向链接

（2）依次打开 ny1.html、ny2.html、ny3.html、ny4.html、zuozhe.html 这 5 个网页文件，选中页面上方的导航栏图片，将“风景介绍”、“民俗风情”、“饮食文化”、“留学指南”、“关于作者”每个部分划为热区，如图 3-77 所示，然后再次分别拖动“链接”后的“指向文件”按钮到文件面板上的 ny1.html、ny2.html、ny3.html、ny4.html、zuozhe.html 网页文件，则链接指向这几个网页，如图 3-78 所示。

这样，网页的链接制作完成，保存所有的文件，可以按 F12 键在浏览器中测试链接效果。

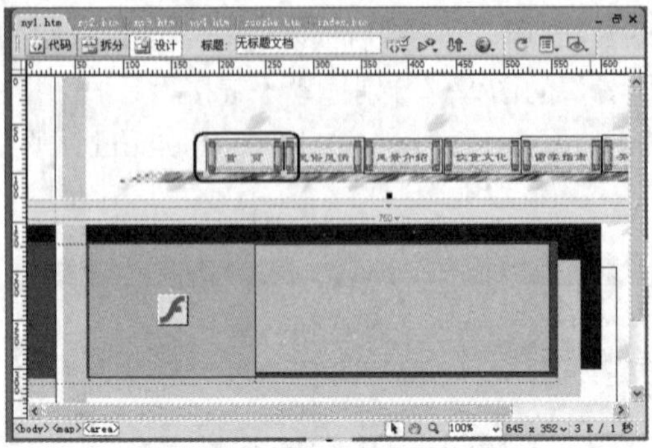
图 3-77 划分热区

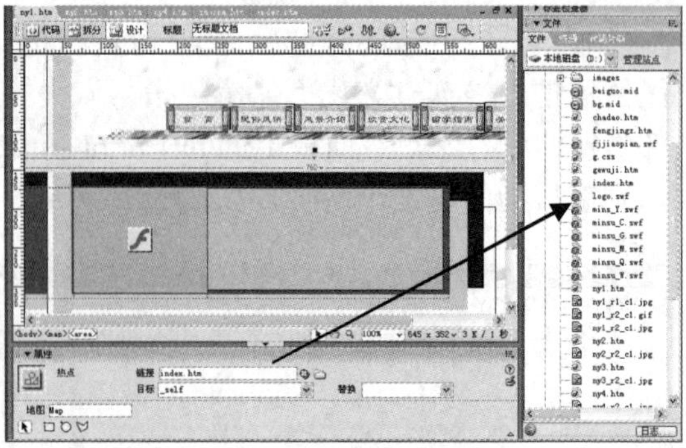
图 3-78 指向链接

本章思考与练习

1．设置网页的配色方案，然后在文档窗口中输入主页内容，包括文字与图像等。

2．设计一个包含不同字体、不同字体颜色及效果的基本网页。

3．在页面上部插入当前日期，在底部插入红蓝两条水平条。

4．在网页中插入图片，制作鼠标经过图像时的效果图。

5．在页面中插入图像有哪些方法？图像占位符的作用是什么？

6．给出超链接的几种形式。

7．超级链接的相对路径和绝对路径有什么区别？各自适合在什么情况下使用？

8．创建一个 E-mail 链接到自己的信箱，在浏览器中通过单击链接启动相关程序发送电子邮件。

9．在网上下载中国地图，然后制作各省或自治区的图像映射，分别链接到各省或自治区的政府网站。

10．在本地站点中制作几个页面，其中包含表格、图像、文字、水平线、背景图像等网页元素。

上机练习

1．参考本章实例，确定一个网页的主体和内容，制作一个包含下列知识点的简单网页。

（1）插入基本的页面元素包括文本、图像、水平线和日期对象，并对文本设置字符格式和段落格式，对图像进行适当的调整。

（2）对页面的可视化属性进行设置，如网页的标题、背景图像及页面的左边距和上边距。

2．创建锚点连接。以网页内容的小标题作为链接。当在浏览器中预览该页面时，单击页面的某个小标题，便会跳转到该页面相应的文章处。在文章末尾设置返回到首页的按钮，当单击该按钮时，可以返回到首页处。

3．制作一个点歌台，界面如下：

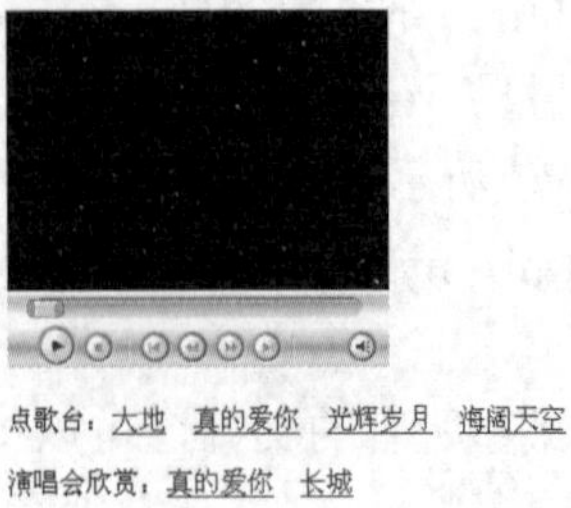

第 4 章　表格布局的使用

表格是网页中常用的信息展示方式，是页面布局极为有用的设计工具。大部分网站中的主页是用表格来布局的。表格可以控制文本和图形在页面上出现的位置。在设计页面时，往往要利用表格来定位页面元素，通过设置表格和单元格的属性，可实现对页面元素的准确定位，合理地利用表格来布局页面，有利于协调页面结构的平衡。创建好表格后，可以在表格中输入文字、插入图像、修改表格属性和嵌套表格等。

4.1　插入表格

在 Dreamweaver 中插入表格的方法如下：

（1）将光标定位到要插入表格的位置。

（2）执行“插入”→“表格”命令或单击“常用”面板上的表格按钮或单击“布局”面板上的表格按钮，打开“表格”对话框，如图 4-1 所示。

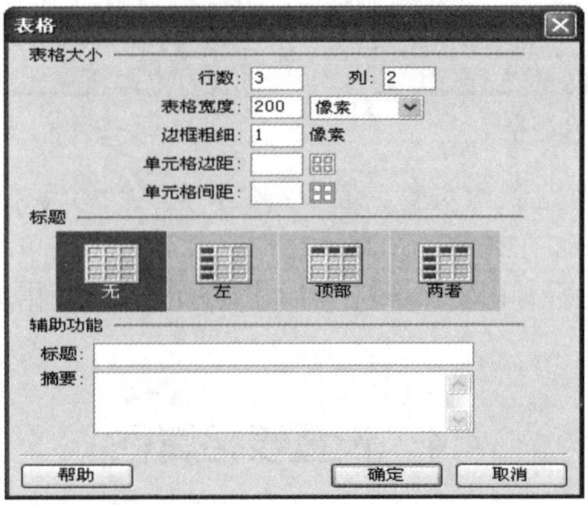

图 4-1　“表格”对话框

（3）在“行数”文本框中输入表格的行数；在“列数”文本框中输入表格的列数；在“表格宽度”文本框中输入表格在网页中的宽度（可用像素和百分数表示）；在“边框粗细”框中输入表格边框的宽度，值为 0 时，表格线将隐藏起来。

（4）单击“确定”按钮，即可在光标位置插入一个表格。

4.2　输入表格内容

在表格中可以插入文字，也可以插入图片。在表格中直接输入文本时，当输入文本的长度超过单元格宽度时，单元格会自动扩展增宽。

使用方向键，可在不同的单元格之间进行切换。按 Tab 键可移到下一个单元格，按 Shift+Tab 键可将光标移到前一个单元格。在最后一个单元格中按 Tab 键，会自动添行。

也可以选择“文件”→“导入”→“表格式数据”菜单命令或选择“插入”→“表格对

象”→“导入表格式数据”菜单命令将在另一个应用程序（如 Microsoft Excel）中创建并以分隔文本的格式（其中的项以制表符、逗号、冒号、分号或其他分隔符隔开）保存的表格式数据导入到 Dreamweaver 中并设置为表格的格式。

4.3 嵌套表格

嵌套表格是将新表格插入到当前表格的某一单元格中，可以像对其他表格一样对嵌套表格进行格式设置；但是，其宽度由它所在单元格的宽度决定。

在表格单元格中嵌套表格的基本做法如下：

（1）单击现有表格中的一个单元格。

（2）执行“插入”→“表格”菜单命令。

（3）在“插入表格”对话框中进行设置，插入嵌套表格前的表格如图 4-2 所示，插入后如图 4-3 所示。

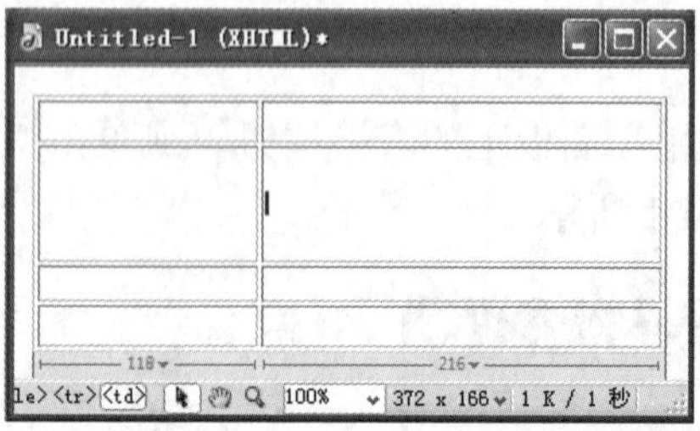

图 4-2　插入嵌套表格前

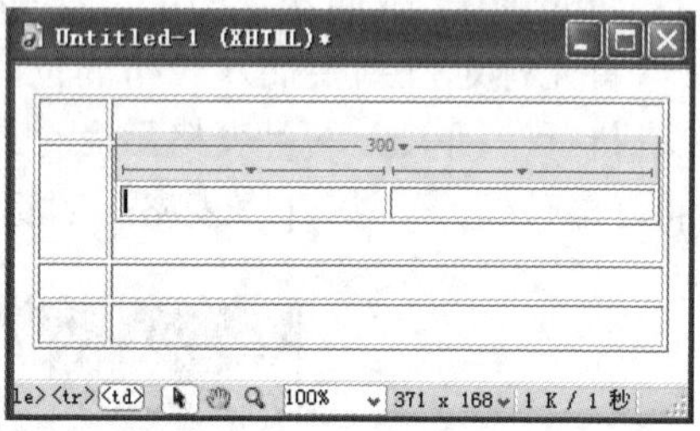

图 4-3　插入嵌套表格后

需要注意的是，表格不宜嵌套太多，最多三层，因为一个表格在进行拆分、合并后，将会变得复杂且难以控制，往往在调整一个单元格时，会影响别的单元格；另外一个原因是浏览器在解析网页时，将表格的所有内容下载完毕后才显示出来，使用的嵌套越多，页面的浏览速度越慢。

4.4 设置表格属性

可以通过表格属性面板来查看、设置和修改表格属性。表格属性设置主要有两个方面：一是设置整个表格属性，二是设置表格中单元格的属性。

在属性设置时要注意其优先顺序：单元格属性设置优先于行属性设置，行属性设置优先于表格整体属性设置。

1. 设置表格属性

插入表格后，单击文档窗口左下角的<table>标记，选择整个表格，出现如图 4-4 所示的表格属性面板。

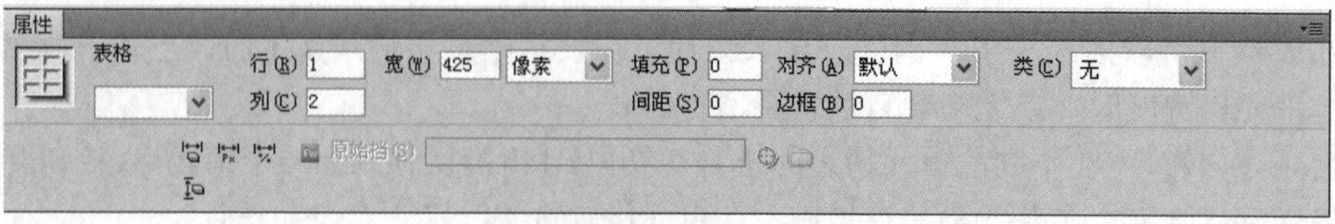

图 4-4　表格属性面板

可以在表格属性面板中设置以下选项：

（1）表格：输入表格的名称。

（2）行和列：表格中行和列的数目。

（3）宽：指定表格的宽度。以当前文档的宽度为基准，可以使用百分比或像素单位来进行指定。默认显示为像素单位，若想固定大小，使用像素单位。

（4）填充：设置单元格内容和单元格边框之间的间距，可以认为是单元格内侧的空格。将该值设置为 0 以外的数值时，在边框和内容之间会生成间隙。

（5）对齐：表格对齐方式，一般有四个选项：默认、左对齐、右对齐、居中对齐。

（6）类：设置表格的样式。

（7）间距：相邻表格单元格之间的像素数。

（8）边框：指定表格边框的宽度（以像素为单位）。默认为 1，若不显示边框，则设为 0。

（9）清除列宽和清除行高按钮：从表格中删除所有明确指定的行高或列宽。

（10）将表格宽度转换成像素按钮：将表格中每列的当前宽度设置为以像素为单位，同时也将整个表格的宽度设置为以像素为单位。

（11）将表格宽度转换成百分比按钮：将表格中每列的当前宽度设置按占“文档”窗口宽度的百分比表示，同时也将整个表格的宽度设置为按占“文档”窗口宽度百分比表示。

2. 设置单元格属性

单击文档窗口左下角的<td>标记或单击某一单元格后，出现如图 4-5 所示单元格的属性面板。

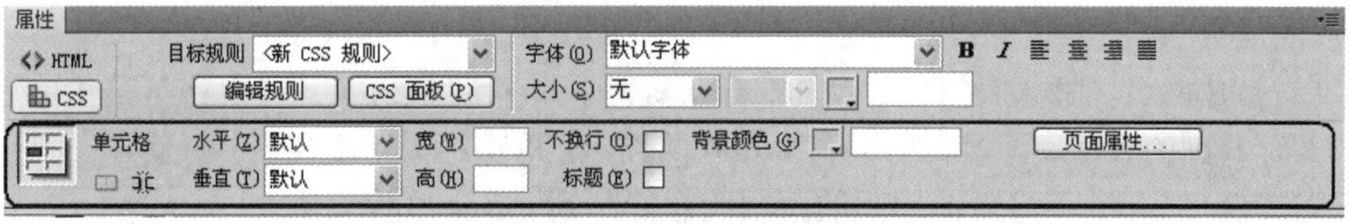

图 4-5　单元格的属性面板

在单元格属性面板中可以进行如下设置：

（1）水平：设定单元格、行或列内容的水平对齐方式。有默认、左对齐、右对齐、居中对齐四个选项。默认对齐方式：常规单元格左对齐，标题单元格居中对齐。

（2）垂直：设定单元格、行或列内容的垂直对齐方式。有顶端、居中、底部或基线对齐四个选项，默认居中对齐。

（3）宽和高：以像素为单位或按占整个表格宽度或高度百分比计算的所选单元格的宽度和高度。默认情况下，以最宽的图像或最长的行作为宽度。

（4）背景颜色：使用颜色选择器选择单元格、列或行的背景颜色。

（5）合并单元格按钮：将所选的连续单元格、行或列合并为一个单元格。

（6）拆分单元格按钮：将一个单元格分成两个或更多单元格。

（7）不换行：若勾选，则防止换行，使给定单元格中的所有文本都在一行上。

（8）标题：可以将所选的单元格格式设置为表格标题单元格。

还可以通过 页面属性... 来设置单元格的背景图像、文本颜色等。

3. 查看和设置表格或表格元素的属性

查看和设置表格或行、列、单元格等表格元素属性的基本操作如下：

（1）选择表格、单元格、行或列。

（2）在属性面板中，单击右下角的展开箭头▽，查看所有属性。

（3）根据需要更改相关属性。

4.5 实践技能训练

4.5.1 实践技能训练——课程表

建立表格以后，可以在表格单元格中添加文本、图像以及任意可以内嵌在网页中的元素。

1. 设计目标

在上面插入表格的基础上，制作一个课程表，效果如图 4-6 所示。

图 4-6　实例效果图

2. 准备素材

本实例准备的素材为一个课程表的标志图片 logo.jpg 和一个背景图片 bjnet.gif。

3. 制作步骤

（1）新建网页，插入表格。启动 Dreamweaver，执行“插入”→“表格”菜单命令，创建一个 6 行 6 列的表格，设置表格宽度为 600 像素，边框粗细为 1 个像素。再新建一个用于存储图像的文件夹 image，将后面用到的两幅图像复制到 image 文件夹中。

（2）保存网页。此时网页没有被保存，命名网页文件名为 kcb1.htm，将网页保存到站点中。

（3）设置表格背景图像。选中整个表格，设置居中对齐，单击属性面板中“背景”文本框后的浏览按钮，定位背景图像为 image 文件夹下的 bjnet.gif 文件，效果如图 4-7 所示。

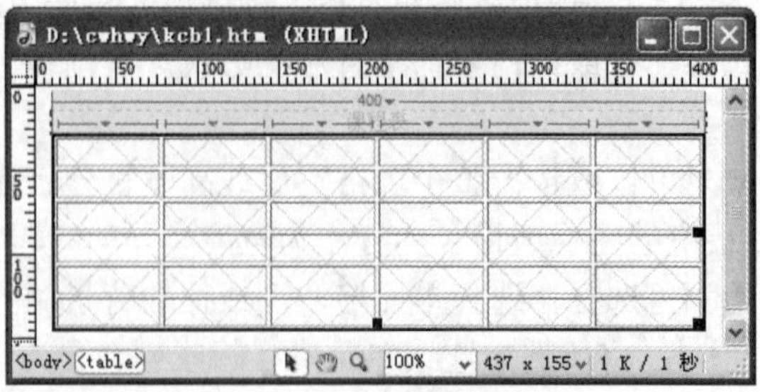

图 4-7　设置表格背景图像

（4）设置单元格属性。在输入课程表内容之前，最好先将各个单元格的宽度固定下来，这样可以防止单元格变形。选择所有单元格，在属性面板中将宽度设置为 100 像素。单元格内的对齐方式为水平和垂直方向均为“居中对齐”，如图 4-8 所示。

（5）合并单元格。同时选中第二、三行第一列的单元格，单击属性面板中的“合并单元格”按钮，将这两个单元格合并为一个单元格，并且输入“上午”。再同时将第四、五行第一列的两个单元格合并为一个单元格，并且输入“下午”，结果如图 4-9 所示。

图 4-8　设置单元格属性

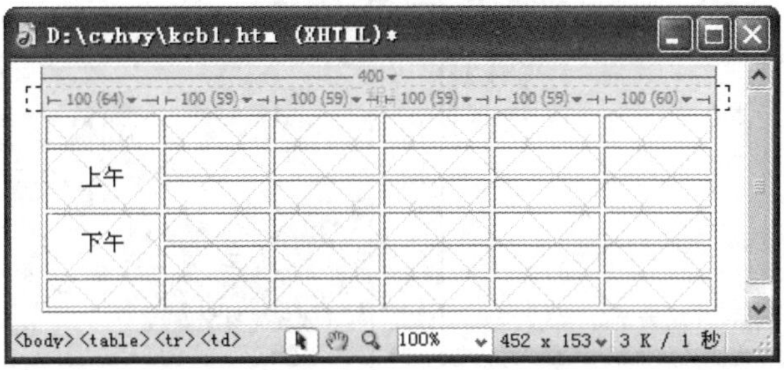

图 4-9　合并单元格

（6）插入标志图像。将光标定位于表格左上角，单击插入图像按钮，选择 image 文件夹下的 logo.jpg 文件，效果如图 4-10 所示。

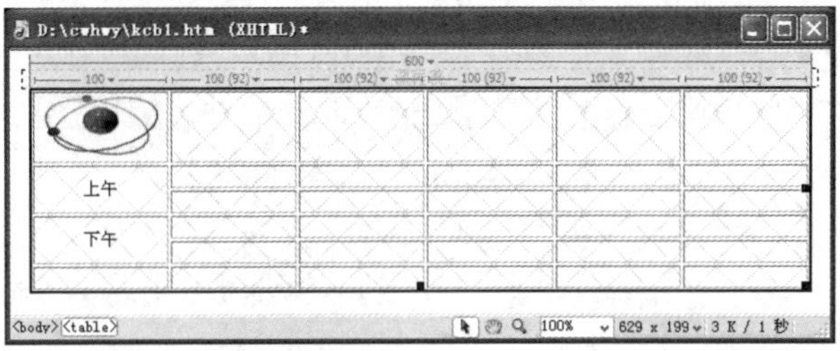

图 4-10　在表格中插入图像

（7）输入表格各单元格内容。将光标分别定位于表格中各单元格上，然后分别输入课表内容，如图 4-11 所示。

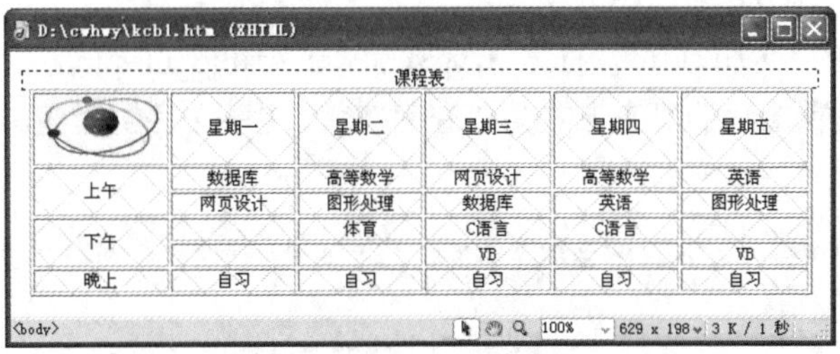

图 4-11　输入单元格内容

（8）保存并预览网页。执行“文件”→“保存全部”命令，将站点内的所有页面全部保存。按 F12 键预览验证网页。

4.5.2　实践技能训练——嵌套表格的使用

利用表格可以轻松地布局网页页面，利用嵌套表格可以随意地构成各种复杂形态的网页。原始页面如图 4-12 所示，最终效果如图 4-13 所示。

（1）打开 wysjsc04\4.5.2\table.htm，选择右侧的空白处，在插入面板“常用”分类中单击“表格”按钮，打开“表格”对话框。设置“行数”为 2，“列”为 2，“表格宽度”为 425 像素，设置“边框宽度”、“单元格边距”、“单元格间距”均为 0 像素，效果如图 4-14 所示，完成后单击“确定”按钮。

图 4-12　插入嵌套表格前的效果

图 4-13　插入嵌套表格后的最终效果

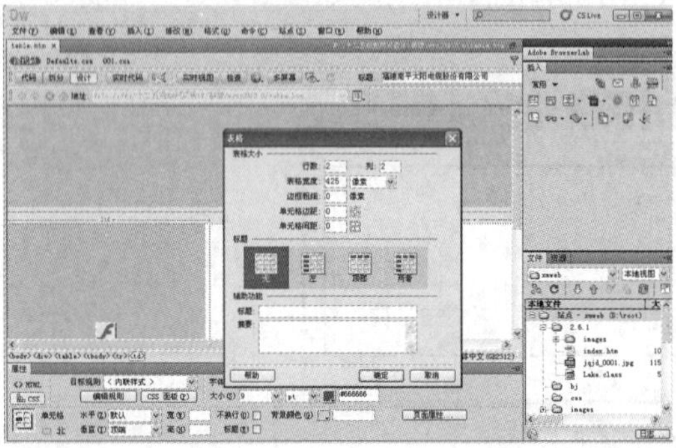

图 4-14　设置表格参数

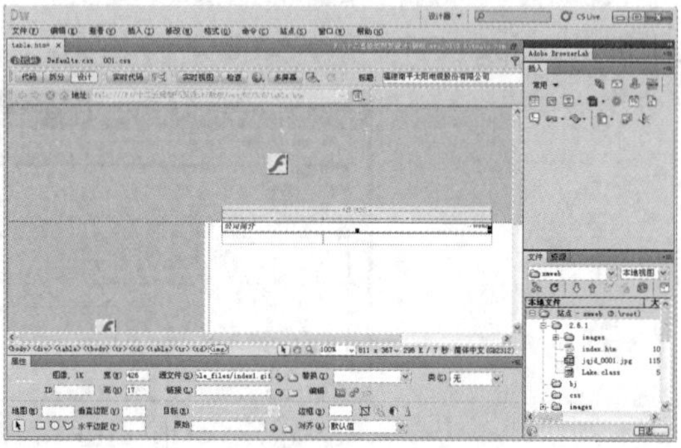

图 4-15　插入表格内容

（2）选择刚才插入表格的第一行，将两个单元格合并，并插入 wysjsc04\4.5.2\table_files\index1.gif 图像文件，效果如图 4-15 所示。

（3）选择第二行的左边单元格，插入 wysjsc04\4.5.2\table_files\index2.gif 图像文件，在右侧单元格插入文字，并设置图片的对齐方式为“左对齐”。注意文字的空格，效果如图 4-16 所示。

图 4-16　插入表格内容

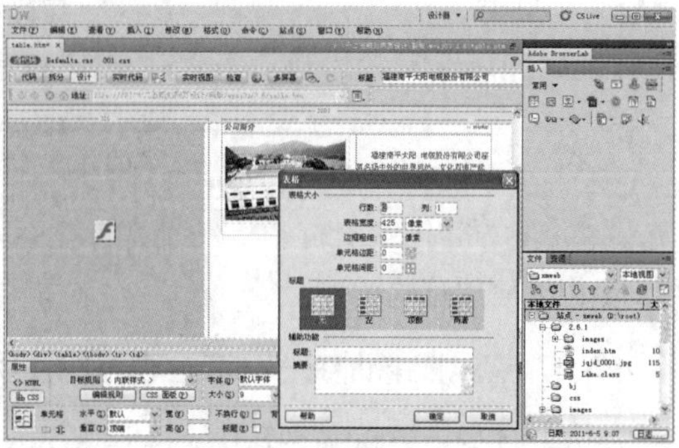

图 4-17　设置表格参数

（4）将插入点放在表格外侧，继续插入一个“行数”为 2，“列”为 1，“表格宽度”为 425 像素的表格，效果如图 4-17 所示。

（5）选择刚才插入表格的第 1 行，继续插入一个“行数”为 1，“列”为 2，“表格宽度”为 100%的表格，效果如图 4-18 所示。

（6）在插入表格的第 1 个单元格中依次插入 wysjsc04\4.5.2\table_files\ab01_on.gif、table_files\tab02_off.gif、table_files\tab03_off.gif 图片文件，在第 2 个单元格中插入 table_files\btn_More.gif 图片文件，效果如图 4-19 所示。

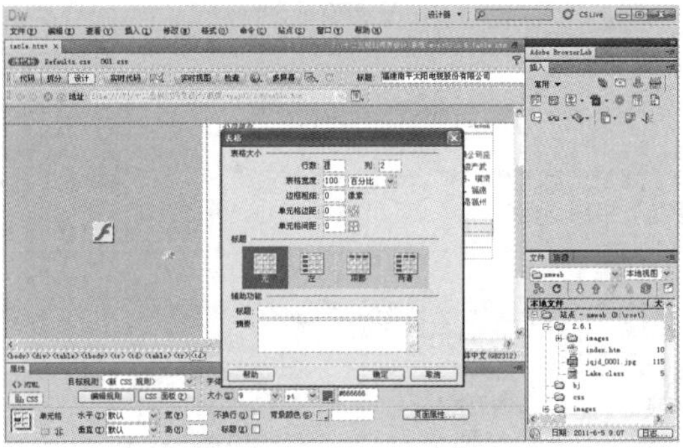

图 4-18　设置表格参数

图 4-19　插入表格内容

（7）将插入点置于第 2 行，继续插入一个“行数”为 4，“列”为 3，“表格宽度”为 100%的表格，效果如图 4-20 所示。

（8）使用鼠标拖曳 3 个单元格中的分割线，调整好单元格的宽度，然后再嵌套表格内输入内容，效果如图 4-21 所示。保存为 table-end.htm，预览，最终效果为图 4-13 所示。

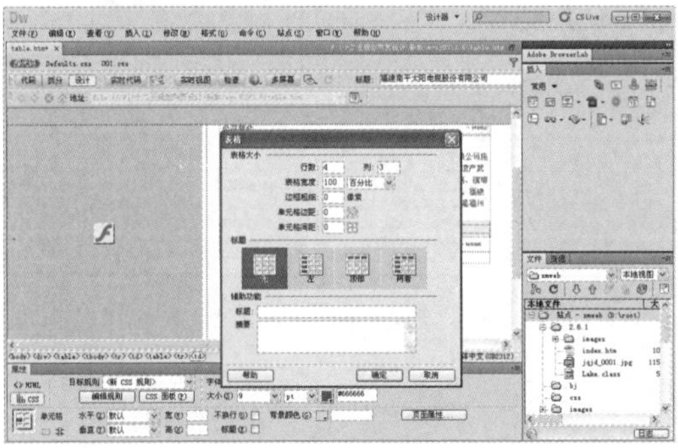

图 4-20　设置表格参数

图 4-21　插入表格内容

本章思考与练习

1. 建立一个 4 行 3 列的表格，并修改相关属性，理解各属性的意义。
2. 表格在网页设计中有哪些用途？

上机练习

1. 通过拆分和合并单元格，制作出如图 4-22 所示的表格。
2. 用表格设计一个某大学二级学院的主页。
3. 利用所学表格知识，制作并美化班级课程表。
4. 模拟 hao123.com 网站，采用表格进行如图 4-23 所示布局。

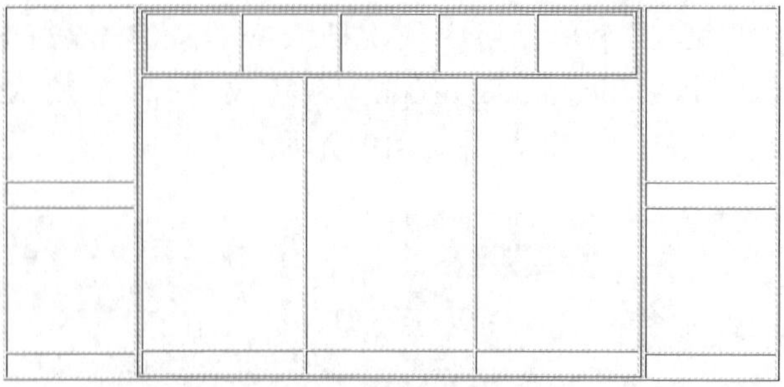

图 4-22　拆分和合并单元格

<table>
<tr><td colspan="5">hao123名站导航</td></tr>
<tr><td>新 浪
百度搜索
163邮箱
深圳之窗
上海热线
中华英才网
联众世界
淘 宝
阿里巴巴
当当网上商城
eBay易趣购物</td><td>搜 狐
Google搜索
21CN
凤 凰 网
广州视窗
武汉热线
金 融 界
百度空间
世纪前线
12530彩铃
手机铃声下载</td><td>网 易
中央电视台
新浪邮箱
新 华 网
卓越网上购物
中 彩 网
1元抢拍购物
湖南卫视
MP3 搜索
中国万网
商机在线创业</td><td>腾讯QQ
MSN中国
雅虎邮箱
人 民 网
中 华 网
中 国 人
驱动之家
携程旅行网
焦点房产
招商银行
QQ163音乐网</td><td>TOM
中国移动
中国政府网
中国新闻网
太平洋电脑网
中国同学录
瑞星杀毒
51个人空间
手机世界
工商银行
赶集同城生活</td></tr>
<tr><td colspan="5">找语伴练口语　热门手机图铃　折扣机票酒店　明星档案　MTV欣赏　限时在线杀毒　当当特价图书</td></tr>
<tr><td colspan="5">hao123实用酷站精选</td></tr>
</table>

图 4-23　表格布局

第 5 章　使用 CSS 样式表修饰页面

经常上网的人都会有这样的经验，将浏览器的显示字体变大或变小，网页中的文字也会随着发生变化。虽然有时会给浏览者带来帮助，但是也会对网页的布局产生影响，网页的版面会变得参差不齐。但是如果使用 CSS，网页中的文本始终不随之发生变化，总是保持原有的外观，现代网页制作离不开 CSS 技术，采用 CSS 技术可以有效地对页面布局、字体、背景和其他效果实现更加精确的控制。用 CSS 不仅可以制作令浏览者赏心悦目的网页，还能给网页添加许多特效。创建 CSS 样式表的过程，就是对各种 CSS 属性的设置过程，所以了解和掌握 CSS 属性设置非常重要。

5.1　CSS 概述

所谓 CSS（Cascading Style Sheets）样式就是层叠样式表，用来控制一个文档中的某一文本区域外观的一组格式属性。使用 CSS 能够简化网页代码，加快下载显示速度，也减少了需要上传的代码数量，大大减少了重复劳动的工作量。样式表是对 HTML 语法的一次重大革新。如今网页的排版格式越来越复杂，很多效果需要通过 CSS 来实现，Adobe Dreamweaver CS5 在 CSS 功能设计上做了很大的改进。同 HTML 相比，使用 CSS 样式表的好处除了在于它可以同时链接多个文档之外，当 CSS 样式更新或修改后，所有应用了该样式表的文档都会被自动更新。

CSS 样式表的功能一般可以归纳为以下几点：

（1）可以更加灵活地控制网页中文字的字体、颜色、大小、间距、风格及位置。

（2）可以灵活地设置一段文本的行高、缩进，并可以为其加入三维效果的边框。

（3）可以方便地为网页中的任何元素设置不同的背景颜色和背景图像。

（4）可以精确地控制网页中各元素的位置。

（5）可以为网页中的元素设置阴影、模糊、透明等效果。

（6）可以与脚本语言结合，从而产生各种动态效果。

5.1.1　CSS 的类型

在 CSS 样式里包含了 W3C 规范定义的所有 CSS 属性，这些属性分为“类型”、“背景”、“区块”、“边框”、“列表”、“定位”和“扩展”8 个部分。

CSS 的语法结构仅由 3 部分组成，分别为选择符、样式属性和值。基本语法如下：

选择符{样式属性:取值;样式属性:取值;样式属性:取值;…}

（1）选择符：指这组样式编码所要针对的对象，可以是一个 XHTML 标签，如 body、h1；也可以是一个定义了特定 id 或 class 的标签。

（2）样式属性：是 CSS 样式控制的核心，对于每一个 XHTML 中的标签，CSS 都提供了丰富的样式属性，如颜色、大小、定位和浮动方式等。

（3）值：指属性的值，它的形式有两种，一种是指定范围的值，如 float 属性，只可以应用 left、right 和 none 这 3 个值；另一种是数值，如 width 能够取值与 0～9999px，或通过其他数学单位来指定。

在实际应用中，往往使用以下类似的应用形式：

```
body(background-color:blue}
```

选择符为 body，即选择了页面中的<body>标签；属性为 background-color，这个属性用于控制对象的背景色，其值为 blue。页面中的 body 对象的背景颜色通过这组 CSS 编码，被定义为蓝色。

在 Dreamweaver 中可以定义下列类型的 CSS 样式表。

（1）自定义 CSS 样式（也称为类样式）：使用户可以将样式属性设置为任何文本范围或文本块，如以下代码。

```
.self(color:#66FF00}
```

（2）HTML 标记样式：重定义特定标记（如 h1）的格式。创建或更改 h1 标记的 CSS 样式时，所有使用 h1 标记设置了格式的文本都将立即更新，如以下代码：

```
h1{font-family:arial}
```

（3）CSS 链接样式：重新定义链接的有关格式，如以下代码：

```
a:link{color:red},a:active{color:blue;font-size:125%},
a:visited(color:green;font-size:85%},a:hover(color:blue}
```

5.1.2 添加 CSS 的方法

添加 CSS 的方法共有 3 种。

（1）直接在标记种定义。

```
<p style="color:blue;font-size:10px">CSS 实例</p>
```

这种方法的特点是使用简单、显示直观，但无法发挥样式表的优势。

（2）添加在 HTML 的<head>和</head>标记之间。

```
<style type= "text/css">
<!--
放置样式表的具体内容
-->
</style>
```

这是一种经常使用的添加方法。

（3）链接样式表。

```
<link rel= stylesheet href="style.css" >
```

这种方法适合大型网站的 CSS 样式定义。

5.2 样式的创建与应用

前面谈到 CSS 样式总体来讲有两个优势：一是美化页面的功能非常强大，二是 CSS 能够保证页面布局在不同的平台或不同的浏览器设置环境下正常的显示。下面介绍 CSS 的创建与应用。

5.2.1 类样式的创建与应用

类样式是唯一可以应用于文档中的任何文本的 CSS 样式类型，与当前文档关联的所有自定义样式都显示在“CSS 样式”面板中。

预览“ysjsc05/1/index_ori.htm”效果，如图 5-1 所示，并打开 ysjsc05/1/index_ori.htm 文档，我们将为这个页面进行 CSS 样式美化。

（1）单击“新建样式规则”按钮，如图 5-2 所示。

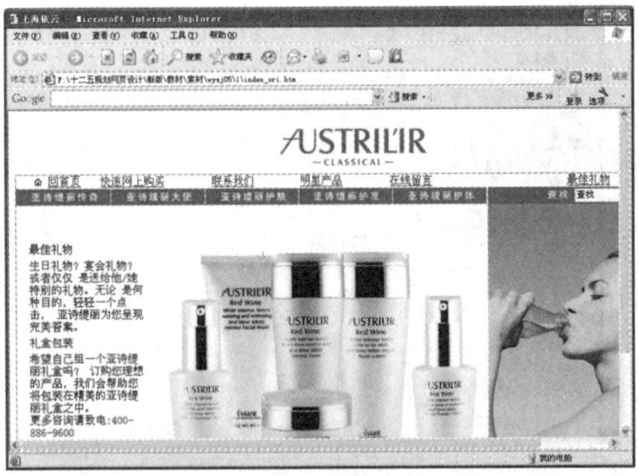

图 5-1　美化前的页面效果

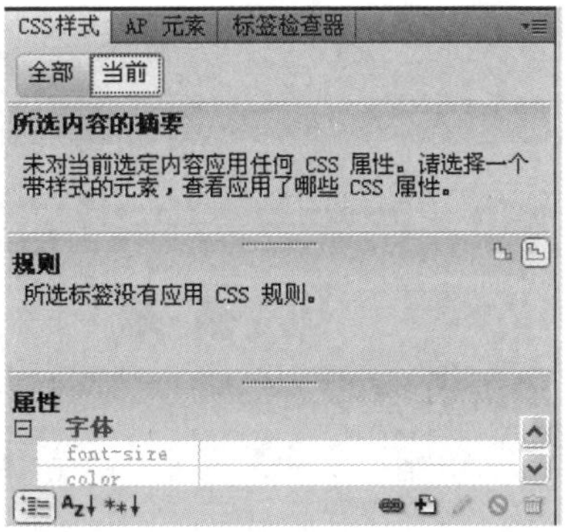

图 5-2　“CSS 样式”面板

（2）在弹出的“新建样式规则”对话框中设置“选择器类型”为“类（可应用于任何 HTML 元素）”定义名称为.title_title，设置“规则定义”为“（仅限改文档）”，在当前文档中嵌入样式，如图 5-3 所示。

（3）单击“确定”按钮后，弹出“.title_title 的 CSS 规则定义”对话框，在对话框中设置“Font-family(字体)”为“宋体”、“Font-size（字体大小）”为 14px，“Color（字体颜色）”为“#000000”，如图 5-4 所示。

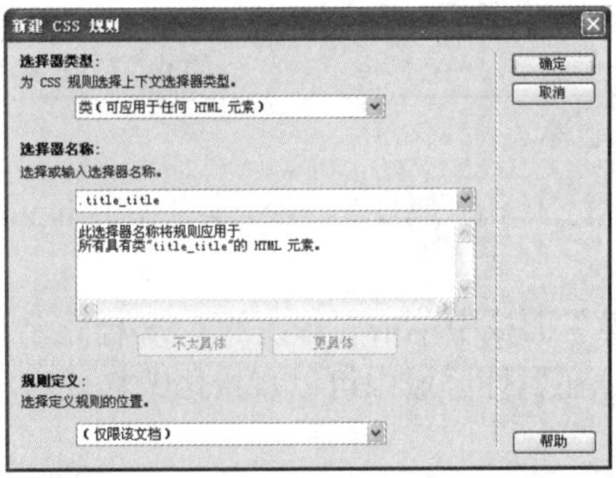

图 5-3　“新建 CSS 规则”对话框

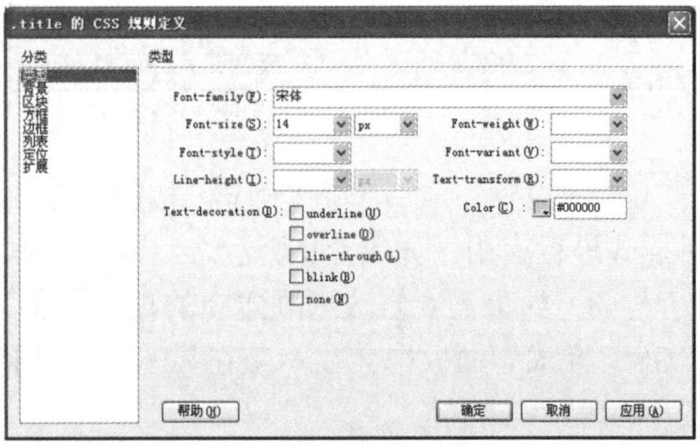

图 5-4　“.title_title 的 CSS 规则定义”对话框

（4）样式定义完成以后，对于自定义样式需要进行样式应用。选择“最佳礼物”和“礼盒包装”然后单击“属性”面板“类”中的 title_title 选项，如图 5-5 所示，样式被应用到文字上了。

注意：使用“属性”面板中的“样式”可以选择应用于文档元素的类样式。“样式”中只显示类样式，而不显示重定义的 HTML 标记样式和高级样式。由于它们与 HTML 标记关联，因此它们的样式属性自动应用于文档中受定义的样式影响的任何标记。相关内容将在后续内容中介绍。

（5）接下来，为页面中的单行文本框设置样式，同样使用自定义样式，单击“CSS 样式”面板中的“新建样式规则”按钮，在弹出的“新建 CSS 规则”对话框中设置“选择器类型”为“类（可应用于任何 HTML 元素）”定义名称为.input_box，设置“规则定义”为“（仅限改文档）”，如图 5-6 所示。

（6）单击“确定”按钮后，弹出“. input_box 的 CSS 规则定义”对话框，在对话框中设置“Font-family(字体)”为“宋体”、“Font-size（字体大小）”为 12px，“Color（字体颜色）”为“#3B3B3B”，切换到“背景”属性面板，设置“Background-color（背景颜色）”为“#E0E0E0”，如图 5-7 所示。

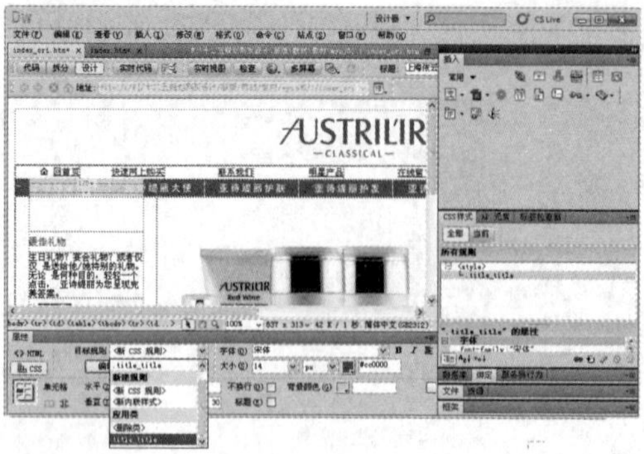

图 5-5　应用样式

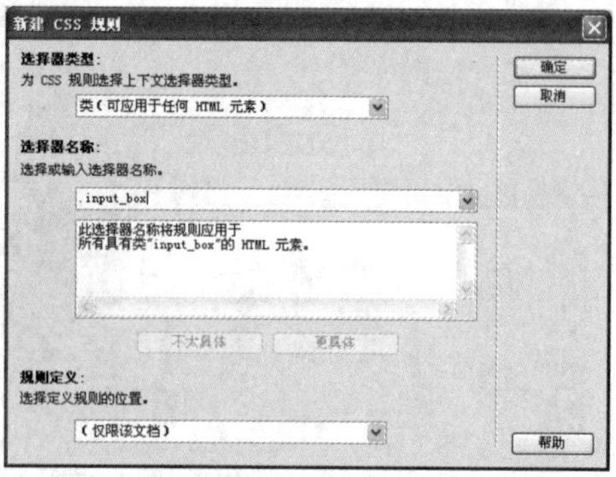

图 5-6　新建 CSS 规则

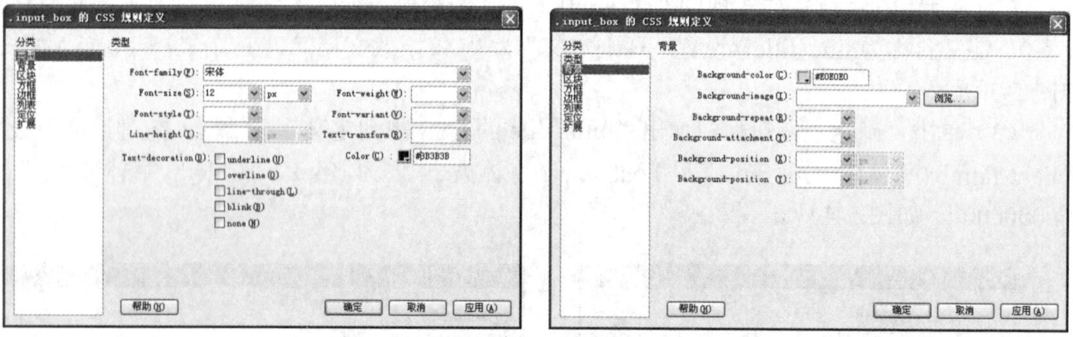

图 5-7　规则定义

（7）设置完成后单击“确定”按钮，选中文本框，单击“属性”面板“类”中的 input_box，对样式进行应用，如图 5-8 所示。

（8）如果需要修改刚刚建立的规则，在“属性”面板中单击要修改的 CSS 样式名称，在“CSS 样式”面板中会显示正在显示的样式摘要，在属性区域中可以直接修改样式内容，如图 5-9 所示。

注意：“ID（仅应用于一个 HTML 选择元素）”与“类（可应用于任何 HTML 元素）”是不同的，ID 选择符类似于类选择符，但前面使用的是“#”而不是“.”。它们的不同在于，类可以分配给任何数量的元素，ID 却只能在某个 HTML 文档中使用一次。另外，ID 对于给定元素应用何种样式比类具有更高的优先权。

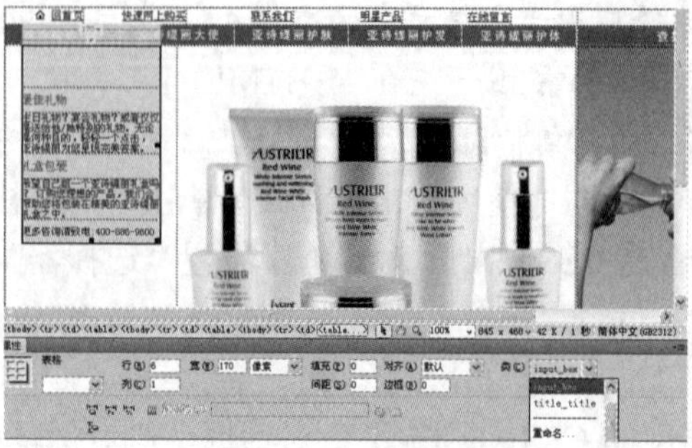

图 5-8　应用样式

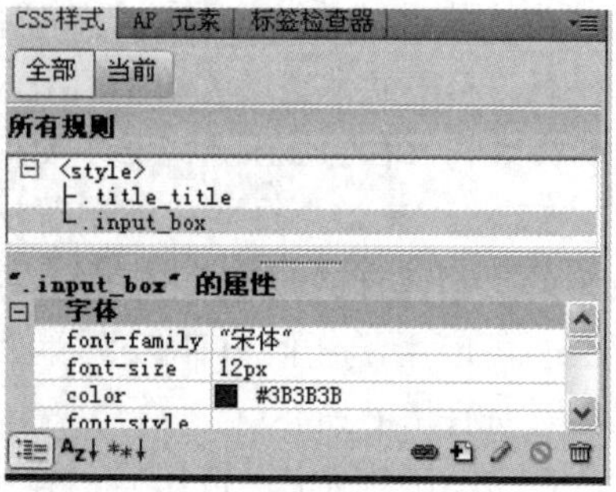

图 5-9　修改样式

5.2.2　HTML 标记样式的创建与使用

对于类似留言簿，由于页面使用表格排版，所有的文字都在单元个 td 标记之中，因此，使用 HTML 样式统一对这些文字进行美化是最有效率的方法。

（1）继续上一节的页面制作，单击“CSS 样式”面板中的“新建样式规则”按钮，在弹出的“新建 CSS 规则”对话框中设置“选择器类型”为“标记（重新定义 HTML 元素）”，设置“选择器名称”为 td，这意味着重定义 td 标记的默认格式，设置“规则定义”为“（仅限改文档）”，如图 5-10 所示。

（2）单击“确定”按钮，弹出“td 的 CSS 规则定义”对话框，在“类型”对话框中设置“Font-size（字体大小）”为 12px，“Color（字体颜色）”为“#555555”，如图 5-11 所示。

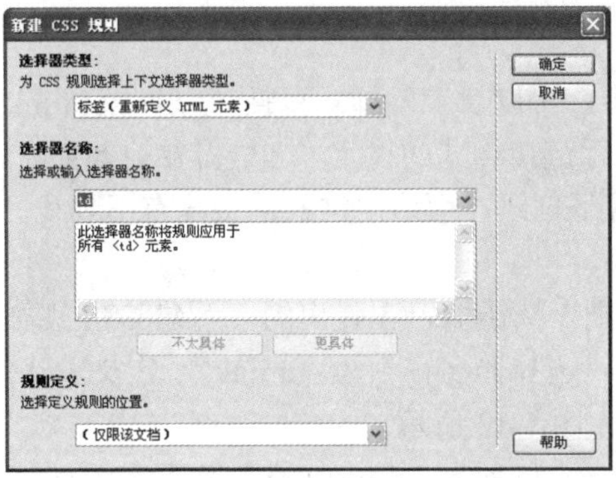

图 5-10　新建 CSS 样式规则

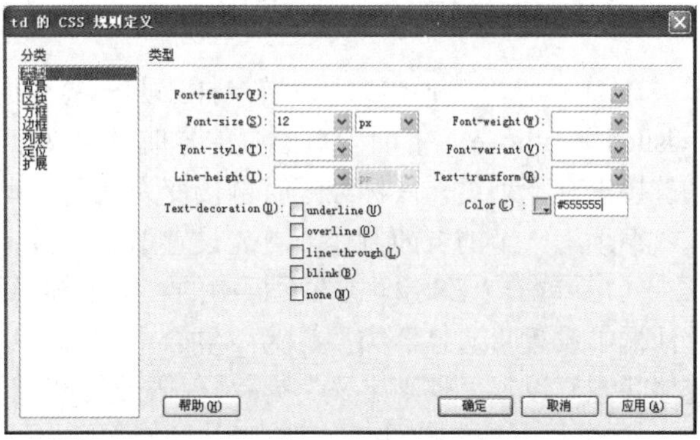

图 5-11　“td 的 CSS 规则定义”对话框

（3）单击“确定”按钮，样式被自动运用到页面中，如图 5-12 所示。

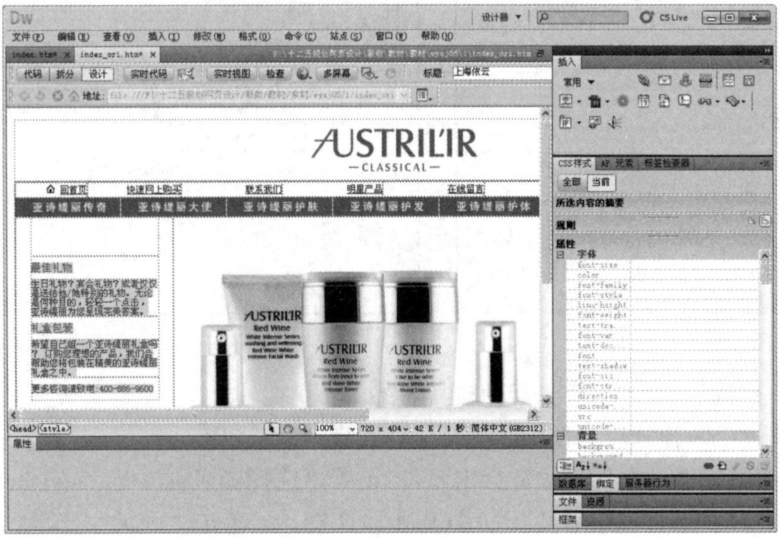

图 5-12　应用样式

（4）如果需要修改刚才建立的规则，可以按照前面讲的方法进行修改。查看页面源代码在<head>和</head>之间定义的样式如下：

```
<style type="text/css">
.title_title {
	font-family: "宋体";
	font-size: 14px;
	color: #c00;
}
.input_box {
```

```
        font-size: 12px;
        color: #3B3B3B;
        background-color: #E0E0E0;
    }
    td {
        font-size: 12px;
        color: #555555;
    }
    </style>
```

5.2.3 复合样式的创建与应用

在 Dreamweaver CS5 中，链接样式归于复合内容，可以设置的样式包括 a:active、a:link、a:visited 和 a:hover，下面为页面中的导航链接文字进行链接样式的设定。这里需要的效果为默认链接没有下划线，鼠标经过时链接变为红色，出现下划线，而访问过的链接没有下划线。

继续上一节的页面制作，首先设置默认链接状态。

（1）单击“CSS 样式”面板中的“新建样式规则”按钮，在弹出的“新建 CSS 规则”对话框中设置“选择器类型”为“复合内容”，设置“选择器名称”为“a:link”，定义默认的链接状态，设置“规则定义”为“(仅限改文档)”，如图 5-13 所示。

（2）单击“确定”按钮后按要求进行文字属性设定，将“Text-decoration”设置为“none”，代表没有下划线，如图 5-14 所示。

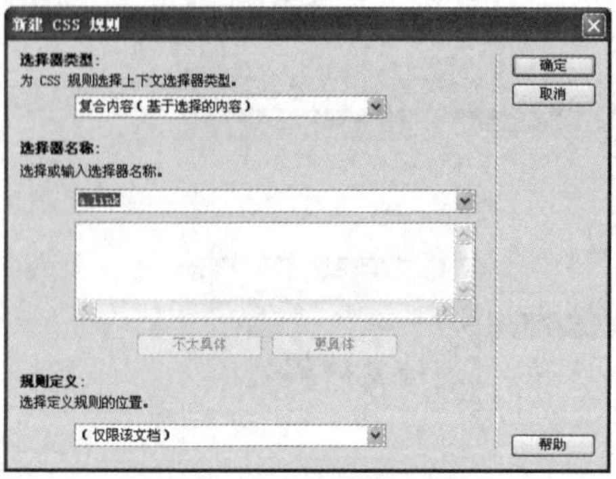

图 5-13 新建规则

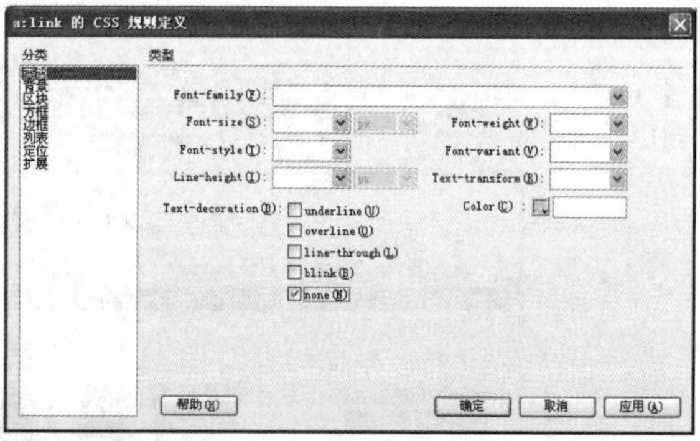

图 5-14 “a:link”属性的设定

接下来的任务就是设置访问过后的链接状态。

（3）单击“CSS 样式”面板中的“新建样式规则”按钮，在弹出的“新建 CSS 规则”对话框中设置“选择器类型”为“复合内容”，设置“选择器名称”为“a:visited”，定义访问过后的链接状态，设置“规则定义”为“(仅限改文档)”。单击“确定”按钮后，按照要求进行文字属性的设定，将“Text-decoration”设置为“none”，代表没有下划线，如图 5-15 所示。

接下来的任务就是设置访问经过时的链接状态。

（4）单击“CSS 样式”面板中的“新建样式规则”按钮，在弹出的“新建 CSS 规则”对话框中设置“选择器类型”为“复合内容”，设置“选择器名称”为“a:hover”，定义访问经过时的链接状态，设置“规则定义”为“(仅限改文档)”。单击“确定”按钮后，按照要求进行设定（#FF0000 红色文字），将“Text-decoration”设置为“underline”，代表出现下划线，如图 5-16 所示。

（5）按 F12 键进行预览，链接文字效果如图 5-17 所示。

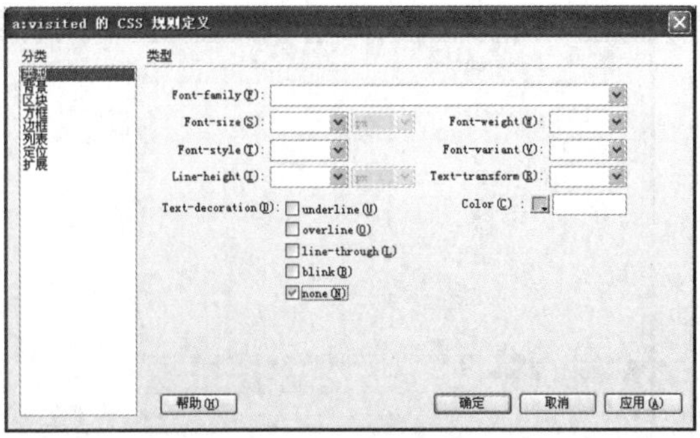

图 5-15　“a:visited”属性的设定

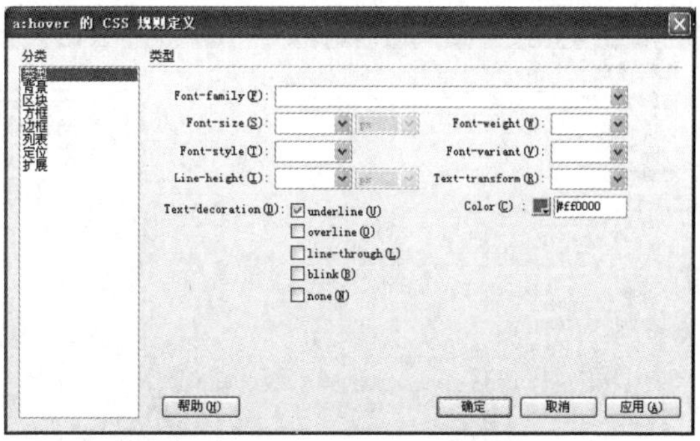

图 5-16　“a:hover”属性的设定

图 5-17　默认链接与鼠标经过链接的效果对比

5.3　使用外部 CSS 样式

CSS 外部样式表是一个包含样式和格式规范的外部文本文件，编辑外部 CSS 样式表时，链接到该样式表的所有文档将全部更新为更改的样式。在 Dreamweaver CS5 中可以淡出文档中包含的 CSS 样式以创建新的 CSS 样式表，然后附加或链接到外部样式，从而应用创建过程中所包含的新的样式。

5.3.1　创建外部 CSS

创建外部样式表后保存，就可以随时调用该样式表，将其使用在多个所需要的文档中，样式表文件使用 CSS 扩展名。使用<link>标记就可以在任何文档中使用外部样式表文件的样式。对于任意一个网页页面，如果需要批量创建多个具有相同样式的文档，可以通过下面的方法实现。

制作样式表的时候，可以在“新建 CSS 规则”对话框中选择使用外部样式表还是内部样式表。如图 5-18 所示的“规则定义”对话框中设置“规则定义”为“新建样式表文件”，单击“确定”按钮后将 CSS 文件单独存盘，如图 5-19 所示。

如果原来的页面中已经定义过内部 CSS，则可以使用下面的方法创建外部样式。

（1）打开素材“ysjsc05/1/index_ori.htm”文档，如图 5-20 所示。

（2）在“CSS 样式”面板中可以看到该页面已经创建了必要的内部 CSS 样式，如图 5-21 所示。

（3）选择创建的所有样式，右击，在弹出的快捷菜单中选择“移动 CSS 规则”命令，在弹出的“移至外部样式表”对话框中单击“新样式表”单选按钮，如图 5-22 所示，然后单击“确定”按钮。

（4）将 CSS 文件单独存盘，如图 5-23 所示，然后单击“确定”按钮，如图 5-23 所示。

（5）这时查看“CSS 样式”面板，可以看到该样式表已经作为外部的 style.css 文件出现在面板中，如图 5-24 所示。

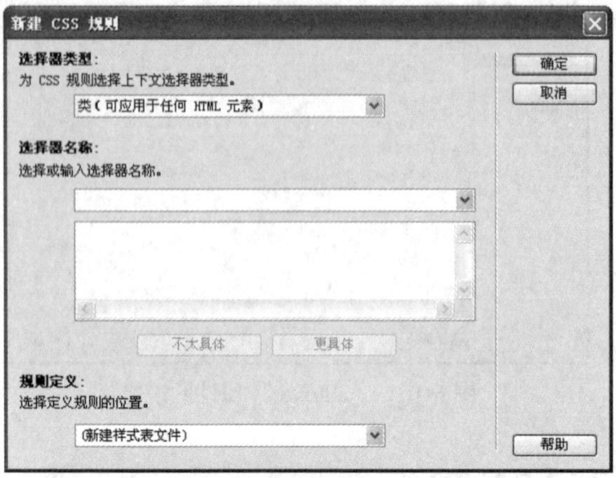

图 5-18　新建 CSS 规则

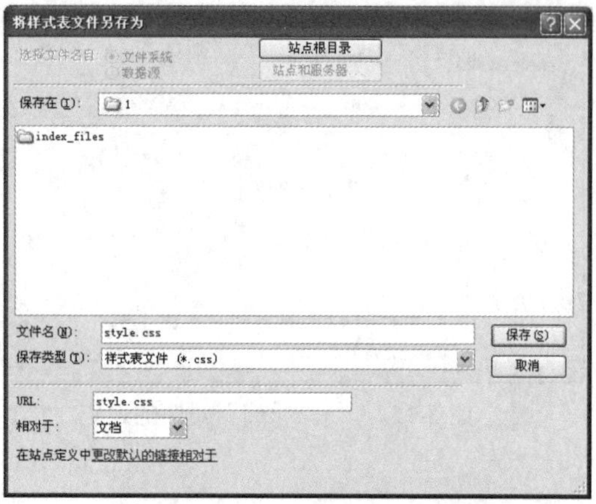

图 5-19　保存样式表文件

图 5-20　打开素材文档

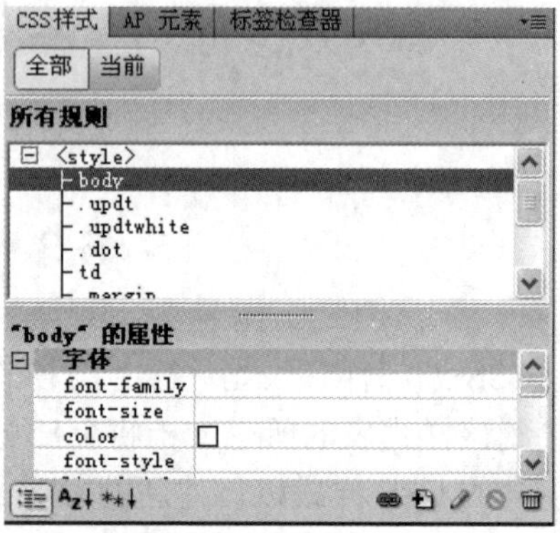

图 5-21　创建完成的 CSS

图 5-22　“移至外部样式表”对话框

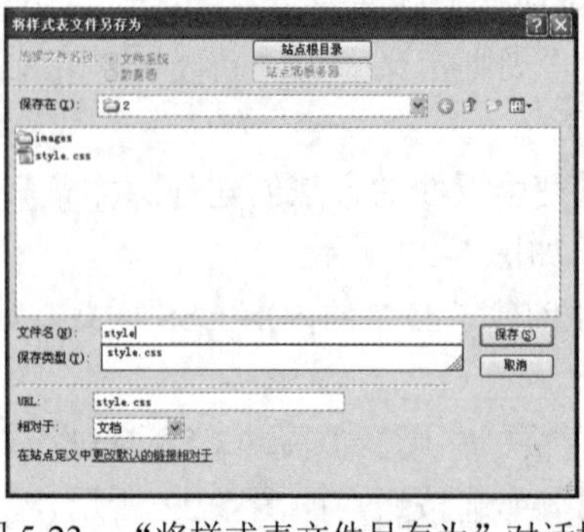

图 5-23　“将样式表文件另存为”对话框

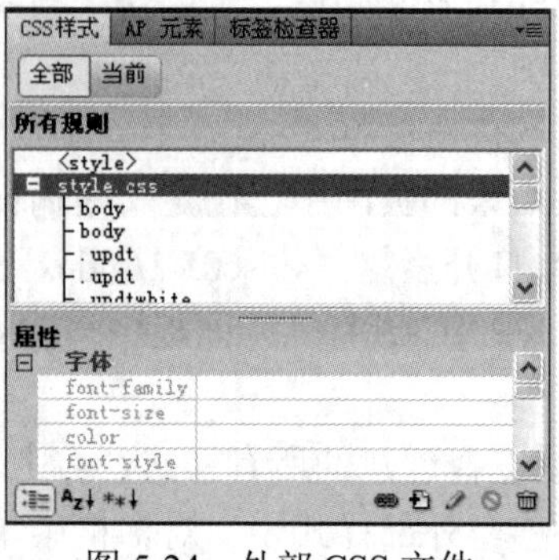

图 5-24　外部 CSS 文件

5.3.2　附加外部 CSS

改变一个大的 Web 站点上所有的页面可能要花费大量的时间，使用被链接大多数 Web 站点的页面的外部样式表进行更改，工作量将显著减少，从而提高工作效率。

（1）继续上一节的页面制作，打开素材“ysjsc05/2/update_ori.htm”文档。这个页面中目前没有添加任何的 CSS 样式，如图 5-25 所示。

（2）单击“CSS 样式”面板下方的“附加样式表”按钮，然后以“链接”的方式将刚才导出的外部 CSS 文件引入到当前页面，如图 5-26 所示。

图 5-25　打开素材文档

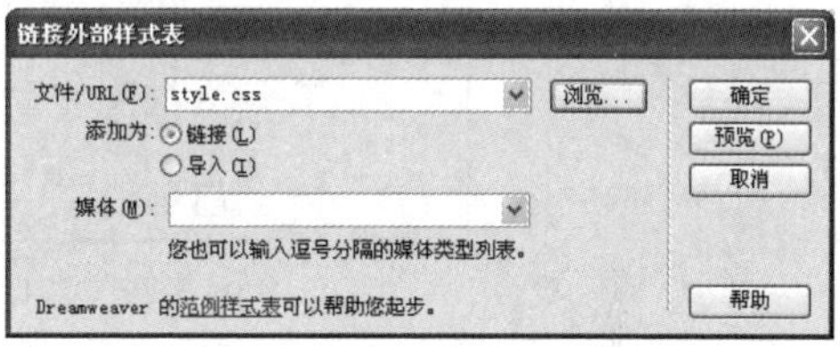

图 5-26　“链接外部样式表”对话框

（3）此时，所有的样式被附加到新的页面，省去了新建样式的繁琐。这时如果需要修改页面中的样式，可以直接打开导出的外部 CSS 文件，通过直接修改代码或者是通过“CSS 样式”面板进行修改，如图 5-27 所示。在这个外部文件的代码中只是定义的全部样式内容代码，不包含<head>和</head>之间的如下代码：

```
<style type="text/css">
<!--
-->
 </style>
```

（4）按下 F12 键预览，可以看到外部 CSS 的样式自动实现在页面中，如图 5-28 所示。查看页面源代码，在<head>和</head>之间增加了如下代码：

```
<link href="style.css" rel="stylesheet" type="text/css">
```

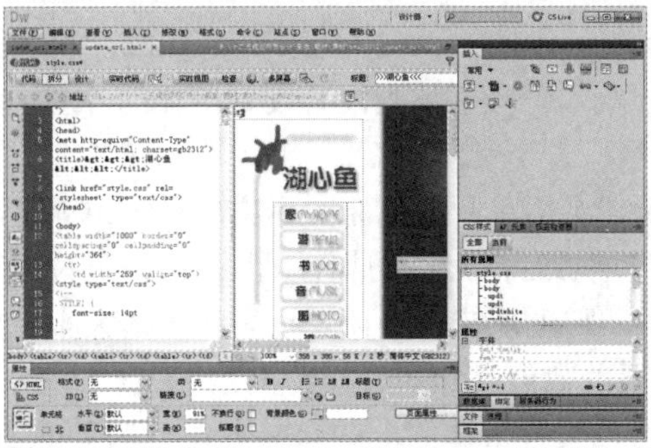

图 5-27　修改外部样式文件

图 5-28　预览效果

这段代码表明页面链接了外部的 style.css 样式。

5.4　CSS 的更多设置

打开“CSS 规则定义”对话框，共有 8 个子面板，有些内容并不常用，这里将重点介绍一些常用的设置。

5.4.1 类型设置

类型设置面板如图 5-29 所示。

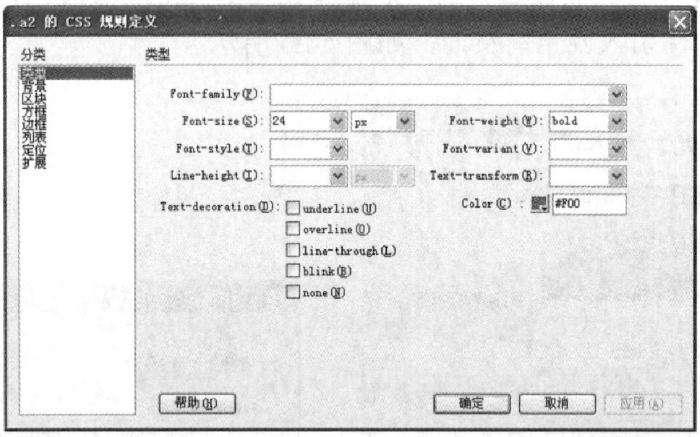

图 5-29 “CSS 规则定义”对话框

文字属性面板的设置方法如下：

（1）Font-family（字体）：可以在下拉列表中选择相应的字体。如果系统安装了某种字体，但在下拉列表中找不到，可以选择菜单上的“编辑字体列表”添加字体。

（2）Font-size（字号）：在列表中可以设置字体的字号，可以直接填写数字，然后选择单位。有很多单位供选择，但这里推荐使用“点数（pt）”单位。“点数”是计算机字体的标准单位，这一单位的好处是设置的字号会随着显示器分辨率的变化而调整大小，可以防止不同分辨率显示器中字体大小不一致。

如果使用点数作单位，推荐正文文字大小为 9。如果仔细观察，会发现设置为该字号的文字和软件界面上的文字字号大小是一样的。10.5pt、12pt 也是常用的正文文字字号值。还有其他的单位，如 px、in、cm、mm 等，但都没有“点数”常用。

除了设置具体数字大小之外，还有相对大小的设置。但相对大小的设置方法在网页制作中很少用到。网页设计是一件既需要艺术，又需要精确的工作，使用相对大小的设置缺乏准确性。

（3）Font-style（文字样式）：设置文字的外观，包括 normal（正常）、italic（斜体）和 Oblique（偏斜体）。有的字体本身设置了斜体的外观，有些字体则没有设置斜体的外观。对于前者，应采用斜体；对于后者，应采用偏斜体。

（4）Line-height（行高）：通常情况下，浏览器会用单行距离来显示文本行，也就是说下一行的上端到上一行的下端只有几磅的间距，通过增加行高可以增加行间距。在该下拉列表中可以选择文本的行高，选择 normal（正常）选项，则由系统自动计算行高和字体大小，如果希望具体指定行高的值，可以直接在其中输入需要的数值，然后选择单位。

（5）Text-decoration（文字修饰）：在该区域可以设置字体的一些修饰格式，包括 underline（下划线）、overline（上划线）、line-through（删除线）和 blink（闪烁）等选项。勾选相应的复选框，则激活相应的修饰格式。如果不希望使用修饰格式，可以取消勾选相应的复选框，如果勾选 none（无）复选框，则不设置任何格式。在默认的状态下，对于普通的文本，其修饰格式为 none（无），对于超级链接，其修饰格式为 underline（下划线）。

（6）Font-weight（字体粗细）：在该下拉列表中可以指定字符的粗细。选择或输入数值，可以指定字体的绝对粗细程度；或者使用 bolder 和 lighter 值来得到比父元素字体更粗或更细的版本。在实际制作中不常用。

（7）Font-variant（字体变体）。在该下拉列表中允许设置字体的变体形式，可以选择所需字体的某种变形。这个属性的默认值是 normal 选项，表示字体的常见版本。也可以指定 small-caps 来选择字体的一个版本，在这个版本中，小写字母都会被替换为小的大写字母。在文档窗口中不能直接看到设置的结果，必须在浏览器中踩可以看到结果。

（8）Text-transform（文字大小写）。在该下拉列表中可以设置字符的大小写方式。如果选择 capticalize（首字母大写）选项，则可以将每句话的第一个字母大写，如果选择 uppercase（大写）或 lowercase（小写）选项，则可以分别将所有的被选择的文本都设置为为“大写”或“小写”；如果选择 none（无）选项，则保持字符本身原有的大小写格式。

（9）Color（颜色）：单击该按钮，可以打开调色板，设置 CSS 样式的字符颜色，它的值可能是一种颜色名，也可能是一个是十六进制的 RGB 组合，或一个十进制的 RGB 组合。

5.4.2　背景颜色

背景设置面板如图 5-30 所示。

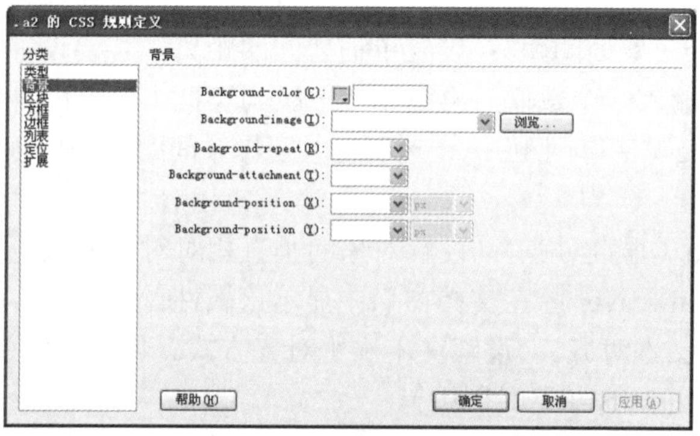

图 5-30　背景设置面板

在 HTML 语言中，背景只能使用单一的色彩或利用图像水平和垂直方向平铺。使用 CSS 之后，有了更加灵活的设置。

（1）Background-color（背景颜色）：用来设定页面背景色。

（2）Background-image（背景图像）：用来设定页面对背景图像，单击“浏览”按钮可以在对话框中选择图像文件。

（3）Background-repeat（背景重复）：在使用图像作背景时，可以使用此项设置背景图像的重复方式。共有四个选项：no-repeat（不重复）表示只在应用样式的元素前端显示一次该图像；repeat（重复）表示在应用样式的元素背景上的水平方向和垂直方向上重复显示该图像；repeat-x（横向重复）表示在应用样式的元素背景上的水平方向重复显示该图像；repeat-y（纵向重复）表示在应用样式的元素背景上的垂直方向上重复显示该图像。

（4）Background-attachment（背景固定）：其中 fixed（固定）与 scroll（滚动）选项用来设定背景图像是随对象内容滚动还是固定的。

（5）Background-position(X)（水平位置）/ Background-position(Y)（垂直位置）：用来指定背景图像相对于应用样式的元素的水平位置或垂直位置。可以选择 left（左对齐）、right（右对齐）、center（居中）或 top（顶部对齐）、bottom（底部对齐）、center（居中）选项，也可以直接输入一个数值。如果前面的附件选项设置为 fixed（固定），则元素的位置是相对于文档窗口，而不是元素本身的。

5.4.3 文字整体设置

文字整体设置面板如图 5-31 所示。

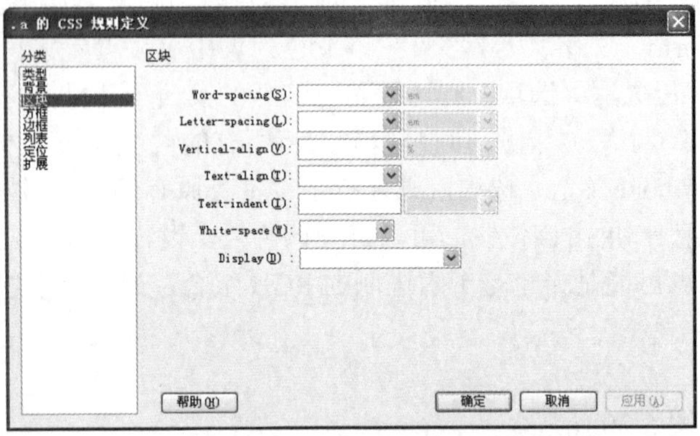

图 5-31 文字整体设置面板

（1）Word-spacing（单词间距）：设置单词之间的距离，若要设置特定的值，在下拉列表框中选择“值”，然后输入一个数值，再第二个下拉列表框中选择度量单位。

（2）Letter-spacing（字母间距）：设置字符（字母）间距，使用正值为增加单词间距，使用负值为减小单词间距。

（3）Vertical-align（垂直对齐）：设置对象的垂直相对对齐方式，共 9 种方式，仅当应用于<img>标签时，Dreamweaver 才在文档窗口中显示该属性。

（4）Text-align（文本对齐）：设置文本水平对齐方式。包括 left（左对齐）、 right（右对齐）、center（居中）和 justify（绝对居中）。

（5）Text-indent（文字缩进）：指定第一行文本缩进的程度。这是文字整体属性面板上最重要的项目，中文文字的首行缩进就是由它来实现。首先填写具体的数值，然后选择单位。文字缩进和字号设置要保持统一，如果字号为 9pt，想创建两个中文文字的缩进效果，文字缩进 9 应该为 18pt。

（6）White-space（空格）：决定如何处理元素中的空白，有 3 个选项。选择“正常”：忽略源代码文字之间的所有空格；选择“保留”：将保留源代码中所有的空格形式，包括由空格键、Tab 键、Enter 键创建的空格。如果写一首诗，用普通方法很难保留诗的结构，这时可以使用“保留”，保留所有的空格形式；选择“不换行”：设置文字不自动换行。

（7）Display（显示）：指定是否以及如何显示元素。

5.4.4 边框的设置

边框设置面板可以给对象添加边框，设置边框的颜色、粗细和样式，如图 5-32 所示。

边框面板的设置如下：

（1）Style（样式）：设置边框的样式，共 9 种选项，样式的选择方式取决于浏览器。

（2）Width（宽度）：设置元素边框的粗细。在 top（上）、right（右）、 bottom（下）和 left（左）4 个下拉列表框中，可以设置边框上每边的宽度。如果选中“全部相同”则只需要设置“上”的样式，其他方向样式与“上”相同。

（3）Color（颜色）：设置对应边框的颜色。如果选中“全部相同”则只需要设置“上”的样式，其他方向样式与“上”相同。

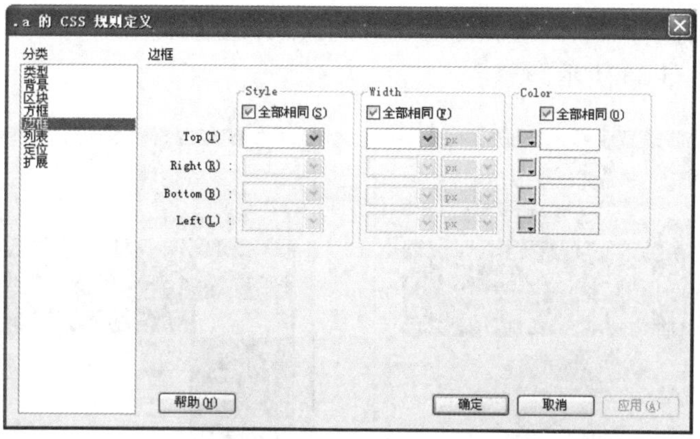

图 5-32　边框设置面板

5.4.5　扩展设置

CSS 样式还可以实现一些扩展功能，这些功能集中在“扩展”子面板上，如图 5-33 所示，这个面板主要包括三种效果：分页、Cursor（光标）和 Filter（滤镜）。

（1）分页：指通过样式来为网页添加分页符号。

（2）Cursor（光标）：通过样式改变鼠标的形状，鼠标放在被此项设置修饰的区域上时，形状会发生改变。具体的形状包括：hand（手）、crosshair（交叉十字）、text（文本选择符号）、wait（Windows 的沙漏形状）、default（默认的鼠标形状）、help（带问号的鼠标）、e-resize（向东的箭头）、ne-resize（指向东北方的箭头）、n-resize（向北的箭头）、nw-resize（指向西北的箭头）、w-resize（向西的箭头）、sw-resize（向西南的箭头）、s-resize（向南的箭头）、se-resize（向东南的箭头）和 auto（正常鼠标）。

（3）Filter（滤镜）：使用 CSS 语言实现的滤镜效果。在下拉列表中有多种滤镜效果可供选择。

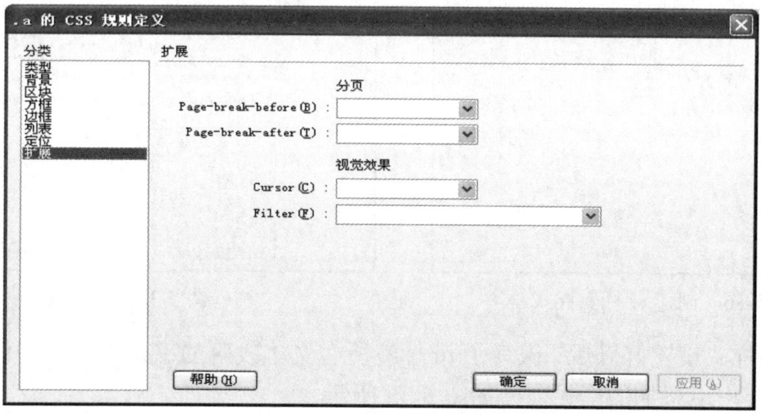

图 5-33　CSS 的扩展功能

5.5　实践技能训练——利用 CSS 修饰“斯美泰服装”页面

本例旨在把文档中所有文本修饰成统一的格式，把页面中无序列表的黑点形状更改为其他图像，在文本域上插入一些符合网页整体气氛的背景色或整洁边框。另外，通过 CSS 中的滤镜，美化页面中的图像文件，使其产生特殊的效果。应用样式前的文档如图 5-34 所示，应用样式后的文档如图 5-35 所示。

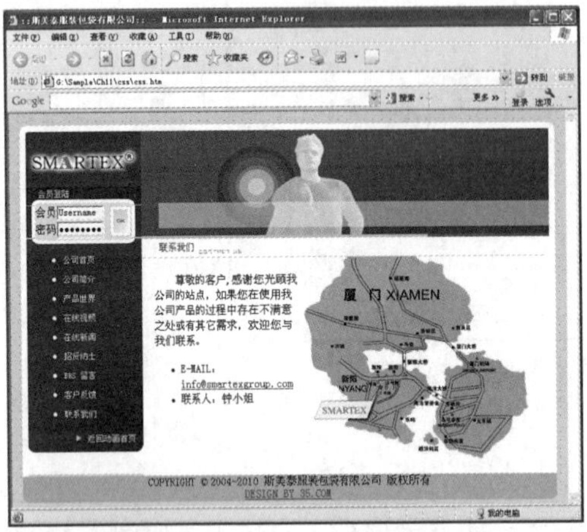

图 5-34　应用样式前的文档

图 5-35　应用样式后的效果

1. 设置文字样式

（1）打开 wysj05\css\css.htm，单击 CSS 面板右下角的“新建 CSS 规则”按钮，打开“新建 CSS 规则”对话框。在“选择器类型”下拉列表框中选择“标签”选项，在“选择器名称”下拉列表中选择 td 选项，在“规则定义”下拉列表框中选择“仅限该文档”，效果如图 5-36 所示，单击“确定”按钮。

（2）弹出“td 的 CSS 规则定义”对话框，在该对话框中将 Font-family 设置为“宋体”，将 Font-size 设置为 12px，Lin-height 设置为 18px，将 Color 设置为黑色（#000000），效果如图 5-37 所示，单击“确定”按钮。

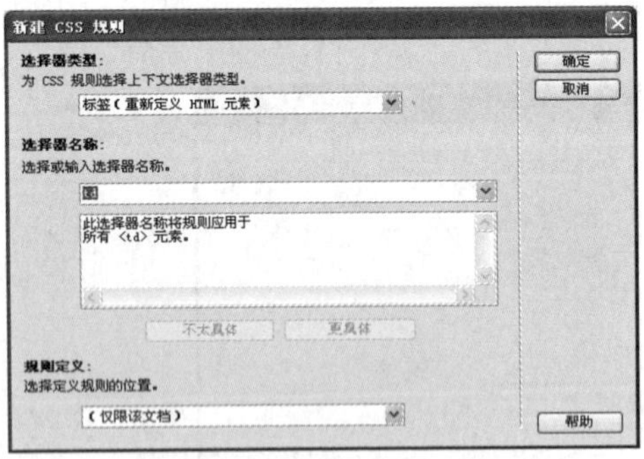

图 5-36　创建 td 标签样式

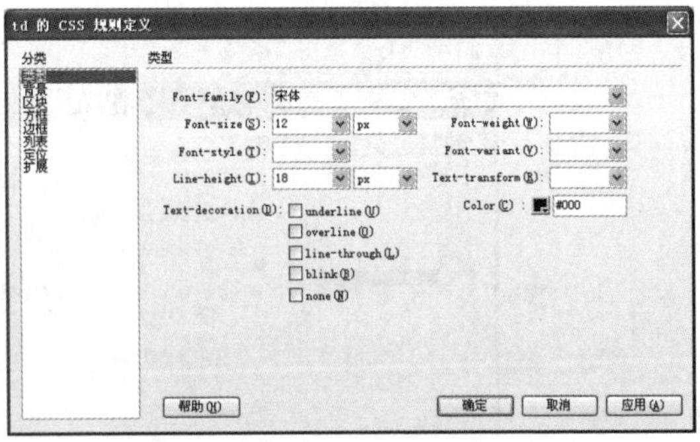

图 5-37　设置类型

（3）文字样式设置好以后，改变了 td 标签所有文本段落的字体大小和字体颜色，在 CSS 样式面板中将会出现添加的样式表，如图 5-38 所示。

2. 设置列表样式

（4）在 CSS 样式面板中单击右下角的“新建 CSS 规则”按钮，打开“新建 CSS 规则”对话框，在“选择器类型”下拉列表中选择“标签”，在“选择器名称”下拉列表框中选择 ul。在“规则定义”下拉列表框中选择“仅限该文档”，如图 5-39 所示，单击“确定”按钮。

（5）弹出“ul 的 CSS 规则定义”对话框，在分类列表框中选择“列表”选项，在右侧的选项面板中单击 List-Style-image 文本框中右侧的“浏览”按钮，如图 5-40 所示。

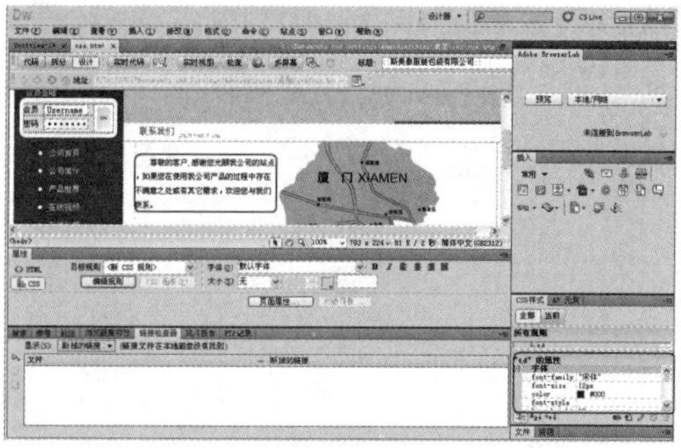

图 5-38 CSS 样式面板中出现添加的样式

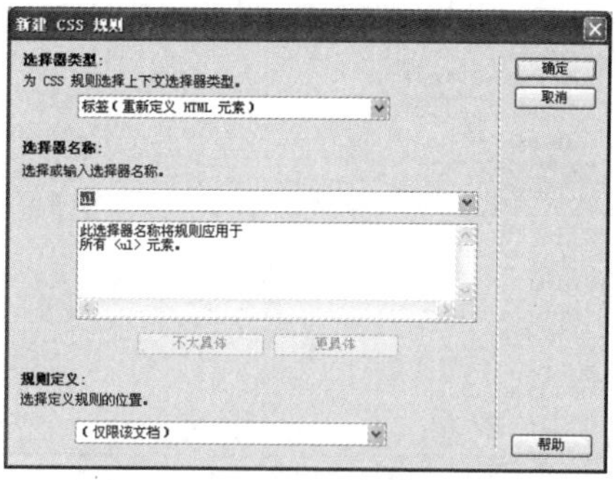

图 5-39 创建 ul 标签样式

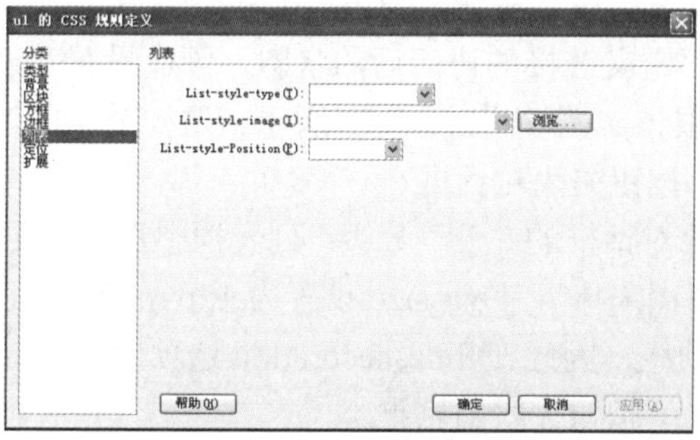

图 5-40 定义列表样式

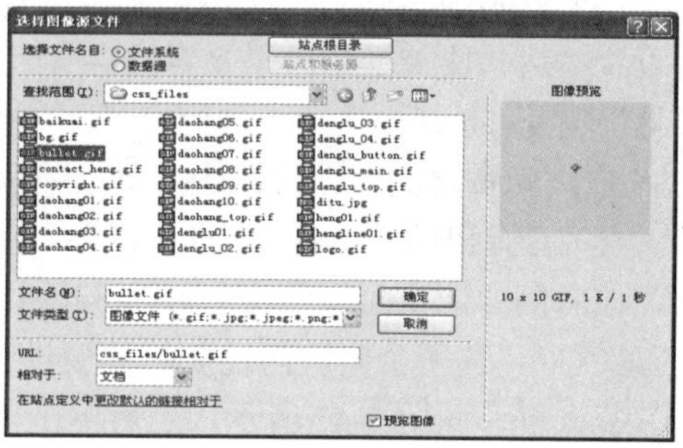

图 5-41 “选择图像源文件”对话框

（6）弹出“选择图像源文件”对话框以后，在该对话框中选择 css-files 文件夹下的 bullet.gif 文件，如图 5-41 所示，单击“确定”按钮。

（7）返回到“ul 的 CSS 规则定义”对话框，确认 List-Style-image 文本框中选择的图像路径（也可以直接输入图像文件的路径）是否准确无误，如图 5-42 所示，然后单击“确定”按钮。此时可以看到，页面中的无序列表前的黑点位置上出现了选择的图像，CSS 样式面板中出现了添加的样式表，如图 5-43 所示。

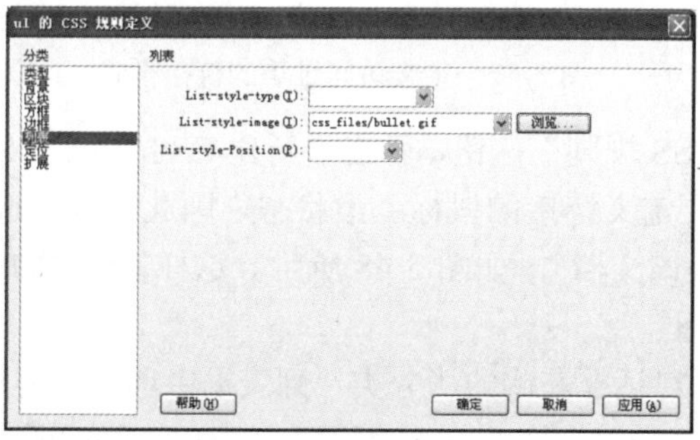

图 5-42 ul 的 CSS 规则定义对话框

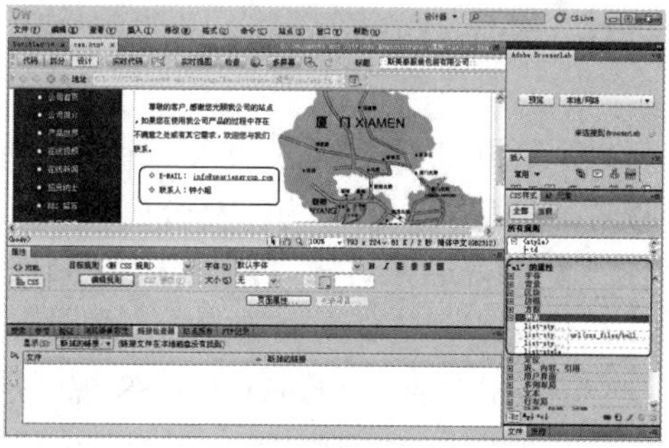

图 5-43 添加了 ul 样式后的效果

3. 设置链接样式

（8）在 CSS 样式面板中单击右下角的“新建 CSS 规则”对话框，打开“新建 CSS 规则”对话框，设置“选择器类型”为“复合内容”，设置“选择器名称”为 a:ink，设置“规则定义”为“仅限该文档”，如图 5-44 所示，单击“确定”按钮。

（9）弹出“a:ink 的 CSS 规则定义”对话框，在“分类”列表框中选择“类型”。在右侧的选项面板中将 Font-family 设置为“宋体”，Font-size 设置为 12px，Color 设置为#0066CC。这里希望链接没有下划线，因此在 Text-decoration 选项中勾选 none（无）复选框，如图 5-45 所示，然后单击“确定”按钮关闭对话框。

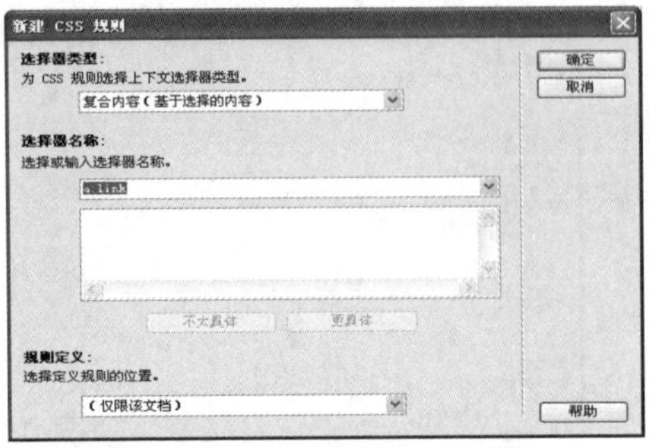

图 5-44 新建 CSS 规则对话框

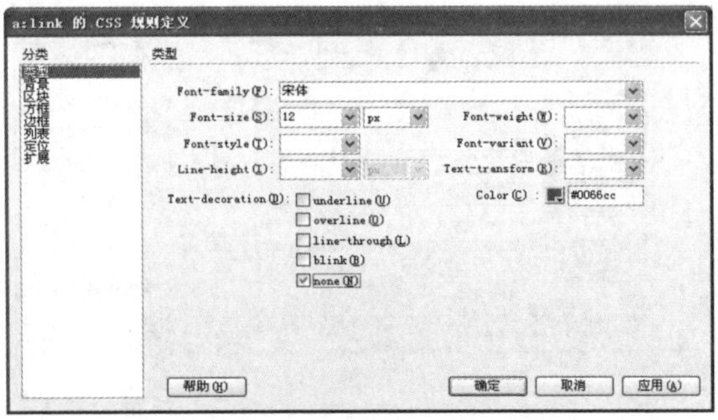

图 5-45 定义默认链接样式

（10）返回到 CSS 样式面板，单击“新建 CSS 规则”按钮，弹出“新建 CSS 规测”对话框。设置“选择器类型”为“复合内容”，这里要定义链接的访问后的状态，因此设置“选择器名称”为 a:visited，设置“规则定义”为“仅限该文档”，如图 5-46 所示。这样链接的访问后 CSS 样式就被定义在该文档中，单击“确定”按钮关闭对话框。

（11）在弹出的“a:visited 的 CSS 规则定义”对话框的左侧“分类”列表框中选择“类型”选项，在右侧的选项面板中将 Font-family 设置为“宋体”，Font-size 设置为 12px，Color 设置为#CCCCCC。这里希望访问过后的链接没有下划线，因此在 Text-decoration 选项中勾选 none（无）复选框，如图 5-47 所示，然后单击“确定”按钮关闭对话框。

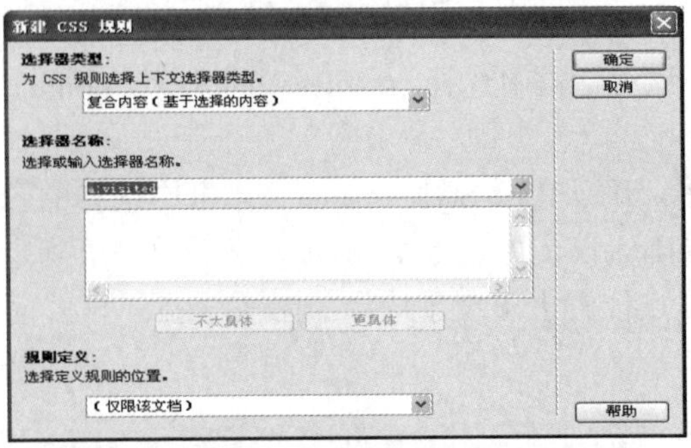

图 5-46 新建 CSS 规则

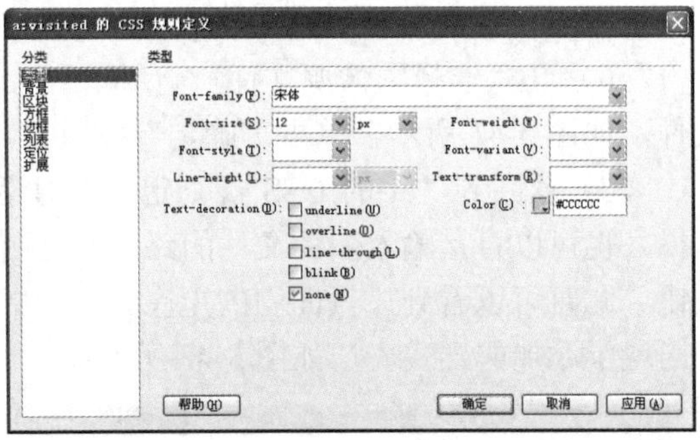

图 5-47 定义访问过后的链接样式

（12）返回到 CSS 样式面板，单击“新建 CSS 规则”按钮，弹出“新建 CSS 规则”对话框。设置“选择器类型”为“复合内容”，这里要定义链接的鼠标上滚状态，因此设置“选择器名称”为 a:hover，设置“规则定义”为“仅限该文档”，如图 5-48 所示。这样 CSS 样式就被定义在该文档中，单击“确定”按钮关闭对话框。

（13）在弹出的“a:hover 的 CSS 规则定义”对话框左侧的“分类”列表框中选择“类型”选项，在右侧的选项面板中将 Font-family 设置为“宋体”，Font-size 设置为 12px，Color 设置为#000000。这里希望鼠标上滚的链接下面出现下划线，因此在 Text-decoration 选项中勾选 underline（下划线）复选框，如图 5-49 所示。然后单击“确定”按钮关闭对话框，此时可以看到，页面中所有的链接样式都发生类变化，CSS 样式面板中出现了添加的样式表。如图 5-50 所示。

4. 设置局部链接样式

（14）在 CSS 样式面板中单击右下角色“新建 CSS 规则”按钮，打开“新建 CSS 规则”对话框。在“选择器类型”下拉列表中选择“复合内容”，在“选择器名称”下拉列表框中选择 a:ink，将其修改为 a.copyright:link，其中 copyright 为自定义链接样式，在“规则定义”下拉列表框中选择“仅限该文档”，如图 5-52 所示，单击“确定”按钮。

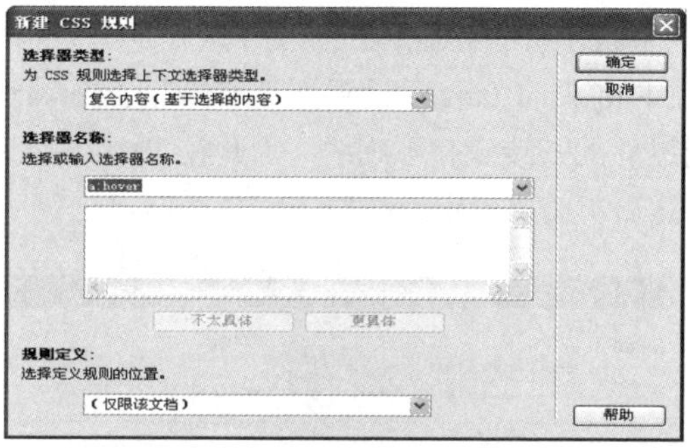

图 5-48　新建 CSS 规则

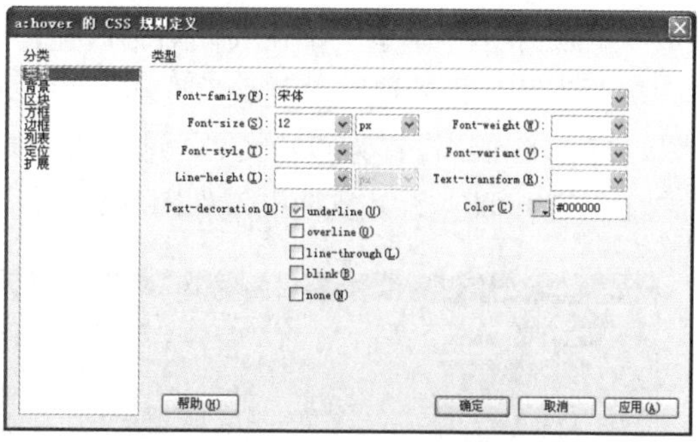

图 5-49　定义鼠标上滚得链接样式

（15）在弹出的“a.copyright:link 的 CSS 规则定义”对话框左侧“分类”列表框中选择“类型”选项，在该选项面板中将 Font-family 设置为“Arial,Helvetica,sans-serif”，Font-size 设置为 12px，Color 设置为#CC0000，这里希望访问过后的链接没有下划线，因此在 Text-decoration 选项中勾选 none（无）复选框，如图 5-52 所示，然后单击“确定”按钮关闭对话框。

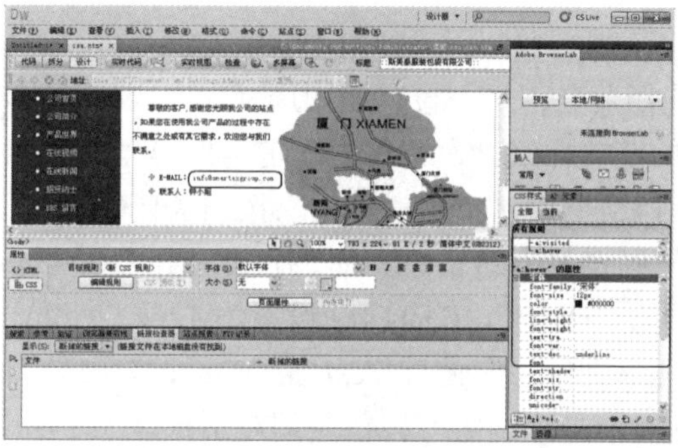

图 5-50　文档中发生变化了的链接样式

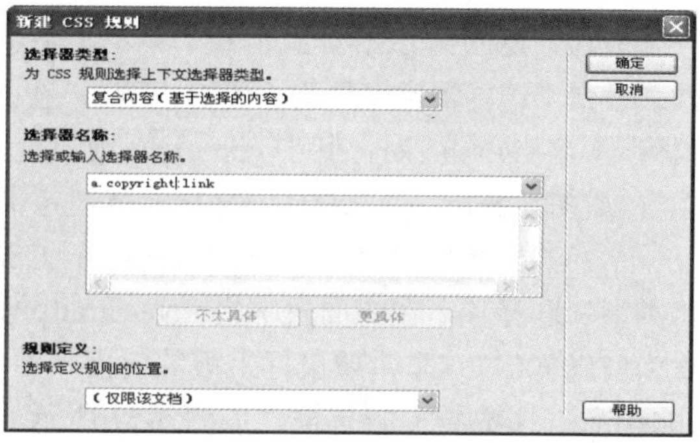

图 5-51　新建 CSS 规则

（16）样式设定完成以后，对于自定义样式的复合内容样式需要进行样式的应用，选中版权链接文字，在属性面板的“类”下拉列表中选择 copyright，这样自定义的链接样式就会被应用到版权链接文字上，效果如图 5-53 所示。

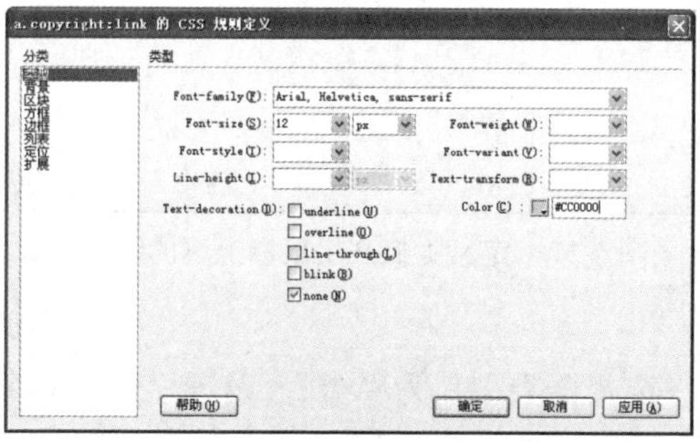

图 5-52　定义版本文字默认的链接样式

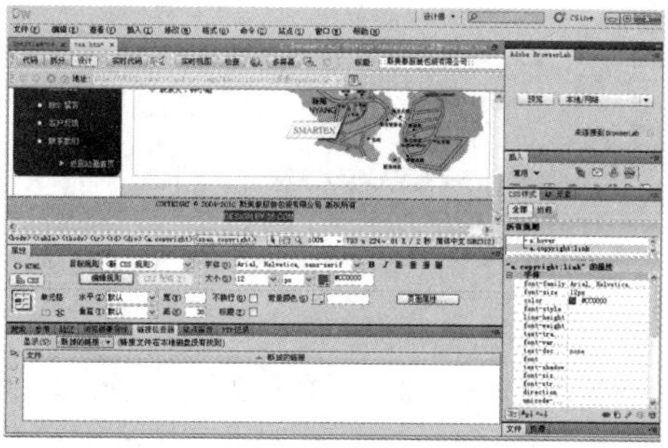

图 5-53　应用样式

（17）返回到 CSS 样式面板，单击“新建 CSS 规则”按钮，弹出“新建 CSS 规则”对话框，设置“选择器类型”为“复合内容”，这里要定义链接访问过后的状态，因此在“选择器名称”下拉列表框中选择 a:visited，将其修改为 a.copyright:visited，其中 copyright 为自定义的链接样式，设置“定义规则”为“仅限该文档”，这样 CSS 样式就被定义在文档中，如图 5-54 所示。

（18）单击“确定”按钮关闭对话，在弹出的“a.copyright:visited 的 CSS 规则定义”对话框的“分类”列表框中选择“类型”选项，在该面板中将 Font-family 设置为“宋体”，Font-size 设置为 12px，Color 设置为#9900CC，这里希望访问过后的链接没有下划线，因此在 Text-decoration 选项中勾选 none（无）复选框，如图 5-55 所示，然后单击“确定”按钮关闭对话框。

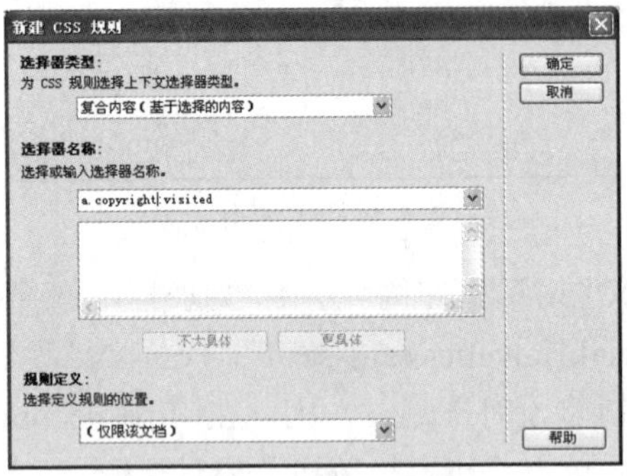

图 5-54　新建 CSS 规则

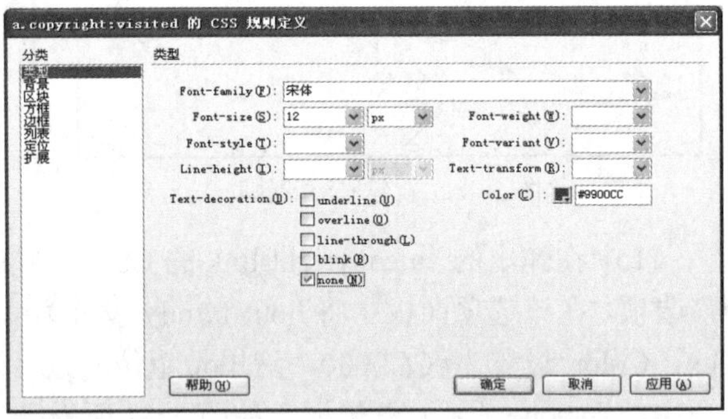

图 5-55　定义版权文字访问过后的链接样式

（19）返回到 CSS 样式面板，单击“新建 CSS 规则”按钮，弹出“新建 CSS 规则”对话框。设置“选择器类型”为“复合内容”，在“选择器名称”下拉列表中选择 a:hover，将其修改为 a.copyright:hover，其中 copyright 为自定义的链接样式，设置“规则定义”为“仅限该文档”，如图 5-56 所示，这样 CSS 样式就被定义在该文档中，单击“确定”按钮关闭对话框。

（20）在弹出的“a.copyright:hover 的 CSS 规则定义”对话框中的“分类”列表框中选择“类型”选择项，在该面板中将 Font-family 设置为“宋体”，Font-size 设置为 12px，Color 设置为#FF9900，这里希望鼠标上滚的链接下面出现下划线，因此在 Text-decoration 选项中勾选 underline（下划线）复选框，如图 5-57 所示，然后单击“确定”按钮关闭对话框。

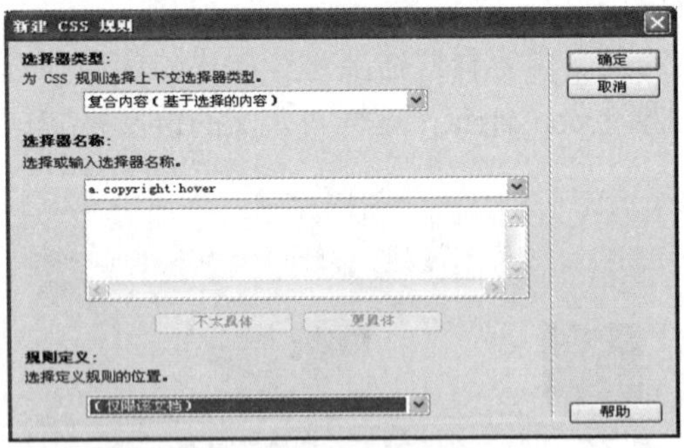

图 5-56　新建 CSS 规则

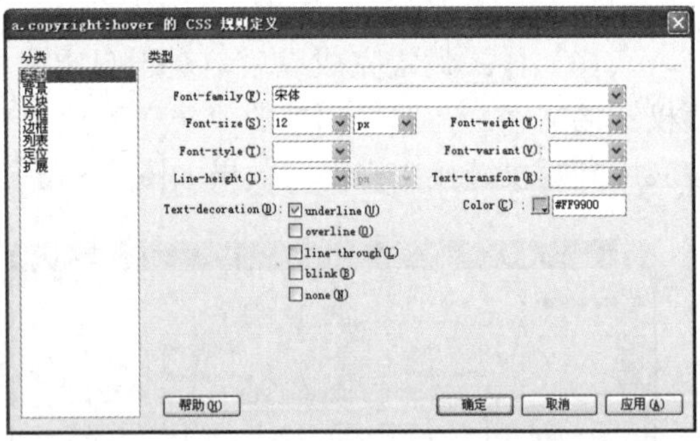

图 5-57　定义版权文字鼠标上滚的链接样式

5. 设置表单样式

（21）打开“新建样式规则”对话框，设置“选择器类型”为“类”，设置“选择器名称”为“.maillist-form”，设置“规则定义为”仅限该文档“，如图 5-58 所示。然后单击”确定“按钮”。

（22）在弹出的“.maillist-form 的 CSS 规则定义”对话框的“分类”列表框中选择“类型”选项，在该选项面板中将 Font-family 设置为“Tahome,Verdana,Arial”，Font-size 设置为 11px，Font-weight 设置为 normal（普通），Color 设置为#525457，如图 5-59 所示。

（23）在“分类”列表框中选择“方框”将 Height（高度）设置为 18px；在“分类”列表框中选择“边框”，将 Width（宽度）设置为 0px，如图 5-60 所示。

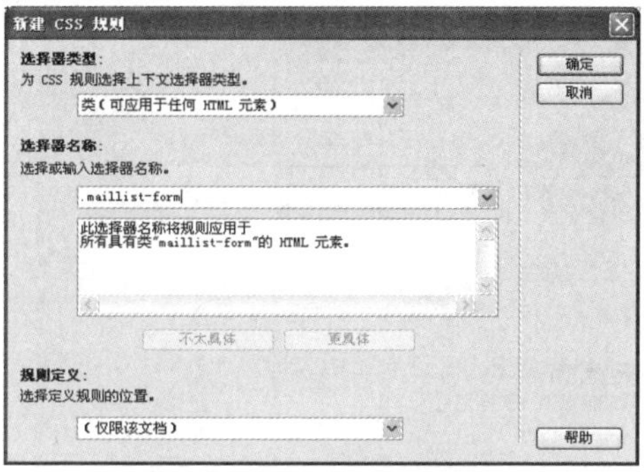

图 5-58　新建 CSS 规则

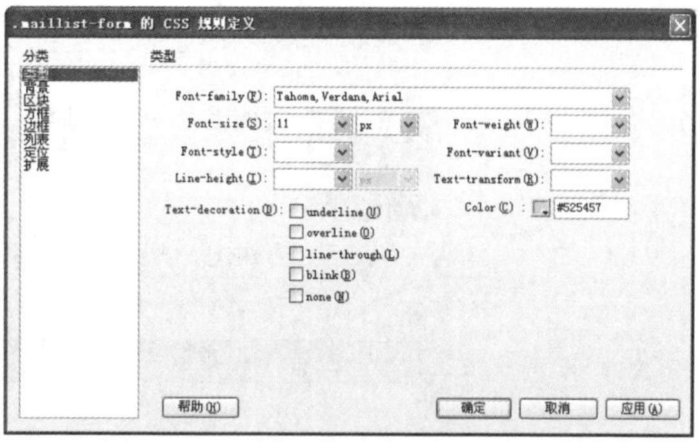

图 5-59　定义表单的文字样式

（24）单击“确定”按钮关闭对话框，在文档左侧的文本域和密码域分别选中，在属性面板的“类”下拉列表框中选择 maillist-form，这样样式就会被应用到文档中，效果如图 5-61 所示。

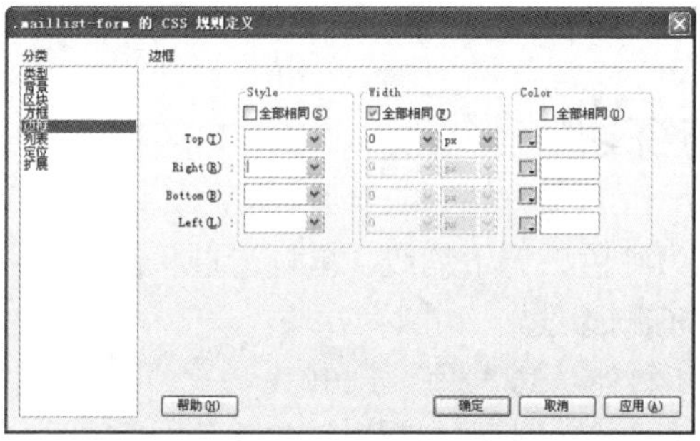

图 5-60　.maillist-form 的 CSS 规则定义

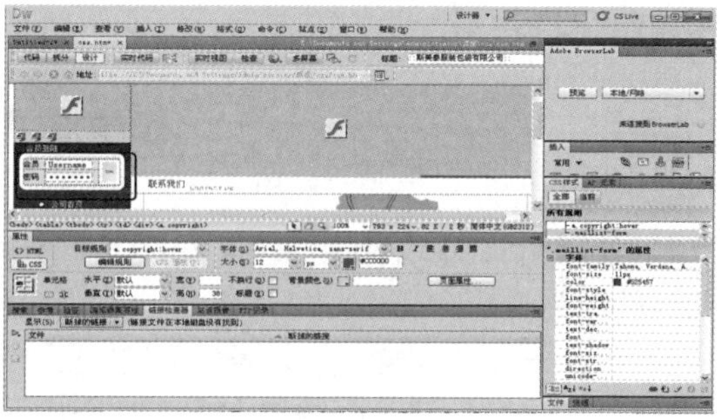

图 5-61　应用表单样式

6. 设置图像样式

（25）新建 CSS 规则，设置“选择器类型”为“类”，“选择器名称”为.ing，“规则定义”为“仅限该文档”，如图 5-62 所示，单击“确定”按钮。

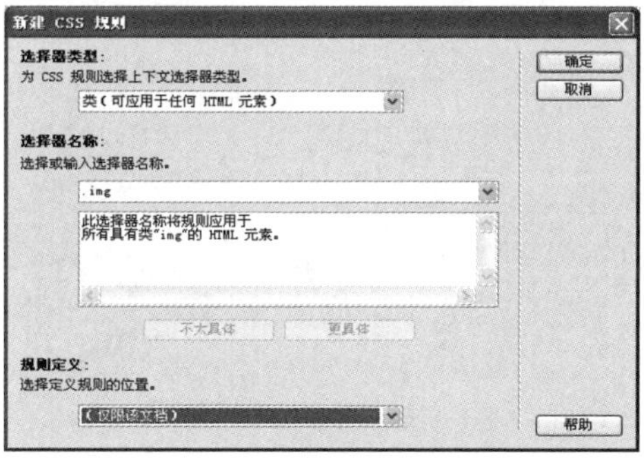

图 5-62　新建 CSS 规则

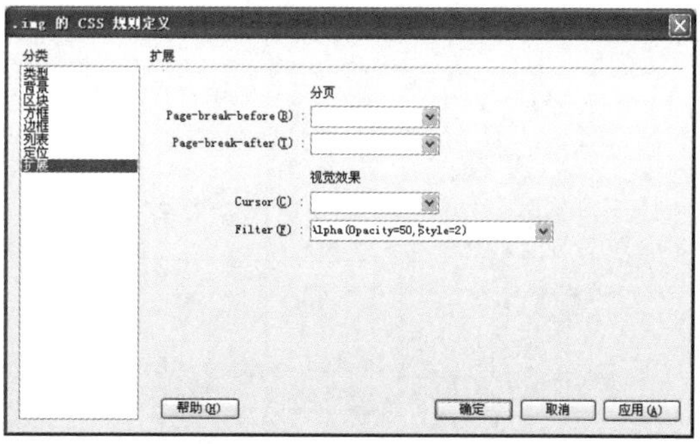

图 5-63　定义图像滤镜样式

（26）在弹出的“.ing 的 CSS 规则定义”对话框的“分类”列表框中选择“扩展”，在 Filter（过滤器）下拉列表中选择 Alpha，设置 Opacity=50，Style=2，设置图片的透明渐变形状为圆形，如图 5-63 所示，单击“确定”按钮。

（27）选中文档中的图片，在属性面板的“类”下拉列表中选择.img。将刚才设定的图像样式应用到文档中，如图 5-64 所示。至此，整个页面 CSS 样式就创建完成。

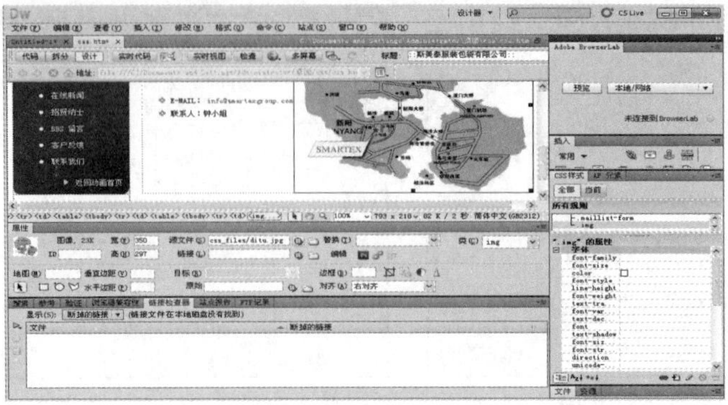

图 5-64 应用样式

7. 在浏览器上确认

按下 F12 键，在浏览器上预览，可以看到文字的字体、字号、颜色等都经过了美化，页面更加简洁美观。页面中的列表效果也发生了变化，页面中的图像也达到了预期的效果。最终效果如图 5-35 所示。

本章思考与练习

1．使用 CSS 样式设置链接文字正常显示状态为红色、无下划线，鼠标滑过状态为黑色，激活链接时为蓝色、有下划线，编辑状态为绿色、有删除线。

2．创建一个外部样式表，将字体定义为粗体和斜体，36 号字，隶书。

3．设置当鼠标移动到链接文本上时变成等待样式（沙漏型鼠标样式）。

4．分别创建一个内部样式表和外部样式表，然后比较它们的基本格式和应用范围，并以一至两个实例进行套用。

第 6 章　布局对象 AP Div 的使用

AP Div 是一种网页元素定位技术，使用 AP Div 可以以像素为单位精确定位页面元素，并且可以将其放置在页面的任意位置。

6.1　AP Div 简介

AP Div是CSS中的定位技术，在Dreamweaver中将其进行了可视化操作。文本、图像和表格等元素只能固定其位置，不能互相叠加在一起，使用AP Div功能，可以将其放置在网页中的任何一个位置，还可以按顺序排放网页文档中的其他构成元素。AP Div体现了网页技术从二维空间向三维空间的一种延伸。AP Div和行为的综合使用，还可以创作出动画效果，而不使用任何的JavaScript或HTML编码。

我们可以将AP Div理解为一个文档窗口内的又一个小窗口，像在普通窗口中的操作一样，在AP Div中可以输入文字，也可以插入图像、动画、影像、声音和表格等，对其进行编辑。利用AP Div可以非常灵活地放置网页内容。

下面是 AP Div 的功能：

（1）有了 AP Div 以后，可以将许多元素置于 Div 中，因为 Div 可以重叠，可以产生许多重叠效果。

（2）可以利用 Div 来精确定位网页元素。它可以包含文本、图像、甚至其他 Div，凡是 HTML 文件可包含的元素均可包含在 Div 中。

（3）Div 可以转换成表格，为不支持 Div 的浏览器提供了解决方法。

（4）Div 可以显示和隐藏，利用这一功能可以实现网站导航中下拉菜单的制作。

6.1.1　设置 AP Div 的属性

在 Dreamweaver 中插入 AP Div 的方法有两种，通过选择“插入”→“布局对象”→“AP Div”命令或“布局”面板插入栏中单击按钮即可插入 AP Div。在 AP Div 属性面板（如图 6-1 所示）可以对相关属性进行设置。

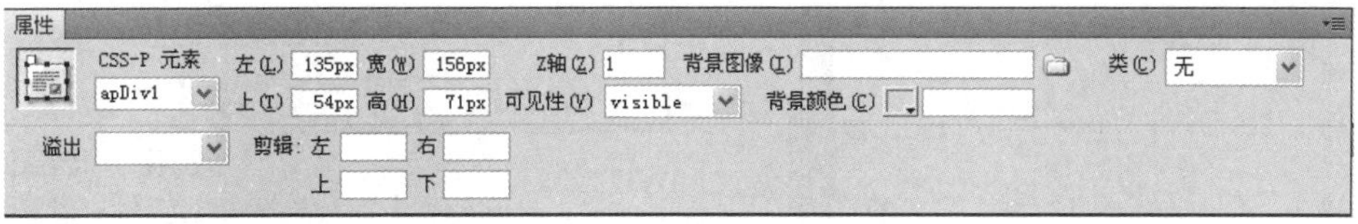

图 6-1　AP Div 属性面板

（1）CSS-P 元素：用于设置 AP Div 的名称，以便在 AP 元素面板和 JavaScript 代码中标识该 AP Div。

（2）左：用于设置 AP Div 的左边界距离测览器窗口左边界的距离。

（3）上：用于设置 AP Div 的上边界距离测览器窗口上边界的距离。

（4）宽：用于设置 AP Div 的宽。

（5）高：用于设置 AP Div 的高。

（6）Z 轴：设置 AP Div 在 AP 元素面板 Z 轴的顺序，即设置 AP Div 的层叠顺序。

（7）可见性：用于设置 AP Div 的显示状态，包括 default（默认值）、inherit（继承）、visible（显示）和 hidden（隐藏）4 个选项。其中：

- default（默认）：表示不指定可见性属性，当未指定可见性时，多数浏览器都会默认为继承。
- inherit（继承）：表示使用该 AP Div 父级的可见性属性。
- visible（显示）：表示显示该 AP Div 的内容，而不管父 AP Div 的可见性属性。
- hidden（隐藏）：表示隐藏 AP Div 的内容，而不管父 AP Div 的可见性属性。

（8）背景图像：用于设置 AP Div 的背景图像。

（9）背景颜色：用于设置 AP Div 的背景颜色。

（10）溢出：用于控制当 AP Div 的内容超过 AP Div 大小时如何在测览器中显示 AP Div。包括 visible（可见）、hidden（隐藏）、scroll（滚动条）和 auto（自动）4 个选项。其中：

- visible（可见）：AP Div 将自动适应 AP Div 中内容的宽度与高度。
- hidden（隐藏）：超出 AP Div 范围的内容不会显示。
- scroll（滚动条）：在 AP Div 中将出现滚动条，而不管 AP Div 中是否需要滚动条。
- auto（自动）：当 AP Div 中的内容超出 AP Div 范围时将显示滚动条。

（11）剪辑：用于设置 AP Div 的可见区域的大小。在其左、上、右和下文本框中直接输入数值即可。

6.1.2 AP 元素面板的使用

在 Dreamweaver 中有一个 AP 元素面板（如图 6-2 所示），在面板中可以方便地处理 Div 的操作、设置层的属性。在如图 6-2 所示的 AP 元素面板中，AP Div 名称按创建的顺序依次命名为 apDiv1、apDiv2。并且 Z-index 值也是从 1 开始逐渐变大。在 AP 元素面板中单击 AP Div 名称，就可以随意选择当前文档中的任何 AP Div。在文档窗口中选择 AP Div，就会在 AP Div 周围出现 8 个黑色的正方形尺寸调节点。如 6-3 所示，拖动该尺寸的调节点，就可以扩大或缩小 AP Div 的宽度或高度。调节 AP Div 四角处的尺寸调节点，就可以同时调节上下左右的大小。

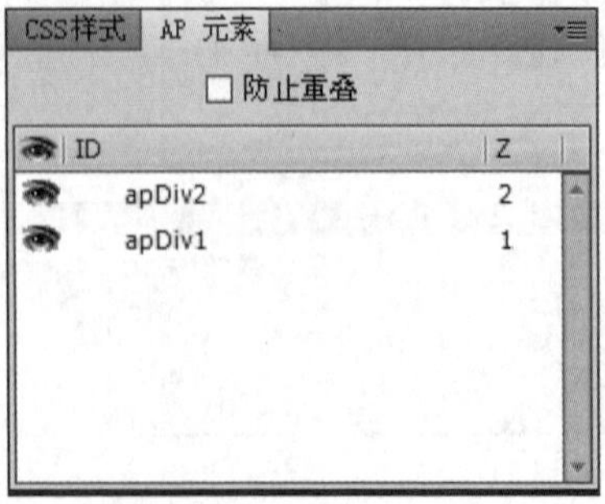

图 6-2 AP 元素面板

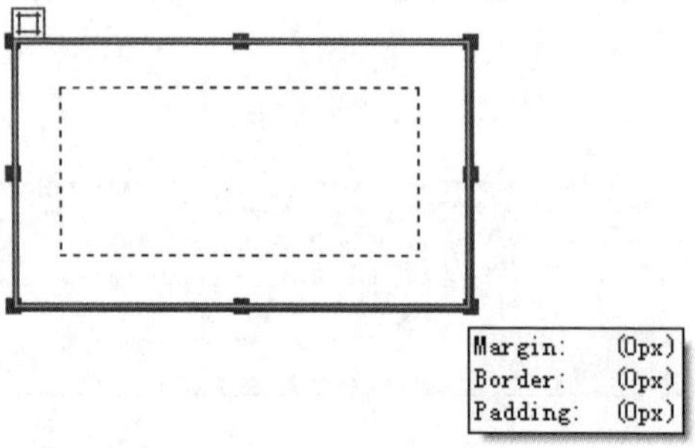

图 6-3 绘制层

在 AP 元素面板的左边是眼睛标记，用鼠标点击左侧的眼睛标记，可以显示或隐藏所选的 Div。

6.1.3 实践技能训练——使用 AP Div 布局网页

使用布局对象 AP Div 可以方便地布局页面，具体操作如下：

（1）新建一个 HTML 文档，执行“插入”→“布局对象”→“AP Div”命令，在“属性”面板中设置“宽”为 782px，“高”为 200px，并将名称设置为 Div1，如图 6-4 所示。

（2）将插入点置于 Div1 内，执行“插入”→“图像”命令，在弹出的对话框中选择 wysjsc06\0601中的top.jpg文件，单击“确定”按钮，插入后的效果如图6-5所示。

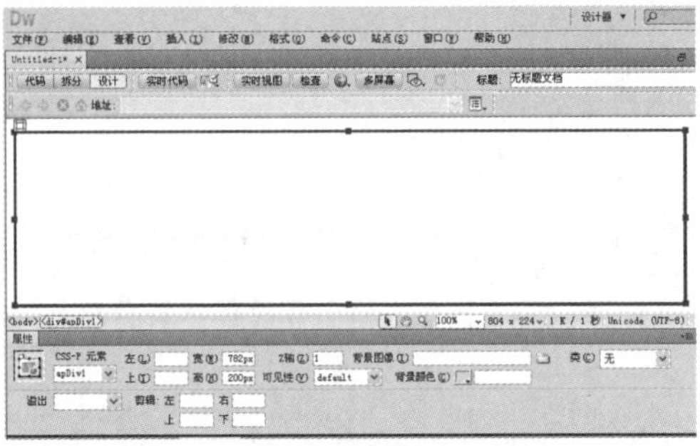

图 6-4　插入 Div1 并设置其属性

图 6-5　选择图像并插入

（3）执行“插入”→“布局对象”→“AP Div”命令，插入一个 Div，在“属性”面板中设置名称为 Div2，“宽”为 182px，“上”为 200px，并且设置“背景颜色”为#AFAA94，如图 6-6 所示。

（4）将插入点置于 Div2 内，插入 11 行 1 列的表格，这里定义为表格 1，再在“属性”面板中设置“宽”为 182px，“边框”为 0px，如图 6-7 所示。

图 6-6　插入 Div2

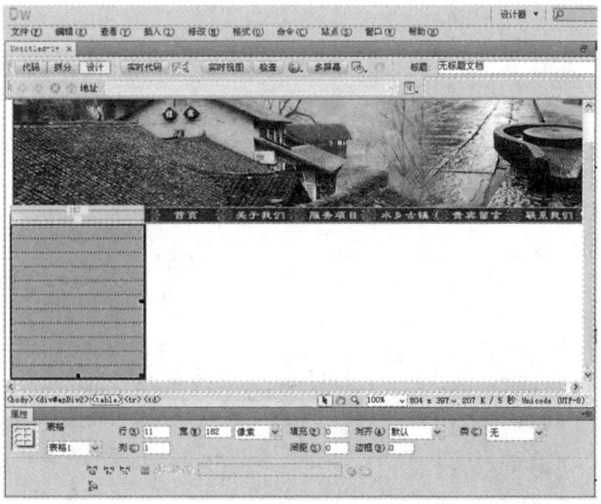

图 6-7　插入表格 1

（5）在表格的每行内分别输入友情链接的文字，如图 6-8 所示。

（6）在表格 1 的下边再插入一个 1 行 1 列的表格，此表格标记为表格 2。选中表格 2，在拆分视图中的<table>标签输入 bordercolor="images\in_lymenu.gif"代码，来设置表格的背景图像，如图 6-9 所示。

（7）执行“插入”→“布局对象”→“AP Div”命令，在表格 1 的右侧插入一个 Div，在“属性”面板中设置名称为 Div3，“宽”为 600px，“上”为 200px，“左”为 184px，“高”为 374px，并且设置背景颜色为#CECAB9，如图 6-10 所示。

（8）将插入点置于 Div3 内，插入一个 3 行 1 列的表格，此表格记为表格 3，并在“属性”面板中设置“宽”为 100px，如图 6-11 所示。

（9）将插入点置于表格 3 的第 1 行中插入图像 gy.gif，效果如图 6-12 所示。

（10）将插入点置于表格 3 的第 2 行中，输入正文内容，效果如图 6-13 所示。

图 6-8　输入友情链接文字

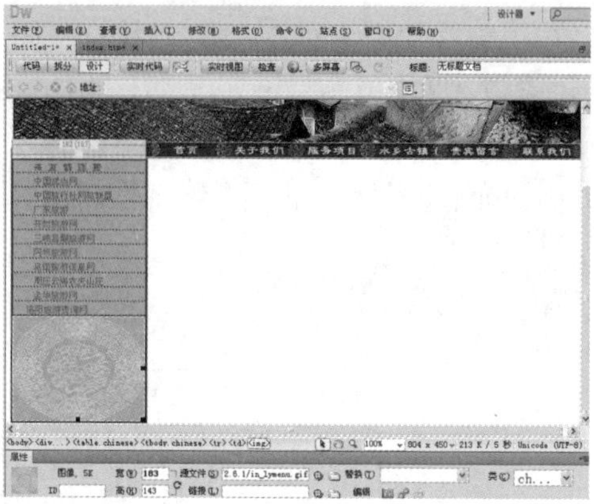

图 6-9　插入表格 2 并设置背景图像

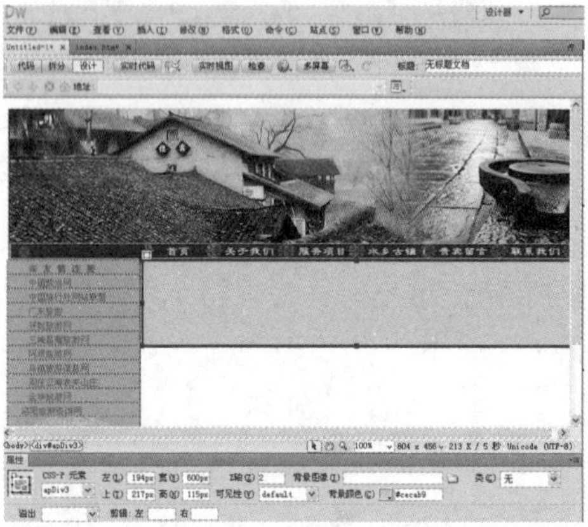

图 6-10　插入 Div3

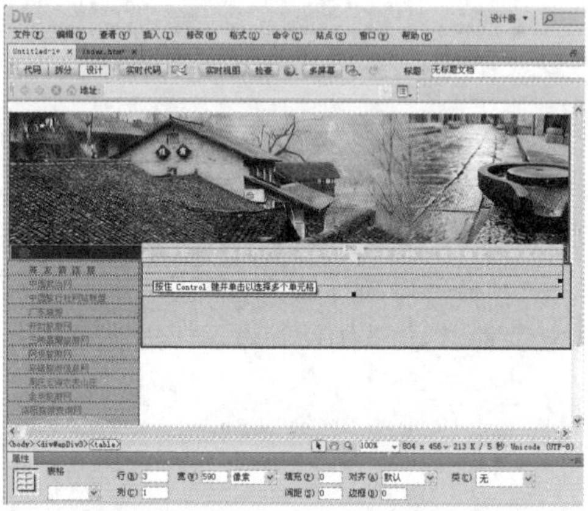

图 6-11　插入 3 行 1 列的表格 3

图 6-12　在第 1 行中插入图像 gy.gif

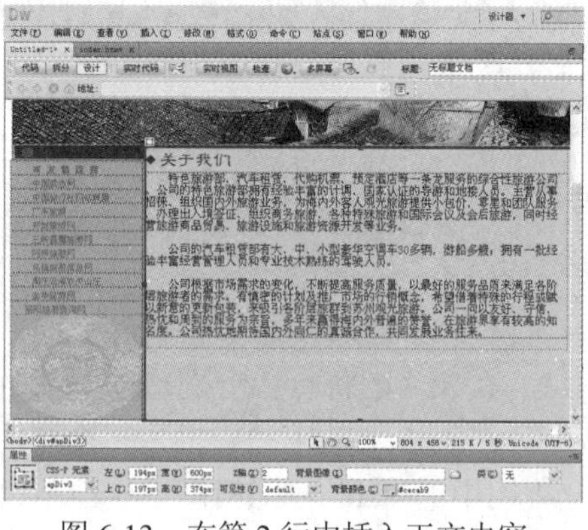

图 6-13　在第 2 行中插入正文内容

（11）将插入点置于第 3 行中，插入一个 1 行 4 列的表格，这里定义为表格 4，在“属性”面板中设置“宽”为 98%，“对齐”为“居中对齐”，如图 6-14 所示。

（12）在表格 4 的单元格中分别插入 10.gif、11.gif、12.gif、13.gif，效果如图 6-15 所示。

（13）执行“修改”→“页面属性”命令，弹出“页面属性”对话框，在对话框中设置“背景颜色”为#9D977C，如图 6-16 所示，完成后单击“确定”按钮。

（14）至此网页制作完成，保存网页，在浏览器中浏览，最终效果如图 6-17 所示。

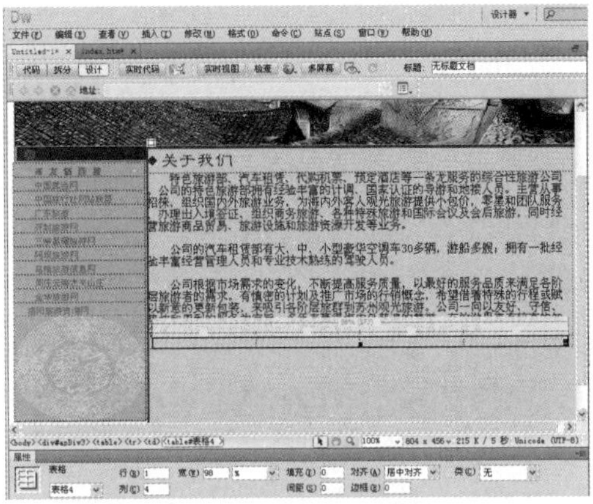

图 6-14　插入 1 行 4 列的表格 4

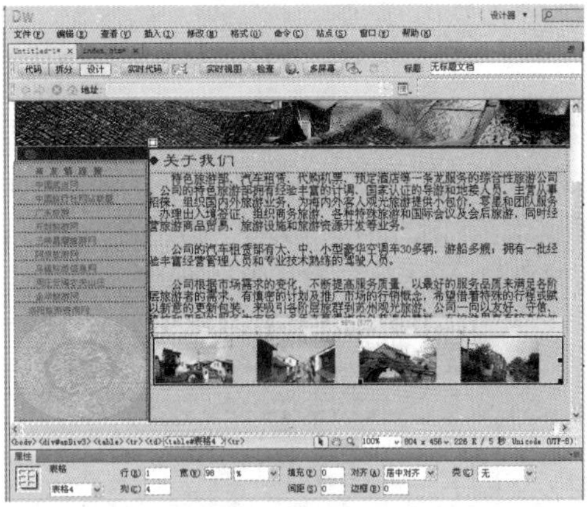

图 6-15　插入图像

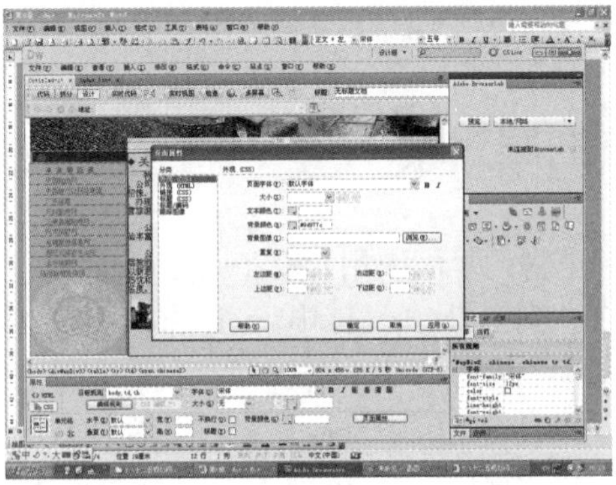

图 6-16　设置页面的背景颜色

图 6-17　最终效果

6.2　AP Div 和表格的转换

AP Div 和表格都可以用来在页面中定位其他对象，但 AP Div 更为方便，在设计网页的时候往往优先考虑。但是浏览器版本对 AP Div 有一定的限制，因此不是所有的浏览器都支持 AP Div 的应用。相对来说使用表格能获得多个浏览器的支持。

6.2.1　将 AP Div 转换为表格

一般使用 AP Div 将网页元素精确定位，然后将 AP Div 转换成表格，以使该网页能在 Microsoft Internet Explorer 4.0 和 Netscape Navigator 4.0 之前的版本中正确地显示。其操作步骤是：执行“修改”→“转换”→“将 AP Div 转换为表格”命令，在弹出的对话框（如图 6-18 所示）中设置相应的参数即可。

（1）最精确：会严格按照 AP Div 的排版生成表格，但表格结构会很复杂。

（2）最小：可以设定删除宽度小于一定像素的单元格，在小于文本框中输入像素值。

（3）使用透明 GIFs：会在表格中插入透明图像起到支撑作用。

（4）置于页面中央：会让表格在页面居中。

（5）布局工具：可以设置是否防止 AP Div 重叠、自动显示 AP 元素面板、自动显示网格、是否吸附到网格等。

6.2.2 将表格转换成 AP Div

在设计网页的时候经常需要不断地调整页面的布局。如果要调整的网页布局时表格形式，调整起来就比较费劲，此时用户可以将布局表格转换为 AP Div 布局进行调整。将表格转换成 AP Div 的操作步骤是：执行“修改”→“转换”→“将表格转换为 AP Div”命令，在弹出“将表格转换为 AP Div”对话框（如图 6-19 所示）中进行相关的设置。

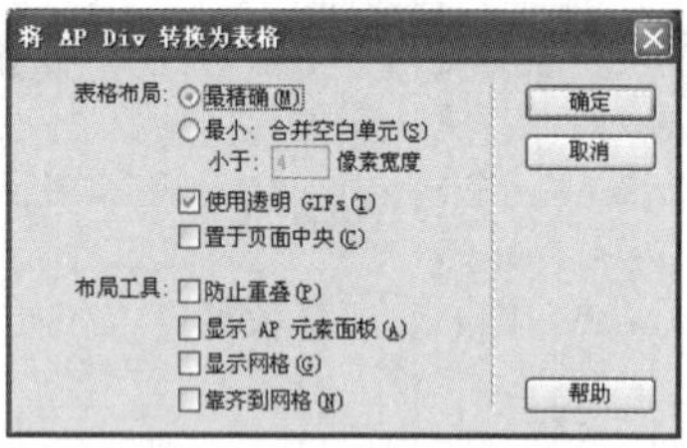

图 6-18　“将 AP Div 转换为表格”对话框

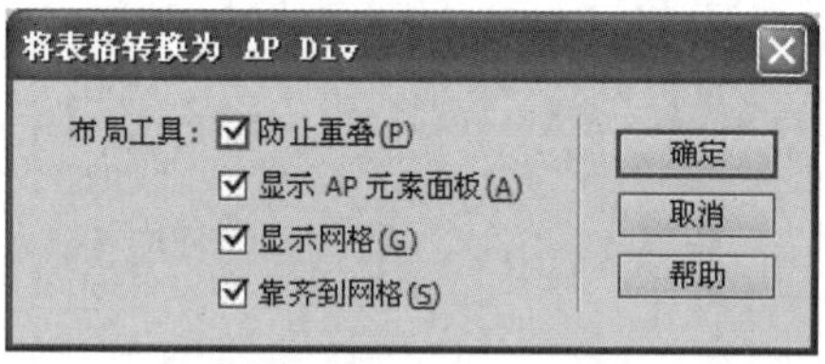

图 6-19　“将表格转换为 AP Div”对话框

6.3　使用 Spry 布局对象

Spry 框架是一个 JavaScript 库，它能提供各种丰富的页面应用。有了 Spry，就可以使用 HTML、CSS 和极少量的 JavaScript 将 XML 数据合并到 HTML 文档中，创建构件（如折叠构件和菜单栏），向各种页面元素中添加不同种类的效果。在设计上，Spry 框架的标记非常简单且便于那些具有 HTML、CSS 和 JavaScript 基础知识的用户使用。Spry 框架主要面向专业 Web 设计人员或高级非专业 Web 设计人员。Spry 可以使用 XML 和 JSON 两种格式的数据源。

6.3.1 使用 Spry 菜单栏

菜单栏构件是一组可导航的菜单按钮，当站点访问者将鼠标悬停在其中的某个按钮上时，将显示相应的子菜单。使用菜单栏构件可在紧凑的空间中显示大量的可导航信息，并使站点访问者无需深入浏览站点即可了解站点提供的内容。

使用 Spry 菜单栏的具体操作步骤如下：

（1）打开新建文档，将光标置于页面中，选择“插入”→“布局对象”→“Spry 菜单栏”命令。

（2）选择命令后，弹出“Spry 菜单栏”对话框，在对话框中有两种菜单栏构件——“垂直构件”和“水平构件”，单击“水平”单选按钮，如图 6-20 所示。

（3）单击“确定”按钮，即可插入 Spry 菜单栏，如图 6-21 所示。

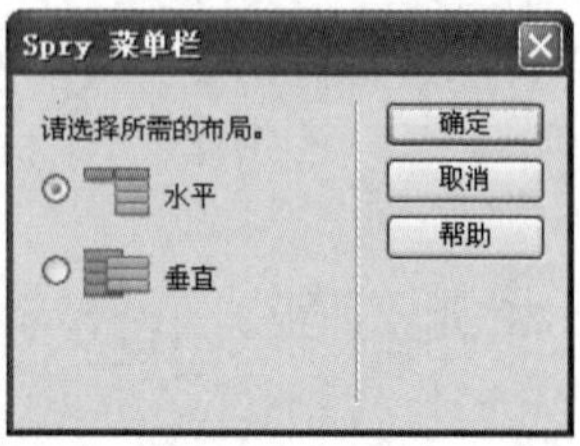

图 6-20　“Spry 菜单栏”对话框

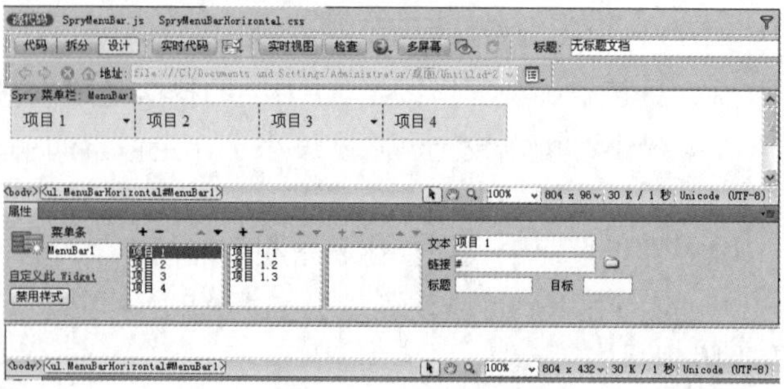

图 6-21　插入 Spry 菜单栏

6.3.2　使用 Spry 选项卡式面板

选项卡式面板构件是一组面板，用来将内容存储到紧凑空间中。站点访问者可以通过单击他们要访问的面板上的选项卡来显示或隐藏存储在选项卡式面板中的内容。当访问者单击不同的选项卡时，构建的面板会相应地打开。在给定的时间内，选项卡式面板构件中只有一个内容面板处于打开状态。图 6-22 是通过执行"插入"→"布局对象"→"Spry 选项卡式面板"命令而插入的 Spry 选项卡式面板。可以看到此时第 2 个面板处于打开状态。

6.3.3　使用 Spry 折叠式面板

Spry 折叠构件是一组可折叠的面板，可以将大量内容存储在一个紧凑的空间中。站点访问者可以通过单击该面板上的选项卡标签来显示或隐藏存储在折叠构件中的内容。当访问者单击不同的选项卡标签时，折叠构件的面板会相应地展开会收缩，在折叠构件中，每次只能由一个内容面板处于打开且可见的状态。图 6-23 是执行"插入"→"布局对象"→"Spry 折叠式"命令而插入的 Spry 折叠式面板。

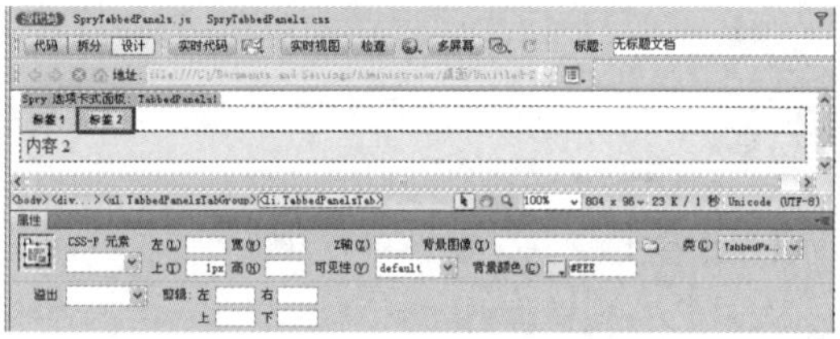

图 6-22　Spry 选项卡式面板

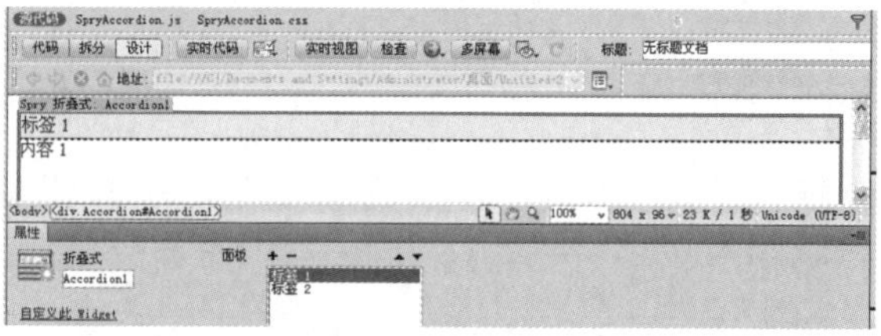

图 6-23　Spry 折叠式面板

6.3.4　使用 Spry 可折叠面板

可折叠面板构件是一个面板，可将内容存储到紧凑的空间中。用户单击构件的选项卡即可隐藏或显示存储在可折叠面板中的内容。将光标置于页面中，执行"插入"→"布局对象"→"Spry 可折叠式面板"命令就可以插入的 Spry 可折叠式面板，如图 6-24 所示。

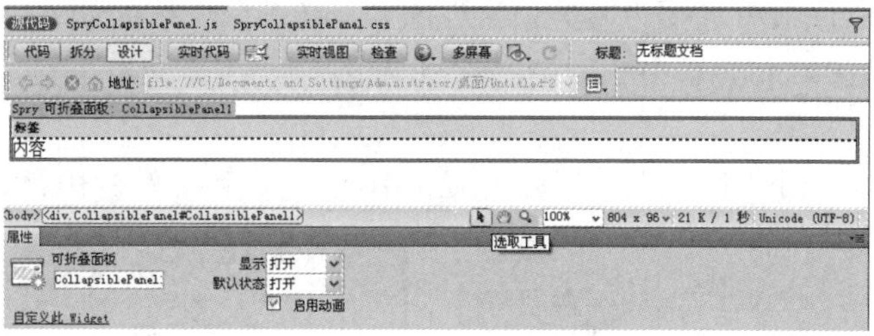

图 6-24　Spry 可折叠面板

6.3.5　实践技能训练

通过 Spry 层特效可以轻松地制作下拉菜单效果，当用户将光标指向栏目的文字后，可以弹出下拉菜单。另外，光标指向图片的时候，还可以制作出提示即时出现的效果。

（1）将插入点置于页面中，执行"插入"→"布局对象"→"Spry 菜单栏"命令，弹出"Spry 菜单栏"对话框，在对话框中单击"垂直"单选按钮，如图 6-25 所示。

（2）单击"确定"按钮，即可插入 Spry 菜单栏，效果如图 6-26 所示。

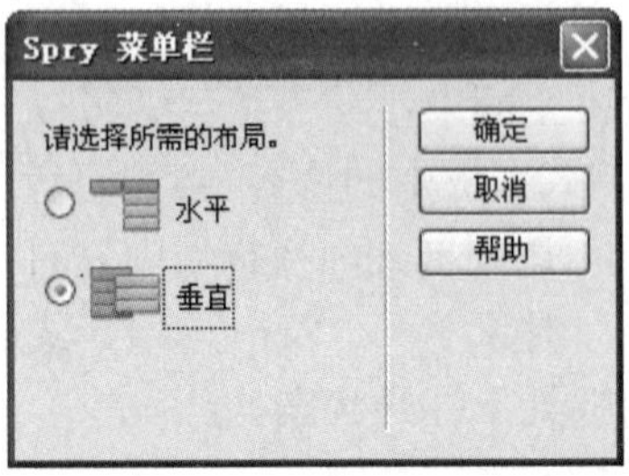

图 6-25 “Spry 菜单栏”对话框

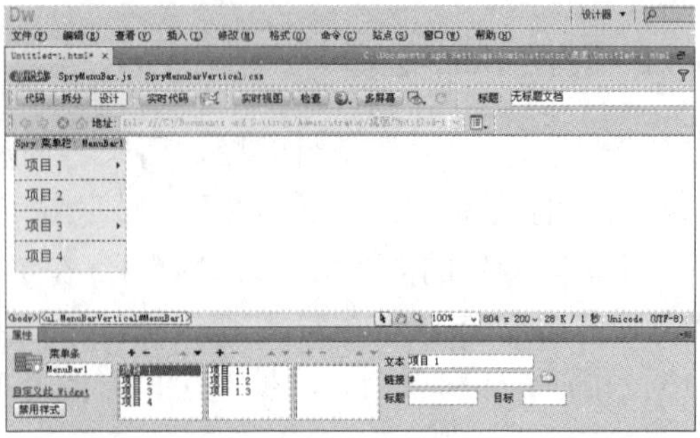

图 6-26 插入 Spry 菜单栏

（3）选中 Spry 菜单栏，在“属性”面板中选中“项目 1”在“文本”文本框中输入“公司简介”，“项目 2”在“文本”文本框中输入“合作单位”，“项目 3”在“文本”文本框中输入“服务项目”，“项目 4”在“文本”文本框中输入“联系我们”，效果如图 6-27 所示。

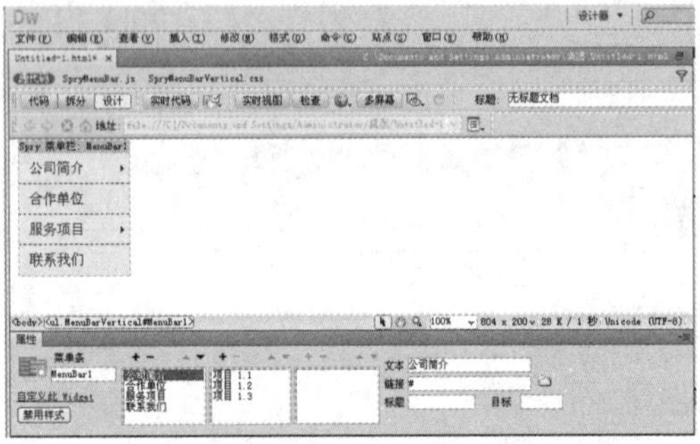

图 6-27 在属性面板对项目进行设置

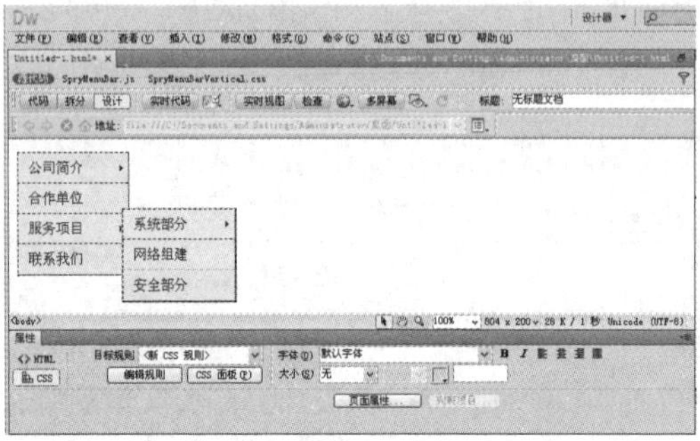

图 6-28 在属性面板对二级项目进行设置

（4）在“属性”面板中“公司简介”后面的项目“项目 1.1”，在 “文本”文本框中输入“公司文化”，“项目 1.2”，在 “文本”文本框中输入“领导结构”，“项目 1.3”，在“文本”文本框中输入“领导介绍”，“项目 3.1”，在 “文本”文本框中输入“系统部分”，“项目 3.2”，在 “文本”文本框中输入“网络组建”，“项目 3.3”，在 “文本”文本框中输入“安全部分”，效果如图 6-28 所示。

（5）在“属性”面板中选择“服务项目”的“系统部分”后面的“项目 3.1.1”，在“文本”文本框中所输入“windows 系统”，“项目 3.1.2”，在“文本”文本框中所输入“liunx 系统”，效果如图 6-29 所示。

（6）保存文档，按下 F12 键在浏览器中进行浏览，效果如图 6-30 所示。

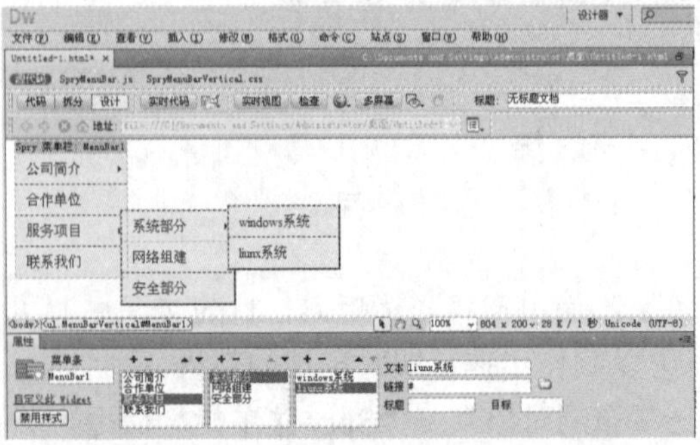

图 6-29 在属性面板对三级项目进行设置

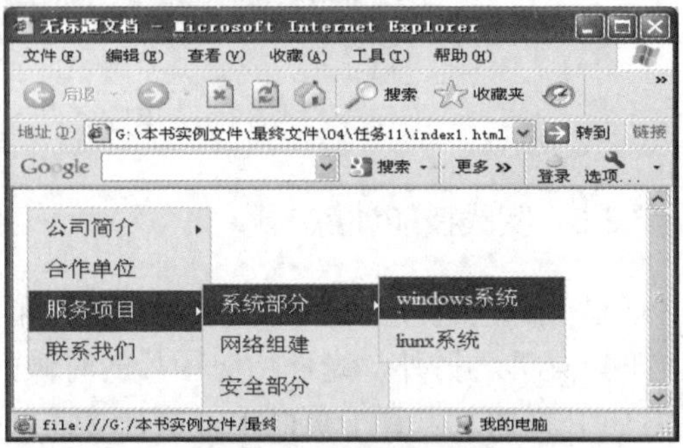

图 6-30 最终效果

6.4　使用 CSS 和 Div 布局页面

CSS 是网页制作过程中经常用到的技术，在网页中采用 CSS，设计者可以更轻松、更有效对页面的整体布局、颜色、字体、链接、背景，以及同一页面的不同部分、不同页面的外观和格式等效果进行更加精确的控制。

AP Div 是网页内容的一个容器，在 AP Div 中可以放置文本、图像或其他任何可在文档中插入的内容。由于 AP Div 可以放置在网页中的任何位置，从而能有效控制网页中的对象。

CSS 布局的基本构造块是 div 标签，它是一个 HTML 标签，在大多数情况下用作文本、图像或其他元素的容器。当创建 CSS 布局时，会将 div 标签放在页面上，向这些标签中添加内容，然后将它们放在不同的位置上。与表格单元格（被限制在行和列中的某个现有的位置）不同，div 标签可以出现在 Web 网页的任何位置。可以用绝对位置（指定 x 和 y 坐标）和相对位置（指定与其他网页元素的距离）来定位 div 标签。下面将通过“报喜鸟服饰宣传网站”，来讲解使用 CSS 和 Div 布局。

报喜鸟服饰宣传网站包括：头部部分、菜单部分、主体部分和底部部分。本节内容限于篇幅，只介绍利用 CSS 和 AP Div 制作头部部分和菜单部分，读者可以结合素材所提供的内容完成后续部分的制作。

1. *布局头部图片*

（1）打开 wysj06 文件夹下的 div 中的 div.htm 文档，将插入点置入正文中，单击插入面板“布局”分类中的“插入 Div 标签”按钮。在打开的对话框中设置“插入”为“在插入点”，“ID”为 top，如图 6-31 所示。

（2）单击“新建 CSS 规则”按钮，在弹出的对话框中设置“规则定义”为 style.css。如图 6-32 所示，设置完成后单击“确定”按钮。

（3）在弹出的“#top 的 CSS 规则定义（在 style.css 中）”对话框中，设置 Width（宽）为 776px，Height（高）为 214px，在 Margin（边界）选项组中设置 Left（左）和 Right（右）为 auto（自动），如图 6-33 所示。

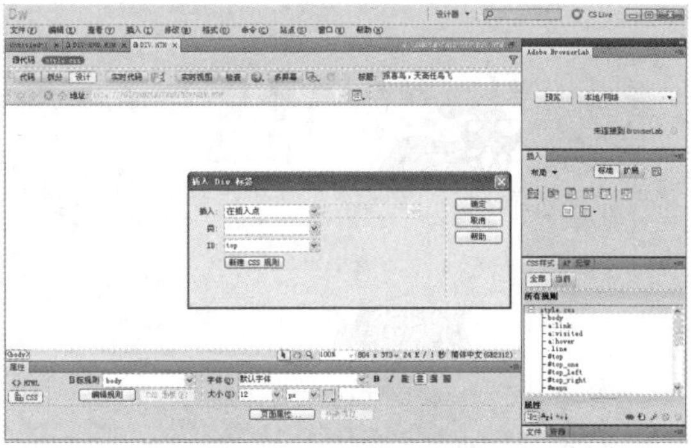

图 6-31　插入 Div 标签

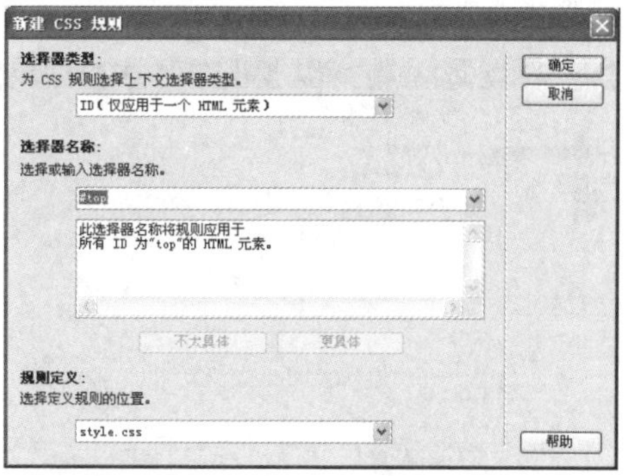

图 6-32　新建 CSS 规则对话框

（4）单击“确定”按钮，返回“插入 Div 标签”对话框，单击对话框中的“确定”按钮，Div 标签被插入到了页面中，如图 6-34 所示。

（5）将插入点置入 div 内部，删除“此处显示 id "top"的内容”字样。在插入面板的“布局”分类中单击“插入 Div 标签”按钮，在打开的“插入 Div 标签”对话框中设置“插入”为“在插入点”，“ID”为 top_one，如图 6-35 所示。

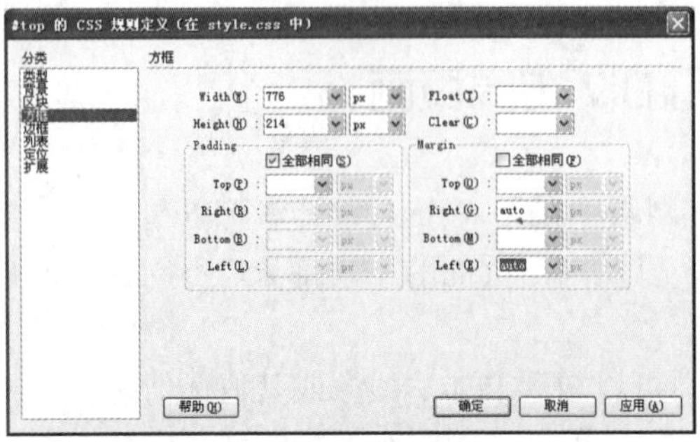

图 6-33　设置方框的样式

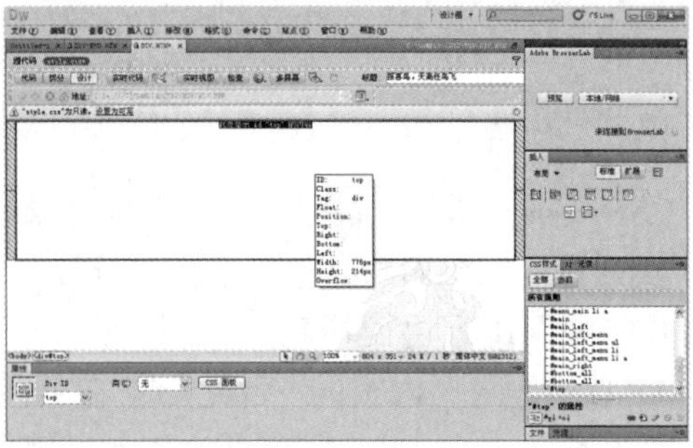

图 6-34　插入的 Div 标签

（6）单击新建 CSS 规则按钮，弹出“新建 CSS 规则”对话框，在对话框中设置“规则定义”为 style.css。单击“确定”按钮，在弹出的对话框的“方框”选项面板中设置 Width（宽）为 776px，Height（高）为 50px，Float（浮动）为 left（左对齐）。在 Padding（填充）选项组中设置 Top（上）为 8px，Bottom（下）为 0px，Left（左）为 10px，在 Margin（边界）选项组中设置 Bottom（下）为 0px，如图 6-36 所示。

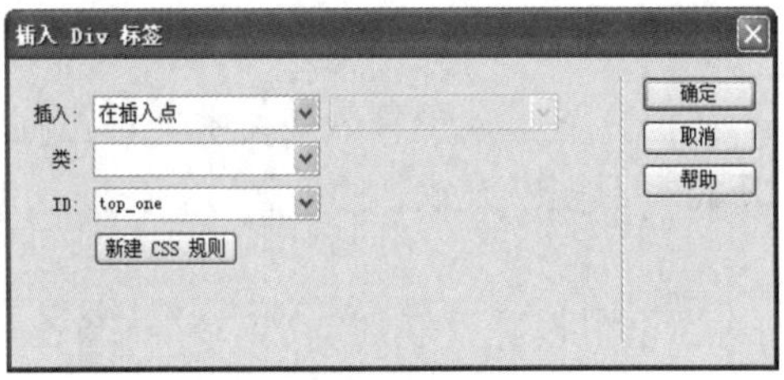

图 6-35　插入 Div 标签

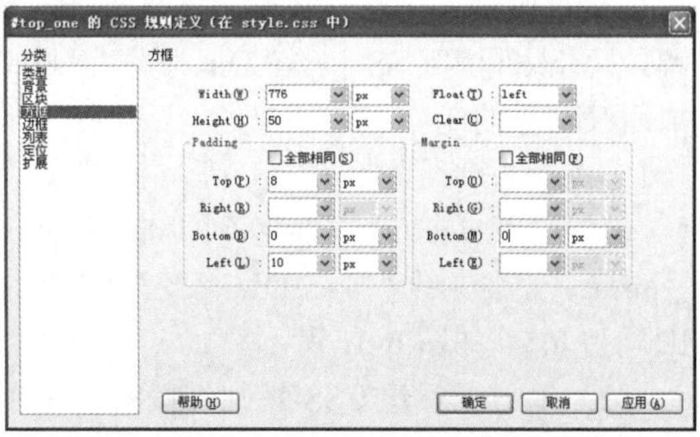

图 6-36　设置方框

（7）在“#top_one 的 CSS 规则定义（在 style.css 中）”对话框中选择“分类”列表框中的“区块”选项，在“区块”选项面板中设置 Text-align（文本对齐）为 left（左对齐），如图 6-37 所示。

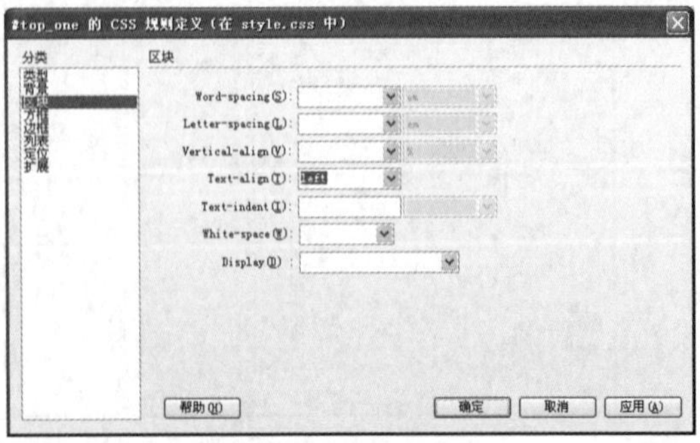

图 6-37　设置区块

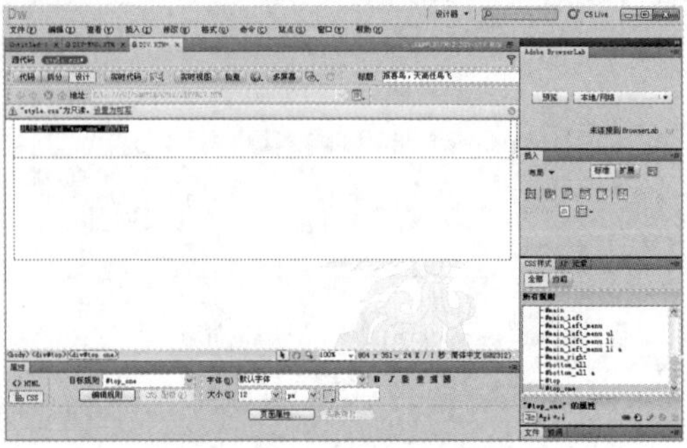

图 6-38　插入的 Div 标签

（8）单击“确定”按钮，返回“插入 Div 标签”对话框。单击对话框中的“确定”按钮，Div 标签被插入到页面中了，如图 6-38 所示。

（9）删除“此处显示 id "top_one"的内容”的文字插入 div_files/baoxiniao.jpg，并设置为 http://www.baoxiniao.com.cn/网站的链接，如图 6-39 所示。

2. 布局主导航

（1）将插入点置入 Div 结束标签的后面，单击插入面板“布局”分类中的“插入 Div 标签”按钮，在打开的对话框设置“插入”为“在插入点”，“ID”为 menu，如图 6-40 所示。

图 6-39　插入图像并设置链接

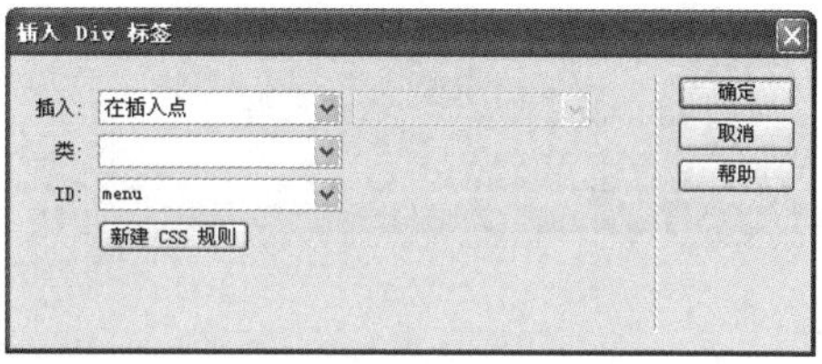

图 6-40　插入 Div 标签

（2）单击新建 CSS 规则按钮，在弹出的“新建 CSS 规则”对话框中设置“规则定义”为 style.css。单击“确定”按钮，在“#menu 的 CSS 规则定义（在 style.css 中）”对话框的“方框”选项面板中设置 Width（宽）为 776px，Heiht（高）为 34px，Float（浮动）为 left（左对齐），如图 6-41 所示。

（3）在“#menu 的 CSS 规则定义（在 style.css 中）”对话框的“背景”选项面板中设置 Background-color（背景颜色）为#4F90AC 的蓝色，如图 6-42 所示。

（4）单击对话框中的“确定”按钮，返回到“插入 Div 标签”对话框。单击对话框的“确定”按钮，Div 标签就被插入到页面中，如图 6-43 所示。

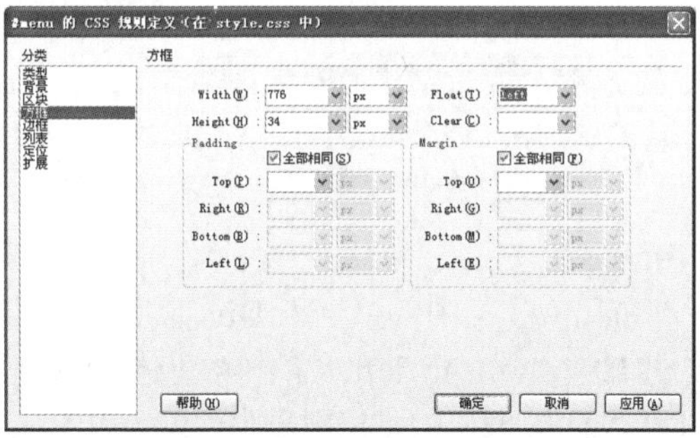

图 6-41　设置方框的属性

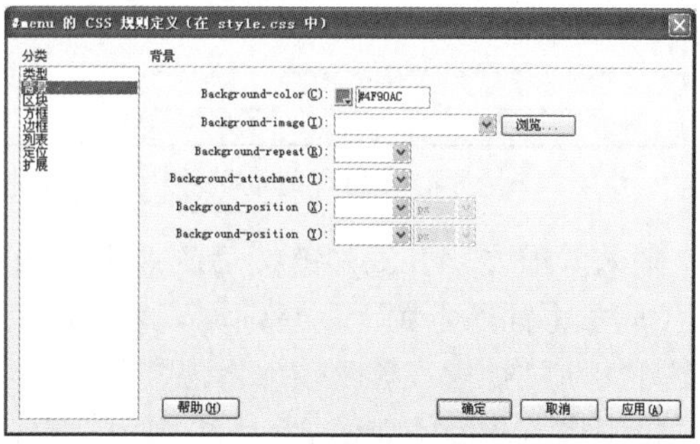

图 6-42　设置背景颜色

（5）删除“此处显示 id "menu" 的内容”的文字，单击插入面板“布局”分类中的“插入 Div 标签”按钮。在打开的对话框中设置“插入”为“在插入点”，“ID”为 menu_main。单击“新建 CSS 规则”对话框中设置为 style.css。单击“确定”按钮，在“#menu_main 的 CSS 规则定义（在 style.css 中）”对话框的“方框”选项面板中设置 Width（宽）为 600px，Heiht（高）为 34px，Float（浮动）为 right（右对齐），如图 6-44 所示。

（6）在“#menu_main 的 CSS 规则定义（在 style.css 中）”对话框的“背景”选项面板中设置 Background-color（背景颜色）为#18234C 的蓝色，如图 6-45 所示。

（7）单击对话框中的“确定”按钮，返回“插入 Div 标签”对话框。单击对话框的“确定”按钮，Div 标签就被插入到页面中，如图 6-46 所示。

（8）删除“此处显示 id "menu_main" 的内容”的文字，插入 5 段导航文字，分别是“关于我们”、“新闻中心”、“产品展示”、“客户服务”和“人力资源”，设置成无序列表，每段文字添加一个链接地址。此时，在 div.htm 页面中添加的代码如下：

```
<div id="menu_main">
<ul>
 <li><a href="http://www.baoxiniao.com.cn/about/" title="关于我们">关于我们</a></li>
 <li><a href="http://www.baoxiniao.com.cn/news/" title="新闻中心">新闻中心</a> </li>
<li><a href="http://www.baoxiniao.com.cn/product/" title="产品展示">产品展示</a></li>
<li><a href="http://www.baoxiniao.com.cn/service/" title="客戶服务">客戶服务</a></li>
<li><a href="http://www.baoxiniao.com.cn/job/" title="人力資源">人力資源</a></li>
 </ul>
 </div>
```

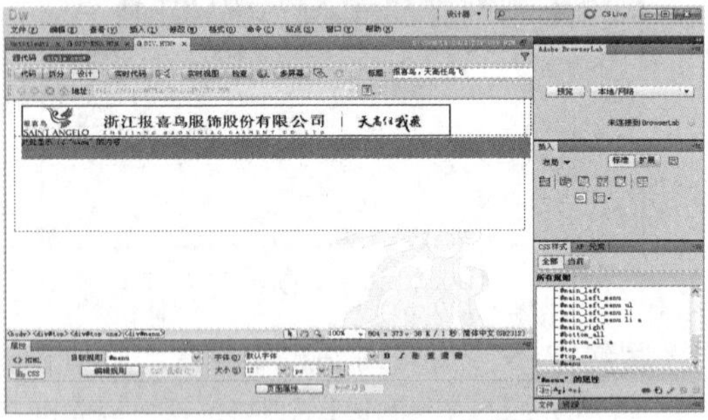

图 6-43　插入 Div 标签

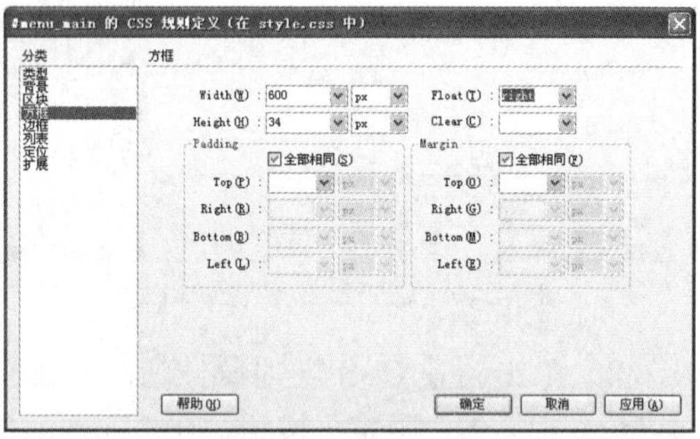

图 6-44　设置方框

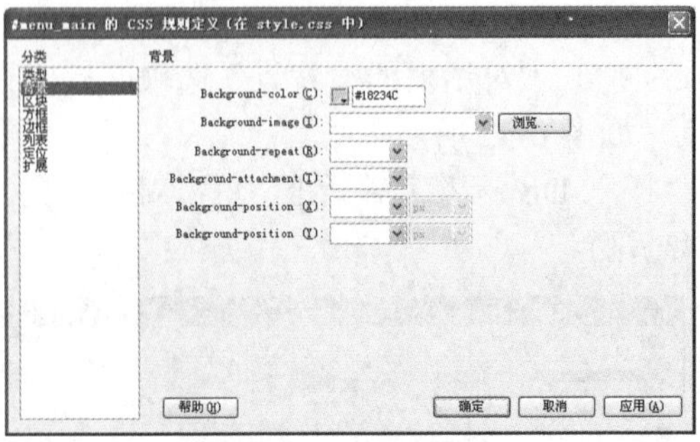

图 6-45　设置背景颜色

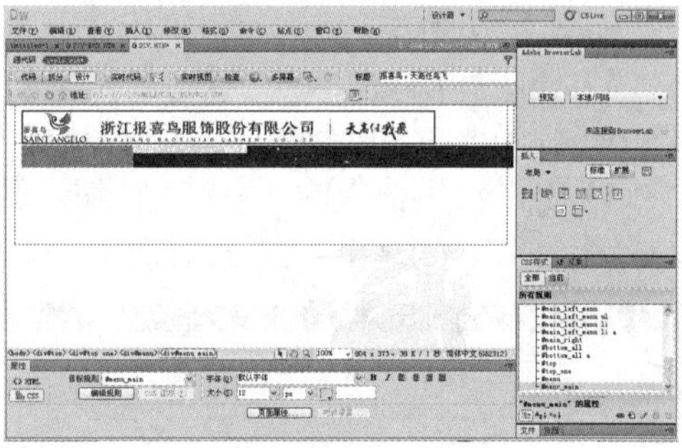

图 6-46　插入 Div 标签

插入导航文字并添加链接后的效果如图 6-47 所示。

（9）将插入点置于列表前面，单击插入面板“布局”分类中的“插入 Div 标签”按钮。在打开的对话框中设置“插入”为“在插入点”，“ID”为 menu_left。单击“新建 CSS 规则”对话框中设置为 style.css。单击“确定”按钮，在“#menu_left 的 CSS 规则定义（在 style.css 中）”对话框的“方框”选项面板中设置 Width（宽）为 176px，Heiht（高）为 34px，Float（浮动）为 left（左对齐），如图 6-48 所示。

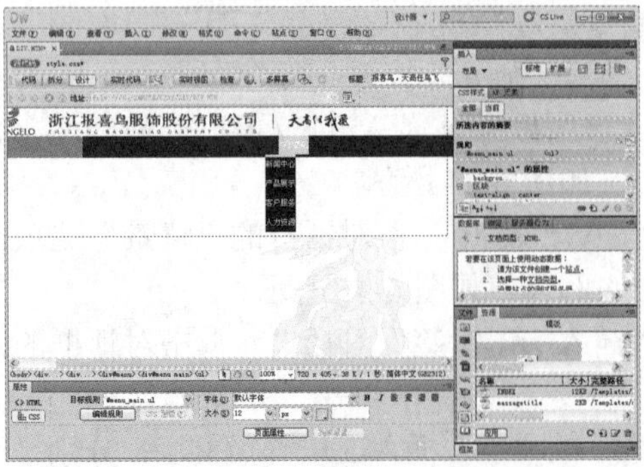

图 6-47　插入导航文字并添加链接

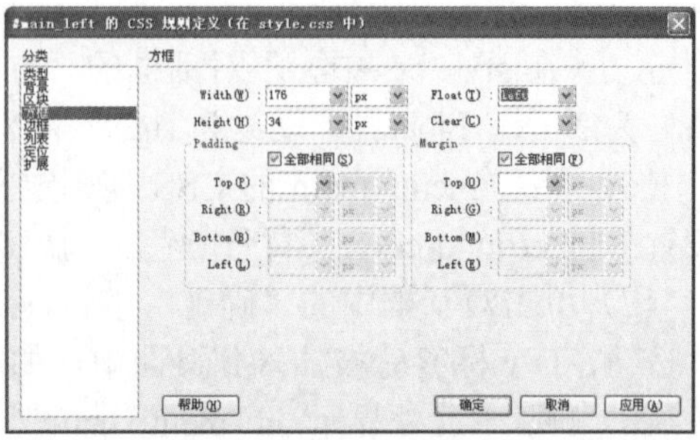

图 6-48　设置方框

（10）在“#menu_left 的 CSS 规则定义（在 style.css 中）”对话框的“背景”选项面板中

设置 Background-color（背景颜色）为#18234C 的蓝色，单击对话框中的“确定”按钮，返回到“插入 Div 标签”对话框。单击对话框的“确定”按钮，Div 标签就被插入到页面中，如图 6-49 所示。

（11）在 CSS 样式面板中单击新建 CSS 规则按钮，设置“选择器类型”为“复合内容”，“选择器名称”为#menu_main ul，“规则定义”为 style.css，单击“确定”按钮后，弹出“#menu_main ul 的 CSS 规则定义”对话框，在“类型”选项面板中设置 Line-height（行高）为 30px，切换到“区块”选项面板，设置 Display（显示）为 inline（行内）。切换到“列表”选项面板，设置 List-style-type(列表样式类型)为 none（无），单击对话框中的“确定”按钮，页面中的列表发生了变化，如图 6-50 所示。

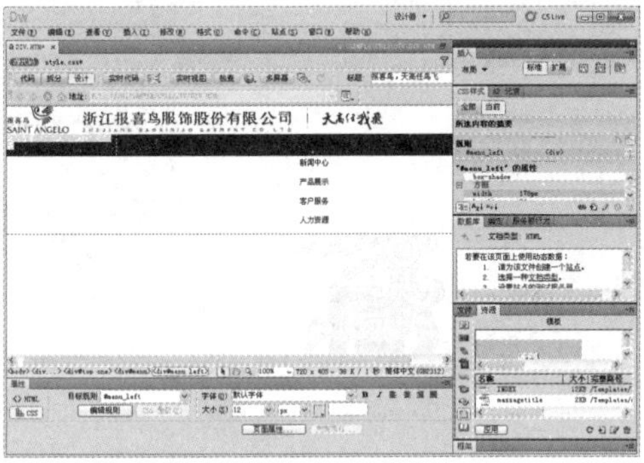

图 6-49　插入标签

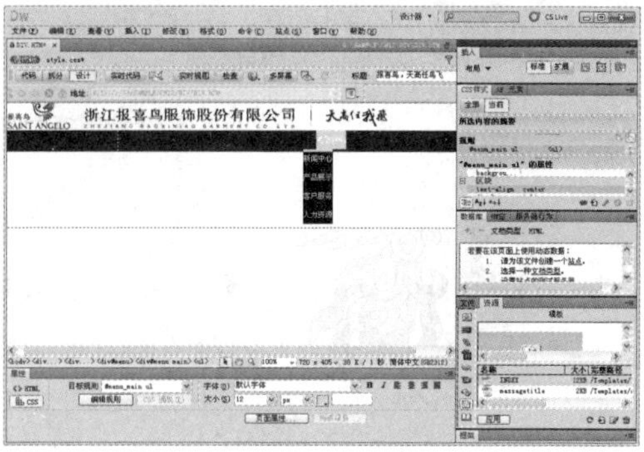

图 6-50　列表样式

（12）在 CSS 样式面板中单击新建 CSS 规则按钮，设置“选择器类型”为“复合内容”，“选择器名称”为#menu_main li，“规则定义”为 style.css，单击“确定”按钮后，弹出“#menu_main li 的 CSS 规则定义”对话框，在“类型”选项面板中设置 Font-size(字号)为 14.7px，Font-weight（粗体）为 bold（加粗）。切换到“方框”选项面板，设置 Width（宽）为 120px，Float（浮动）为 left（左对齐）。单击对话框中的“确定”按钮，页面中的列表发生了变化，如图 6-51 所示。

（13）在 CSS 样式面板中单击新建 CSS 规则按钮，设置“选择器类型”为“复合内容”，“选择器名称”为#menu_main li a，“规则定义”为 style.css，单击“确定”按钮，弹出“#menu_main li a 的 CSS 规则定义”对话框，在“类型”选项面板中设置 Color（颜色）为#EFEFEF。切换到“区块”选项面板设置 Display（显示）为 block（块），切换到“边框”选项面板，在 Style（样式）选项组中设置 Top（上）和 Left（左）为 solid（实线），在 Width（宽）选项组中设置 Top（上）和 Left（左）分别为 4px 和 1px，在 Color（颜色）选项组中设置 Top（上）和 Left（左）为分别为#18234C 和#3D809D，单击“确定”按钮，页面中的列表发生了变化，如图 6-52 所示。

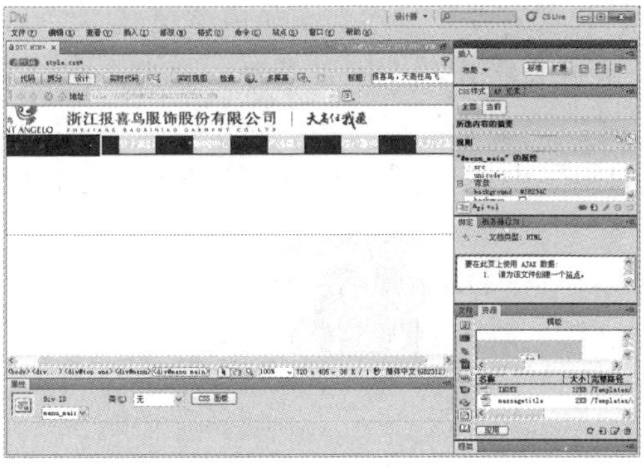

图 6-51　列表样式

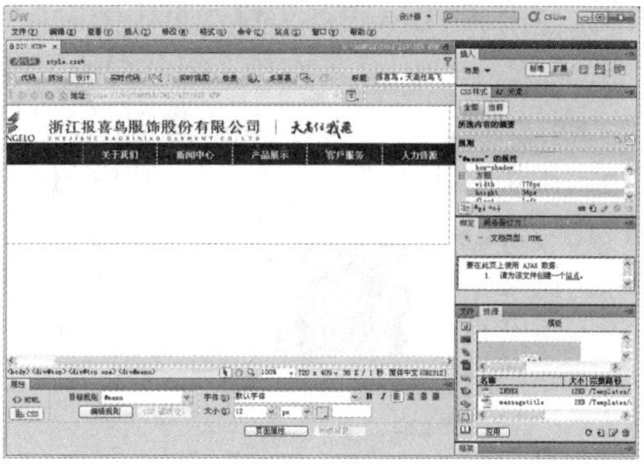

图 6-52　列表样式

（14）将插入点置入 Div 标签后，单击插入面板“布局”分类中的“插入 Div 标签”按钮，在打开的对话框中设置“插入”为“类”，ID 为 line，在 CSS 样式面板中单击新建 CSS 规则按钮，在弹出的“新建 CSS 规则”对话框中设置“规则定义”为 style.css。单击“确定”按钮，在弹出的对话框的“方框”选项面板中设置 Height（高）为 1px，Float（浮动）为 left（左对齐），单击“确定”按钮，Div 标签被插入到页面中，如图 6-53 所示。

（15）删除“此处显示 class "line" 的内容”的文字，将插入点置入 Div 结束标签后面，按下快捷键 Shift+Enter，插入换行，单击“确定”按钮 line 区块被插入到页面，如图 6-54 所示。

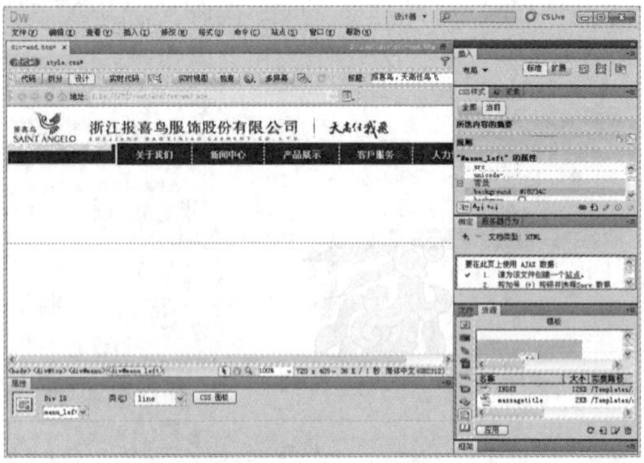

图 6-53 插入的 Div 标签

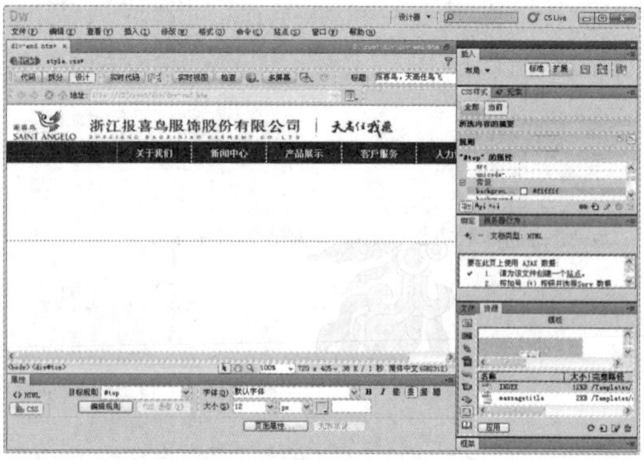

图 6-54 插入换行

（16）保存文件为 div-end1.htm，预览效果如图 6-55 所示。

图 6-55 预览效果

本章思考与练习

1．在 Dreamweaver CS5 中，AP Div 有哪些用途？

2．在 Dreamweaver CS5 中，如果要统一页面内容的样式，可以采用哪些技术？

3．使用 AP Div 制作一个图像相互叠放效果的页面。

4．使用 AP Div 和行为对网页中的对象（如文字或图像）制作一个弹出菜单。

5．制作一个页面或打开一个已有的页面，利用行为制作动态网页效果。要求：在打开页面时，在状态栏显示“欢迎光临我的网页”，同时弹出“公告”信息。

6．在文档中创建一个大小为 400×300 的 AP Div，将其位置设置为左 120px、上 160px，然后将层的背景颜色设置成红色。

7．在文档中创建一个表格，然后将该表格转换为 AP Div，最后再转换成表格。

8．在网页中插入一个图像，当鼠标移到图像上时，跳转到另一个页面。

第 7 章　利用框架布局页面

框架是设计网页时经常用到的一种布局技术，利用框架可以将浏览器的窗口随意地分成多个窗口，在每个子窗口中可以显示不同的网页文档。通过子窗口中网页链接的目标窗口将指定网页显示在指定的子窗口中，在帮助页面中常常采用此功能。

7.1　框架与框架集的概念

如图 7-1 所示就是使用框架技术制作的网页效果。

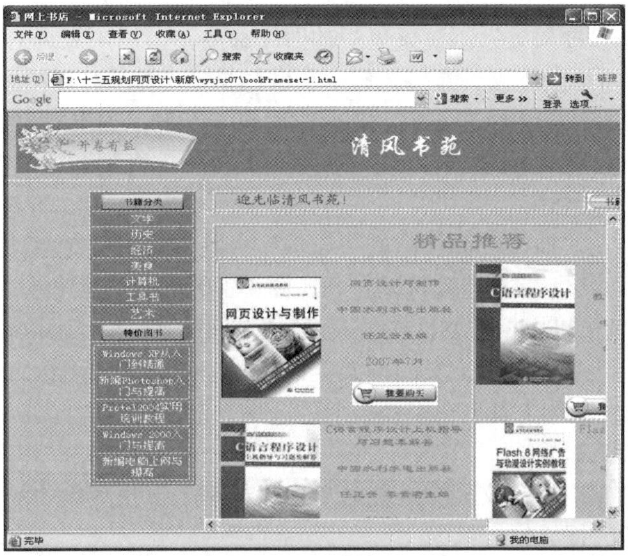

图 7-1　利用框架制作的网页效果

框架技术由框架集和框架两部分组成，框架集是多个框架的集合，它定义了所包含的多个框架的结构、数量、大小以及框架中的页面文件名和路径等有关框架的属性。框架集并不在浏览器中显示，只是存储所含框架的相关信息。将全部框架文件组合在一起就构成了一个网页页面，框架仅是框架集的组成元素，框架中的页面是整个网页页面的一部分，具有网页的所有属性和功能。

7.2　创建框架集

在 Dreamweaver CS5 中有两种创建框架集的方法，用户既可以自己设计框架集，也可以从 Dreamweaver CS5 预定义的框架集中选择。如果选择预定义的框架集，那么 Dreamweaver 中将自动设置创建布局所需的所有框架集和框架，它是迅速创建基于框架布局的最简单方法。

1. 自定义框架

（1）新建一个网页文档，单击“插入”→“HTML”→“框架”，根据子菜单中的相应命令或者单击布局面板中需要预定义的框架结构图标创建框架。

（2）将鼠标移到文档窗口的边界线上，当鼠标变成双向箭头时拖动鼠标至相应位置，即可创建一条边框线，如图 7-2 所示，拖出竖直边框线。

（3）按下 Alt 键，拖动一个框架的边框线，可以对框架进行垂直或水平划分。

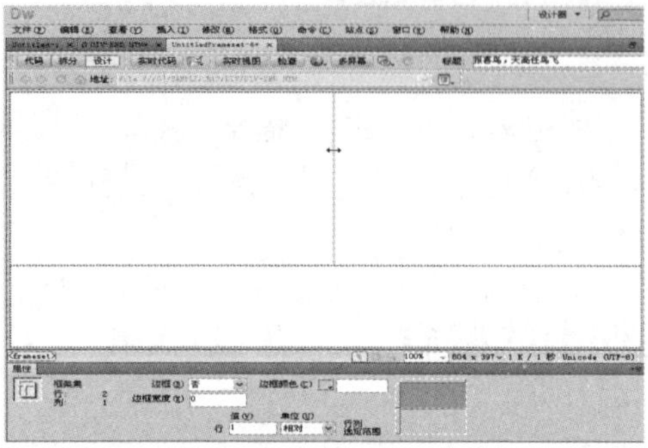

图 7-2　拖出竖直边框线

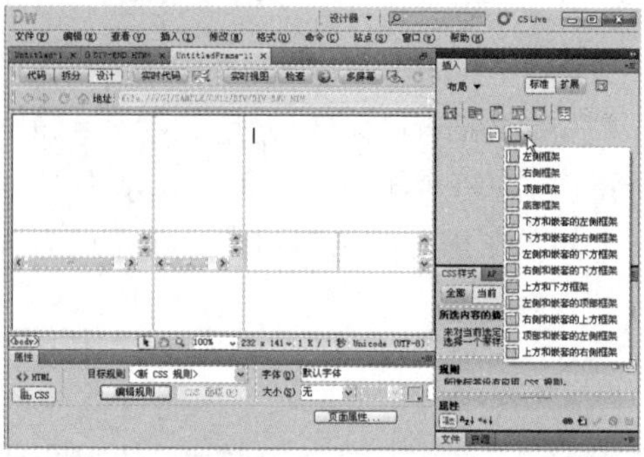

图 7-3　打开的一个预定义框架的面板

使用“修改”→“框架集”下拉菜单中的四个命令，可以不断地对框架进行分割，如果觉得这样做还不够，可以使用鼠标直接在整个页面的框架上拖曳，以得到自己满意的效果。同样，拖曳左边框或者上边框可以左右或上下分割网页。当然，如果对一次建立的框架不满意，还可以使用鼠标拖曳分割框架的边框，进一步调整其位置，直到满意为止。

2. 直接插入预定义框架

为了方便操作，在“插入”面板中的“布局”标签中有框架对象，选择“插入”→“布局”命令，单击“框架”按钮就可以打开如图 7-3 所示的下拉菜单，Dreamweaver CS5 提供 13 种框架。创作者可以根据需要直接插入已经定义好的框架，而不需手工操作那么麻烦。

从图中可以看到，每一个预定义的框架集都是一个缩略图，可以方便地查看预制框架的结构，每一个框架集缩略图上都有一个淡蓝色的区域，它表示当前页面或者框架，而其余白色的区域则表示新生成的框架。

将插入点光标放置在当前文档中，然后单击“框架”下拉菜单中的预定义框架集，即可在当前文档中建立新的框架集。

此外，还有一种插入预定义框架集的方法，那就是在新建文档时，在“新建文档”对话框中选择“示例中的文档”→“框架集”选项，然后创建文档，如图 7-4 所示。

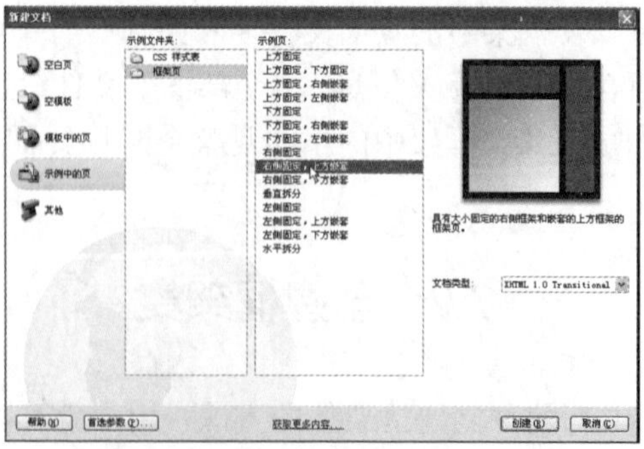

图 7-4　新建框架集文档

7.3　框架集的基本操作

1. 框架集和框架的选择

框架和框架集是两个完全分离的 HTML 文档，为了编辑框架或者框架集，首先要做的就是选中两者之一。在文档窗口中或者使用“框架”面板都可以对框架或者框架集进行选择。

框架面板的主要用途是显示框架和选择框架，如图 7-5 所示，可以看到，框架集都有一个较粗的立体边框包围，而每一个框架都有一格细边框。

在框架面板中用鼠标单击某框架内部或单击框架集的边框，可以在页面内选中对应的框架或框架集。

2. 框架的删除

和其他技术一样，框架可以创建、选择也可以删除。特别是使用 Dreamweaver CS5 默认提供的预定义框架集的时候，用户需要对个别不需要的框架进行删除操作。方法很简单，只要在页面编辑窗口中，用鼠标将框架边框拖曳至框架集边框上即可，如图 7-6 所示。

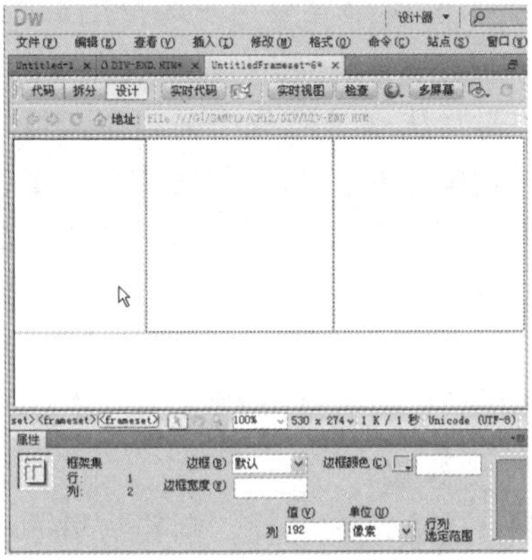

图 7-5　“框架”面板

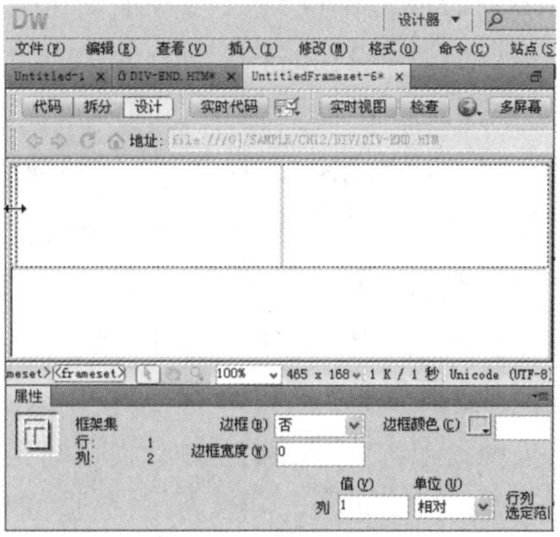

图 7-6　删除框架

3. 框架和框架集的保存

因框架网页包含多个网页文件，因此要对每一个框架的文档进行保存。

（1）保存框架文件：要保存其中一个独立的框架文件，可以先单击该框架内部，然后执行“文件”→“保存”命令。

（2）保存框架集：若只保存框架集，可执行“文件”→“保存框架页”或“文件”→“框架页另存为”命令即可。

7.4　设置框架集与框架的属性

1. 设置框架集属性

选中框架，打开框架属性面板，如图 7-7 所示，使用此属性面板可以命名一个框架并设置边框和边距。

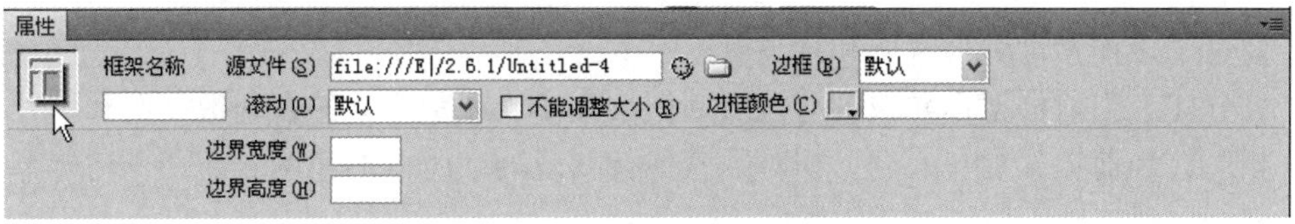

图 7-7　框架集属性面板

可以使用框架面板进行如下设置：

（1）框架名称。指链接的 target 属性或脚本在引用该框架时所用的名称。名称中不能使用“.”、“-”等特殊符号或空格，而且必须以字母开头。

（2）源文件。指定在框架中显示的源文档。可以单击“浏览”按钮来选择文件或直接插入文件名称。

（3）滚动。指定在框架中是否显示滚动条。包括“是”、“否”、“自动”、“默认”四项，分别表示显示、不显示、当空间不够时自动显示和由浏览器决定。大多数浏览器都默认为“自动”。

（4）不能调整大小。当浏览带有框架的网页时，会发现有些框架的尺寸是可以改变的，而有些不可以。这主要是由“不能调整大小”复选框来控制的，如果选中该选项，那么在浏览该网页时，就不可以在浏览器中改变框架的大小。

请注意不能在浏览器中改变框架的尺寸并不代表在文档窗口中也不可以，恰恰相反，在编辑网页的时候，随时可以改变框架的尺寸，而不受“不能调整大小”复选框的影响，“不能调整大小”复选框只是针对浏览器的。

（5）边框。框架的使用会影响页面的美观，解决的办法就是隐藏框架边框。每一个框架都有一个“边框”属性，有“是”（显示边框）、“否”（隐藏边框）和“默认值”三个选项。其中的“是”或“否”选项控制边框的显示。只有当临近的所有框架都没有设成“否”时，这条边框才会被隐藏，而其中的“默认”选项表明，该框架的显示情况根据其所属框架集的设置而确定，也就是说该框架继承其框架集的边框属性。

（6）边框颜色。“边框颜色”可以设定两个相邻框架之间边框的颜色，这个颜色只是在编辑网页时起作用，在浏览器中浏览时框架的颜色不发生变化。

（7）框架的边距。每个页面在页面属性窗口中都有页边距的设置，框架与页面一样，也存在着框架的边距。在框架属性面板的最下方的“边界宽度”和“边界高度”两个文本框可以设置框架边距，如果将数值设置为 0，表示页面内容将紧贴框架的边界。

2. 设置框架集属性

选中框架集，打开框架集属性面板，如图 7-8 所示，显示了该框架集的行数和列数，可以进行以下设置：

（1）边框。确定在浏览器中查看文档时在框架周围是否应显示边框。要显示边框，则选择“是”；要使浏览器不显示边框，则选择“否”。要允许浏览器确定如何显示边框，则选择“默认值”。对于大多数浏览器而言，默认为有边框，如果框架集的设置和框架的设置相冲突，以框架的属性为主。

（2）边框宽度。指定框架集中所有边框的宽度。

（3）边框颜色。设置边框的颜色。

（4）行列选定范围。用于设置选定框架集各行和各列的框架大小，可以单击“行列选择范围”区域左侧或顶部的选项卡，然后在“值”文本框中输入高度或宽度，其单位可以是像素、百分比或相对。

1）像素。以像素设置列宽度和行高度。

2）百分比。当前框架行（或列）占所属框架高度（或宽度）的百分数。

3）相对。当前框架行（或列）相对于其他行（或列）所占的比例。

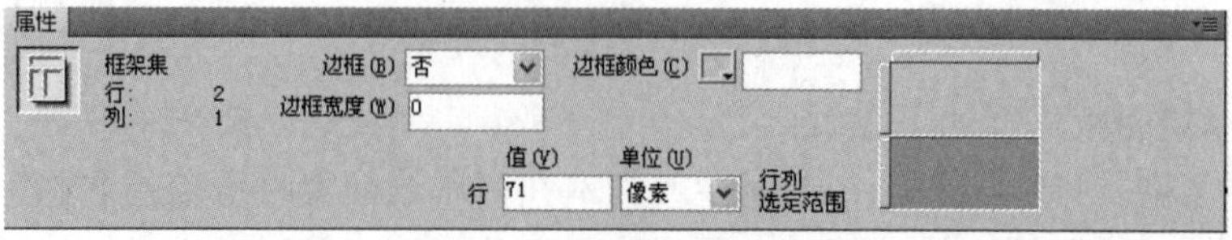

图 7-8 框架集属性面板

7.5　在框架中设置链接

使用框架的一个重要目的就是要在不同的框架中显示不同的页面，下面介绍通过链接为框架制定显示的页面。

每一个链接都有一个“目标”属性，设置不同的“目标”属性可以使链接的页面在不同的框架和窗口中显示。在 Dreamweaver CS5 中，可以使用链接功能使一个框架中的内容进行改变。操作步骤如下：

（1）选定框架中的文本或对象。

（2）在属性面板的“链接”文本框中输入链接的文件名，或单击“链接”右端的文件夹图标，打开对话框选择链接文件。

（3）在“目标”下拉列表中选择一个目标框架名完成链接，如图 7-9 所示，标签的各项功能含义如下：

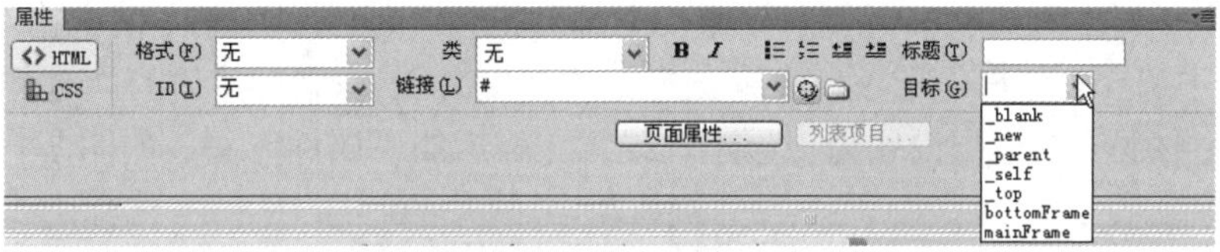

图 7-9　目标窗口

1）_blank。在新的浏览器窗口中打开链接文档，同时保持当前窗口不变。

2）_parent。在显示链接框架的父框架集中打开链接的文档，同时替换整个框架集。

3）_self。在当前框架中打开链接，同时替换该框架的内容。

4）_top。在当前浏览器窗口中打开该链接的文档，同时替换掉整个框架集。

5）mainFrame。在框架集的主框架中打开链接的文档，同时替换掉主框架中原来所显示的文档。

7.6　实践技能训练——制作“网上书店”的主页

随着互联网的普及，网络正在潜移默化地改变着人们的生活习惯。电子商务已作为一种新型的商务形式，正逐渐地壮大起来，人们不必亲自到卖场区选购所需要的商品，仅仅通过浏览网页就可以完成整个购物过程，这使得购物变得更加方便与简单了。

以前人们要选购书籍必须亲自到书店，如今用户只需坐在家里通过浏览网上书店就可以买到自己所需要的各种书籍，既轻松又快捷。

本节以制作“网上书店”的主页为例，介绍如何利用框架技术来布局页面，以使读者能够更好地理解和掌握本章所学的知识和操作。

本实例的制作过程分为五个部分，即框架集的制作、标题区的制作、导航区的制作、图书检索区的制作以及主框架内容区的制作。

1．制作框架集

（1）在 Dreamweaver CS5 中打开一个空白的 HTML 文档，单击“查看”→“可视化助理”→“框架边框”菜单项，在“文档”窗口中将显示框架的边框。

（2）单击“插入”栏中的“布局”选项卡，在布局对象中单击“框架”按钮，从弹出的下拉子菜单中选择“顶部和嵌套左侧框架”选项，在“文档”窗口中插入一个框架集。

（3）将光标置于主框架 mainFrame 中，按住 Alt 键单击选中该主框架，此时框架的四周会出现短虚线，表明该框架已被选中。单击框架按钮，从弹出的子菜单中选择“顶部框架”选项，将主框架进一步拆分成两个框架。

（4）单击“窗口”→“框架”菜单项，打开“框架”面板，然后单击“框架”面板中的框架集边框选中整个框架集，如图 7-10 所示。

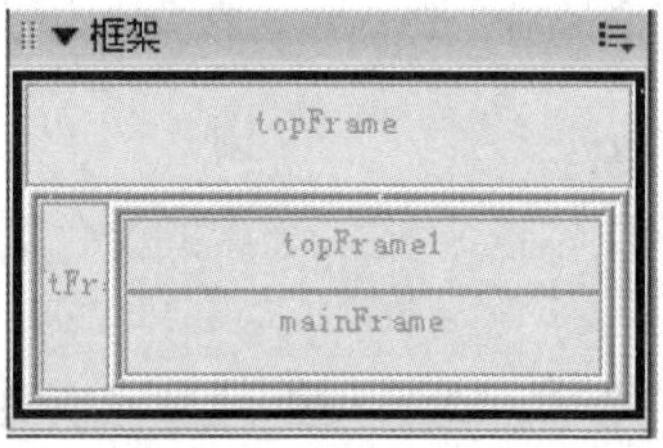

图 7-10　选中框架集

（5）单击“属性”面板右侧显示框中的上部分框架，在“行”文本框中输入 95，从“单位”下拉列表中选择“像素”选项，设置该框架的宽度为 95 像素；然后的“边框”下拉列表中选择“否”，将该框架的边框设置为不显示，设置完成后的“属性”面板如图 7-11 所示。

图 7-11　设置框架属性一

（6）单击“属性”面板右侧显示框的下部分，在“行”文本框中输入 1，从“单位”下拉列表中选择“相对”选项，将该框架的宽度设置为相对形式，其中“行”文本框中的数值也可以填入其他的数值，此处的数值对该框架的宽度不起控制作用，此时的“属性”面板如图 7-12 所示。

图 7-12　设置框架属性二

（7）单击“框架”面板中的框架集边框选中该框架集，如图 7-13 所示。

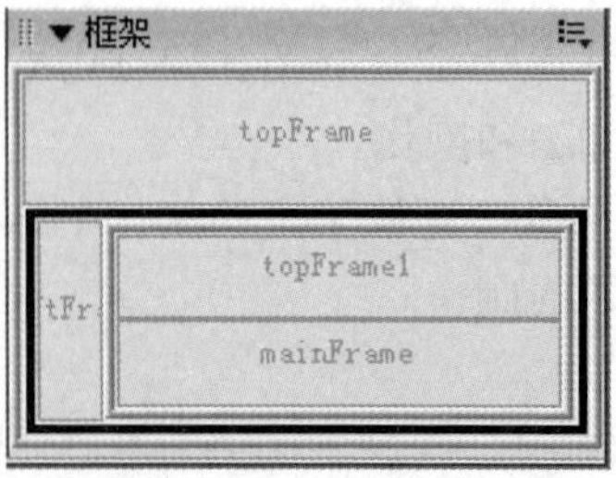

图 7-13　选中框架集

（8）单击“属性”面板右侧显示框中的左部分框架，在“行”文本框中输入 240，从“单位”下拉列表中选择“像素”选项，设置该框架的宽度为 240 像素；然后在“边框”下拉列表中选择“否”，将该框架的边框设置为不显示。设置完成后的“属性”面板如图 7-14 所示。

图 7-14　设置框架集属性三

（9）单击“属性”面板右侧显示中的右部分框架，在“行”文本框中输入 1，从“单位”下拉列表中选择“相对”选项，将该框架的宽度设置为相对形式，然后将边框设置为不显示，此时的“属性”面板如图 7-15 所示。

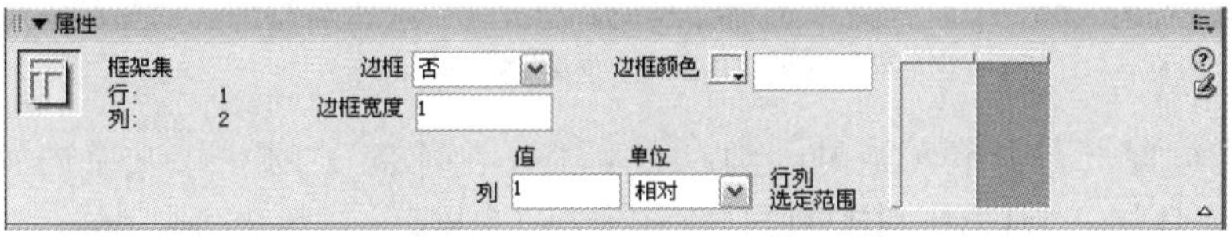

图 7-15　设置框架集属性四

（10）单击“框架”面板中的框架集边框选中该边框集，如图 7-16 所示。

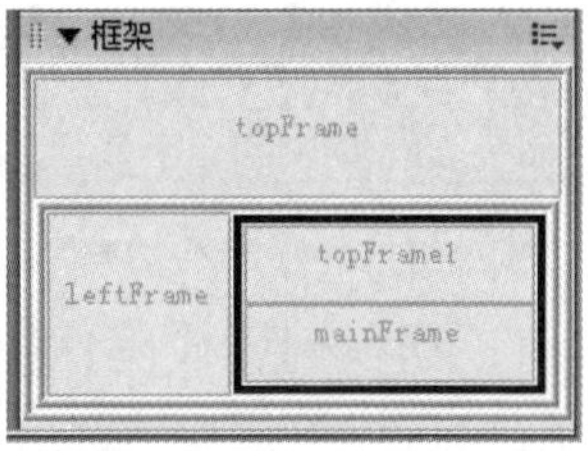

图 7-16　选中框架集

（11）单击“属性”面板右侧显示框的上部分框架，在“行”文本框中输入 46，在下拉列表中选择“像素”选项，设置该框架的宽度为 46 像素，然后将框架的边框设置为不显示，此时的“属性”面板如图 7-17 所示。

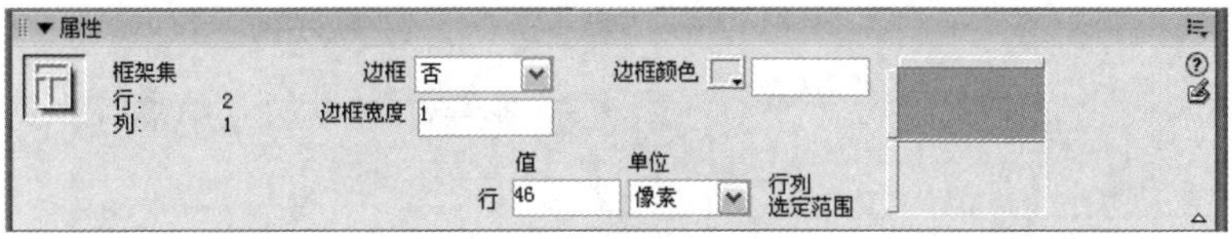

图 7-17　设置框架属性五

（12）单击“属性”面板右侧显示框的下部分框架，在“行”文本框中输入 1，从“单位”下拉列表中选择“相对”选项，将该框架的宽度设置为相对形式，然后将边框设置为不显示，此时的“属性”面板如图 7-18 所示。

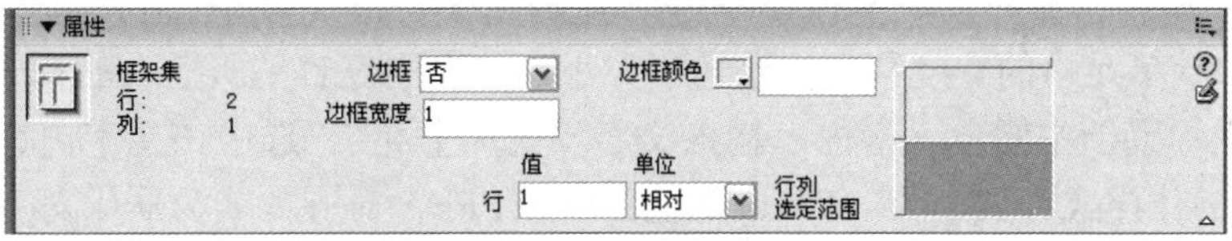

图 7-18　设置框架集属性六

（13）单击“文件”→“保存全部”命令，在弹出的“另存为”对话框中选择适当的路径，将框架集和各框架分别命名为 bookFrameset-1.htm、bookindex.htm、searchFrame-1.htm、naviFrame-1.html、booktitleFrame-1.htm 并保存。至此框架集部分的制作及保存已经完成。

2. 制作标题区

（1）在“文件”面板中双击文件 booktitleFrame-1.htm，在“文档”窗口中打开该文件。

（2）单击“插入”栏中的“表格”按钮，在文档中输入一个 1 行 3 列的表格。选中整张表格，在“属性”面板中设置其宽度为 810px，边框、间距和填充均为 0px，对齐方式为居中对齐，背景颜色为#6699CC 属性，如图 7-19 所示。

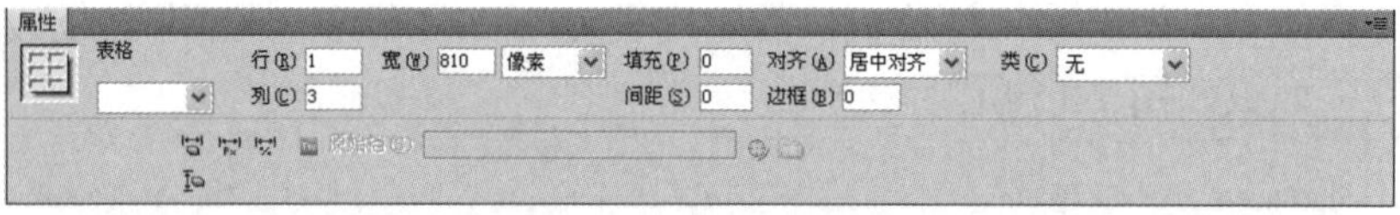

图 7-19　设置表格属性

（3）将光标置于左侧单元格内，输入文字“开卷有益”。选中该文字内容，在“属性”面板中设置其字体样式为楷体_GB2312、字体大小为 18px、颜色为#FF6600，对齐方式为居中对齐，单元格的宽度为 217px，高度为 64px 等属性，如图 7-20 所示。

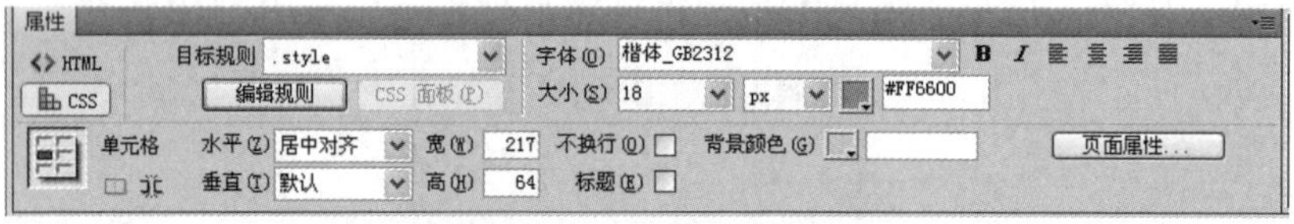

图 7-20　设置单元格属性

（4）将光标置于左侧单元格内，切换到“代码”视图，在<td>中添加如下代码：<td width="217" height="64" align="center" background="picture/159.gif"><p class="STYLE4">开卷有益</p>，添加单元格背景图像，如图 7-21 所示。

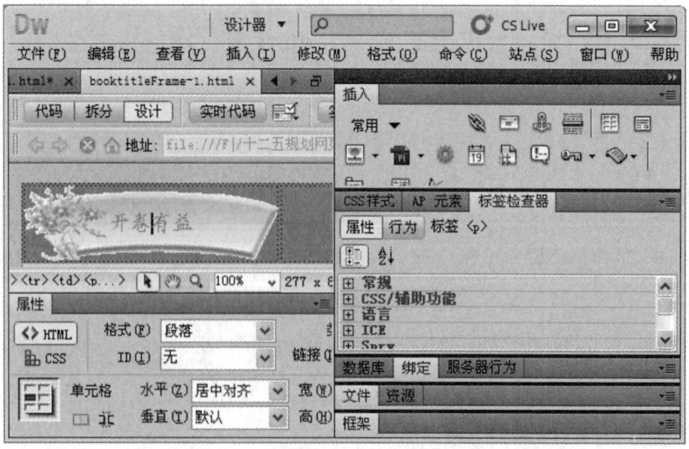

图 7-21　添加单元格背景图像

（5）调整该单元格的宽度和高度至适当大小，使之刚好容纳所插入的背景图像。

（6）将光标置于中间单元格内，输入文字“清风书苑”。选中该文字内容，在“属性”面板中设置其字体样式、大小为 36px、颜色为#FFFFFF，对齐方式为居中对齐等属性，并调整该单元格的宽度为 507px，高度为 64px，此时的“属性”面板如图 7-22 所示。

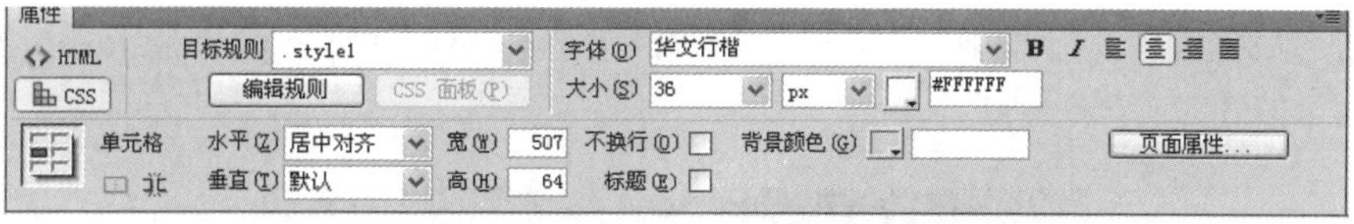

图 7-22　设置文本属性

（7）将光标置于右侧的单元格内，单击“插入”栏中的“图像”按钮，从弹出的“选择图像源文件”对话框中选择文件 wysjsc/07/02.jpg。

（8）将光标置于“文档”窗口中，单击“属性”面板中的页面属性...按钮，在弹出的“页面属性”对话框中的“外观”选项卡中设置该文档的背景颜色值为“#6699CC”。

（9）单击“文件”→“保存”命令保存该文档。

至此，标题区的制作全部完成，效果如图 7-23 所示。

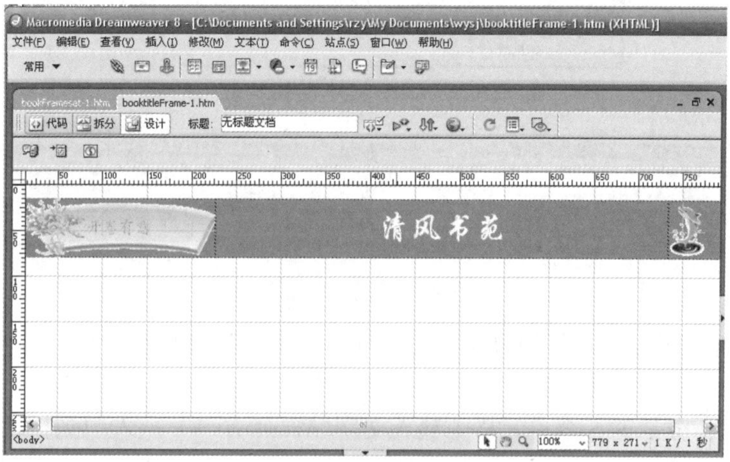

图 7-23　标题区的效果图

3. 制作导航区

（1）在“文件”面板中双击文件 naviFrame-1.htm，在“文档”窗口中打开该文件。

（2）单击“插入”栏中的“表格”按钮，在文档中插入一个 10 行 1 列的表格。选中整张表格，在属性面板中设置其宽度为 120px，边框为 1px、填充和间距为 0，对齐方式为右对齐，背景颜色为#6699CC 等属性，如图 7-24 所示。

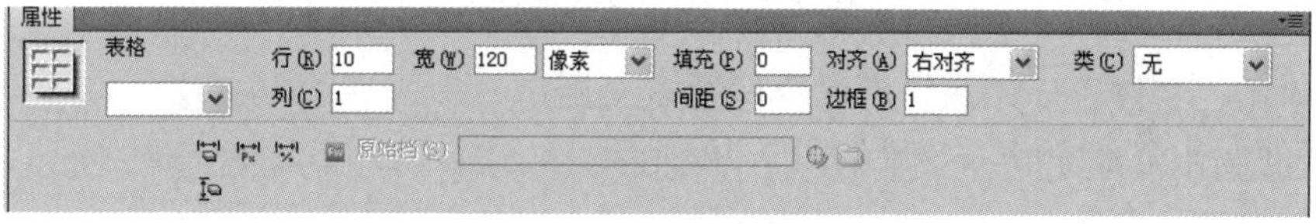

图 7-24　设置表格属性

（3）将光标置于第 1 行的单元格内，单击“插入”面板中的“媒体”下拉列表中的 SWF按钮，从弹出的“选择 SWF”文件对话框中选择 ysjsc07/picture/shujifenlei.swf，如图 7-25 所示。

（4）分别在第 2～8 行的单元格中输入文字“文学、历史、经济、美食、计算机、工具书、艺术”，并在“属性”面板中设置其字体大小为 14px、颜色为#FFFFFF、对齐方式为居中对齐背景颜色为#6699CC 属性，设置完成后的“属性”面板如图 7-26 所示。

（5）将光标置于第 9 行的单元格内，单击“插入”面板中的“媒体”下拉列表中的

SWF按钮，从弹出的“选择 SWF”文件对话框中选择 ysjsc07/picture/tejiatushu.swf，完成后单击“确定”按钮。

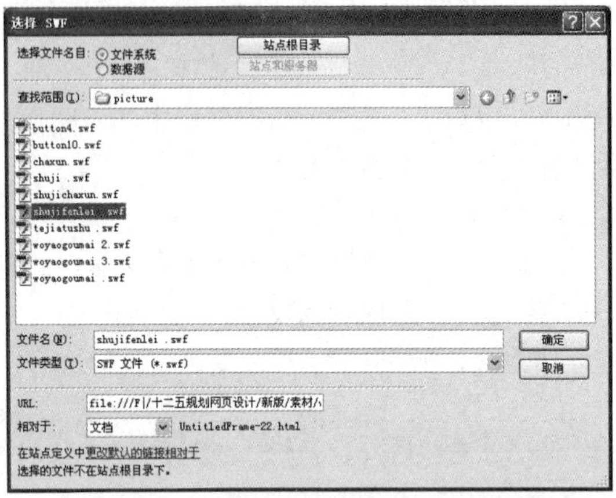

图 7-25 “插入 Flash 按钮”对话框

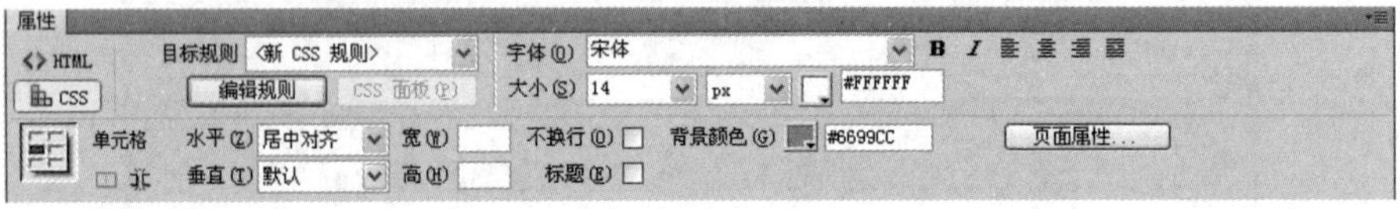

图 7-26 设置文本属性一

（6）将光标置于最后一行的单元格内，单击“属性”面板中的“拆分单元格为行或列”按钮，将该单元格拆分成 5 行。

（7）分别在拆分后的 5 个单元格中输入文字“Windows XP 从入门到精通、新编 Photoshop 入门与提高、Protel 2004 实用培训教程、Windows 2000 入门与提高、新编电脑上网与提高”，并在“属性”面板中设置其字体大小、颜色、对齐方式等属性，设置完成后的“属性”面板如图 7-27 所示。

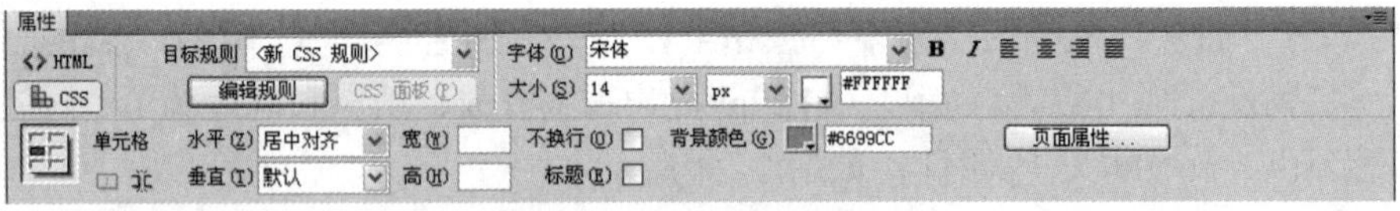

图 7-27 设置文本属性二

（8）单击“文件”→“保存”命令保存该文档。

导航区的制作全部完成，效果如图 7-28 所示。

4. 制作图书检索区

（1）在“文件”面板中双击文件 searchFream-1.htm，在 Dreamweaver CS5 的“文档”窗口中打开该文件。

（2）单击“插入”栏中的“表格”按钮，在文档中插入一个 1 行 3 列的表格。选中该表格，在属性面板中设置宽度为 660px、边框等属性，如图 7-29 所示。

（3）将光标置于左侧的单元格中，输入文字“欢迎光临清风书苑！”。选中该文字内容，在“属性”面板中设置其字体样式、大小为 18px、颜色为#0066FF 等属性，如图 7-30 所示。

（4）选中左侧单元格中的文字“欢迎光临清风书苑！”，然后单击“文档”工具栏中的 代码 按钮切换至“代码”视图，在单元格标签<td></td>之间添加如下代码：

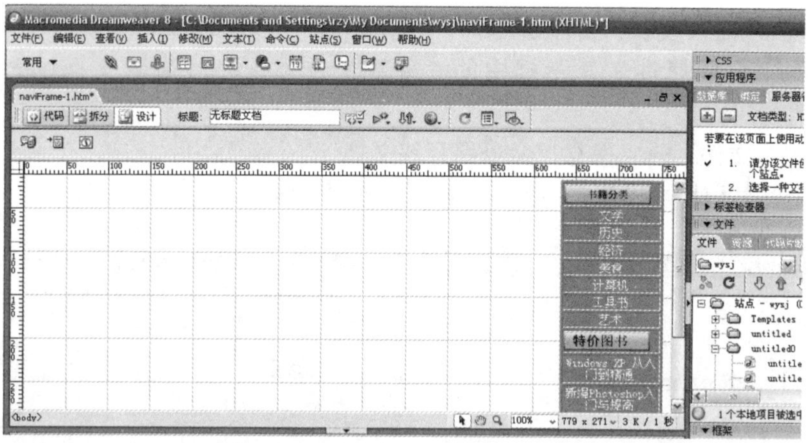

图 7-28　导航区效果图

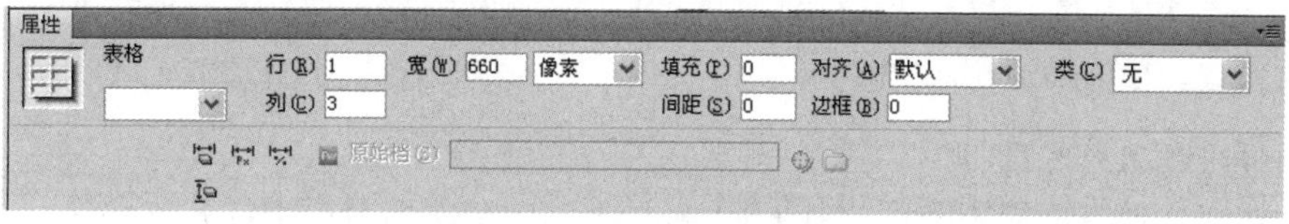

图 7-29　设置表格的属性

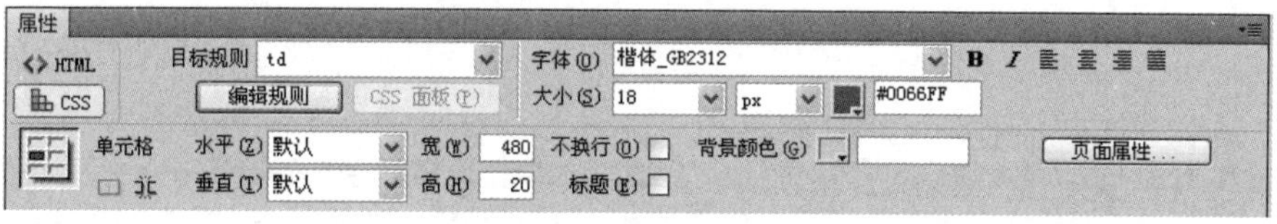

图 7-30　设置文字属性

```
< marquee
height="20" hspace="5" loop="-1" scrollamount "3"scrolldelay="10" width="90%" on="up" DIRECTI
align="center">
<span class="style1">欢迎光临清风书苑！></span>
</marquee>
```

（5）单击设计按钮切换至“设计”视图，将光标置于中间的单元格中单击“插入”面板中的“媒体”下拉列表中的SWF按钮，从弹出的“选择 SWF”文件对话框中选择 ysjsc07/picture/tushuchaxun.swf，完成后单击“确定”按钮。

（6）将光标置于右侧的单元格内，输入文字“联系我们”。选中该文字，在“属性”面板中设置文字样式、大小、对齐方式等属性，如图 7-31 所示。

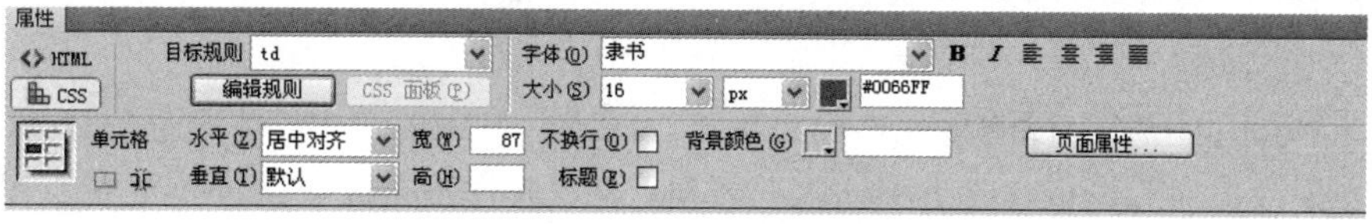

图 7-31　设置文字属性

（7）如果在“属性”面板中的“字体”下拉列表中找不到“隶书”样式，可以单击“字体”下拉列表中的“编辑字体列表”选项，弹出“编辑字体列表”对话框。从“可用字体”列表中选择“隶书”选项，单击“添加字体”按钮<<，此时左侧的“选择的字体”列表中即可显示出刚添加的字体，如图 7-32 所示。重复执行该操作可继续选择需要的字体样式，最后单击“确定”按钮即可完成设置。

（8）将光标置于“文档”窗口中，单击“属性”面板中的页面属性... 按钮，在弹出的“页面属性”对话框中的“外观”选项卡中设置该文档的背景颜色值为“#CCCCCC”。

（9）单击“文件”→“保存”命令保存该文档。

至此图书检索区就全部制作完成，效果如图 7-33 所示。

图 7-32 “编辑字体列表”对话框

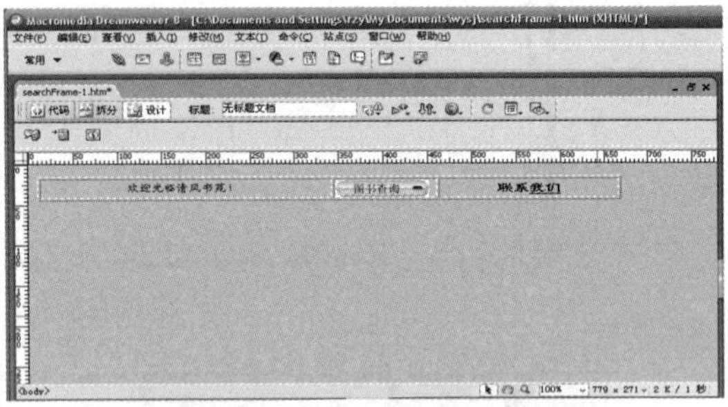

图 7-33 图书检索区的效果图

5. 制作主框架内容区

（1）在“文件”面板中双击文件 bookindxe.htm，在文档窗口中打开该文件。

（2）将光标置于“文档”窗口中，单击“插入”栏中的“表格”按钮，在文档中插入一个 2 行 1 列的表格。选中该表格，在“属性”面板中设置其宽度为 660px、边框、对齐方式等属性，如图 7-34 所示。

图 7-34 设置表格属性

（3）将光标置于第一行的单元格内，输入文字“精品推荐”，选中该文本并在“属性”面板中设置其字体样式、大小为 36px、颜色为#9999FF，单元格宽度为 618px，高度为 40px，对齐方式为居中对齐等属性，如图 7-35 所示。

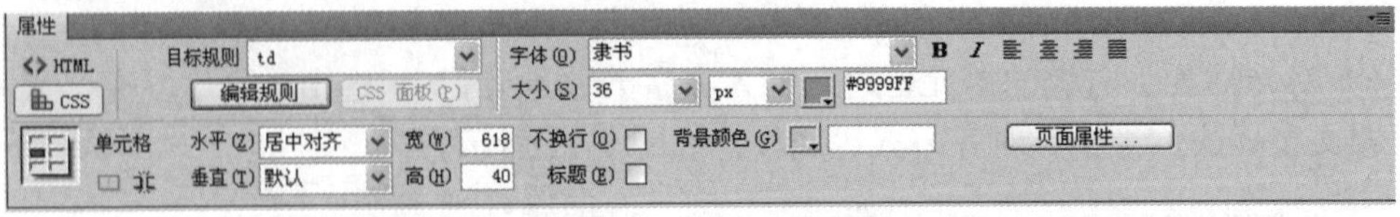

图 7-35 设置文本属性

（5）将光标置于第二行的单元格内，单击“插入”栏中的“表格”按钮，在该单元格中插入一个 2 行 2 列的表格。选中刚插入的表格，在“属性”面板中设置其宽度为 649px 和边框等属性，如图 7-36 所示。

（6）将光标置于插入表格的第一行左侧的单元格内，单击“插入”栏中的“表格”按钮，插入一个 5 行 2 列的表格，将光标置于新插入表格的左边，将第 1 列的单元格合并，将光标置于合并后的单元格，单击“图像”按钮，从弹出的“选择图像源文件”对话框中选择文件 wysjsc/07.book1.jpg。单击插入图像，在“属性”面板中的“对齐”下拉列表中选择“左对齐”选项，将图像设置为左对齐的形式。

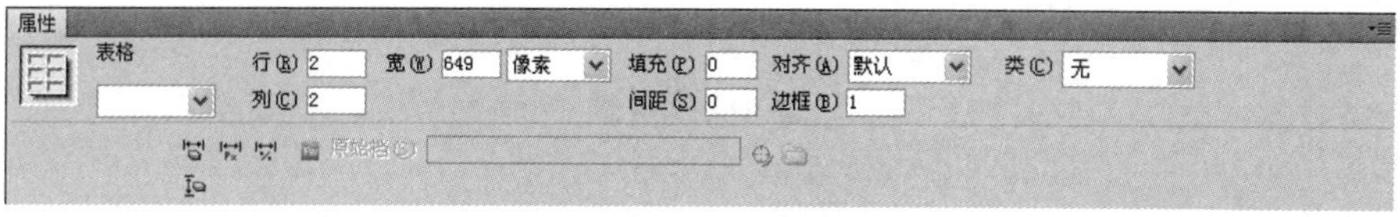

图 7-36　设置表格属性

（7）将光标置于图像右侧第一行表格，输入文字“网页设计与制作”，选中该文字，在“属性”面板中设置其字体样式、大小为 16px、颜色为#6699CC、对齐方式等属性，如图 7-37 所示。继续输入该图书的作者、出版社以及出版日期等相关信息，并在“属性”面板中设置其相应属性。

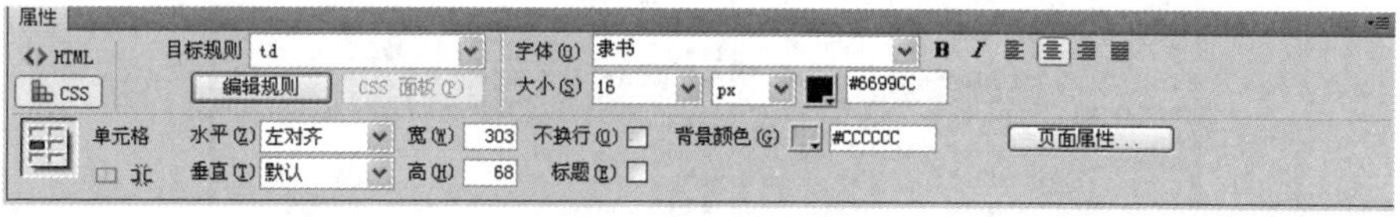

图 7-37　设置文字属性

（8）将光标置于该单元格的最后一行单击“插入”面板中的“媒体”下拉列表中的 SWF按钮，从弹出的“选择 SWF”文件对话框中选择 ysjsc07/picture/woyaogoumai.swf，完成后单击“确定”按钮。

（9）重复步骤（6）～（8）的操作，依次在其余的三个单元格中插入相应的图像、文本及按钮，并设置相应的属性。

（10）将光标置于“文档”窗口中的任意位置，单击属性面板中的 页面属性... 列表项目... 按钮，然后从弹出的“页面属性”对话框中设置该文档的背景颜色。

（11）选择“文件”→“保存”命令，保存该文档。到此，主框架内容区就全部制作完成，效果如图 7-38 所示。

本实例制作完成的整体效果如图 7-39 所示。

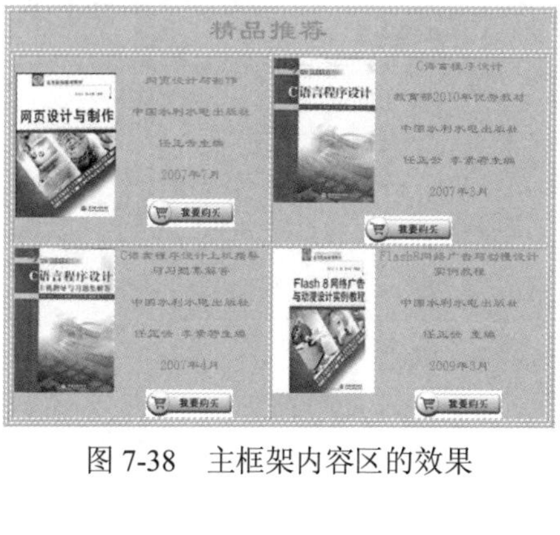

图 7-38　主框架内容区的效果

图 7-39　网上书店的整体效果图

本章思考与练习

1．简述框架间链接的 TARGET 属性值的含义。

2．框架集设定的方式有几种？简述这几种方式。

3．简述框架边框各属性及属性值的含义。

上机练习

制作一个如图 7-40 效果的框架网页，在上端单击项目，左侧显示项目明细；在左侧单击项目，右侧显示相应的内容。

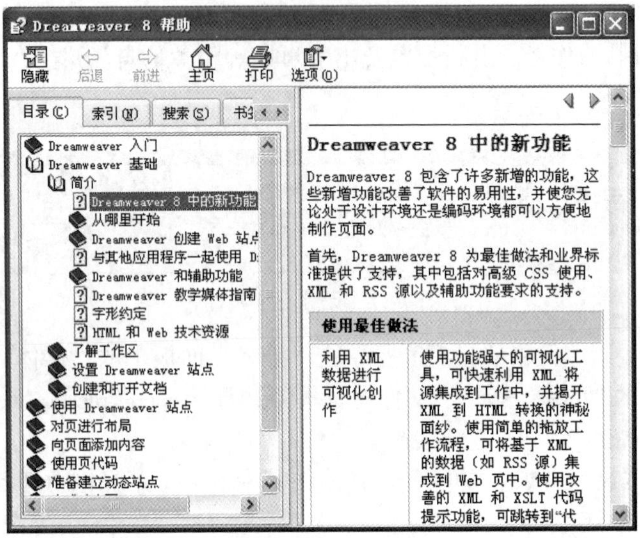

图 7-40　框架网页

第 8 章　应用模板和库快速设计网页

为了体现网站的专业性，使站点中的各页面具有相似的风格非常重要。例如在每个网页的左上角显示公司的徽标，在固定的位置显示站点的主体文字，从而加深浏览者的印象，并突出站点主题。另一个与此相关的问题是，我们经常需要把多个风格相同的网页做同样的修改，即修改后仍然需要保持页面风格的一致。

如果用常规的页面编辑方法，要在多个页面中设计相同的内容，或进行相同的修改，就得在每个文档中进行大量乏味的重复操作，在当今时代是绝对不可容忍的。Dreamweaver CS5 的模板和库技术就轻松解决了这个问题。

“模板”的作用是帮助设计者批量生成具有固定格式的页面，“库”项目则可以快速在文档中插入具有相同格式和内容的元素。利用模板和库，不但可以快速创建风格一致的网页，更重要的是，模板和库使你维护站点更轻松、更容易，可以在短时间内重新设计自己的网站或对数以百计风格相似的网页作出同样的修改。

8.1　利用模板创建网页

Dreamweaver CS5 提供了强大的模板，可以快速创建大量风格一致的网页，从模板创建的文档与该模板保持链接状态，如图 8-1 和图 8-2 所示，图 8-1 所示的页面是系列中的第 1 个页面，这里的主要工作是以图 8-1 的页面为模板，创建图 8-2 所示的风格相同的四个页面。

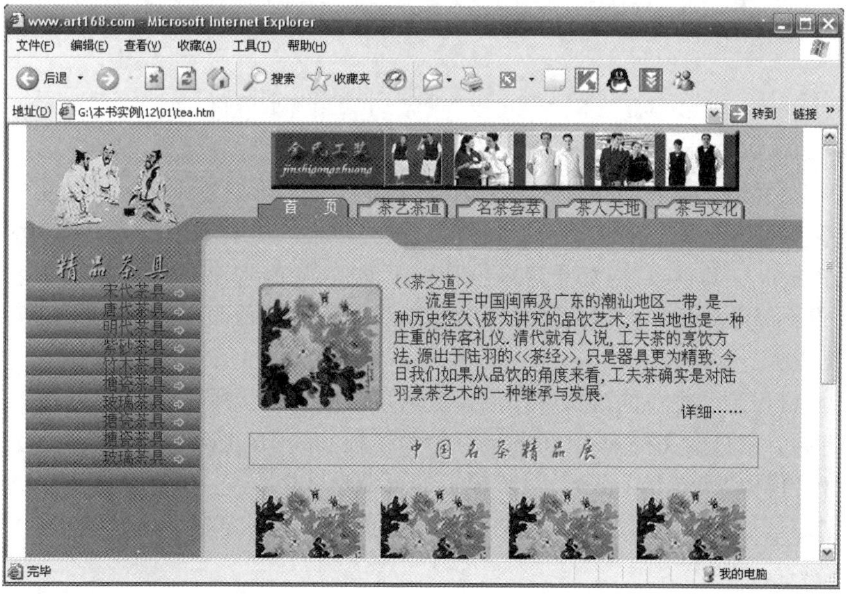

图 8-1　以此页为模板

1. *页面分析*

模板实际上就是一种用来产生具有相同风格页面的文档“模子”，它可以为用户在短时间内设计出大量风格相同或相近的页面。上面的“茶之道”系列网页，不但所有页面的风格相同，而且有些内容（上面题头图片，左边的导航菜单）在每个页面中也完全一样。像这种情况，如果用一般的编辑方法，必须在每个文档中重复设计相同的内容，既麻烦，也容易出错，如果使用“模板”技术进行设计，将大大提高工作效率。

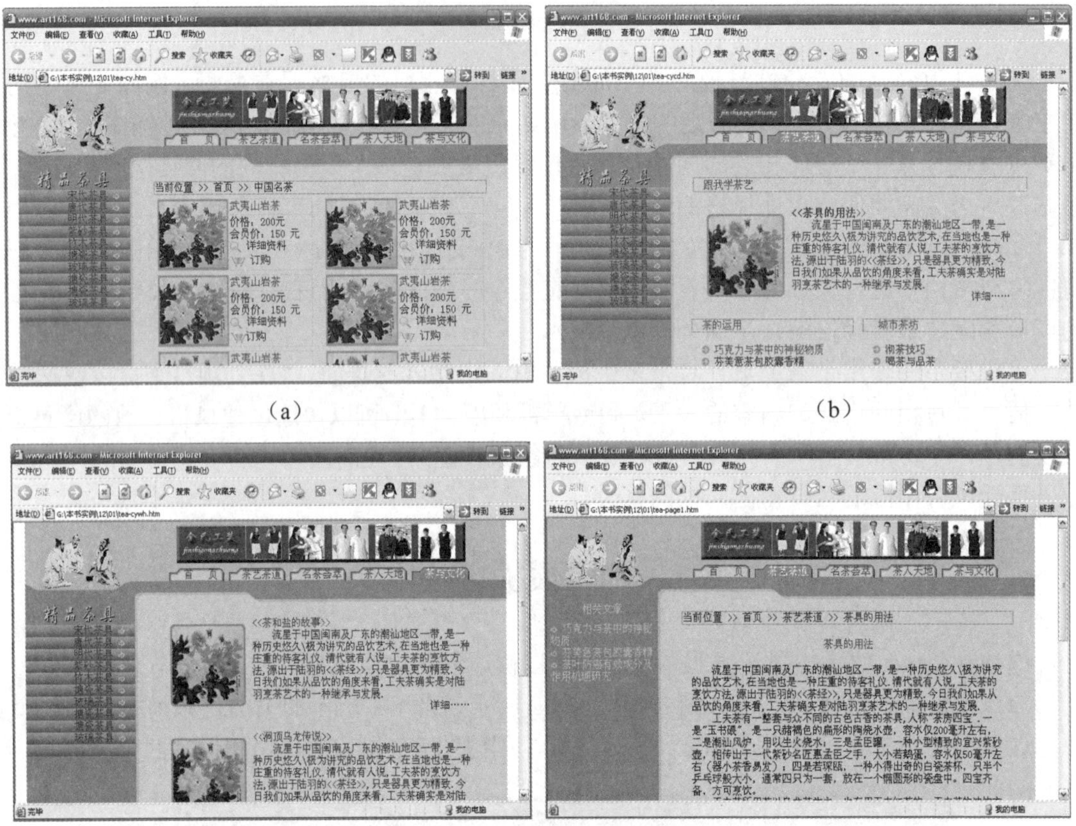

(a) (b) (c) (d)

图 8-2 基于模板的四个风格相同的网页

2. 素材的准备

准备好“茶之道”系列页面中的图片和文字资料，然后把要作为模板的第一个页面设计得尽可能“完美”。所谓“完美”就是尽量接近最终效果，一旦完成后无须作大的修改。因为将此页面为模板产生其他页面，如果模板设计得不够完美，产生出来的大量页面也是有缺陷的。当然也可以重新修改模板，并以此更新所有基于这个模板的页面，但这样将浪费不少时间。

3. 实现步骤

所有的素材和第一个页面准备好以后，就可以按照以下步骤设计“茶之道”系列页面：

（1）将第一个页面文档 ex10_1. htm 存储为模板 temp10_1.dwt。

（2）打开模板 temp10_1.dwt，设置模板的可编辑区域。

（3）创建基于模板的其他页面，并修改每个页面的不同内容。

8.1.1 创建模板

1. 将设计好的一个网页存储为模板

首先打开 wysjsc/08/01.intex.htm“茶之道”的主页面，执行“文件”→“另存为模板”命令，如图 8-3 所示。

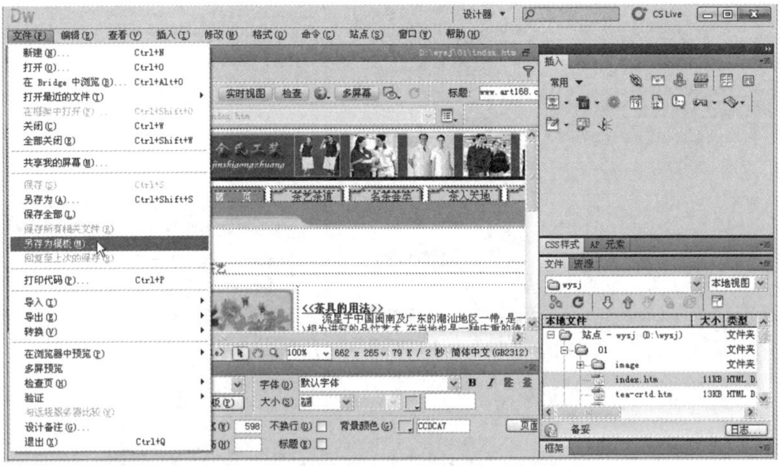

图 8-3 执行"另存为模板"命令

这时会弹出"另存为模板"对话框，从"站点"下拉列表中可以选择一个用来保存模板的站点，这里选择默认的 wysj 站点，然后在"另存为"文本框中为模板输入一个唯一的名称，仍然用它的默认值 INDEX，如图 8-4 所示。然后单击"保存"按钮，会弹出一个要求更新链接的对话框，单击"是"按钮即可，如图 8-5 所示。

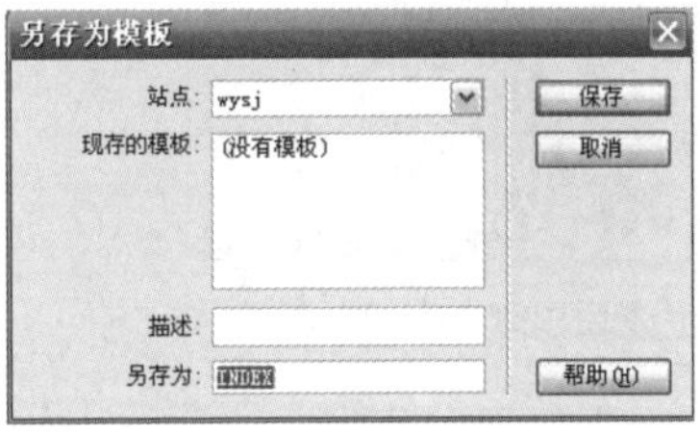

图 8-4 弹出"另存为模板"对话框

图 8-5 弹出更新链接对话框

Dreamweaver CS5 会将模板文件自动保存在站点根目录中的 Templates 文件夹中，文件的扩展名是.dwt，如果 Templates 文件夹在站点中还不存在，Dreamweaver CS5 会在保存新建模板时自动创建该文件夹。

注意：不要把模板移动到 Templates 文件夹之外或者将任何非模板文件放在 Templates 文件夹中。此外，不要把 Templates 文件夹移动到本地根文件夹之外，这样做将在模板的路径中引起错误。

2. 设置可编辑区域

在已经打开的模板网页中，用鼠标选中某一标签或点击某一空白区域，可以将其设置为可编辑区域。其方法是：在"常用"工具栏中，单击"模板"按钮右侧的下拉按钮，在弹出的下拉菜单中选择"可编辑区域"项，如图 8-6 所示，这时会弹出"新建可编辑区域"对话框，如图 8-7 所示。

在"名称"文本框中为该区域输入唯一的名称，不要在"名称"文本框中使用特殊的字符，这里使用默认名称，然后单击"确定"按钮即可。

可编辑区域在模板中由高亮显示的矩形边框围绕，该区域左上角的选项卡显示区域名称，如图 8-8 所示。

这样，一个可编辑区域就新建完成了，如果创建基于 index.dwt 这个模板的网页，那么带有可编辑区域标志的单元格就可以被用户编辑，其他区域则不能被用户编辑。

图 8-6　执行创建“可编辑区域”的命令

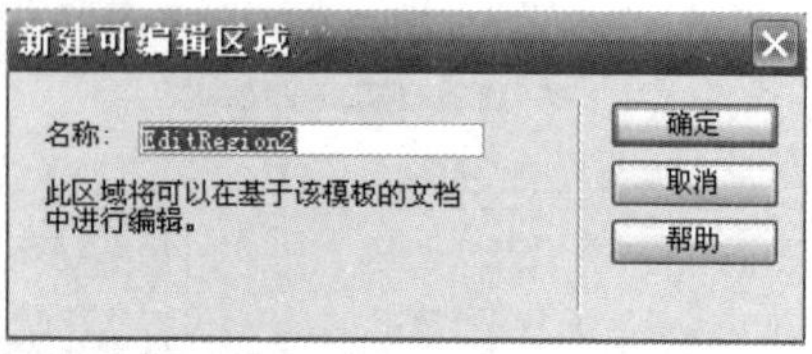

图 8-7　弹出“新建可编辑区域”对话框

图 8-8　新建可编辑区域完成后出现的标志

3．模板区域的类型

除了可编辑区域外，Dreamweaver 共提供了 4 种类型的模板区域：

（1）可编辑区域。指基于模板文档中的未锁定区域，它是模板用户可以编辑的部分。模板创作者可以将模板的任何区域指定为可编辑的。要让模板生效，它应该至少包含一个可编辑区域；否则，将无法编辑基于该模板的页面。

（2）可选区域。指在模板中指定为可选的部分，用于保存有可能在基于模板文档中出现的内容（如可选文本或图像）。在基于模板的页面上，模板用户通常控制是否显示内容。

（3）重复区域。指文档中设置为重复的布局部分。例如，可以设置重复一个表格行。通常重复部分是可编辑的，这样模板用户可以编辑重复元素中的内容，同时使设计本身处于模板创作者的控制之下。在基于模板的文档中，模板用户可以根据需要使用重复区域控制选项添加或删除重复区域的副本。可以在模板中插入两种类型的重复区域，即重复区域和重复表格。

（4）可编辑的可选区域。是可选区域的一种，可以设置显示或隐藏所选区域，并且可以编辑该区域中的内容。

（5）重复表格。可以使用重复表格创建包含重复行的表格格式的可编辑区域。可以定义表格属性并设置哪些表格单元格可编辑。

8.1.2　编辑模板

1．删除可编辑区域

如果已经将模板文件的一个区域标记为可编辑区域，而现在想在此锁定它，使它在基于模板创建的文档中不可编辑，可以先单击可编辑区域左上角的选项卡选中它，如图 8-9 所示。

图 8-9　选中可编辑区域

执行“修改”→“模板”→“删除模板标记”命令，就可以删除这个可编辑区域。这样该编辑区域就不再是可编辑区域了。当然也可以选中可编辑区域后，按 Delete 键删除所选的可编辑区域。

2. 更改可编辑区域的名称

插入的可编辑区域可以更改它的名称。首先单击可编辑区域左上角的选项卡选中它，然后在“属性”面板的“名称”文本框中输入一个新的名称，然后按 Enter 键使所修改的内容生效，如图 8-10 所示。

图 8-10　更改可编辑区域的名称

注意：对可编辑区域的名称进行更改时，不能与其他可编辑区域的名称相同。

3. 保存更改后的模板

模板修改后执行“文件”→“保存”命令即可保存修改后的模板。

如果在模板更改前，存在三个基于该模板的文件，则模板更改后执行“文件”→“保存”命令，系统会弹出一个更新使用模板文档的对话框，如图 8-11 所示。

单击“更新”按钮就可以更新所选中的基于该模板创建的网页了。更新完毕后会弹出“更新页面”对话框，记录更新的日志，如图 8-12 所示。

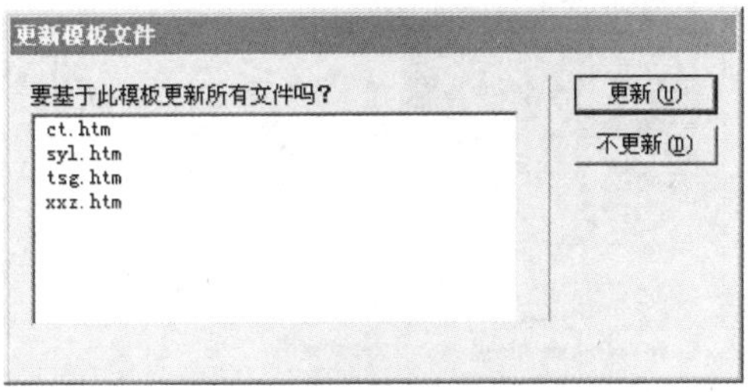

图 8-11　“更新模板文件”对话框

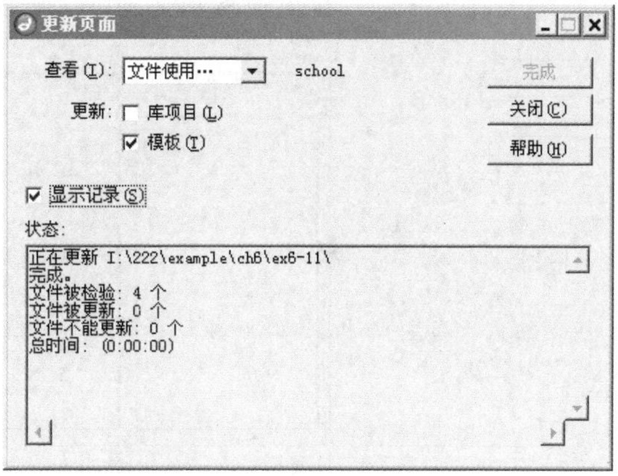

图 8-12　“更新页面”对话框

4. 设置模板区域的高亮显示首选参数

在编辑网页时，有可能需要在“代码”视图中直接编辑 HTML 代码，为了方便在“代码”视图中查看文档时能够轻松区分模板区域，可以为模板自定义代码颜色首选参数，代码颜色首选参数可以控制在“代码”视图中显示文本的颜色、背景颜色和样式属性。

执行“编辑”→“首选参数”命令，弹出“首选参数”对话框。在左侧的“分类”列表框中选择“代码颜色”，在右侧“文档属性”列表框中选择 HTML，然后单击“编辑颜色方案”按钮，如图 8-13 所示，会弹出“编辑 HTML 的颜色方法”对话框，如图 8-14 所示。

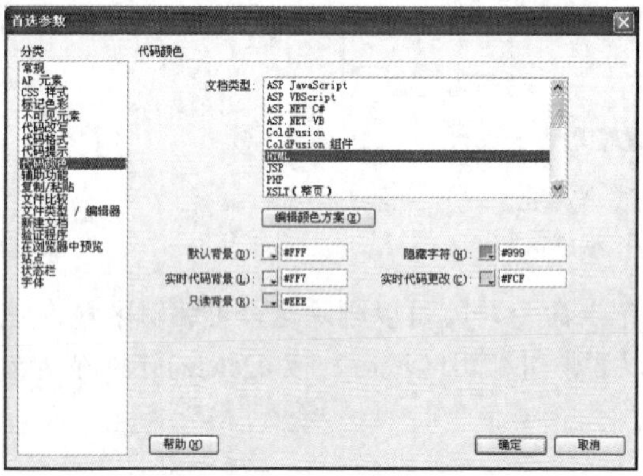

图 8-13 “首选参数”对话框

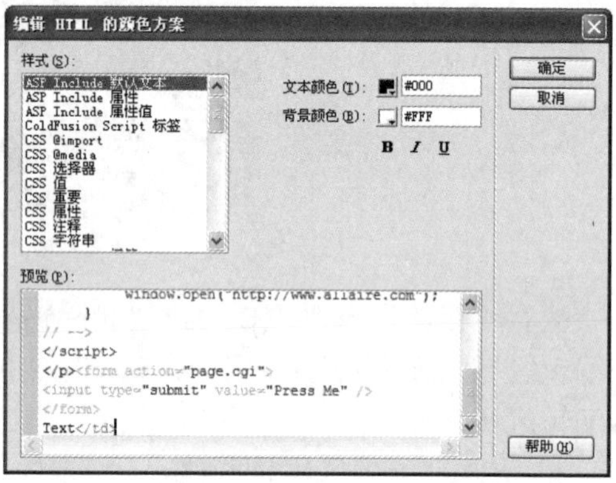

图 8-14 “编辑 HTML 的颜色方法”对话框

在“样式”列表中向下拖动滚动条，选择“Templates 标签”，在右边就可以为“代码”视图设置文本颜色、背景颜色和文字样式等属性了。如果想要更改文本颜色，只要在“文本颜色”文本框中输入想要应用于所选文本的颜色的十六进制值，或者使用颜色选择器来选择一种颜色应用于文本的颜色。要更改“背景颜色”，执行相同的操作即可。如果想要为代码添加样式属性，可以单击 B（粗体）、*I*（斜体）或 U（下划线）按钮来设置所需样式，最后单击“确定”按钮让所作的修改生效。

8.1.3 应用模板

创建基于模板的网页

模板在制作完成后，就可以创建基于模板的网页了。执行“文件”→“新建”命令，弹出“从模板新建”对话框，单击“模板”标签，弹出选项卡，如图 8-15 所示。

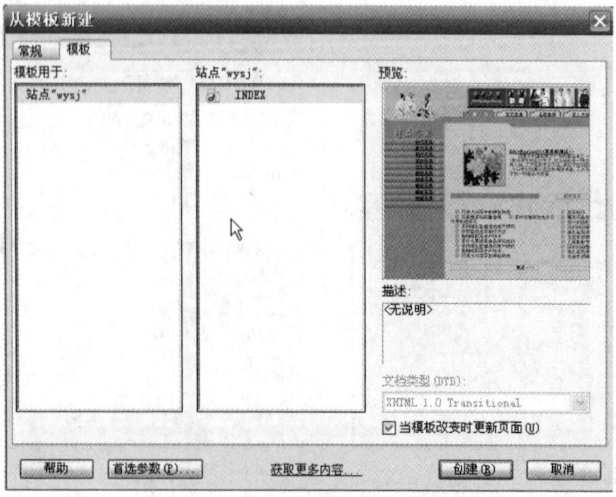

图 8-15 “从模板新建”对话框

如果 Dreamweaver CS5 有多个站点，将在“模板用于”列表中列出“站点”。

8.2 使用库项目

在 Dreamweaver CS5 中除了模板外，还有一个网页快速编辑工具，这就是库。库是一种用来存储设计者想要在整个网站上经常重复使用或更新网页元素的方法，这些元素称为库项目，Dreamweaver CS5 将库项目存储在每个站点的本地根文件夹内的 Library 文件夹中。

将库项目放在文档中的时候，Dreamweaver CS5 向文档中插入该项目的 HTML 源代码拷贝，并添加一个包含对原始外部项目引用的 HTML 注释。

8.2.1 创建库项目

可以从文档部分中的任意元素创建库项目，这些元素包括文本、表格、表单、Java Applet、插件、ActiveX 元素、导航条和图像。

创建库项目具体操作步骤如下：

（1）打开如图 8-16 所示的网页。

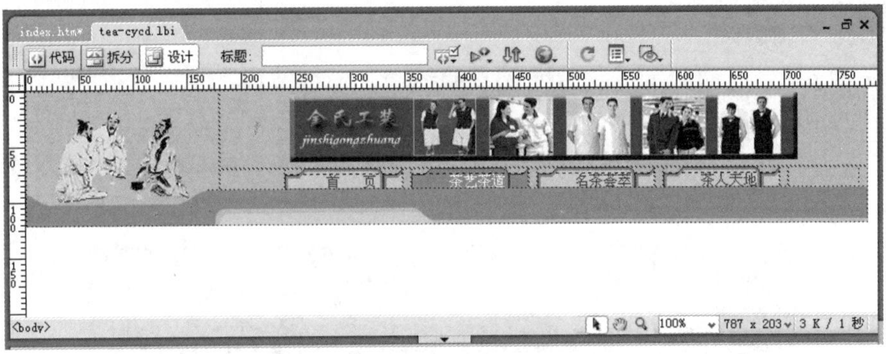

图 8-16　打开网页

（2）选择“文件”→“另存为”命令，弹出“另存为”对话框，在对话框中“文件名”右边的文本框中输入文件名，“保存类型”选择“库文件（*.lbi)”，如图 8-17 所示。注意，每个库项目都在站点本地根文件夹的“库”文件夹中保存为一个单独的文件夹，文件夹的扩展名为.lbi。

图 8-17　“另存为”对话框

8.2.2 在网页中插入库

库项目是可以在每个页面中重复使用的存储页面元素，每当更改某个库项目时，都可以更新所使用该库的页面。

在网页中插入库项目的具体操作步骤如下：

（1）打开如图 8-18 所示的网页。

（2）将光标置于要插入库项目的位置，选择“窗口”→“资源”命令，打开“资源”面板，如图 8-19 所示。

（3）选择一个库项目，单击“插入”按钮插入库项目，如图 8-20 所示。也可单击选中库文件并拖曳到想插入库项目的位置。

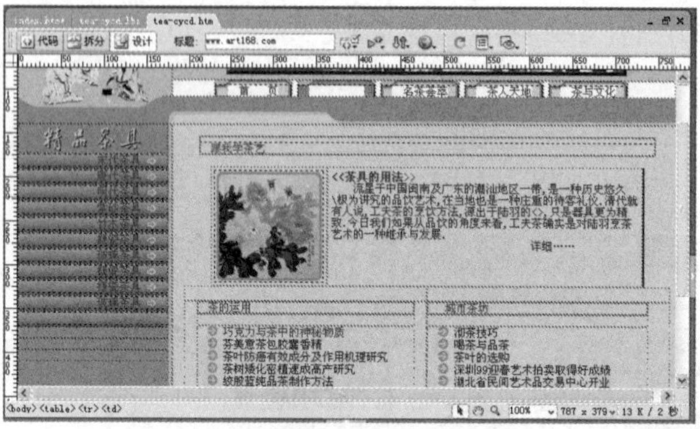

图 8-18　打开网页

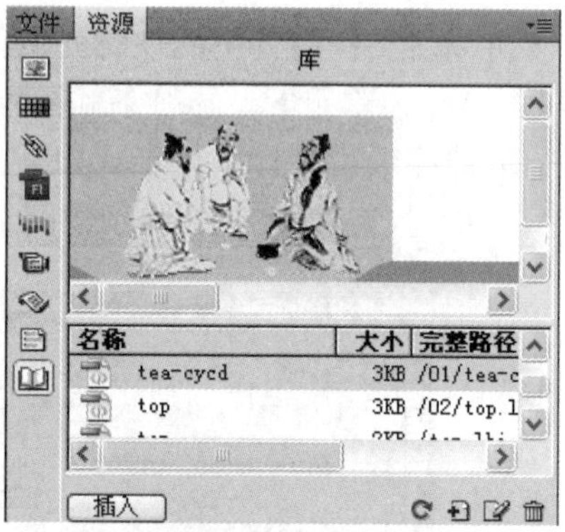

图 8-19　“资源”面板

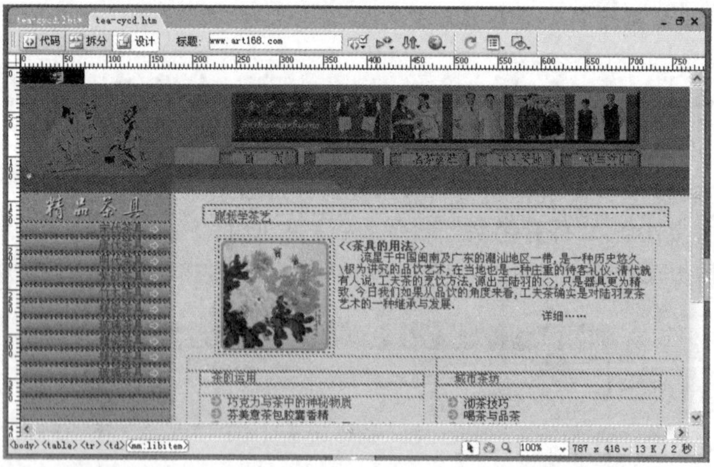

图 8-20　插入库项目

8.2.3 修改库和更新站点

当更改库项目时，也可选择更新使用该项目的所有文档。如果选择不更新，那么文档将保持与库项目的关联，可以在以后选择“修改”→“库”→“更新页面”命令来更新。

（1）修改库文件的某一部分，如图 8-21 所示。

（2）选择“文件”→“保存”命令，应用库项目的网页将自动更新，如图 8-22 所示。

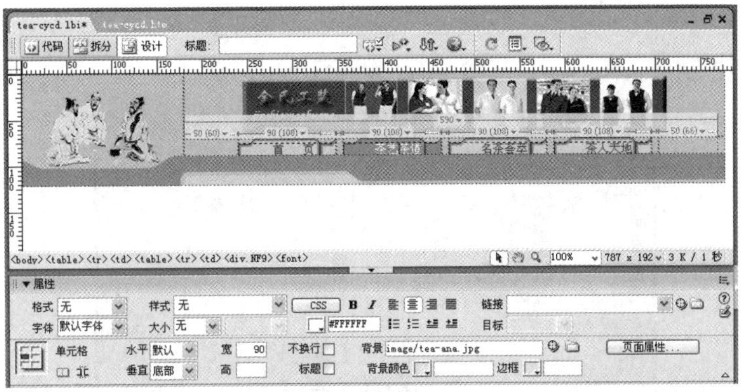

图 8-21　编辑库文件

图 8-22　自动更新页面

8.3　实践技能训练——模板和库的综合使用

本章从模板和库文件的创建、修改、应用等几个方面进行了详细的介绍，下面将通过实际例子进一步讲述利用模板和库文件创建网页的方法。

8.3.1　创建网页库项目

库项目在网页中经常使用，创建的具体步骤如下：

（1）选择“文件”→“新建”命令，新建一个空白网页文档。选择“插入”→“表格”命令，弹出“表格”对话框，插入一个 1 行 10 列，宽度为 778px 的表格，如图 8-23 所示。

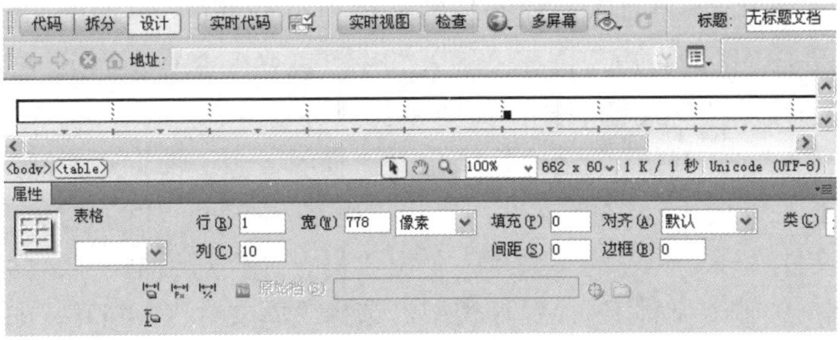

图 8-23　插入表格

（2）将光标置于第 1 列表格中，选择“插入”→“图像”命令，弹出“选择图像源文件”对话框，选择 wysj08/02/images/jngm_01.gif，如图 8-24 所示。

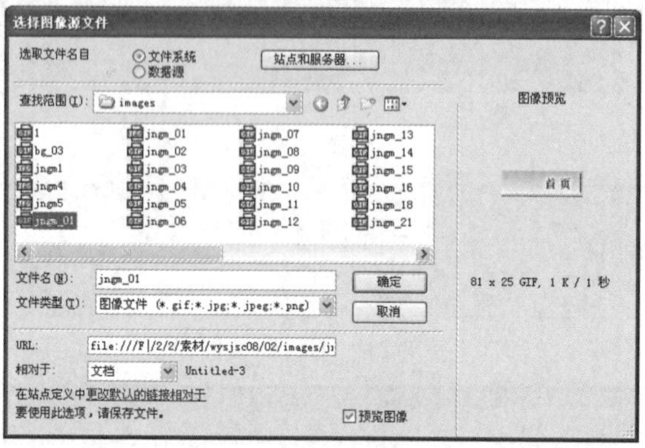

图 8-24　选择图像源文件

（3）在弹出的对话框中选择“首页”的图像文件，单击“确定”按钮，如图 8-25 所示。

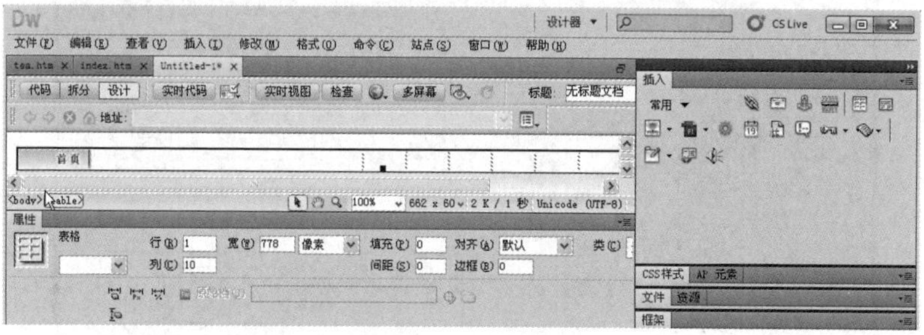

图 8-25　插入图像

（4）在属性面板中单击“链接”文本框右边的“浏览”图标，在弹出的“选择文件”对话框中选择相应的链接文件，单击“确定”按钮，如图 8-26 所示。

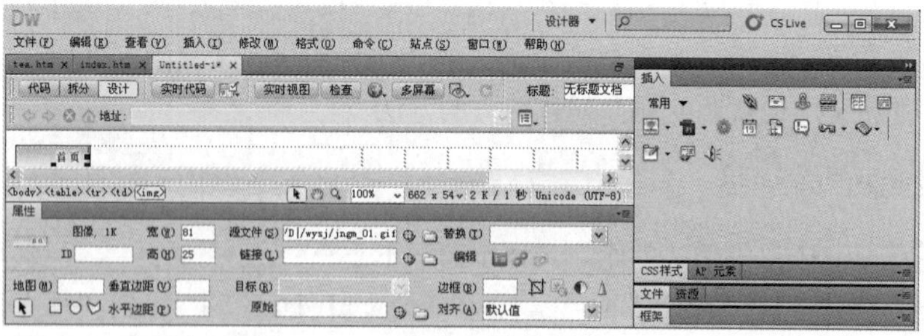

图 8-26　链接文件

（5）用同样的方法插入其他的导航图标并连接到相应的文件，如图 8-27 所示。

（6）将光标置于表格的右边，选择“插入”→“表格”命令，弹出“表格”对话框，插入一个 1 行 1 列、宽度为 778px 的表格，如图 8-28 所示。

（7）选择“插入”→“图像”命令，弹出“选择图像源文件”对话框，在弹出的对话框中依次插入 jngm_11～ jngm_16 图像文件，单击“确定”按钮，如图 8-29 所示。

（8）选择“文件”→“另存为”命令，弹出“另存为”对话框，在此对话框中，在“文件名”右边的文本框中输入文件名，“保存类型”选择“库文件（*.lbi）”，如图 8-30 所示。单击“保存”按钮，如图 8-31 所示。

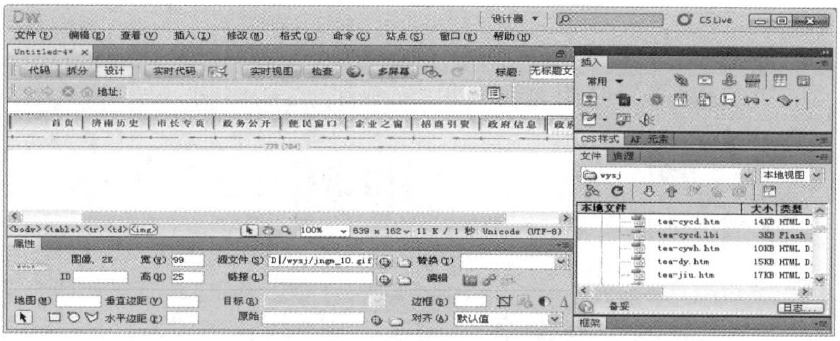

图 8-27　插入导航图标

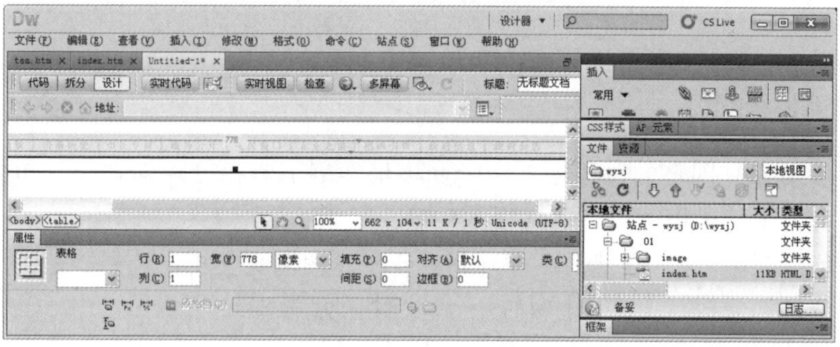

图 8-28　插入表格

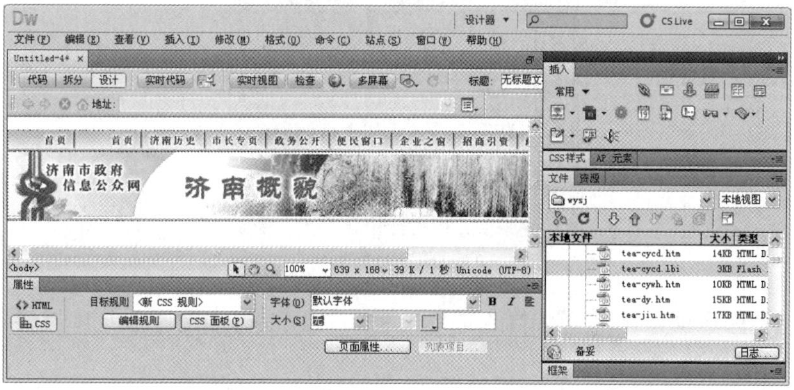

图 8-29　插入图像

图 8-30　保存库文件

图 8-31 保存库文件

8.3.2 创建模板网页

模板可以大大提高网页的制作效率，因此模板在网页制作过程中有广泛的应用，下面将通过实例介绍如何创建模板网页，具体步骤如下：

（1）选择“文件”→“新建”命令，新建一个空白网页文档。选择“窗口”→“资源”命令，打开“资源”面板，单击图标打开库文件，如图 8-32 所示。

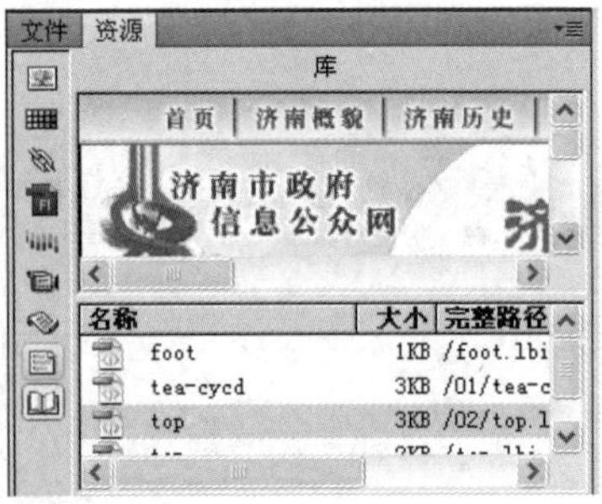

图 8-32 资源面板

（2）在“资源”面板中选择要插入的库文件，按住鼠标左键不放把库文件拖动到网页文档中，拖入后如图 8-33 所示。

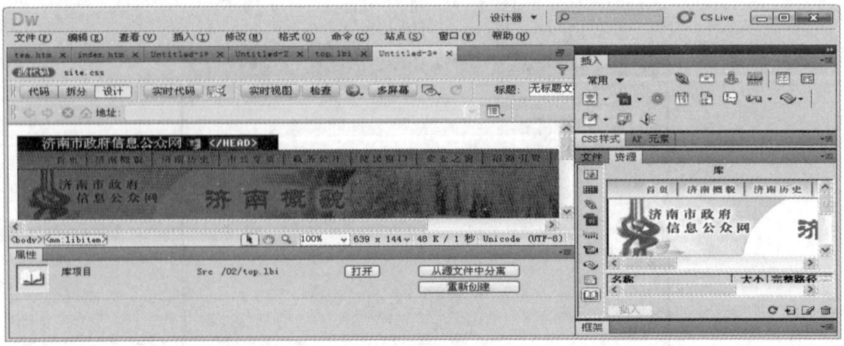

图 8-33 库文件

（3）将光标置于库文件的右边，选择“插入”→“表格”命令，弹出“表格”对话框，插入一个 1 行 2 列、宽度为 778px 的表格。在表格的第 1 列单元格中再插入一个 10 行 1 列、宽度为 150px 的表格，在属性面板中将“背景颜色”设置为“#FFFFF7”，如图 8-34 所示。

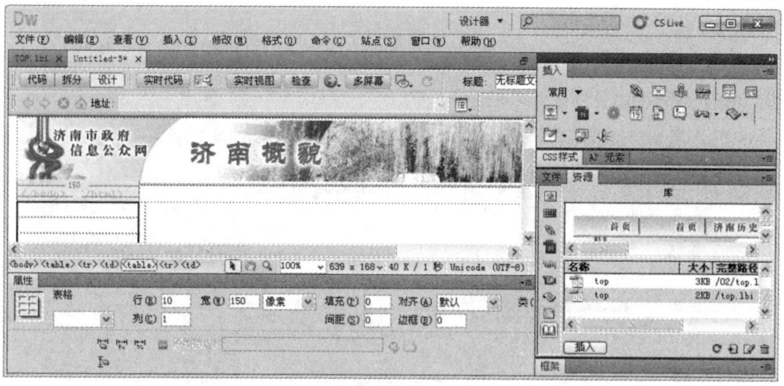

图 8-34　插入表格

（4）将光标置于第 1 行单元格中，在属性面板中“背景颜色”设置为“#ACC057”。然后输入“基本情况”，如图 8-35 所示。

图 8-35　输入文字

（5）将光标置于基本情况的后面，选择“插入”→“图像”命令，弹出“选择图像源文件”对话框，在对话框中选择 jngm_24 图像文件，单击“确定”按钮，如图 8-36 所示。

（6）在下面的表格中每行输入相应的导航文字，在属性面板中设置相应的参数，如图 8-37 所示。

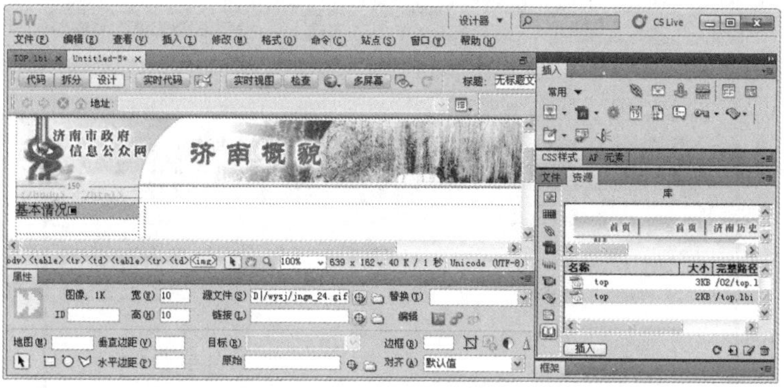

图 8-36　插入图像

（7）将光标置于表格最后两个单元格，然后单击“插入”→“图像”命令，弹出“选择图像源文件”对话框，在弹出的对话框中分别插入 jngm_41、jngm_42 的图像，单击“确定”按钮，如图 8-38 所示。

图 8-37 输入导航文字

（8）将光标置于第 2 列单元格中，选择“插入”→“模板对象”→“可选区域”命令，弹出“新建可选区域”对话框，在“名称”文本框输入 jngm，如图 8-39 所示。单击“确定”按钮，插入可选区域的效果如图 8-40 所示。

（9）选择“文件”→“另存为模板”命令将文档另存为模板。

（10）选择“文件”→“新建”命令，弹出“新建文档”对话框，切换至“模板”选项卡。选择刚才创建的模板，如图 8-41 所示。

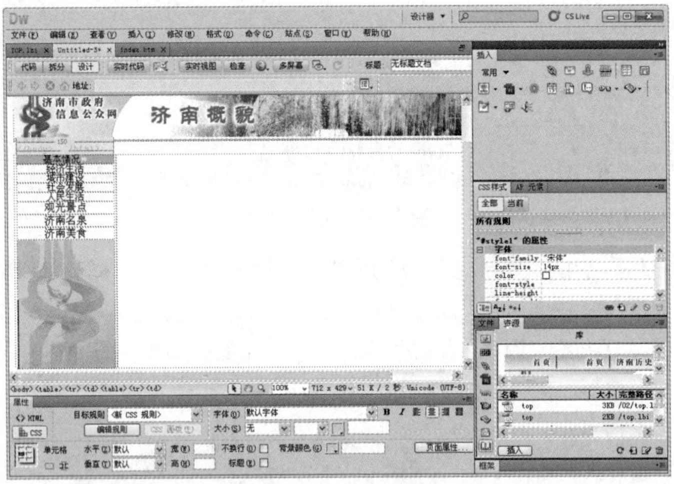

图 8-38 插入图像

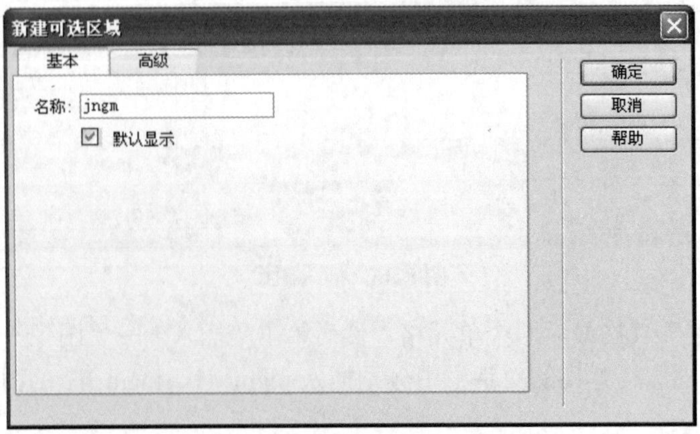

图 8-39 “新建可选区域”对话框

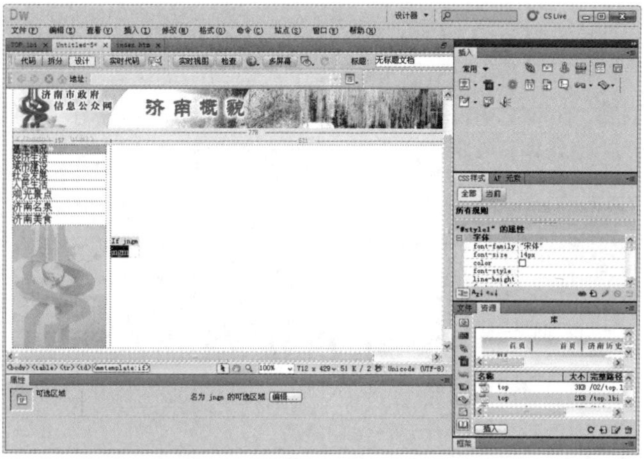

图 8-40 插入可编辑区域的效果

图 8-41 从模板中创建

（11）单击“创建”按钮，文档就会出现一个模板新建的网页。将光标置于新建网页的可编辑区域，选择“插入”→“表格”命令，弹出“表格”对话框，插入一个 2 行 1 列、宽度为 628px 的表格，如图 8-42 所示。

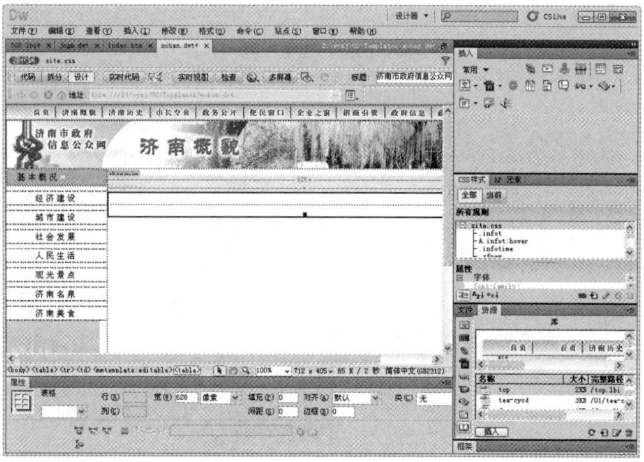

图 8-42 插入表格

（12）将光标置于第 1 行表格中，选择“插入”→“图像”命令，弹出“选择图像源文件”对话框，在对话框中选择 jngm_21.gif 图像文件，单击“确定”按钮，如图 8-43 所示。

（13）将光标置于第2行单元格中，输入相应的文字说明，如图8-44所示。

（14）将光标置于第2行单元格文字说明中，选择“插入”→“图像”命令，弹出“选择图像源文件”对话框，在对话框中选择jngm1.jpg图像文件，单击“确定”按钮。在属性面板中将“对齐”设置为右对齐，“垂直边距”和“水平边距”都设置为4，如图8-45所示。

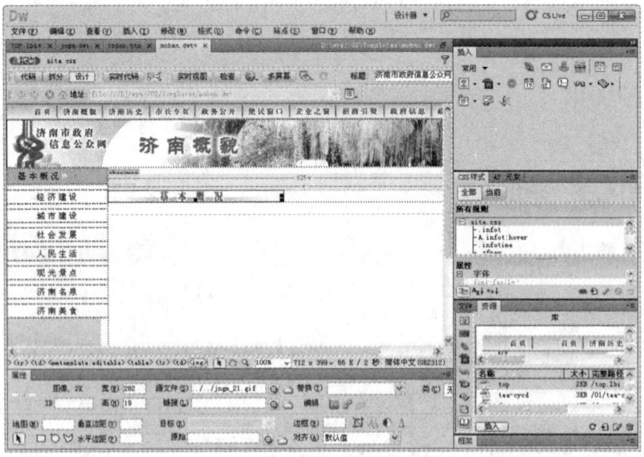

图8-43 插入图像

图8-44 插入文字

图8-45 插入图像

（15）保存网页文档后，按 F12 键可以看到效果如图 8-46 所示。

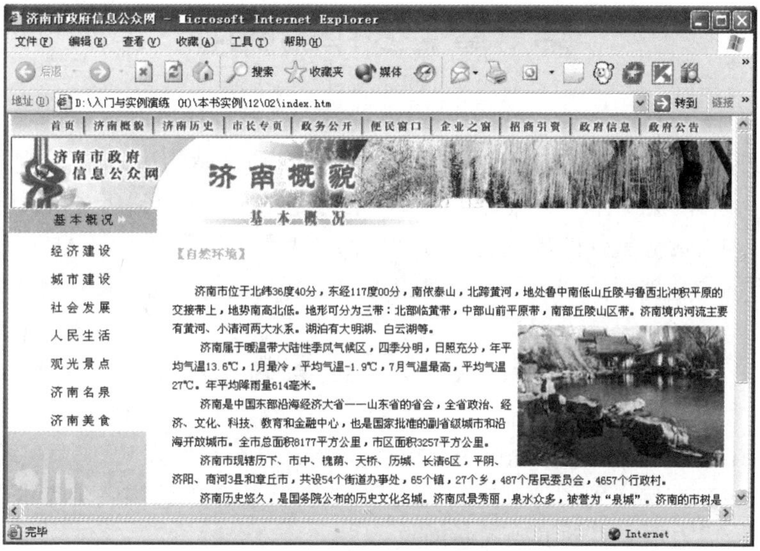

图 8-46　利用模板创建的网页

本章思考与练习

1．模板的作用是什么？

2．创建模板可编辑区域的快捷键是什么？库项目保存在站点的什么文件夹内？

3．假设有一个文件夹保存了网站文件，但 Dreamweaver 中没有该站点。为什么在 Dreamweaver 中重建站点后，能够重建这个站点内网页文件与模板的关系呢？

上机练习

1．创建一个模板，并利用该模板创建三个不同的网页。

2．修改题 1 创建的模板，并更新利用该模板创建的网页。

3．创建库项目，并将该库项目添加到题 1 创建的网页中。

第 9 章　表单的使用

表单是实现动态网页的一种主要的外在形式，可以使网站的访问者与网站之间轻松地进行交互。表单从用户收集到各种信息后则将这些信息提交给服务器进行处理，浏览者所接触的只是一个界面，和大部分软件的界面类似，背后都是由程序语言（例如 ASP、PHP、CGI 等）来处理的。所不同的是处理的结果不是提供给用户，而是最终交给网站管理人员。

9.1　表单的基本概念

表单的应用非常广泛。例如常见的留言簿、讨论区、会员注册/登录、在线查询等，都需要通过表单才能将数据传送到后台程序进行处理，实际上表单的作用就是收集信息和数据。如图 9-1 所示即为应用表单元素的调查问卷网页。

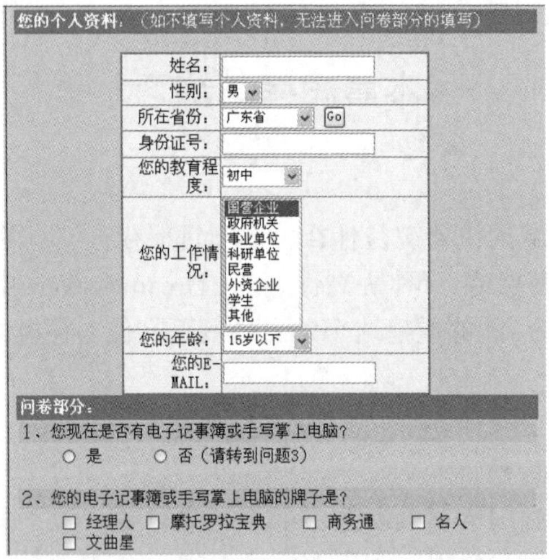

图 9-1　表单范例

当用户填写了以上的问卷并单击“确定”按钮后，这些填写的信息会被送到服务器上，服务器端脚本或应用程序对信息进行处理，并将成功者的结果反馈给浏览者，或执行某些特定的程序。

在 Dreamweaver CS5 中可以非常方便地创建表单及其各种元素，包括文本域、密码域、单选按钮、复选框、列表、菜单、图像域、按钮、文本字段等，下面介绍表单元素的使用。

9.2　表单的创建

一个表单通常由两部分组成，即表单域和表单对象，如图 9-1 所示，其中表单域相当于一个“容器”，所有的表单对象都放在表单域中。表单域包含处理数据所用到的程序以及数据提交给服务器的方法。通常在 Dreamweaver CS5 中表单域的范围由一个红色的虚线框来表示，如图 9-2 所示。

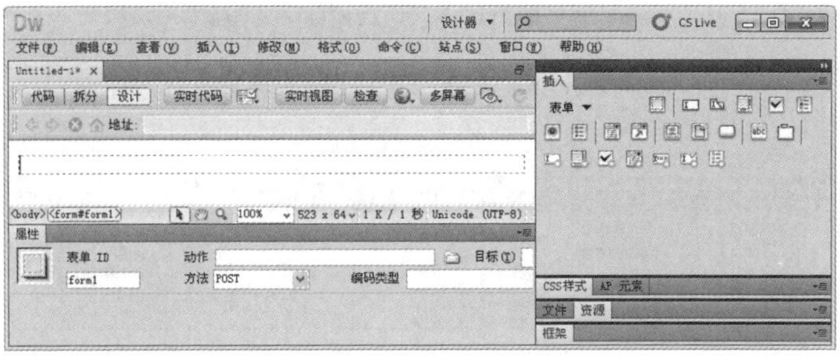

图 9-2　一个空白的表单域

创建表单的第一步就是插入表单域，方法是选择“插入”面板中的“表单”标签，单击“表单”按钮即可在网页中插入新的表单域。然后打开属性面板，从中设置该表单的各种属性，如图 9-3 所示。

图 9-3　表单属性

在表单的“属性”面板中可以设置一下参数。

（1）表单 ID：输入该表单的唯一名称。

（2）动作：指定处理该表单的动态页或脚本的路径。可以在“动作”文本框中输入完整的路径，也可以单击文件夹图标浏览应用程序。

（3）方法：选择将表单数据传送到服务器的传送方式，包括 3 个选项。

- POST：用标准输入方式将表单内的数据传送给服务器，服务器用读取标准输入的方式读取表单内的数据。
- GET：将表单内的数据附加到 URL 后面传送给服务器，服务器用读取环境变量的方式读取表单内的数据。
- 默认：使用浏览器默认的方式。一般默认使用 GET 方法（此方法传递的信息安全性欠佳），具体使用哪种方法请向网站所在服务器管理员询问。

（4）编码类型：用来设置发送数据的 MIME 编码类型。

（5）目标：使用该下拉列表指定一个窗口，这个窗口中显示应用程序或脚本程序将表单处理完成后所显示的结果。

9.3　创建文本域

文本域主要是供浏览者填写文字信息用的，因此文本域是最常用的表单元素之一。文本域分为三种，即单行文本域、多行文本域和密码文本域，它们分别有各自不同的用途。插入文本域的方法如下：

（1）打开一个空白文档，插入 3 行 2 列的表格。

（2）将光标置于第 1 行第 1 列的单元格内，输入文字“用户名”，第 2 行第 1 列输入“口令”，第 3 行第 1 列输入“留言”。

（3）将光标置于第 1 行第 2 列单元格内，单击“表单”标签中的“文本字段”按钮，文档中会出现一个文本框，就插入了一个单行文本域，如图 9-4 所示。

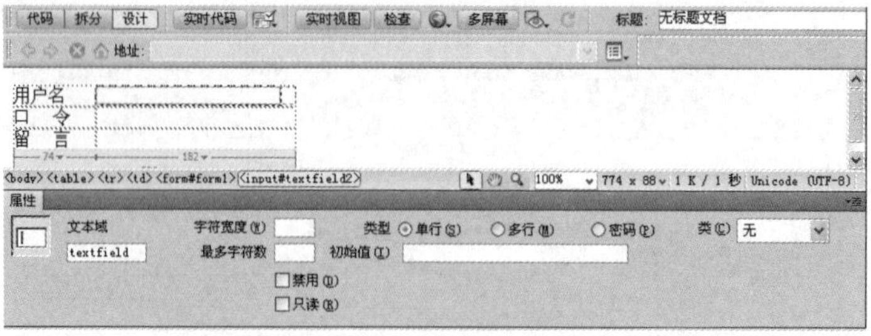

图 9-4　插入文本域

在“属性”面板中，可以设置以下参数：

1）文本域：为该文本域指定一个名称。

2）字符宽度：设置文本域一次最多可显示的字符数。

3）最多字符数：设置单行文本域中最多可输入的字符数，如果将“最多字符数”文本框保留为空白，则用户可以输入任意数量的文本，如果文本超过域的字符宽度，文本将滚动显示。

4）类型：设置文本域的类型，包括“单行”、“多行”和“密码”三个选项。

5）初始值：指定首次载入表单时文本域中显示的值。

（4）将光标置于第 2 行第 2 列的单元格内，单击“表单”标签中的“文本字段”按钮，文档中会出现一个文本框，选择“密码”，会创建一个密码域，如图 9-5 所示。

密码域是一种特殊类型的文本域，当浏览者在密码域输入文字时，所输入的文本将以星号或其他符号显示，以隐藏输入的文本，起到保护信息的作用，通常用于用户登录时的密码文本框。

（5）将光标置于第 3 行第 2 列的单元格内，单击“表单”标签中的“文本字段”按钮，文档中会出现一个文本框，选择“多行”，会创建一个多行文本域，如图 9-6 所示。

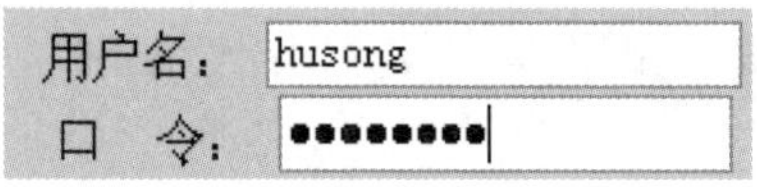

图 9-5　密码文本域

图 9-6　多行文本域

多行文本域一般用于用户输入信息比较多的地方，例如留言、在线评论等。

9.4　创建按钮

表单中的按钮元素主要作用是控制表单操作，例如可以使用按钮将表单中的信息提交到数据库，或者重置表单中的内容为默认值，再或者直接为表单按钮指定处理程序，完成特定的任务。

9.4.1　插入标准表单按钮

标准表单按钮为浏览器的默认按钮样式，它包含要显示的文本。标准表单按钮通常标记为“提交”、“重置”或“发送”。

将插入点放在表单域内，然后单击“表单”标签中的“按钮”，或者选择“插入”→“表单”→“按钮”命令，Dreamweaver CS5 会在表单域中插入“按钮”元素，并显示“按钮”的属性面板，如图 9-7 所示。

在“属性”面板中，可以做如下设置：

（1）按钮名称：为了和其他表单元素的区分，在该文本框中输入按钮的名称。

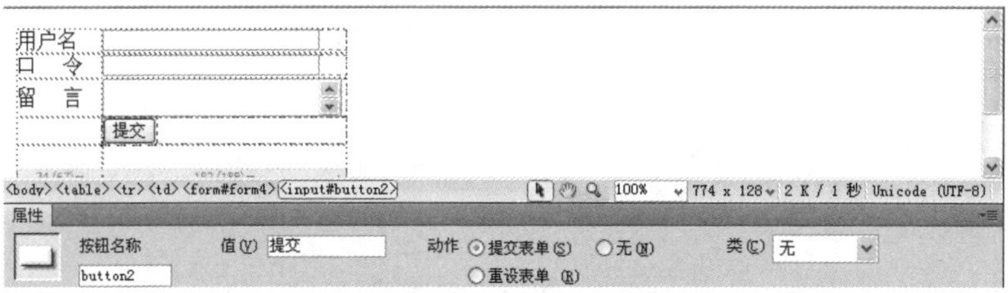

图 9-7　标准表单按钮

（2）值：在文本框中输入希望在按钮上显示的文字。

（3）动作：选择单击按钮时发生的动作，可用的操作有：

- 提交表单：在单击该按钮时提交表单进行处理。
- 重设表单：在单击该按钮时，重新设置表单。
- 无：表示在单击该按钮时，根据处理脚本激活一种操作。

9.4.2　插入图像表单

如果按照上面方法制作的按钮过于单调、不美观，可以使用指定的图像作为按钮图标。如果使用图像按钮来执行任务而不是提交数据，则需要将某种行为附加到表单对象。可以使用 Dreamweaver CS5 的“行为”面板将某种行为分配给按钮，或者可使用客户端 JavaScript 来执行某种操作。

将插入点放在表单域内，然后单击“表单”标签中的“图像域”按钮，打开“选择图像源文件”对话框，在其中找到按钮图像，单击“确定”按钮完成插入操作，如图 9-8 所示。

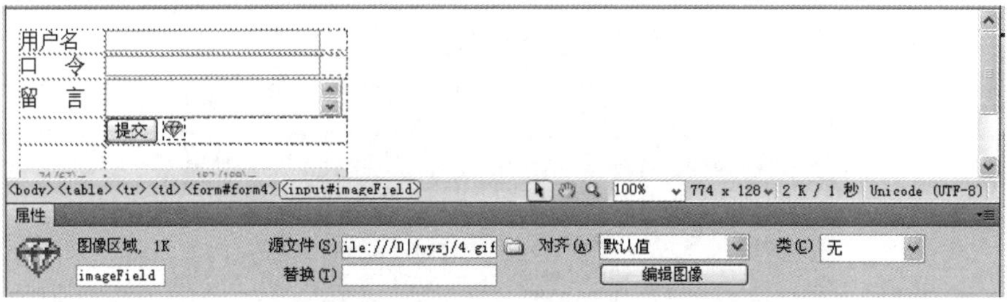

图 9-8　插入图像域的属性面板

在“属性”面板中中，可以做如下设置：

（1）图像区域：输入图像域的名称。

（2）源文件：显示图像文件的路径，也可以在文件夹按钮中“浏览文件”后选择。

（3）替换：在浏览器不能够显示图像时，在图像的位置上输入简单说明性文本作为图像的设计提示文本。

（4）对齐：指定图像周围的文本布置方式。

（5）编辑图像：可以利用外部软件来编辑图像。

9.4.3　插入文件域按钮

经常在线收发电子邮件的用户可能会有这样的经历，就是要将附件粘贴到信件中时，必须先单击一个“浏览”按钮，找到需要上传的文件，确认后在按钮的右侧会出现该文件的路径信息。这种表单元素就称之为文件域按钮，一般用于完成文件上传功能，它与文本域很像，只不过多了一个按钮。

单击“插入”面板中“表单”标签内的“文件域”按钮，即可在表单中插入文件域，如图 9-9 所示。

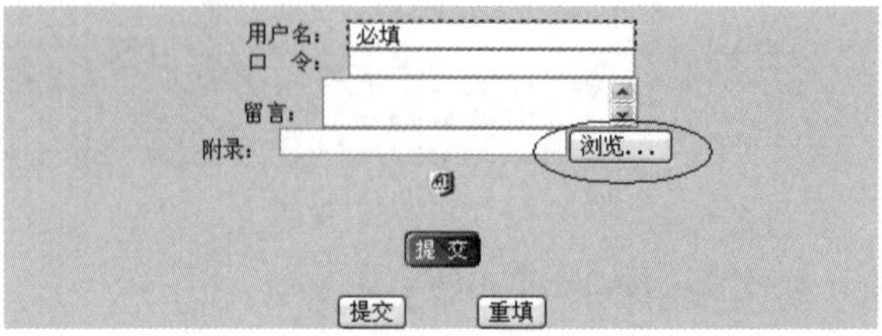

图 9-9　文件域

在“属性”面板中的“字符宽度”文本框内指定希望文件最多显示的字符数。在“最多字符数”文本框中可以指定该文件域最多可以容纳的字符数。

如果用户通过“浏览”按钮来定位文件，则文件名和路径可超过指定的“最多字符数”的值。但是，如果用户尝试输入文件名和路径，则文件域仅允许输入“最多字符数”值所指定的字符数。

9.5　插入单选按钮与复选框

复选框对每个单独的响应进行“关闭”和“打开”状态切换，因此，可以从复选框组中选择多个选项。单选按钮作为一组使用，提供彼此相互排斥的选项值，在单选按钮组内只能选择一个选项。其实复选框和单选框就像多选题和单选题，如图 9-10 所示。

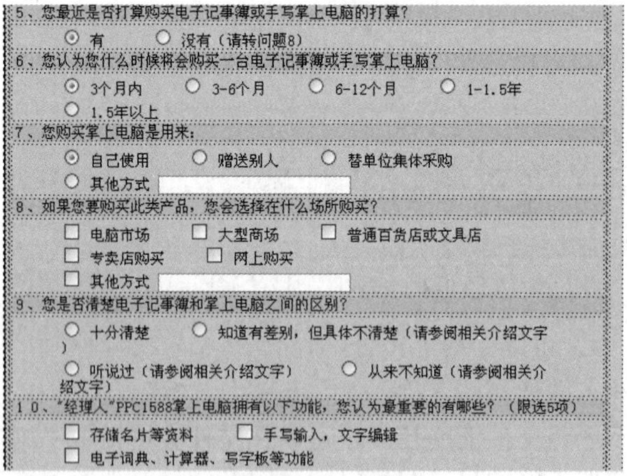

图 9-10　单选按钮与复选框

1. 插入单选按钮

单击“表单”标签内的“单选按钮”按钮，Dreamweaver 会自动向网页文档中插入一个单选按钮，其属性面板如图 9-11 所示。

“选定值”文本框用于设定当用户选择该单选按钮发送到服务器端脚本或应用程序时的值。“初始状态”区域用于设置浏览器首次载入表单时该单选按钮默认是否被选中。以上是一个插入单选按钮的操作方法，如果希望一次插入多个单选按钮，可以使用插入单选按钮组功能。即单击“表单”标签内的“单选按钮组”按钮，会弹出如图 9-12 所示的对话框，可以看到在该对话框中可以事先一次建立多个单选按钮（单击前面的加号），还可以调整单选按钮的排放顺序（单击上下箭头按钮）。其中“标签”栏下的文本表示按钮图标后面显示的文字，用户可以自己进行定义。

图 9-11　单选按钮的属性面板

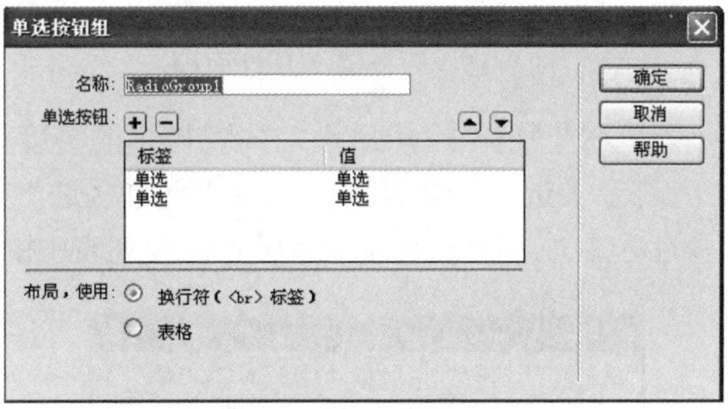

图 9-12　“单选按钮组”对话框

2. 插入复选框

复选框和单选框插入的方法基本相同，只不过插入复选框时需要单击“表单”标签中的“复选框”按钮。复选框的属性面板如图 9-13 所示，其中的各项属性与单选按钮的属性基本相同。

图 9-13　复选框的属性面板

9.6　列表与菜单

列表与菜单的功能和复选框与单选框的功能差不多，都可以列举很多选项供浏览者选择，其最大的好处就是可以在有限的空间内为用户提供更多的选择，非常节省版面。其中列表提供一个滚动条，可浏览许多项，并进行多重选择。下拉式菜单默认仅显示一个项，该项为活动选项，单击打开菜单只能选择其中一项，如图 9-14 所示。

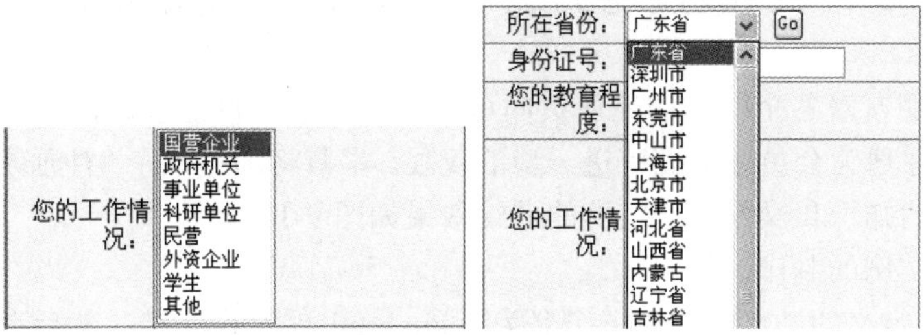

图 9-14　列表与菜单元素

1. 创建列表

从如图 9-14 所示中可以看到“您的工作情况”问题就是采用表单中的滚动列表元素，和复选框比较可以节省很多空间。创建方法是单击“表单”标签内的“列表/菜单”按钮，Dreamweaver 即会在网页中插入一个列表/菜单，其属性面板如图 9-15 所示。

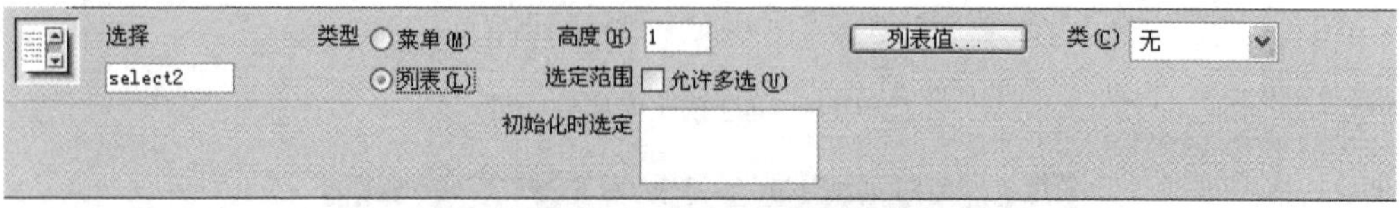

图 9-15 列表/菜单属性面板

首先将“类型”选项设置为“列表”，然后设定列表显示的高度（单位是行），接着可以设置该列表中的选项是否允许多项选择，如果允许选中“允许多选”复选框。单击“列表值”按钮，打开如图 9-16 所示的对话框，在这里可以添加、设置列表中的选项值。

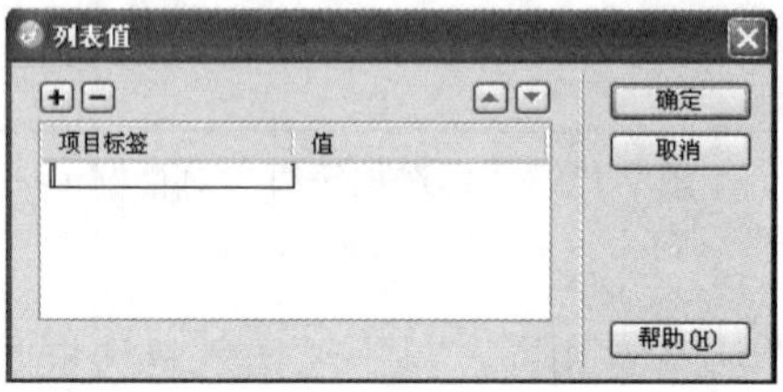

图 9-16 “列表值”对话框

2. 创建菜单

创建菜单与创建列表的操作完全一样，只不过属性设置有所不同而已。单击“列表/菜单”后，默认插入到页面中的元素就是菜单元素，菜单元素只需要设置“列表值”和“初始化时选定”两个属性。其他列表所具有的属性，菜单元素不可选，也就是说菜单只能够完成菜单的选项，如图 9-17 所示。

图 9-17 菜单元素的属性面板

至此，创建各种表单元素的方法全部介绍完了，其余的就要靠你自己进行练习了，不同的信息需要使用不同的表单元素来收集，进行适当的搭配就可以得到一个完整的表单了。

9.7 实践技能训练——制作“注册页面”

经常上网的朋友对各个网站的注册页面可能比较熟悉，目前多数论坛、聊天室、免费邮箱等都需要用户注册为会员才能拥有进一步的权限。本节将通过一个“注册页面”来联系前面所学的有关表单的知识和操作，本实例的最终效果如图 9-18 所示。

下面介绍本实例的制作过程：

（1）在已经定义的站点中创建一个名为 login.html 的空白文档，然后在“文档”窗口中打开该文档。

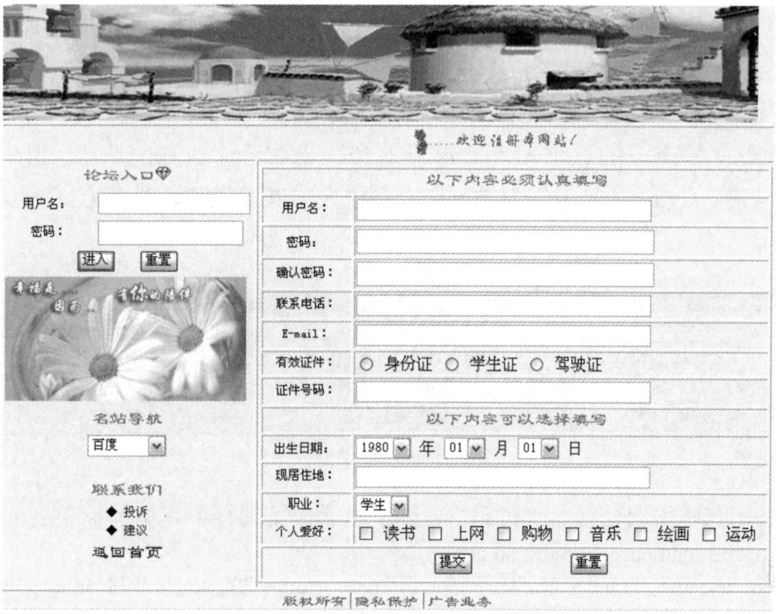

图 9-18　“注册页面”效果图

（2）将光标置于“文档”窗口中，单击“属性”面板中的 页面属性... 列表项目... 按钮，在弹出的“页面属性”对话框中设置“背景颜色”为“#CCFFFF”。

（3）单击“插入”栏的“常用”选项卡的“表格”按钮，在文档中插入一个 4 行 2 列的表格。选中整张表格，在“属性”面板中设置其“宽度”为 750px、“边框”、“间距”和“填充”设为 0px 以及“对齐方式”为“居中对齐”等属性，设置完成后的“属性”面板如图 9-19 所示。

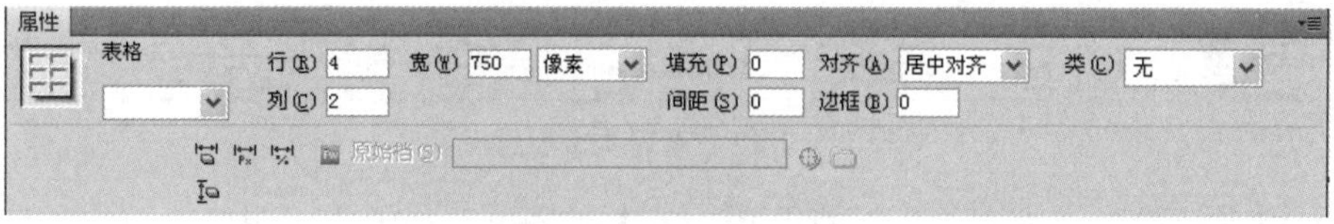

图 9-19　设置“表格”属性

（4）选中第一行的单元格，单击“属性”面板中的“合并所选单元格”按钮，将两个单元格合并为一个单元格。单击“插入”栏的“图像”按钮，弹出如图 9-20 所示的“选择图像源文件”对话框，选择 wygjsc/09/01 文件中的 3.gif 图像后，单击“确定”按钮。

图 9-20　“选择图像源文件”对话框

（5）将第二行的两个单元格合并为一个单元格，单击“插入”栏的“图像”按钮，从弹出的“选择图像源文件”对话框中选择 wysjsc/09.01 文件中的 2.gif 图像，然后在“属性”面板的“对齐”下拉列表中选择“绝对居中”选项。

（6）输入英文状态下的五个句点，再输入文字“欢迎注册本网站!”。选中输入的文本，设置其“字体样式”style、“大小”为 16px、“颜色”为#CC6600、对齐方式等属性，如图 9-21 所示。

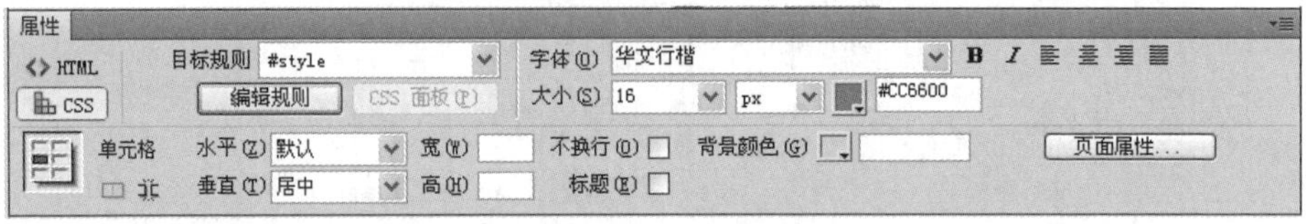

图 9-21　设置文本属性

（7）单击代码按钮切换至“代码”视图，然后在第二行单元格的标签之间添加如下代码：

```
<MARQUEE onmouseover=this.stop();
 onmouseout=this.start();><img src="picture/2.gif" width="20" height="28" align="absmiddle" /><span
class="STYLE1">欢迎注册本网站</span></MARQUEE>
```

（8）将光标置于第三行左侧的单元格，单击“插入”栏中的“表格”按钮插入一个 11 行 1 列、宽度为 250px 的表格。在第一行单元格中输入文字“论坛入口”，然后选中该文字的内容，在“属性”面板中设其“字体样式”为 style1、“大小”为 18px、“颜色”为#FF3333、“对齐方式”为居中对齐等属性，如图 9-22 所示。

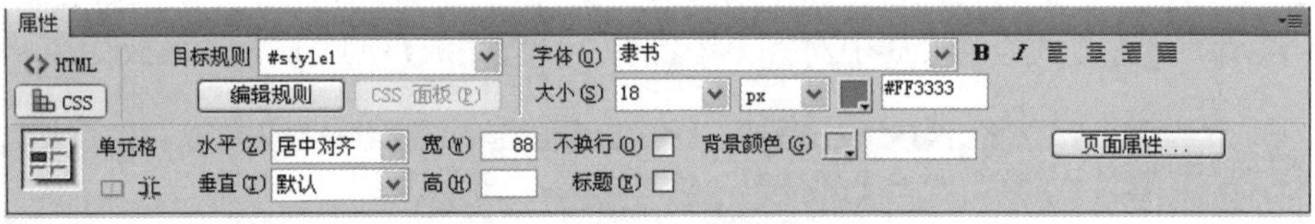

图 9-22　设置文本属性

（9）将光标置于“论坛入口”的后面，单击“插入”栏中的“图像”按钮，从弹出的“选择图像源文件”对话框中选择 wysjsc/09.01 文件中的 4.gif 图像，如图 9-23 所示。

图 9-23　添加图像的效果

（10）选中第二行单元格，单击“属性”面板中的“拆分单元格为行或列”按钮将该单元格拆分成 2 列。在拆分后左侧单元格中输入“用户名：”，选中该文字内容，在“属性”面板中设置其字体、大小、对齐方式等属性，如图 9-24 所示。

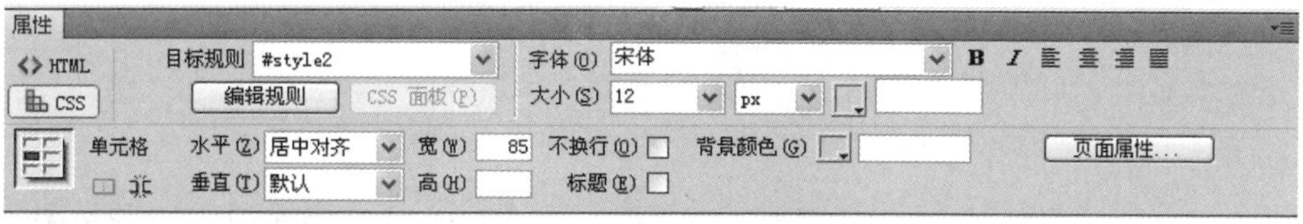

图 9-24　设置文本属性

（11）将光标置于右侧的单元格，单击“插入”栏面板中“表单”选项卡中的“文本字段”按钮插入文本域。选中该文本域，在“属性”面板中对其进行设置，如图 9-25 所示。

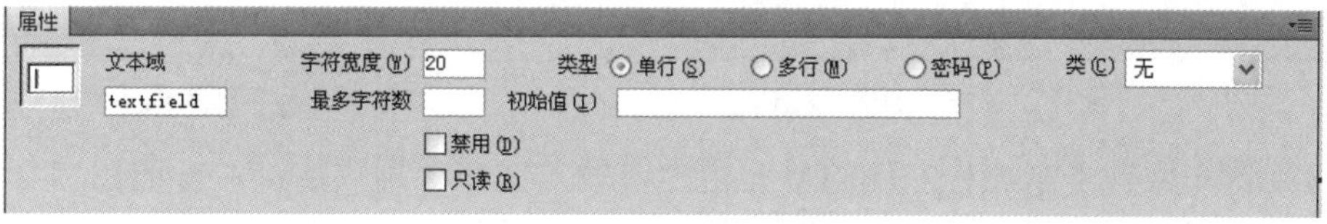

图 9-25　设置文本域属性一

（12）将第三行的单元格也拆分成两个单元格，在左侧的单元格中输入“密码”，参照图 9-26 所示的属性值进行相应的属性设置。在右侧的单元格中插入一个文本域，选中该文本域，在“属性”面板中对其进行设置，如图 9-26 所示。

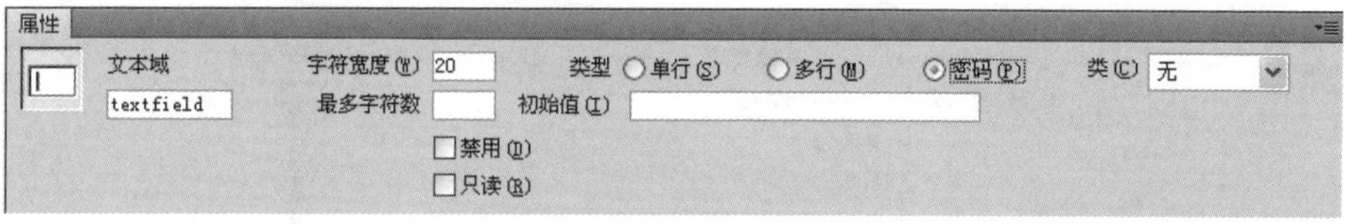

图 9-26　设置文本域属性二

（13）将光标置于第四行的单元格中，单击“插入”文本框中的按钮，选中该按钮后在“属性”面板中设置其名称为 Submit，在“值”文本框中输入“进入”，选中“提交表单”单选按钮。再次单击插入一个按钮，在“属性”面板中设置其名称为 resets，在“值”文本框中输入“重置”，选中“重设表单”单选按钮。

（14）将光标置于下一行单元格中，单击“插入”栏中的“图像域”按钮，从弹出的“选择图像源文件”对话框中选择 wysjsc/09.01 文件中的 5.gif 图像，然后单击“确定”按钮，如图 9-27 所示。

（15）将光标置于下一行单元格中，输入文字“名站导航”选中该文字，参照图 9-22 所示的属性值对其进行相应的设置，将光标置于下一行的单元格中，单击“插入”栏中的“跳转菜单”按钮插入下一个跳转菜单。选中该对象，在“属性”面板中选中“列表”单选按钮，然后单击 列表值... 按钮，在弹出的“列表值”对话框中设置各站点的名称和值，如图 9-28 所示。

（16）将光标置于下一行单元格中，输入文字“联系我们”，参照图 9-22 所示的属性值对其进行相应的属性设置。在剩下的三行单元格中分别输入“◆投诉”、“◆建议”和“◆返回首页”，并在“属性”面板中为其设置空链接。

（17）至此第三行表格左侧部分已制作完成。将光标置于右侧单元格中，单击“插入”栏中的“表格”按钮插入一个 14 行 2 列的表格。设置表格的宽度为 510，边框宽度为 1。合并第一行和第九行单元格，并且输入文字“下面内容必须认真填写”和“以下内容可以选择填写”，并参照图 9-22 所示的属性值对其进行相应的设置。

图 9-27 “选择图像源文件”对话框

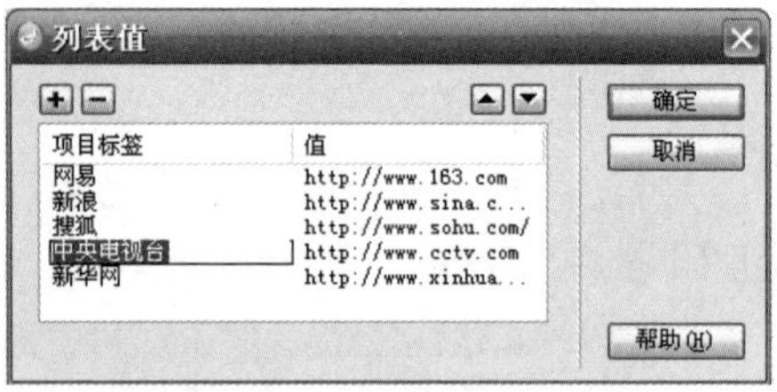

图 9-28 “列表值”对话框

（18）将光标置于第二行左侧的单元格中，输入文字“用户名:”，参照图 9-24 所示的属性值对其进行相应的属性设置。在右侧的单元格中插入一个文本域，在“属性”面板中设置其名称为 username，在“字符宽度”文本框中输入 40，选中“单行”单选按钮，如图 9-29 所示。然后依次在下面的几行中插入内容和文本域，具体的设置与上面讲述的设置类似，这里不再赘述。

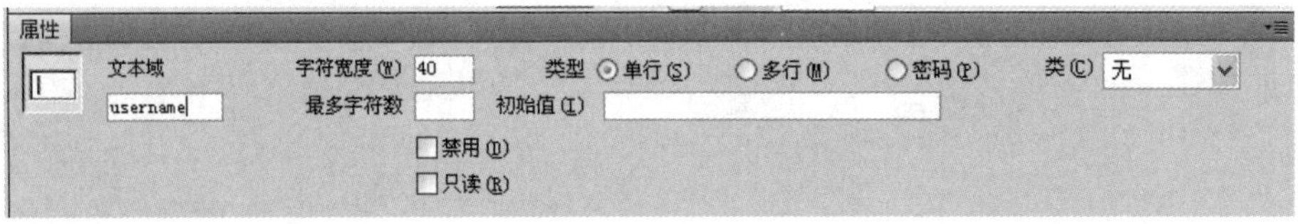

图 9-29 设置文本域属性

（19）将光标置于“有效证件”一栏右侧的单元格中，单击“插入”栏的单选按钮插入一个单选按钮。选中该单选按钮，在“属性”面板中设置其名称和选定值为 statuscard，如图 9-30 所示，其余的两个单选按钮的属性值与此类似，只是名称和选定值不同而已，这里不再赘述。

图 9-30 设置单选按钮属性

（20）将光标置于“职业”一栏右侧的单元格中，单击“插入”栏的“列表/菜单”按钮插入一个列表。选中该表单对象，在“属性”面板中设置名称为 occupation，单击“列表值...”按钮，在弹出的“列表值”对话框中依次添加各个项目，如图 9-31 所示。其余的几个列表属性设置与此类似，这里不再赘述。

（21）将光标置于“个人爱好”一栏右侧的单元格中，单击“插入”栏中的“复选框”按钮插入一个复选框，然后在“属性”面板中设置其名称和选定值为 read。其余几个复选框的属性设置与此类似。

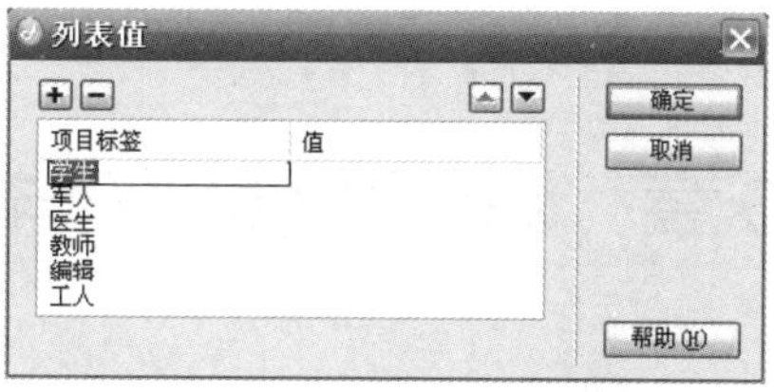

图 9-31　“列表值”对话框

（22）将最后一行单元格合并，并在其中输入文字“版权所有|隐私保护|广告业务”，然后在“属性”面板中设置其相应的属性，如图 9-32 所示。

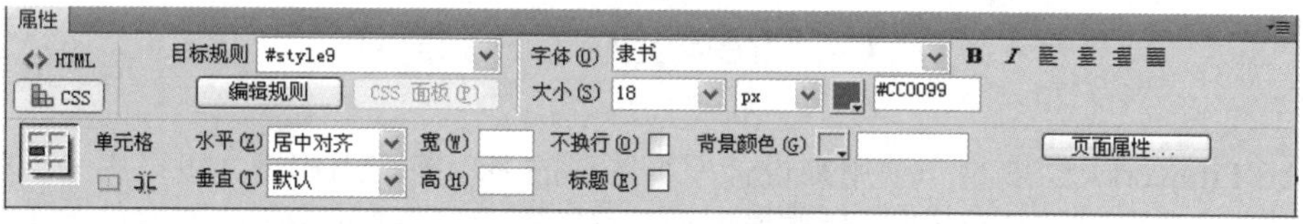

图 9-32　设置文本属性

至此，本实例全部制作完成，由于其中有部分操作类似，所以没有一一介绍，读者可以参照类似的操作步骤进行相应的操作和设置。

本章思考与练习

1. 简述表单发送的两种方式。
2. 简述表单及表单元素 NAME 的作用。
3. 简述单选按钮、复选框、选择栏的区别及用法。

上机练习

1. 制作输入密码的表单。
2. 制作用户登记的表单。
3. 制作会员注册登记的表单，如图 9-33 所示。

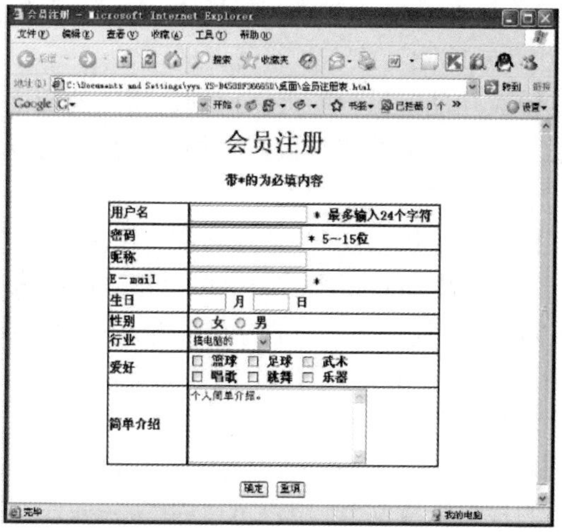

图 9-33　用户登记表单

第 10 章　网页图像制作与优化

网页图像的制作与处理在网页制作过程中显得尤为重要。在网页中增添一些图像能够增强网页的视觉效果，能够为网站引来更多的眼球，提高网站的知名度。通过对网页图像的处理和优化，可以大大提高网页的下载速度。

10.1　Fireworks CS5 简介

Adobe Fireworks CS5 是一款用来设计网页图形的多功能应用程序。可以用来创建与编辑位图和矢量图像、设计网页效果（如变换图像和弹出菜单）、修剪和优化图形以减小其文件大小以及通过使重复性任务自动进行来节省时间。它所含的创新性解决方案解决了图形设计人员和网站管理员所面临的主要问题。Fireworks CS5 中的工具种类齐全，使用这些工具可以在单个文件中创建与编辑矢量和位图图形。

Fireworks 立足于 Web 应用，最新版的 Fireworks CS5 能与其他 Adobe 创作软件（Dreamweaver、Flash、PhotoShop 等）高效集成，精确一致地在各种应用程序之间交换设计、资源和代码。它还可以对图像进行优化处理，是最高效的快速网站原形和用户界面的设计环境，是广大网页图像设计者的首选 Web 图形工具软件。作为新一代图形软件，Fireworks CS5 不仅继承了以往 Fireworks 的强大功能，并增添了许多新的特性：

（1）增强的性能和稳定性：借助大幅提高的性能、经过更新的图形工具集以及对设计元素像素位置更出色的控制、改进的文件打开和保存操作、更新的符号操作以及更快的位图和矢量操作，使用户能够更快速有效地工作。

（2）精确到像素的喧染：利用新增的“对齐到像素”命令，所绘画的点、矢量路径等一切图形都会非常完美地吸附到像素上，像素级渲染可以在几乎任何尺寸的屏幕上清晰呈现您的设计。

（3）支持 Adobe Flash 应用程序工作流程：Fireworks CS5 与 Flash Catalyst 整合并支持 FXG 2.0 格式，通过 FXG 将对象、页面或整个文档引入到 Adobe Flash 应用程序，进行交互性开发的同时，保留用于动画交互开发的图层状态和符号。

（4）设计模板：通过模板功能，用户能够快速创建相应的应用，减少二次开发，提高效率。Fireworks CS5 内置了 5 种不同类型的模板，此外，用户还可以将常用的文档结构保存为可与设计小组共享的模板。

（5）Adobe 色板交换支持：Adobe 在 CS5 系列软件中增加了一种新的颜色交换格式“.ase”（Adobe Swatch Exchange）。通过 Adobe 色板交换可以精确匹配来自其他 Adobe 图形软件设计的颜色，这样用户就可以很方便地在多个软件中共享配色方案，提高工作效率。

（6）设计完整的网站：在 Fireworks CS5 中构建原型，然后将带有外部样式表、符合标准的、即将完工的 CSS 版面导出到 Dreamweaver 中。

（7）Adobe Device Central 集成：Fireworks CS5 与 Adobe Device Central 更好地整合，借助 Adobe Device Central 中的设备配置文件，用户可以在 Fireworks CS5 中使用大量模板为移动设备进行 UI 设计。

（8）可扩展性改进：借助经过扩大的、便捷的可扩展性 Fireworks API，将对象、页面或整个文档从 Fireworks 导入 Flash Catalyst，可以创建自定义 FXG 导出脚本，以实现高级批处理。

10.2　Fireworks CS5 工作环境

10.2.1　Fireworks CS5 的界面

第一次在 Fireworks 中打开文档时，会看到如图 10-1 所示的工作界面。

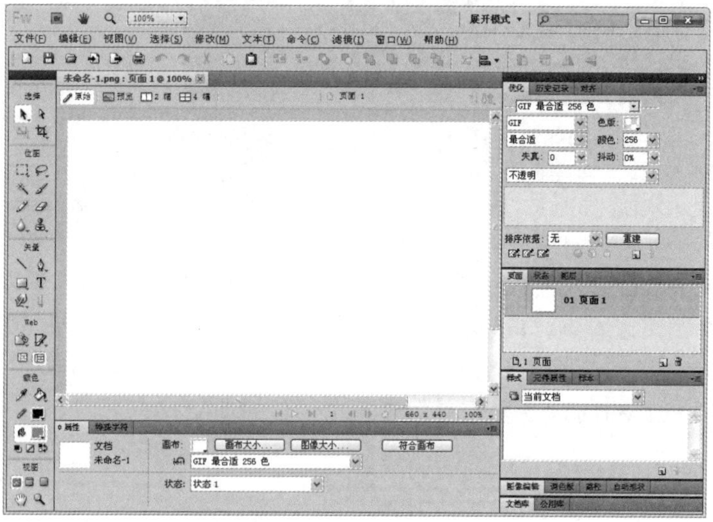

图 10-1　Fireworks CS5 的操作界面

Fireworks 会激活工作环境，其中包括工具面板、属性面板、菜单栏和其他一些面板（如图 10-2 所示）。工具面板位于屏幕的左侧，该面板分成了多个类别并用标签标明，其中包括位图、矢量和网页工具组。属性面板沿着文档底部显示，它最初显示文档属性；当选择新工具或文档中的对象时，属性也随之更改。层面板最初沿屏幕右侧成组停放。也可以拖动它们成为浮动的面板窗口。画布（工作区）一般显示在操作界面中心位置。

Fireworks CS5 的应用程序界面主要由以下几个部分构成：

（1）菜单栏。Fireworks CS5 中的一级菜单又叫主菜单，主菜单栏中共包含 10 个主菜单，主菜单中又包含若干个子菜单。

（2）工具栏。使用工具栏上的工具按钮可以快速地执行一些常用的菜单命令，这些工具按钮有助于提高设计者的工作效率。

（3）工具箱。Fireworks CS5 的工具面板包含了用于创建、选择和编辑矢量图形或位图图像的所有工具。了解这些工具的用法并不很难，因为这些工具按钮图标非常直观。

（4）文档窗口。文档窗口是一个独立的窗口，所有的 Fireworks CS5 文档中的对象都是在此窗口创建和编辑的。

（5）浮动面板组。浮动面板是一些可以浮动在屏幕上的控制板，用于对当前选定的对象进行属性的编辑，层面板还可以对帧、层、对象等文件进行编辑。

（6）状态栏。位于窗口的底部，用于显示当前文档的相关信息。

（7）其他工具。包括视图控制栏、动画控制栏和快速启动栏，它们位于文档窗口的底部。

图 10-2　Fireworks CS5 界面的组成部分

通过以上的介绍可以看到：Fireworks CS5 工作界面的布局简单合理，为设计者提供了一个良好的操作环境。

下面简要介绍 Fireworks CS5 操作界面中各个组件的功能。

10.2.2　菜单栏

菜单栏是 Fireworks CS5 操作界面中最重要的组件之一，除了绘图工具外，绝大多数命令都可以在此栏中找到。这些菜单命令中，既有与其他应用程序相同的命令，也有 Fireworks CS5 所特有的命令。

（1）“文件”菜单。主要包括有关文件操作的命令。

（2）“编辑”菜单。主要包括有关图像编辑的操作命令。

（3）“视图”菜单。主要包括有关视图的控制命令。

（4）“选择”菜单。主要包括用来选择位图图像中的基本元素，或设置选择区域的属性。

（5）“修改”菜单。主要包括有关对已创建的文档对象进行编辑或修改的命令。

（6）“文本”菜单。包含对文本进行编辑，如控制文字的大小和使用字体等命令。设计者可以将文本转化为路径，以及将文字粘贴到路径上等。Fireworks CS5 的“文本”菜单中的文本拼写检查功能，可以大大增强它对文本的编辑能力。

（7）“命令”菜单。主要包括有关管理操作相关的命令。

（8）“滤镜”菜单。主要包括了 Fireworks CS5 的内置滤镜以及其他的外挂滤镜，也可以在 Fireworks CS5 中使用一部分 Photoshop 滤镜。

（9）“窗口”菜单。主要包括窗口控制操作命令。

（10）“帮助”菜单。主要是为了帮助设计者掌握使用 Fireworks CS5。

10.2.3　工具栏

Fireworks CS5 中的工具栏可以分为主要工具栏和修改工具栏。

（1）主要工具栏。选择“窗口”→“工具栏”→“主要”命令就可以显示主要工具栏。

该工具栏中有“打开”、“保存”、“打印”等按钮，如图 10-3 所示。

图 10-3　主要工具栏

（2）修改工具栏。选择“窗口”→“工具栏”→“修改”命令，可显示修改工具栏，该工具栏中有“组合、“合并”和“拆分”等按钮，如图 10-4 所示。

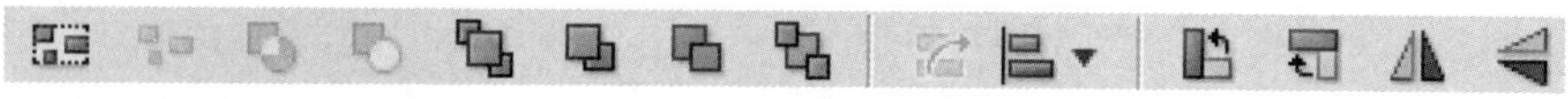

图 10-4　修改工具栏

其中各工具的主要功能如表 10-1 所示。

表 10-1　各工具的主要功能

工具	工具名称	功能
	组合	把选中的两个以上的对象组合成一个对象
	取消组合	从一个组合对象拆分出多个组合前的对象
	结合	连接两个矢量图形
	拆分	分离已经连接的图形
	移到最前	同一图层内的几个对象相互遮盖时，把被选对象置于最前面
	前移	同一图层内的几个对象相互遮盖时，把被选对象置于与之相邻的前面的对象的前面
	置后	同一图层内的几个对象相互遮盖时，把被选对象置于与之相邻的后面的对象的后面
	移到最后	同一图层内的几个对象相互遮盖时，把被选对象置于最后面
	上次使用的对齐方式	这是 Fireworks CS5 新增的一个功能按钮，用于将所选对象按上一次使用的对齐方式进行对齐
	对齐	对齐，单击右侧的下拉列表有 8 种方式供选择
	逆时针旋转 90 度	把被选对象逆时针旋转 90 度
	顺时针旋转 90 度	把被选对象顺时针旋转 90 度
	水平翻转	把被选对象水平翻转
	垂直翻转	把被选对象垂直翻转

10.2.4　文档编辑窗口

Fireworks CS5 界面中间是文档编辑窗口，这里是 Fireworks 进行创作的主要工作区。图像的创建、编辑、处理和显示都是在该区域进行的。在文档编辑窗口的顶部有 4 个选项卡，如图 10-5 所示，用于控制文档编辑窗口的显示模式：

（1）原始：显示当前编辑的 PNG 文档。

（2）预览：预览当前编辑的文档。

（3）2 幅：2 窗口比较

（4）4 幅：4 窗口比较。

在文档编辑窗口右上角有一个“文件管理”按钮，用于轻松地访问文件传送命令。如果

已使用 Dreamweaver 中的“管理站点”对话框将目标文件架（或包含目标文件夹的文件架）定义为站点的本地根文件夹，则 Fireworks 会将该文件夹识别为站点。如果该站点可以访问远程服务器，则驻留在该站点文件夹中的文档可以使用“文件管理”按钮获取、取出、上传和存回文件。

在文档窗口下部还有一个控制条，如图 10-5 所示。，Fireworks CS5 中的状态栏显示了设置选项、按钮、大小与锁定键及数字锁定键等当前操作状态的相关信息，如图 10-6 所示。

图 10-5 文档编辑窗口底部的控制条

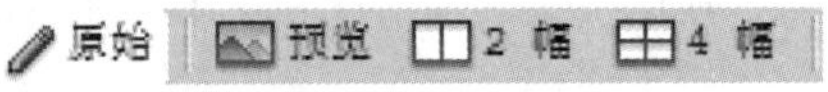

图 10-6 文档窗口顶部的 4 个选项卡

状态栏给设计者进行动画效果测试调整及其他编辑工作带来了极大的便利，状态栏的常用选项和按钮介绍如下：

（1）返回开始按钮。单击此按钮，可以使动画返回第一帧，即回到动画的起始位置。

（2）播放按钮。单击此按钮，可以播放动画；单击后，此按钮变为；单击变化后的按钮，可停止播放动画。

（3）返回终止按钮。单击此按钮可以使动画返回最后一帧，即动画的终止位置。

（4）当前帧按钮 1。此数字表示动画播放至第几帧。

（5）前一帧按钮。连续单击此按钮，可以逐帧倒序播放动画。

（6）下一帧按钮。连续单击此按钮，可以逐帧播放动画。

（7）退出位图模式按钮。单击该按钮，可以退出位图模式，转入矢量图模式。

（8）网页预览按钮 500 x 300。所显示的是 Fireworks CS5 画布的大小，是执行“文件”→“新建”命令后在新建窗口中定义画布的宽、高及分辨率。

（9）设置缩放比例按钮 100%。单击此处弹出下拉菜单，在此菜单中可以选择所需要画布大小的显示比例。

10.2.5 工具箱

在默认状态下，工具面板放置在窗口的左侧，面板上分为几组不同种类的工具，分别为选择、位图、矢量、网页、颜色和视图，如图 10-7 所示。

图 10-7 工具面板中的几组工具

当选择一种工具后，“属性”检查器中将显示该工具的属性设置选项。有些工具的右下角有个小三角形，表示这是一个工具组，在该工具按钮上按鼠标左键不放，将会显示其他的工具。

工具面板中的工具按钮可以根据所选工具的不同，自动识别矢量和位图对象，在以前的 Fireworks 版本中，设计者必须在矢量和位图模式之间进行切换。现在选择一种工具就可以开始进入相应的图像编辑模式。

10.2.6 浮动面板

浮动面板是用来处理绘制和编辑图像时的状态、层、元件和颜色等属性的，最常用的面板包括优化面板、历史记录面板、对齐面板、页面面板、状态面板、图层面板、样式面板、元件属性面板、样本面板、图像编辑面板、调色板、路径面板、自动形状面板、文档库面板、公用库面板共 15 个。这些面板通常被称为面板组。默认的情况下，Fireworks CS5 面板将面板成组停放在工作区的右侧。设计者也可以单击浮动面板右侧的◀◀按钮，使该面板在“展开为面板”和“折叠为图标”两种状态中切换。有关常用面板的具体介绍和应用将在以后的相关内容中讲解，这里不再详细介绍。

10.3　Fireworks CS5 的简单操作

10.3.1　操作 Fireworks CS5 文档

1. 新建文档

新建文档的操作步骤如下：

（1）选择“文件”→“新建”命令，弹出“新建文档”对话框，如图 10-8 所示。

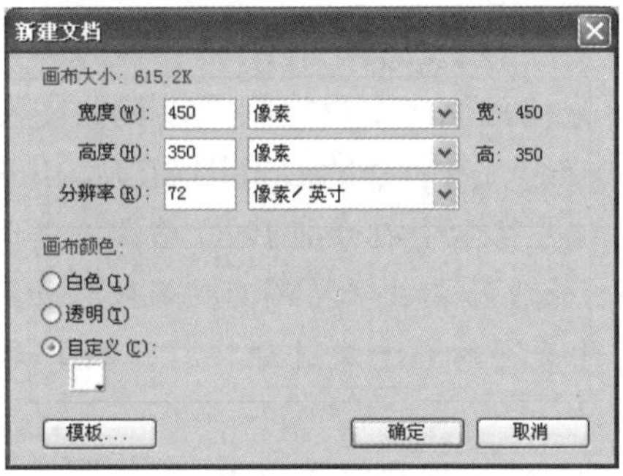

图 10-8　“新建文档”对话框

（2）输入画布的尺寸，单位可以是像素、英寸或厘米，应根据需要适当地选择。这里所提到的画布是创建任何图像的背景。

（3）输入图片的分辨率，单位可以是像素每英寸或像素每厘米。图片的分辨率是指在打印或通过其他方式制成图片时单位长度中所含像素量的多少，可见，输出相同大小的图片，分辨率越高，单位长度中所含的颜色信息点也越多，图像就更清晰、精美。

（4）为画布选颜色。有“白色”、“透明”和“自定义”单选按钮。如果选择“自定义”颜色，需单击“自定义”下方的色块标志，在弹出的对话框中选择所需要的颜色，如图 10-9 所示。

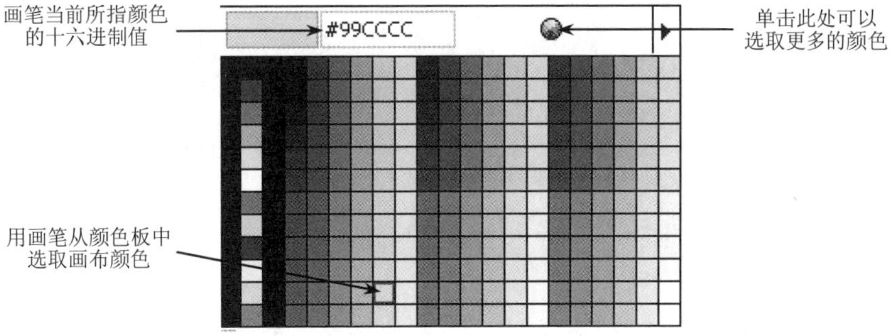

图 10-9　自定义画布的颜色

（5）单击“确定”按钮，完成文档的创建。

2. 打开文档

打开已有的Fireworks文档时，选择“文件”→“打开”命令，弹出“打开”对话框，如图10-10所示。在对话框中浏览到文件所在的文件夹，选择文件并单击“打开”按钮。

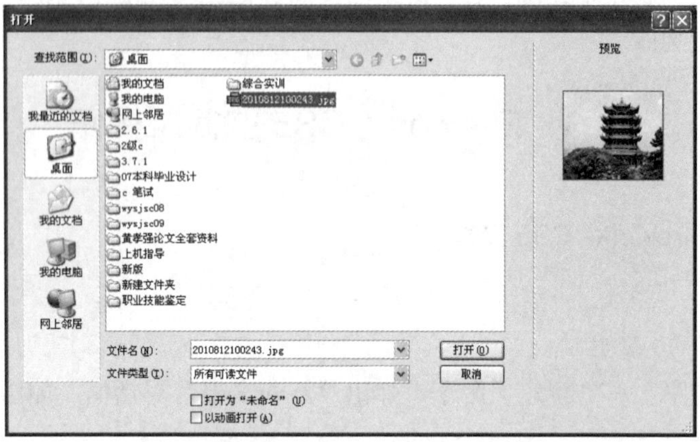

图10-10 “打开”对话框

在Fireworks中，可以打开在其他应用程序中或以其他文件格式创建的文件，其中包括Photoshop、Macromedia、FreeHand、未压缩的CorelDARW、JPEG、GIF和GIF动画等。

注意： 选择“文件”→“打开”命令打开非PNG格式文件时，将基于所打开的文件创建一个新的Fireworks PNG文档，而原始文件保持不变。如果打开的是GIF动画，则既可以将其作为动画元件导入，也可像打开普通的GIF文件那样打开GIF动画。

3. 保存和导出文档

在Fireworks中创建的文档，经过保存生成为PNG文档。如果想要改变文档格式，则要通过“导出”的方式。

（1）创建的文档可以在任何时候进行保存。选择“文件”→“打开”命令，弹出“另存为”对话框，如图10-11所示。在文件名中输入文档的名称，并选择保存路径，即可完成文档的保存。

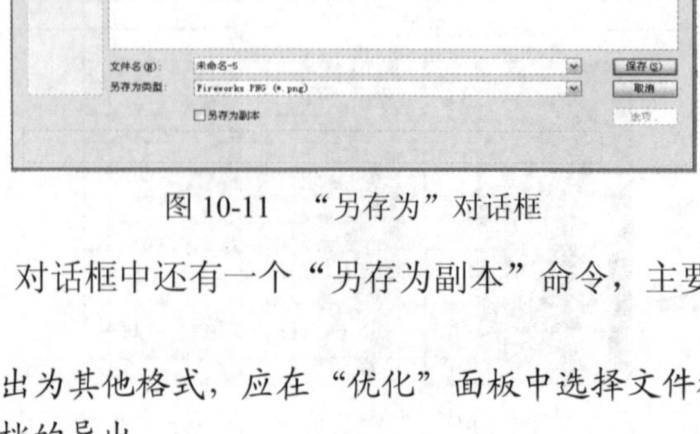

图10-11 “另存为”对话框

（2）在“另存为”对话框中还有一个“另存为副本”命令，主要用于对已有的文档做一个副本作为备份。

注意： 若将文件导出为其他格式，应在“优化”面板中选择文件格式，然后选择“文件”→“导出”命令进行文档的导出。

在文档的创建过程中，用户仍然可以随时对文档的属性进行修改，应用“属性”面板或选择“修改”→“画布”选项中的各种命令，来进行适当的修改。

10.3.2　绘制简单的矢量图形

1. 绘制小脚丫

（1）新建一个 Fireworks 文档，画布大小为 300×150，分辨率为 72 像素/英寸，颜色为白色（#FFFFFF）。

（2）选择“椭圆”工具，在文档编辑区域内画一个椭圆，颜色为黑色（#000000），无描边。

（3）选择“更改区域形状”工具，在“属性”面板中设置大小为 50，强度为 80。按住鼠标左键在椭圆边缘向内侧挤压，得到变形的椭圆，如图 10-12 所示。

（4）重复步骤（3）中的操作，把椭圆挤压成如图 10-13 所示的脚掌形状。

（5）选择“椭圆”工具，按住 Shift 键画出五个不同大小的圆，并用鼠标把它们拖动到 5 个脚趾的位置上，如图 10-14 所示。

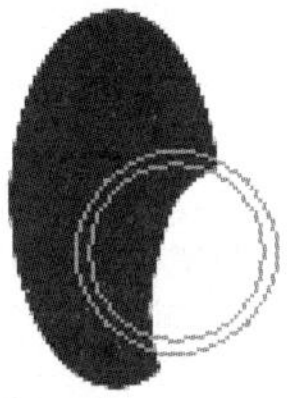

图 10-12　挤压的椭圆

图 10-13　脚掌的形状

图 10-14　图形效果

2. 可爱的心

（1）新建一个 Fireworks 文档，画布大小为 300×150，分辨率为 72 像素/英寸，颜色为白色（#FFFFFF）。

（2）选择“椭圆”工具，在文档编辑区域内画一个圆，颜色为红色（#FF0000），无描边。

（3）选择“编辑”→“复制”命令，复制一个同样的圆，并用鼠标将复制的圆水平向右拖动，使之与另一个圆形部分重叠。同时选定两个圆，选择“修改”→“组合路径”→“联合”命令，把两个圆的路径联合成一个路径对象，如图 10-15 所示。

（4）选择“部分选定”工具，调整联合路径上的几个结点，获得如图 10-16 所示的心形。

图 10-15　组合路径

图 10-16　图形调整

（5）选中心形图形，选择“编辑”→“复制”命令。粘贴选定复制的心形，选择“修改”→“变形”→“数值变形”命令，在弹出的对话框中选择缩放变形，大小为 80%。

（6）选中缩小的心形图形，选择“编辑”→“复制”命令。选定复制的心形，选择“修改”→“变形”→“数值变形”命令，在弹出的对话框中选择缩放变形，大小为 80%。完成缩小变形后，三个心形图形如图 10-17 所示。

（7）同时选定两个缩小的心形，选择“修改”→“路径组合”→“打孔”命令，得到心形环孔。选中心形环孔，在“属性”面板中设置其填充色为白色（#FFFFFF），边缘选项选择“羽化”，“羽化”总量设置为 10，得到如图 10-18 所示的效果。

图 10-17 图形相对位置

图 10-18 图形效果

3. 汽车标志的绘制

（1）新建一个 Fireworks 文档，画布大小为 300×150，分辨率为 72 像素/英寸，颜色为白色（#FFFFFF）。

（2）选择“椭圆”工具，在文档编辑区域内按住 Shift 键画一个圆，颜色为黑色（#FFFFFF）。

（3）选择“编辑”→“复制”命令，在同一位置复制出相同的图形，修改其颜色为白色（#FFFFFF）；选择“修改”→“变形”→“数值变形”命令，将克隆出的白色圆形缩放至原始大小的 85%。

（4）选择“视图”→“标尺”命令，在文档编辑区显示标尺；选择“视图”→“辅助线”→“显示辅助线”命令，并从上标尺和左标尺中各拖出一条辅助线，用于定位两个同心圆的圆心，如图 10-19 所示。

（5）选择“多边形”工具，先在“属性”面板中将其改为 3 边的星形，然后从辅助线的中心交点直接向外绘制星形直至内圆边界处，颜色为黑色（#FFFFFF），如图 10-20 所示。

（6）选择“部分选定”工具，对三角星形的各个控制点进行分别调整，产生最终的效果，如图 10-21 所示。

图 10-19 绘制圆环

图 10-20 绘制星形

图 10-21 图形效果

10.3.3 使用滤镜

对于某一对象应用特殊效果，可以在“属性”面板的“滤镜”中完成，如图 10-22 所示。在该面板中，可以对一个对象使用多种效果，每一次增加的效果都会被列在其中的效果列表中。

在效果列表中，每一个效果都有一个 图标，称之为信息按钮。单击该按钮会弹出一个设置窗口，在其中可以完成对效果的相关设置。“发光”效果的设置窗口如图 10-23 所示。设置完成后，用实边单击窗口以外的区域，即可关闭设置窗口。

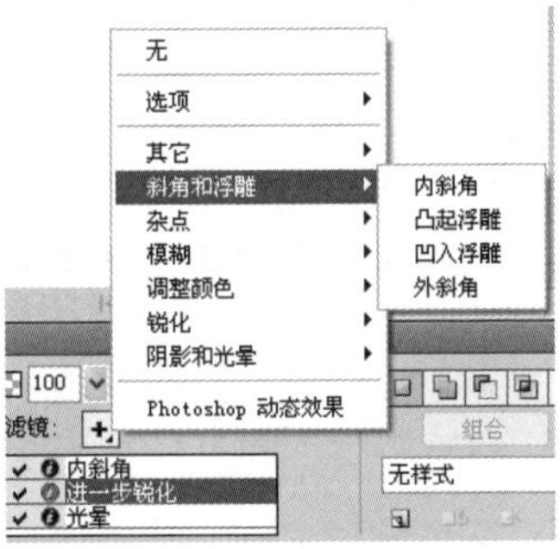

图 10-22　使用“滤镜”

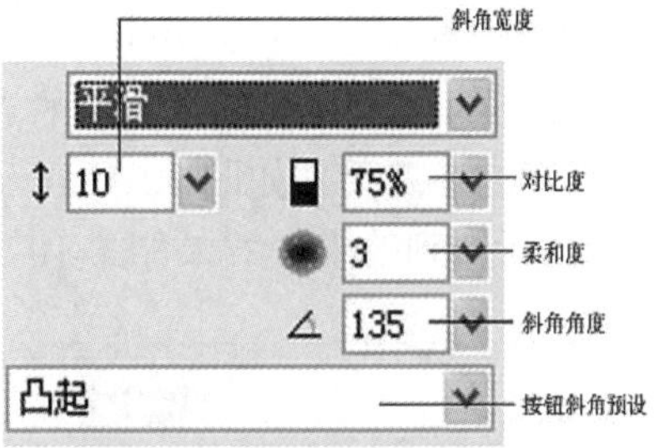

图 10-23　“发光”效果的设置窗口

Fireworks CS5 提供了多种内置效果，主要包括两个方面，即“斜角和浮雕”以及“阴影和光晕”。其中，斜角效果主要产生一种边缘斜面凸凹的效果，包括“内斜角”和“外斜角”；浮雕效果是图像有凸起和凹下的视角效果；阴影效果包括“投影”和“内侧阴影”；光晕效果用于营造对象边缘的发光效果，包括“外发光”和“内发光”。

下面以两个实例介绍有关 Fireworks CS5 中有关颜色、笔触、填充以及滤镜效果的设置等具体的应用方法。

1. 绘制相片框

（1）选择“文件”→“打开”命令，打开一幅目标图像，选择如图 10-24 所示的图像。选定图像，按快捷键 Ctrl+X 剪切图像。

（2）新建一个 Fireworks 文档，画布大小为 300×300；分辨率为 72 像素/英寸；颜色为白色（#FFFFFF）。

（3）选定“椭圆”工具，在文档编辑区域内画一个椭圆，调整椭圆的大小，使之正好可以遮罩原图中的一个花盆。

（4）选定椭圆，在“属性”面板中选择描边颜色为土黄色（#CE9A103），粗细为 15 描边种类选择“非自然”→“牙膏”，效果如图 10-25 所示。

（5）选定椭圆，选择“编辑”→“粘帖于内部”命令，点击花盆用鼠标拖动蓝色边框中心点，适当调整后得到如图 10-26 所示的相片框效果。

图 10-24　打开目标图像

图 10-25　椭圆效果

图 10-26　图形效果

2. 绘制夜晚景色

（1）新建一个 Fireworks 文档，画布大小为 300×200；分辨率为 72 像素/英寸；颜色为黑色（#000000）。

（2）选择“星形”工具，在文档编辑区内画一五角星，无描边，线性渐变填充，颜色为“白色→浅灰”，如图 10-27 所示。

（3）适当对星形进行调整，在“属性”面板中为其添加一个“内侧阴影”效果，如图 10-28 所示，参数设置如图 10-29 所示。

（4）多复制几个星形，分别调整它们的大小和方向，使其布满整个画布，如图 10-30 所示。

（5）选择“椭圆”工具，按住 Shift 键画一个正圆，无描边，填充颜色为黄色（#FFFF33）。选择“部分选定”工具，对圆形右边的点进行调整，使其成为弯月形，在“属性”面板中为其添加一个“发光”效果，如图 10-31 所示，参数设置如图 10-32 所示，发光颜色为红色。

（6）最后得到的夜空效果如图 10-33 所示。

图 10-27 星形填充的设置

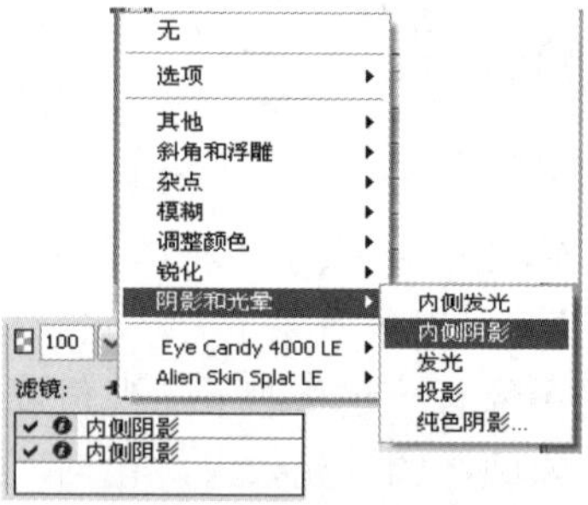

图 10-28 内侧阴影面板

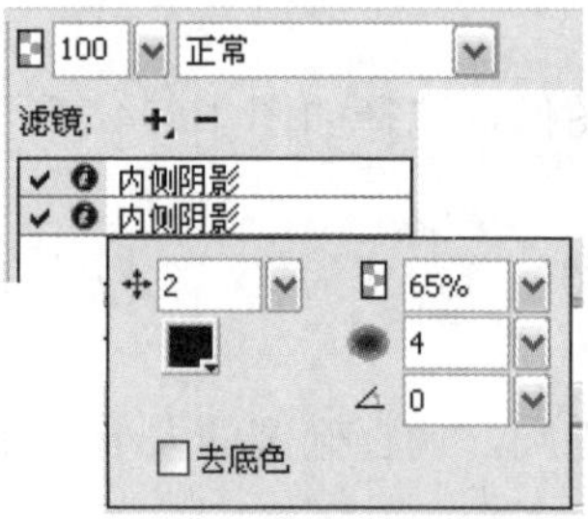

图 10-29 星形效果设置

图 10-30 星形效果

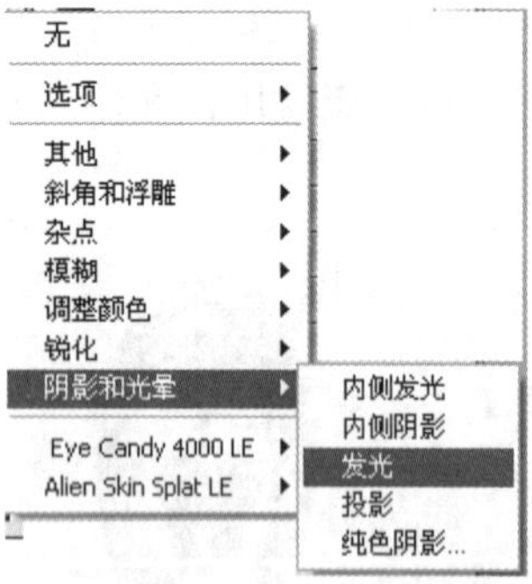

图 10-31 发光属性的选定

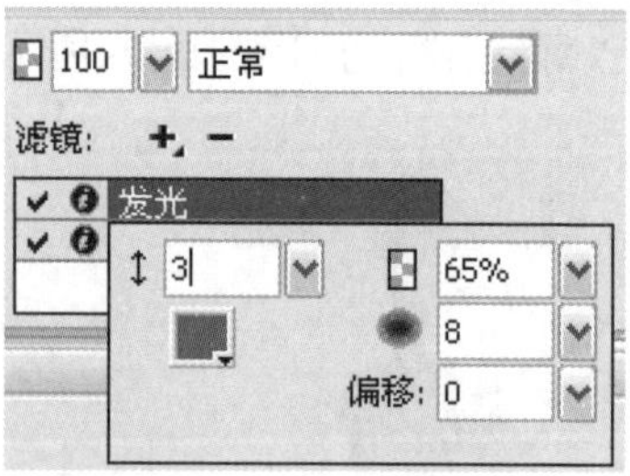

图 10-32 弯月的效果设置

图 10-33 夜空效果

10.4 将文本附加于路径

为使文本的排列有活力，可以给文本附上路径。文本会沿着路径的方向排列，并且可以被编辑。

将文本附加到路径后，该路径会暂时失去其笔触、填充以及效果属性。随后应用的任何笔触、填充和效果属性都将应用到文本，而不是路径。如果之后将文本从路径分离出来，该路径会重新获得笔触、填充以及效果属性。

1. 将文本附加于路径

（1）启动 Fireworks CS5，新建一个文档，设置画布颜色为白色背景，大小为 400×300 像素。

（2）使用文本工具输入“加强技能训练”文字，设置相应的字体、字号和颜色。再使用椭圆工具，填充颜色边框选择，拖动鼠标在画布上绘制一个圆，如图 10-34 所示。

（3）选择圆，使用刀子工具，从圆的中间沿直径拖出一条直线，将圆切割成两个半圆。然后用鼠标在空白处单击，再选中下半圆将其删除。此时画布上仅留下文字与上半圆，如图 10-35 所示。

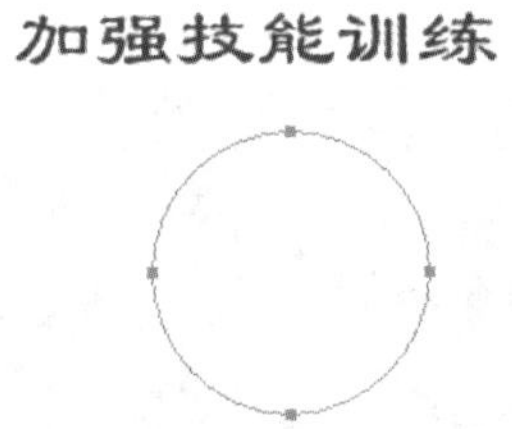

图 10-34 在画布上输入文字并绘制一个圆

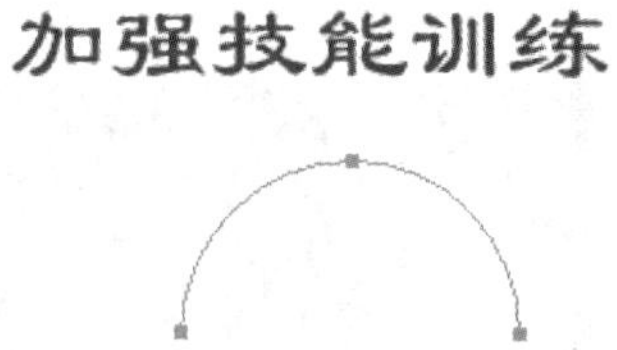

图 10-35 画布上仅留下文字与上半圆

（4）用指针工具拖动一个矩形将文字与半圆同时选中（或者按住 Shift 键先后选择文字与半圆），然后执行菜单“文本”→“附加到路径”命令，将文字附加到路径上。

注意：如果文字不能均匀分布在整个半圆上，只需要在文本属性面板上选择齐行按钮即可，最后效果如图 10-36 所示。

（5）可以对路径先进行编辑，再将文本附加到编辑后的路径上。例如，图 10-37 所示就是应用自由变形工具和钢笔工具对路径编辑后，再将文本附加到经过编辑的路径上的效果。

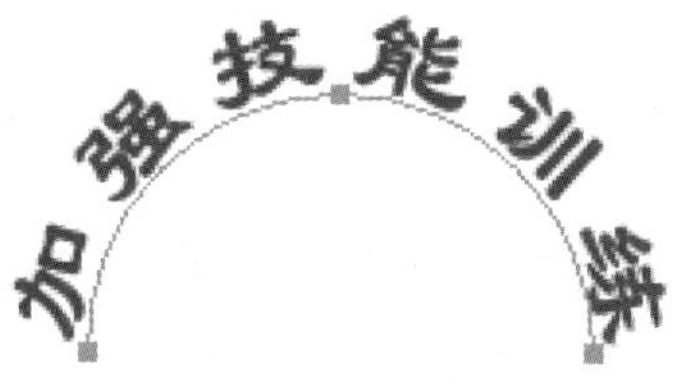

图 10-36 最后的显示效果

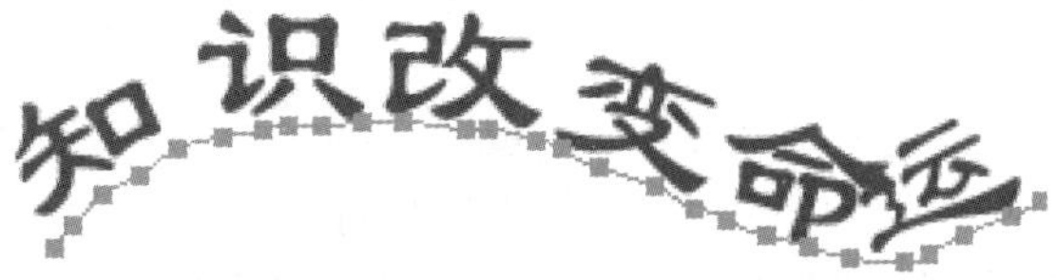

图 10-37 将文本附加到经过编辑的路径上

另外，还可以更改文本在路径上的起始点。例如，在属性面板的文本偏移文本框 文本偏移: 0 中输入一个值，可以调整文本离路径起始点的距离。

2. 文本转换为路径

文本不仅可以附加到路径上，还可以将文本转换为路径。

当对某种字体不满意，需要对它进行设计的时候，也必须把文本转换为路径。特别是在设计图标等出现较大字体的单个字母的时候，机械字体很难满足设计的实际需要，而纯粹的用矢量工具勾勒一个字母难度比较大，对已有字体进行适当的调整可能产生一种不错的效果。

文本附加于路径之后，它的笔触、填充和效果都被保留下来，实际上，转换成路经的文本会保留它所有可视属性。转换为路径后，文本就可以在任何情况下正常显示，另外，还可以利用所有的矢量编辑工具来编辑文本，就像编辑矢量对象一样编辑字母的形状。但是，这样做也会导致一个问题：路径对象再也不可能作为文本用文本工具进行编辑，另外，路径文本对象也不能再转换化文本对象，这个过程是不可逆的。

文本转换为路径的具体操作如下：

（1）在画布上输入“跳舞”二字，然后选择“文本”→“转换为路径”命令，将文本转换成路径。

（2）选中文本之后，再执行菜单“文本”→“从路径脱离”命令或按下 Ctrl+Shift+G 将文本的组合路径解组，形成如图 10-38 所示的效果。

（2）使用钢笔工具和部分选定工具反复调整相应的锚点和方向线，就能够产生如图 10-39 所示的效果了。

图 10-38　将文本转换成路径后并解组

图 10-39　文本效果

10.5　创建按钮与菜单

10.5.1　创建按钮

1. 创建按钮

可以从 Fireworks CS5 的库中导入各种按钮，也可以将一个文本或图像转换为按钮元件。

导入按钮可以执行如下操作：

（1）新建一个文档，在文档窗口的菜单栏中选择“窗口”→“公用库”命令，如图 10-40 所示。

（2）在“公用库”面板中选择“按钮”，在“按钮”面板组中选择按钮，拖到画布，即可将按钮导入到画布中，如图 10-41 所示。也可以单击属性面板的“导入按钮”按钮，在“导入元件：按钮”对话框中选择一种按钮类型，单击 导入 按钮，便可将所选择的按钮导入到当前的花布中。

注意：这里出现了四条蓝色的虚线，中间为十字线，表明为按钮的中心位置，蓝色的虚线表示 9 个切片缩放辅助线。

2. 将一个文本或图像转换为按钮元件

（1）使用文本工具 T，输入文本“网页设计”字号 35，字体“隶书”，如图 10-42 所示。

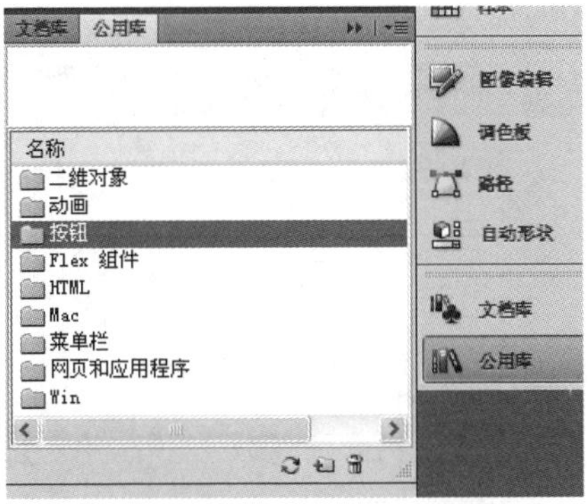

图 10-40　“公用库”面板

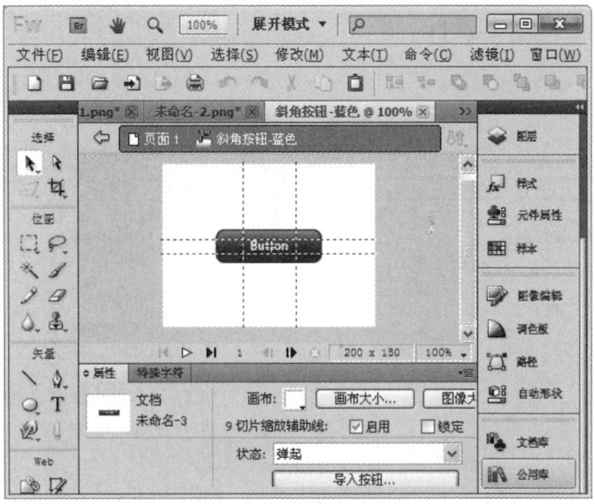

图 10-41　按钮被导入

注意：将文本和矩形边框组合起来，可以方便选择。

（2）在文本窗口的菜单栏中选择“修改”→“元件”→“转换为元件”菜单命令，打开“元件属性”对话框，如图 10-43 所示。

（3）在“元件属性”对话框的“名称”后的文本框中，输入转换成按钮的名称如“技巧按钮”；在“类型”栏中单选按钮中的选择“按钮”类型。然后单击“确定”按钮，便可以将所选择的元素转换为按钮，如图 10-44 所示。

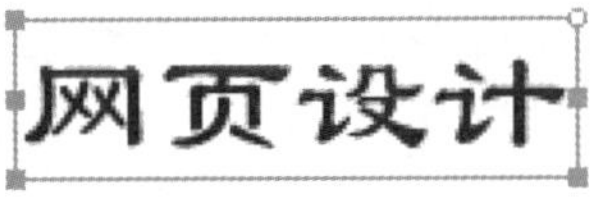

图 10-42　选择预转换为按钮的元素

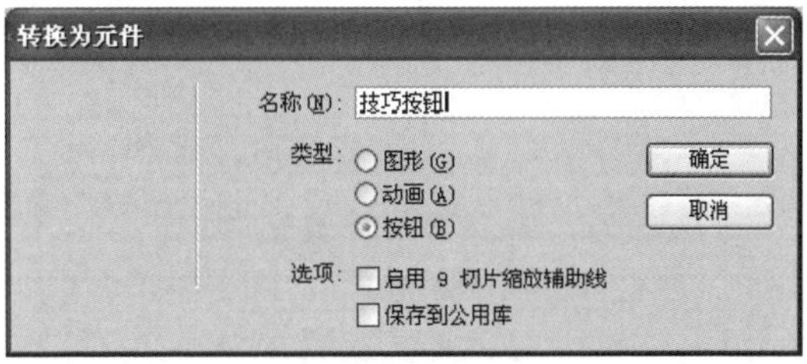

图 10-43　“元件属性”对话框

（4）双击便可以对按钮进行编辑。

3. 创建具有两种状态的简单按钮

使用按钮编辑器，可以通过绘制形状、导入图形图像或者从文档窗口中拖动对象等方法来创建自定义按钮。按钮编辑器引导完成各种控制按钮行为的步骤。

编辑自创建按钮执行下列操作：

（1）双击按钮元件，进入按钮元件的编辑状态，如图 10-45 所示。

（2）编辑按钮“弹起”状态。在按钮状态标签栏中选择“弹起”标签，然后便可在文档窗口的属性面板中编辑按钮所包含的颜色、大小、字体以及对按钮运行效果和样式等。

（3）编辑按钮“滑过”状态。在按钮状态标签栏中选择“滑过”标签，按下“复制弹起时的图形”按钮，可将“弹起”状态的按钮复制到“滑过”状态。可以根据需要对“滑过”状态下的按钮进行编辑，如图 10-46 所示。

（4）按照相同的办法可以创建或编辑其他状态的按钮外观。

4. 编辑导入的按钮

（1）双击被导入的按钮，进入按钮编辑状态，如图 10-47 所示。

（2）可以按照编辑自创建按钮的方法，在属性面板中，编辑按钮不同状态下的文本以及按钮外观等属性。

图 10-44 转换后的按钮

图 10-45 编辑“弹起”状态下的按钮

图 10-46 编辑“滑过”状态下的按钮

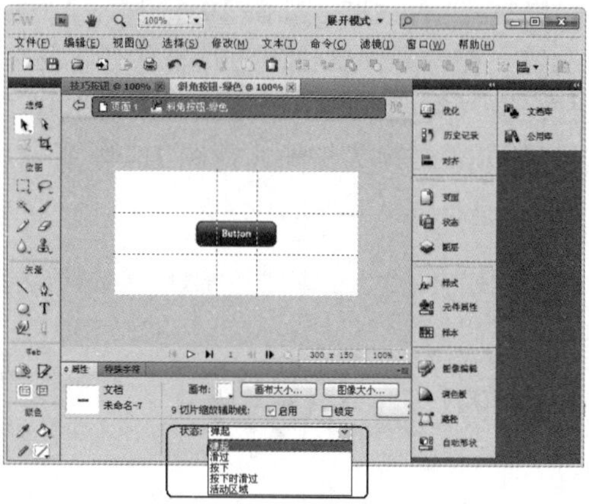

图 10-47 按钮编辑窗口

也可以单击“面板组”中的“状态”面板中进行编辑，如图 10-48 所示。

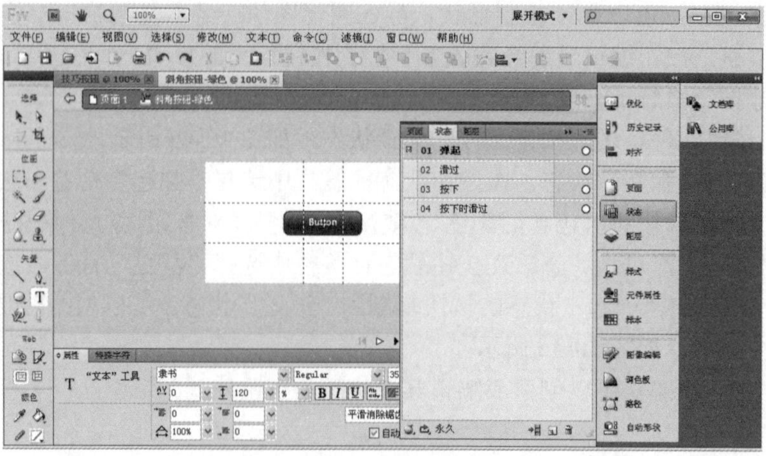

图 10-48 “状态”面板

5. 使用斜角效果绘制按钮状态

在创建每个按钮状态的图形时，可以应用动态效果预设来创建每种状态的普通外观。例如，如果要创建包含四种状态的按钮，可以对“弹起”状态图形应用“凸起”效果，“按下”状态图形应用“高亮度显示的”效果等。

（1）当所需按钮元件在按钮编辑器中打开时，选择要向其添加动态效果的图形。

（2）单击属性面板中的“滤镜”按钮。

（3）在所显示的弹出菜单中，执行下列操作之一：

1）选择“斜角和浮雕”→“内斜角”。

2）选择“斜角和浮雕”→“外斜角”。

（4）在出现的弹出窗口中，选择一种按钮预设，按钮预设如表 10-3 所示。

（5）重复步骤（1）～（4）来创建其余的按钮状态，并为每种状态提供一种不同的“按钮预设”效果。

表 10-3　按钮预设置表

按钮预设效果	描述
凸起	斜角看起来是从下方的对象向外凸起的
高亮显示的	按钮的颜色变亮
凹入	斜角看起来是向下方的对象内部凹入的
反转	斜角看起来是向下方的对象内部凹入的，并且颜色变亮

10.5.2　创建菜单

当用户将指针移到触发网页对象（如切片或热点）上或单击这些对象时，浏览器中将显示弹出菜单。可以将 URL 链接附加到弹出菜单项以便于导航。例如，可以使用弹出菜单来组织与导航栏中的某个按钮相关的若干个导航选项。可以根据需要在弹出菜单中创建任意多级子菜单。

每个弹出菜单项都以 HTML 或图像单元格的形式显示，并具有“弹起”状态和“滑过”状态，并且在这两种状态中都包含文本。若要预览弹出菜单，请按 F12 键在浏览器中预览。Fireworks 工作区中的预览不会显示弹出菜单。

1. 创建弹出菜单

在“弹出菜单编辑器”的“内容”选项卡上，可以确定弹出菜单的基本结构和内容。其他“弹出菜单编辑器”选项卡上选项的当前或默认设置在创建菜单时应用于该菜单。

（1）选择一个热点或切片，作为弹出菜单的触发区域，如图 10-49 所示。

（2）执行下列操作之一可以打开“弹出菜单编辑器”，如图 10-50 所示。

1）选择“修改”→“弹出菜单”→“添加弹出菜单”命令。

2）单击切片中间的行为手柄，选择“添加弹出菜单”命令。

弹出菜单编辑器是一个带有选项卡的对话框，它会引导您完成整个创建弹出菜单的过程。它的许多用于控制弹出菜单特征的选项被组织在以下四个选项卡中：

1）内容。包含用于确定基本菜单结构以及每个菜单项的文本、URL 链接和目标选项。

2）外观。包含可确定每个菜单单元格的“弹起”状态和“滑过”状态的外观，以及菜单垂直和水平方向的选项。

图 10-49 选择弹出菜单的触发区域

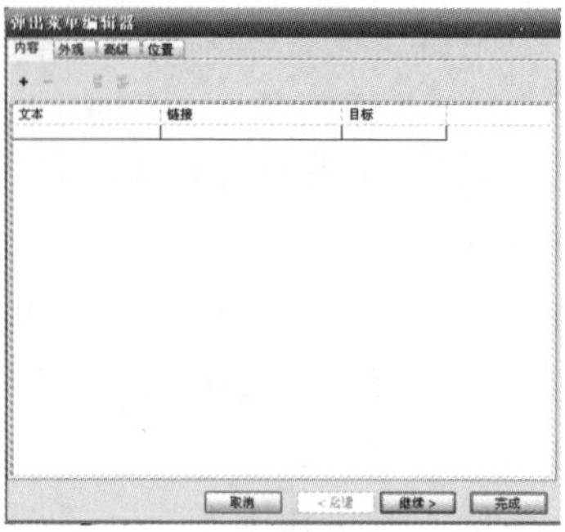

图 10-50 弹出菜单编辑器

3）高级。包含可确定单元格尺寸、边距、间距、单元格边框宽度和颜色、菜单延迟以及文字缩进的选项。

4）位置。包含可确定菜单和子菜单位置的选项：

- 菜单位置：将相对于切片放置弹出菜单。预设位置包括切片的底部、右下部、顶部和右上部。
- 子菜单位置：将弹出子菜单放在父菜单的右侧或右下部，或者放在其底部。

（3）单击“内容”选项卡。

（4）单击“添加菜单”按钮 + 以添加一个空菜单项。单击“删除菜单”按钮 − 删除单元格（菜单项）。

（5）双击每个单元格并输入或选择适当的信息。

1）“文本”指定该菜单项的文本。

2）“链接”确定该菜单项的 URL。可以输入自定义的链接，也可以从“链接”弹出菜单中选择一个链接（如果链接的目标存在）。如果已经为文档中的其他网页对象输入了 URL，则这些 URL 将在“链接”弹出菜单中列出。

3）“目标”指定 url 的目标。可以输入自定义目标，也可以从“目标”弹出菜单中选择一个预设的目标。

在窗口中的最后一行输入内容后，会在该行的下面自动添加一个空行，如图 10-51 所示。

（6）重复步骤（4）和（5），直到添加完所有的菜单项。

（7）可以随意的删除菜单项，方法是高亮显示该项，单击“删除菜单”按钮 −，执行下列操作之一：

1）单击“继续”按钮移到“外观”选项卡，或者选择另一个选项卡继续生成弹出菜单。

2）建弹出菜单的子菜单项目。

3）单击“完成”按钮关闭“弹出菜单编辑器”，完成弹出菜单的创建工作。

在工作区中，为其生成弹出菜单的热点或切片会显示一条蓝色的行为线，该行为线附加在弹出菜单的顶级菜单轮廓上。

注意：若要查看弹出菜单，必须按 F12 键在浏览器中预览。Fireworks CS5 工作区的预览不会显示弹出菜单。

2. 创建弹出菜单的子菜单

在“弹出菜单编辑器”中，使用“内容”选项卡上的“缩进菜单”和“左缩进菜单”按钮可以创建子菜单，即当指针滑过或单击另一弹出按钮菜单时显示的弹出菜单。可以根据需要创建足够多级子菜单。

（1）打开“弹出菜单编辑器”的“内容”选项卡并创建菜单项。同时创建希望用作子菜单的菜单项，并将其直接放在将拥有它们的菜单项下。

（2）单击以高亮显示要使其成为子菜单项的弹出菜单项。

（3）单击“缩进菜单”按钮，将该项指定为菜单项列表中恰好位于其上面的菜单项下的子菜单项，如图 10-52 所示。

图 10-51　完成菜单内容项的输入

图 10-52　创建子菜单项

1）文本。指定该菜单项的文本。

2）链接。确定该菜单项的 URL。您可以输入自定义链接，也可以从“链接”弹出菜单中选择一个链接（如果存在链接）。如果已经为文档中的其他网页对象输入了 URL，则这些 URL 将出现在“链接”弹出菜单中。

3）目标。指定 URL 的目标。可以输入自定义目标，也可以从“目标”弹出菜单中选择一个预设目标。

在窗口中的最后一行输入内容后，会在该行的下面增加一个空行。

（4）若要将下一项目添加到子菜单，先高亮显示它，单击“缩进菜单”。

所有在同一个级别上缩进的相邻项构成单个弹出菜单子菜单。

（5）可以随时高亮显示一个菜单或子菜单项，单击“添加菜单”，在紧邻该高亮显示项的下方插入一个新的项。执行下列操作之一：

1）单击“继续”按钮移动到下一个选项卡，或者选择另一个选项卡继续生成弹出菜单。

2）单击“完成”按钮关闭“弹出菜单编辑器”对话框。

3. 创建弹出菜单的弹出子菜单

（1）在“弹出菜单编辑器”的“内容”选项卡上，高亮显示一个子菜单。

（2）单击“缩进菜单”按钮将该项再次缩进，以使其从上方的相邻子菜单项缩进。

4. 将菜单项移到较高级别的子菜单或主弹出菜单中

（1）在“弹出菜单编辑器”的“内容”选项卡上，高亮显示该项菜单。

（2）单击“左缩进菜单”按钮。

（3）执行下列操作之一完成弹出菜单的创建或继续生成它。

1）单击“继续”按钮移到“外观”选项卡，或者选择另一个选项卡继续生成弹出菜单。

2）单击“完成”按钮关闭“弹出菜单编辑器”对话框。

在工作区中，为其生成弹出菜单的热点或切片会显示一条蓝色行为线，该行为线附加在弹出菜单的顶级菜单轮廓上。

注意：若要查看弹出菜单，必须按 F12 键在浏览器中预览。Fireworks CS5 工作区的预览不会显示弹出菜单。

5. 设计弹出菜单的外观

在创建了基本菜单和可选子菜单之后，即可在“弹出菜单编辑器”对话框的“外观”选项卡上对文本进行格式设置，对“滑过状态”和“释放状态”应用图形样式，并选择垂直或水平方向，如图 10-53 所示。

设置弹出菜单的方向可执行下面的操作：

（1）在“弹出菜单编辑器”对话框中，使所需要弹出菜单处于打开状态，单击“外观”选项卡。

（2）选择“垂直菜单”或“水平菜单”。

执行如下操作可设置弹出菜单是基于 HTML 还是基于图像。

（1）在“弹出菜单编辑器”对话框中，使所需弹出的菜单处于打开状态，单击“外观”选项卡。

（2）选择“单元格”选项。

图 10-53 设计菜单的外观

1）HTML。仅使用 HTML 代码设置菜单的外观，该设置产生的页面具有较小的文件大小。

2）图像。提供一组精选的图形图像样式，可用作单元格的背景。该设置产生的页面具有较大的文件。

注意：可以通过创建自己的自定义弹出菜单样式，向该组样式中进行添加。

在当前弹出菜单中设置文本格式的方法如下：

（1）在“弹出菜单编辑器”对话框中，使所需弹出菜单处于打开状态，单击“外观”选项卡。

（2）从“大小”下拉列表中选择预设大小，或者在“大小”文本框中输入一个值。

注意：如果在“弹出菜单编辑器”对话框的“高级”选项卡中，单元格的宽度和高度都设置为“自动”，则将由文本大小来确定与该菜单项关联的图形的大小。

（3）从“字体”下拉列表中选择一个系统字体组，或输入自定义字体的名称。

注意：选择字体时要十分小心，如果查看网页的用户在某系统上未安装选择的字体，则在他们的 Web 浏览器中将显示代替字体。

（4）可以随时单击文本样式按钮以应用粗体或斜体样式。

（5）单击对齐按钮使文本左对齐、右对齐或居中对齐。

（6）从“文本”颜色框中选择文本颜色。

6. 设置菜单单元格的外观

（1）在“弹出菜单编辑器”对话框中，使所需弹出的菜单处于打开状态，单击“外观”选项卡。

（2）针对每种状态选择文本和单元格的颜色。

（3）如果已经选择“图像”作为单元格类型，请针对每种状态选择一种图形样式。

执行下列操作之一：

1）单击“继续”按钮移动到“高级”选项卡，或者选择其他选项卡继续生成弹出菜单。

2）单击“完成”按钮关闭“弹出菜单编辑器”对话框。

在工作区中，为其生成弹出菜单的热点或切片会显示一条蓝色行为线，该行为线附加在弹出菜单的顶级菜单轮廓上。

注意：若要查看弹出菜单，必须按 F12 键在浏览器中预览。Fireworks CS5 工作区的预览不会显示弹出菜单。

7. 添加弹出菜单的样式

可以向“弹出菜单编辑器”对话框中添加自定义单元格样式。当选择“图形”选项作为单元格类型（这将设置弹出菜单使其在它们的单元格中使用图形背景）时，就可以将自定义单元格样式与“外观”选项卡上的预设选项一起使用。

将自定义单元格样式添加到“弹出菜单编辑器”对话框的“外观”选项卡上的单元格样式选择的方法如下：

（1）将笔触、填充、纹理和动态效果的任意组合应用于对象，使用“样式”面板将该组合保存为样式。

（2）在“样式”面板中选择该新样式，从“样式”面板的“选项”菜单中选择“导出样式”。

（3）导航到硬盘上的 New Menu 文件夹，如果需要，可重命名该样式文件，单击“保存”按钮。

注意：New Menu 文件夹的确切位置会因操作系统的不同而不同。

当返回到“弹出菜单编辑器”对话框为“外观”选项卡并选择了“图像”单元格背景选项时，就可以将该新样式与弹出菜单单元格的“释放状态”和“滑过状态”的预设样式一起使用了。

8. 设置高级弹出菜单属性

“弹出菜单编辑器”对话框的“高级”选项卡提供了用于控制以下各项的附加设置：单元格的大小、边距和间距，文字缩进、菜单消失延时，以及边框宽度、颜色、阴影和高亮显示，如图 10-54 所示。

下面将介绍为当前弹出菜单设置高级单元格属性。

（1）在“弹出菜单编辑器”对话框中，使所需弹出菜单处于打开状态，单击“高级”选项卡。

（2）从“自动/像素”弹出菜单中选择宽度和高度约束。

1）“自动”强制单元格高度符合在“弹出菜单编辑器”对话框的“外观”选项卡中设置的文本大小，并强制单元格宽度符合包含最长文本的菜单项。

2）“像素”允许以像素为单位在“单元格宽度”和“单元格高度”文本框中输入待定的尺寸。

（3）在“单元格边距”文本框中输入一个值，用以确定弹出菜单文本和单元格边缘之间的距离。

（4）在“单元格间距”文本框中输入一个值，用以设置菜单单元格之间的间距。

（5）在“文字缩进”文本框中输入一个值，用以设置弹出菜单文本的缩进量。

（6）在“菜单延迟”文本框中输入一个值，用以设置当指针从菜单移开后，菜单仍保持可见的时间总量（单位为秒）。

（7）设置弹出边框属性。

1）“显示边框”允许显示或隐藏弹出菜单的边框。如果该选项未选定，则将禁用下列选项。

图 10-54 设置菜单高级选项

2）“边框宽度”设置弹出菜单边框的宽度。

3）“边框颜色”、“阴影”和“高亮”允许修改弹出菜单边框和颜色。

注意：如果在“外观”选项卡上选择了“图像”单元格类型，则上述许多选项会被禁用。

（8）执行下列操作之一完成弹出菜单的创建或继续生成它。

1）单击“继续”按钮移动到“位置”选项卡，或者选择其他选项卡继续生成弹出菜单。

2）单击“完成”按钮关闭“弹出菜单编辑器”对话框。

在工作区中，为其生成弹出菜单的热点或切片会显示一条蓝色行为线，该行为线附加在弹出菜单的顶级菜单轮廓上。

注意：若要查看弹出菜单，必须按 F12 键在浏览器中预览。Fireworks CS5 工作区的预览不会显示弹出菜单。

9. 定位弹出菜单和子菜单

“弹出菜单编辑器”的“位置”选项卡可以指定弹出菜单的位置。当“网页层”可见时，还可以通过在工作区中拖动顶级弹出菜单的轮廓来调整其位置，如图 10-55 所示。

10. 使用“弹出菜单编辑器”设置弹出菜单的位置

（1）在“弹出菜单编辑器”对话框中，使所需弹出菜单处于打开状态，单击“位置”选项卡。

（2）执行下列操作之一定义菜单的位置。

1）单击“位置”按钮以相对于触发弹出菜单的切片来调整菜单的位置。

2）输入 X 和 Y 坐标。如果坐标为（0，0），则使弹出菜单的左上角和触发它的切片的左上角对齐。

（3）执行下列操作之一：

1）如果有子菜单，可以按照下一步骤中的说明调整它们的位置。

2）单击“后退”按钮修改其他选项卡中的属性。

3）单击“完成”按钮关闭“弹出菜单编辑器”对话框。

11. 通过拖动弹出菜单来为其设置位置

（1）如果需要，请执行下列操作之一以显示“网页层”：

1）单击工具面板中的“显示切片和热点”按钮。

2）在层面板中，单击包含眼睛图案的列。

（2）选择作为弹出菜单触发器的网页对象。

（3）将弹出菜单的轮廓拖到工作区的其他位置。

本实例的最终结果如图 10-56 所示。

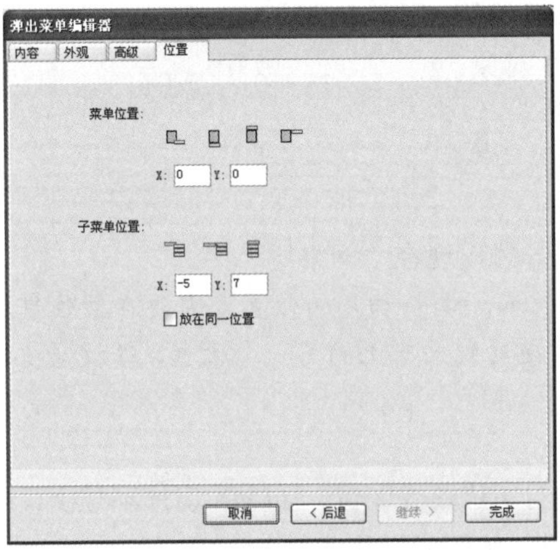

图 10-55　定位菜单

图 10-56　弹出菜单的结果图

10.6　图像切片的使用

10.6.1　创建切片对象

在网页上图片较大的时候，浏览器下载整个图片需要很长的时间，切片的使用使得整个图片分为多个不同的小图片分开下载，这样下载的时间就大大地缩短了，能够节约很多时间。除了减少下载时间之外，切片也还有其他一些优点：

（1）制作动态效果。利用切片可以制作出各种交互效果。

（2）优化图像。完整的图像只能使用一种文件格式，应用一种优化方式，而对于作为切片的各幅小图片可以分别对其优化，并根据各幅切片的情况还可以存为不同的文件格式。这样既能够保证图片质量，又能够使得图片变小。

（3）创建链接。切片制作好了之后，就可以对不同的切片制作不同的链接，而不需要在大的图片上创建热区了。可以使用以下方法来创建切片的对象：使用“切片”工具绘制切片对象，或者基于所选对象插入切片。

1. 创建切片对象

切片对象的延伸线是切片引导线，它确定导出时将文档拆分成的单独图像文件的边界。

默认情况下，这些引导线为红色，如图 10-57 所示。

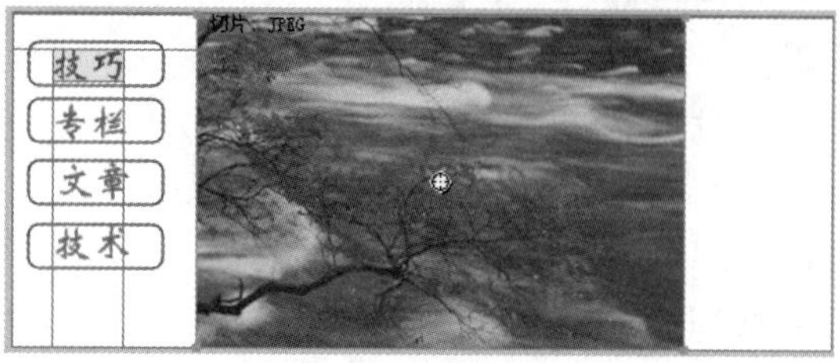

图 10-57　图像切片

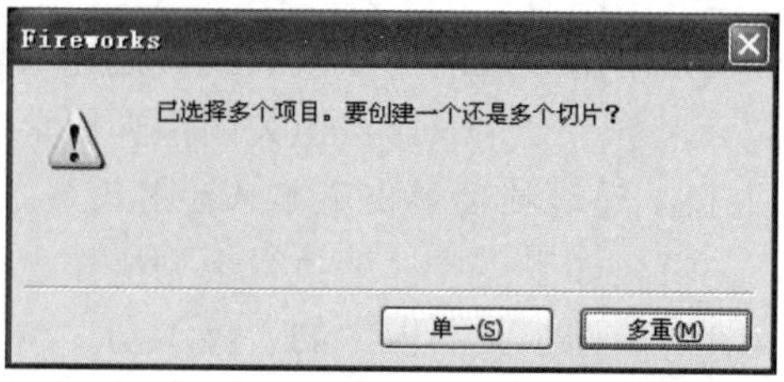

图 10-58　确认切片覆盖类型对话框

为所选对象插入矩形切片的方法如下：

（1）选择“编辑”→“插入”→“切片”命令。该切片为一个矩形，它的区域包括所选对象最外面的边缘。

（2）如果选择了多个对象，则选择应用切片引导线的方式，如图 10-58 所示。

1）“单一”可创建覆盖全部所选对象的单个切片对象。

2）“多重”可为每个所选对象创建一个切片对象。

绘制矩形切片对象的方法如下：

（1）选择插入“切片”工具。

（2）拖动以绘制切片对象。切片对象和切片引导线出现在“网络层”中。

注意：当拖动以绘制切片时，可以调整切片的位置。调整切片的位置只需要在按住鼠标键的同时，按下并按住键盘上的空格键，然后将切片拖动到画布上的另一个位置，释放空格键以继续绘制切片。

2. 创建 HTML 切片

HTML 切片指定浏览器中出现普通 HTML 文本的切片图像区域。HTML 切片不导出任何像素的图像数据，它导出出现在由切片定义的表格单元格的 HTML 文本。

如果要快速更新出现在站点中的文本而无须创建新的图形，则 HTML 切片很有用。

（1）绘制切片对象并将其保留为选定状态。

（2）在属性面板中，从“类型”弹出菜单中选择 HTML。

（3）单击“编辑”按钮。

（4）在“编辑 HTML 切片”窗口中输入文本，如果需要，通过添加 HTML 文本格式设置标记来设置文本的格式，如图 10-59 所示。

注意：可以在使用文本编辑器或 HTML 编辑器导出 HTML 后，将 HTML 文本格式设置标记添加到 HTML。

（5）单击“确定”按钮以应用更改并关闭“编辑 HTML 切片”窗口。

所输入的文本和 HTML 标记出现在 Fireworks PNG 文件中。

注意：在不同的浏览器以及不同的操作系统中查看 HTML 文本切片时，它们的外观可能会有所变化，这是因为浏览器中可以设置字体的大小和类型。

3. 创建非矩形切片

当试图将交互性附加到非矩形图像时，矩形切片可能无法满足需要。例如，如果打算将变换图像效果附加到切片，而切片对象互相重叠或者形状不规则，则矩形切片可能会与变换图像交换出不是所要得到的背景图形。Fireworks 解决此问题的办法是：允许使用“多边形切片”工具绘制任何多变性形状的切片，如图 10-60 所示。

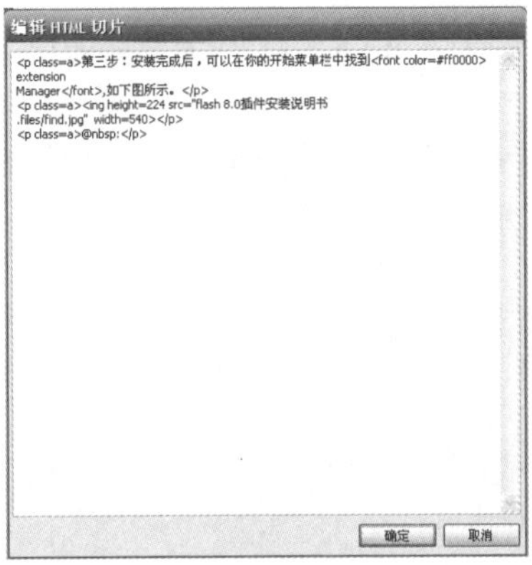

图 10-59 “编辑 HTML 切片”对话框

图 10-60 非矩形切片

还可以将矢量路径转换为切片以创建不规则的切片形状。

绘制多边形切片对象的方法如下：

（1）选择插入“多边形切片”工具。

（2）单击以放置多边形的矢量点。“多边形切片”工具仅绘制直线段。

（3）当在具有柔边的对象周围绘制多边形切片对象时，请确定包括整个对象，以免在切片图形中创建多余的实边。

（4）若要停止使用“多边形切片”工具，请从“工具”面板中选择其他工具。不必再次单击第一个点以关闭多边形切片。

注意：请不要过度使用多边形切片，这是因为与类似的矩形切片相比，它们需要更多 JavaScript 代码，多边形切片的数量过大会延长 Web 浏览器处理的时间。

从矢量对象或路径创建多边形切片的方法如下：

（1）选择一个矢量路径。

（2）选择“编辑”→“插入”→“热点”命令。

（3）选择“编辑”→“插入”→“切片”命令。

生成一个与该矢量对象一致的切片。

10.6.2 使用切片交互

在 Fireworks 中创建交互效果生成切片对象。Fireworks 提供了两种使切片交互的方式。

拖动变换图像的方法是切片交互最简单方法。只需要拖动切片的行为手柄并将其放在目标切片中，即可快速创建简单的交互效果。

“行为”面板可以创建更复杂的交互。“行为”面板中包含各种交互行为，可以将它们附加到切片中。通过将多个行为附加到单个切片上，可以创建有趣的效果，还可以通过编辑现有行为来创建自定义交互效果。

Fireworks CS5 中的行为与 Dreamweaver CS5 行为兼容。在将 Fireworks CS5 变换图像导出到 Dreamweaver CS5 时，可以使用 Dreamweaver CS5 的“行为”面板编辑 Fireworks CS5 行为。

1. 向切片添加简单的交互效果

拖动变换图像方法是创建变换图像和交换图像效果的快速而有效的方法。

具体来说，拖动变换图像方法可以确定指针经过一个切片时该切片所发生的变化。最终结果通常称为变换图像。变换图像是在网页浏览器中当指针经过其上方移动时，其外观发生更改的图形。

当选定切片时，一个带有十字的圆圈出现在切片的中央，这称为行为手柄，如图 10-61 所示。

通过从触发切片拖动行为手柄并将其放置目标切片上，可以轻松地创建变换图像和交换图像效果。触发器和目标可以是同一切片，如图 10-62 所示。

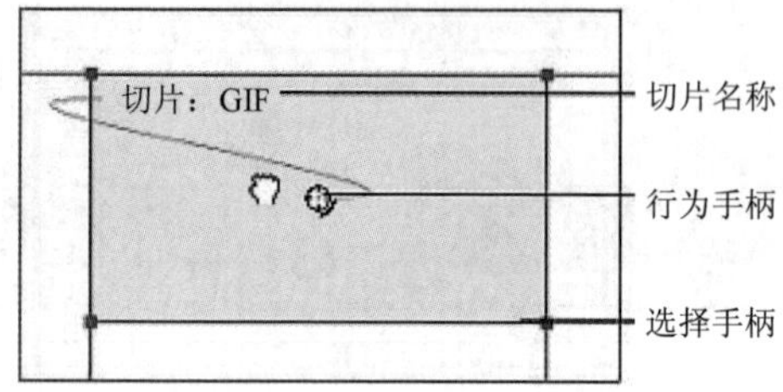

图 10-61　切片示意图

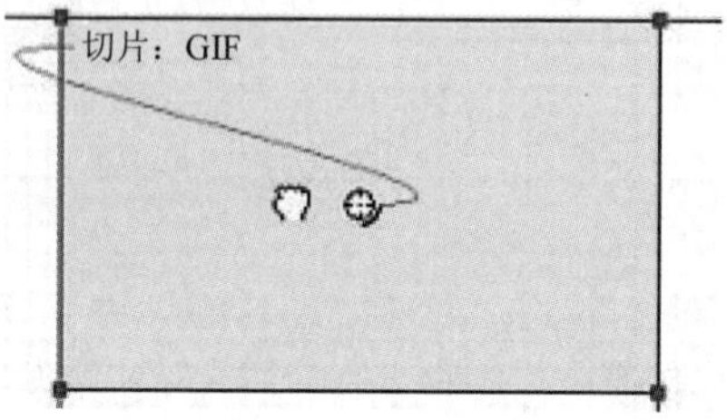

图 10-62　拖动行为手柄创建交换图像

热点也用于结合变换图像效果的行为手柄。

2. 创建简单的变换图像

简单变换图像使用同一网页对象下面的帧上的另一个图像来交换图像。简单交换图像只涉及一个切片或热点。

可以从任何帧中选择交换图像，如图 10-63 所示。

如下方法可将简单变换图像附加到所选图像或对象。

（1）确保该图像或对象不在共享层上。

（2）选择“编辑”→“插入”→“切片”命令在图像或对象上方创建切片。

（3）单击“新建/复制帧”按钮在“帧”面板中创建一个新帧。

（4）创建、粘贴或导入用作交换图像的图像。将该图像放在第 2 步中创建的切片（即使现在位于第 2 帧中，该切片仍然可见）的下方。切片在所有帧中都是可见的。

（5）在“帧”面板中选择“第 1 帧”返回到包含原始图像的帧。

（6）选择切片并将指针放在行为手柄上方。指针更改为手柄，如图 10-64 所示。

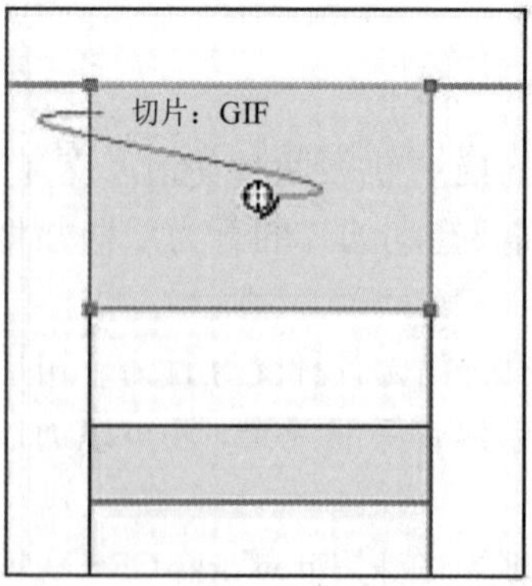

图 10-63　选择交换图像

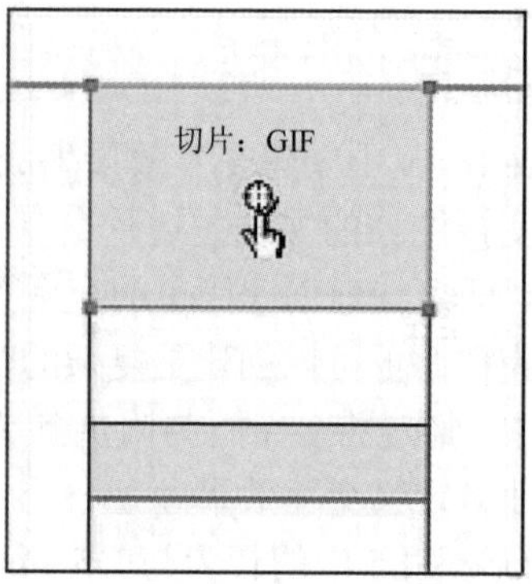

图 10-64　行为手柄

注意：可以在任何帧中选择该切片。

（7）将行为手柄拖到切片的左上边缘。出现一条从切片中心延伸到左上角的蓝色行为线，同时打开“交换图像”对话框，如图 10-65 所示。

（8）在“交换图像自”弹出菜单中，选择要交换的图像所在的帧，然后单击“确定”按钮。

（9）单击“预览”选项卡查看和测试变换图像，或者按住 F12 键在浏览器中预览它。

图 10-65　“交换图像”对话框

3. 创建不相交变换图像

当指针在一个网页对象上方滚动时，不相交变换图像交换另一个网页对象下方的图像。当指针滑过或单击一个触发器图像时，作为响应，在网页的另一位置中出现一个图像。鼠标滑过的图像被视为触发器，发生更改的图像被视为目标。

与仅使用一个切片的简单变换图像一样，首先必须对触发器、目标切片和交换图像所驻留的帧进行设置。然后，可以使用一条行为线将触发器链接到目标切片。

注意： 不相交变换图像的触发器不一定是切片。热点和按钮也具有可用于创建不相交变换图像的行为手柄。

按照如下步骤可将不相交变换图像附加到所选图像：

（1）选择“编辑”→“插入”→“切片”命令将切片附加到触发器图像。

注意： 如果所选的对象是按钮，或者如果切片或热点已经覆盖图像，则无需执行此步骤。

（2）单击“帧”面板上的“新建/复制帧”按钮创建一个新帧。

（3）在画布所需位置的新帧中再放置一个用作目标的图像。可将该图像放在任何位置（除了在步骤（1）创建的切片下方以外）。

（4）选择图像，选择“编辑”→“插入”→“切片”命令将切片附加到图像。

（5）在“帧”面板中选择“第 1 帧”返回到包含原始图像的帧。

（6）选择覆盖触发器区域（原始图像）的切片、热点或按钮，按后将指针放在行为手柄上，指针随即变为手形。

（7）将触发器切片的行为手柄拖到在步骤（4）中创建的目标切片，出现一条从触发器中心延伸到目标切片左上角的行为线，同时打开“交换图像”对话框，如图 10-66 所示。

（8）从“交换图像自”弹出菜单中，选择在步骤（2）中创建的帧，单击“确定”按钮。

（9）单击“预览”选项卡查看和测试不相交变换图像。

4. 将多个变换图像应用到切片

可以从单个切片中拖动多个行为手柄来创建多个交换图像交互。例如，可以从同一切片中触发一个变换图像和一个不相交变换图像，如图 10-67 所示。用来触发变换图像行为和不相交变换图像行为的切片。

注意： 还可以使用“行为”面板添加多个行为。有关更多的信息，请参阅使用“行为”面板向切片添加交互效果。

将多个变换图像应用到所选切片的方法如下：

（1）将行为手柄从所选切片拖到同一切片的边缘或其他切片上。将手柄拖到同一切片的左上边缘时创建一个简单变换图像，将手柄拖动到其他切片时可以创建不相交变换图像。

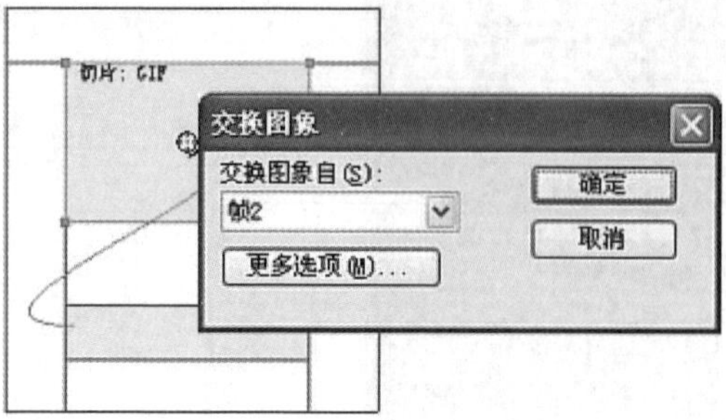

图 10-66 打开“交换图像”对话框

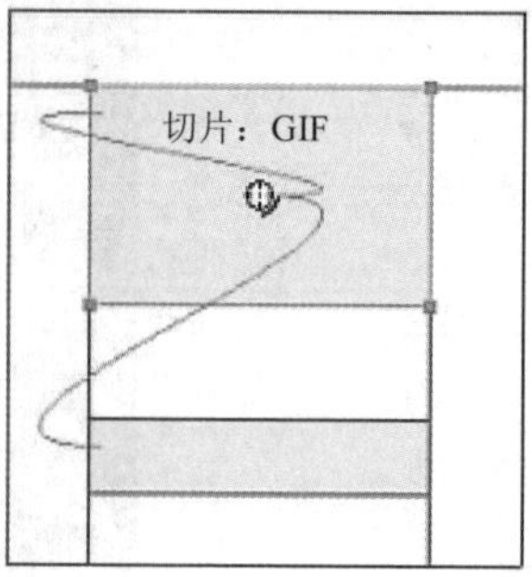

图 10-67 创建不相交交换图像

（2）选择交换图像的帧，单击“确定”按钮。

（3）根据需要，重复执行第（1）步和第（2）步可以创建多个交换图像。

10.7 网页图形图像的优化与发布

既然 Fireworks CS5 是专门的网络图形图像制作软件，那么在设计上必然要考虑网络图形图像的特点。

在网络中，速度的高低无疑是决定网站成败的一大要素。如要美化网站的页面，就需要很多的图形图像来修饰，但随之而来的将是浏览速度的下降。因此，如何在浏览速度与页面美观之间取得平衡是网页设计师的最大任务。

所谓图像的“优化”，就是在保证图像质量的前提下压缩图像的过程。

在 Fireworks CS5 中，可以将图像根据需要以 GIF 或者以 JPG 格式输出，并可以轻松地定义压缩比率，在进行设置的同时就可以预览到输出图像的大小。

10.7.1 选择文件的优化格式

网页图形设计的最终目标是创建尽可能快的浏览图像，为此，必须在最大限度地保持凸现个性品质的同时，选择质量最高的文件格式，即寻找颜色、压缩和品质的适当组合文件格式。

在 Fireworks CS5 中，优化文件涉及以下操作：

（1）最佳文件格式。每种文件格式都有不同的压缩颜色信息的方法，为某些类型的图像选择适当的格式可以大大减小文件的大小。

（2）格式特定选项。每种图像文件格式都有一组唯一选项，可以用诸如色阶这样的选项来减小文件的大小。某些图像格式（如 GIF 和 JPEG）还具有控制图像压缩的选项。

（3）调整图形中的颜色（仅限于 8 位文件格式），可以通过将图像局限于一个称为调色板的特定颜色集来限定颜色，然后，修剪掉调色板中未使用的颜色，调色板中的颜色越少意味着图像中的颜色也越少，而这会使调色板图像文件类型的文件也越小。

GIF、JPGE、PNG 格式文件是网页图形中最常见的，因为它们具有很高的可压缩性，这种高压缩确保了图像在 Internet 中快速的传输。然而，依据每一种文件压缩方法的不同，图形外观也就有一定程度的不同。因此，要根据图像的特点和设计者目的选择适当的文件格式。

1．GIF 文件格式的特点

图形交换格式 GIF 是网页图形中很流行的格式。虽然 GIF 格式仅包含 2510 种色彩，但却具有出色的、几乎没有丢失的图像压缩功能。并且，GIF 格式可以包含透明区域和多帧动画。

无损压缩图像一般不降低图像的质量。GIF 格式靠水平扫描像素行找到固定的颜色区域进行压缩，然后减少同一区域中的像素数量。

因此，当输出为 GIF 格式时，带有重复固定颜色区域的图像被很大程度地压缩。格式通常对于卡通、矢量图形、带有透明区域的图形、动画很有作用。

2. JPEG 文件格式的特点

JPEG 文件格式是特别为照片图像设计替换 GIF 格式的文件格式，JPEG 格式支持数百万种色彩。

JPEG 是损耗的格式，这意味着在压缩时一些图像数据就丢失了，这降低了最终文件的质量。然而，图像数据丢弃的不多，不会在质量上有非常明显的不同。

当输出为 JPEG 格式时，使用优化面板的"品质"弹出菜单来控制压缩文件所保留数据的百分比。高百分比设定保持较高的图像质量，但压缩量较少，文件尺寸较大。低百分比设定产生较小尺寸的文件，但图像质量较低。

JPEG 格式是扫描照片、带材质的图像、带渐变色过渡的图像或者多于 2510 种颜色图像的最佳格式。

3. PNG 文件格式的特点

便携网络图形 PNG 格式是不失真的网页图形格式。然而，不是所有的浏览器不使用插件就可以充分地利用 PNG 格式特性的优势。PNG 格式可以支持最高 32 位色彩。

在色彩数较大的情况下，PNG 压缩是无损的。由于它跨像素的行列压缩，会产生比 GIF 格式更出色的压缩。

PNG 格式是创建复杂生动透明、高色彩图像和高压缩的低色彩图形的最佳选择。

4. 其他文件格式特点

WBPM 即"无线位图"，是一种为移动计算设备（如手机和 PDA）创建的图形格式，此格式用在"无线应用协议（WAP）"网页上，WBPM 是 1 位格式，因此只有两种颜色可见：黑与白。

TIFF 即标签图像文件格式，是一种用于储存位图图像的图形格式，它常用于印刷出版，许多多媒体应用程序也接受导入的 TIFF 图形。

BMP 即 Microsoft Windows 图形文件格式，是一种常见的文件格式，用于显示位图图像。BMP 主要用在 Windows 操作系统上，许多应用程序都可以导入 BMP 图像。

PICT 由 Computer 公司开发，是一种常用在 Macintosh 操作系统上的图形文件格式，大多数 Mac 应用程序都能够导入 PICT 图像。

10.7.2 优化 GIF 格式

由于 GIF 格式的图像最多只能保存 2510 种颜色，因此这种图像格式并不适合于制作相片、风景等颜色丰富的图片。否则，图像的颜色将严重失真。打开优化面板，下面通过优化面板的设置来调整 GIF 格式。执行菜单"窗口"→"优化"命令打开"优化"面板，如图 10-68 所示。

1. 选择索引调色板

所谓索引调色板，是指 GIF 图像中用来存储和引用颜色的一个索引。索引调色板是一个最多有 2510 种色彩的列表，仅定义图形中可以出现的颜色。在优化过程中，调整调色板会影响输出图像的色彩，如图 10-69 所示，在默认情况下，索引调色板可用。

在索引调色板中，各选项介绍如下：

（1）最合适。从文档实际颜色中派生出来的定制调色板。这个调色板经常产生高质量的图像和最小的文件尺寸。

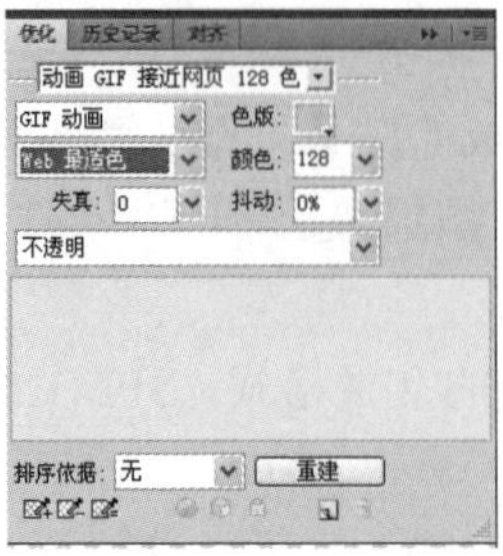

图 10-68 “优化”面板

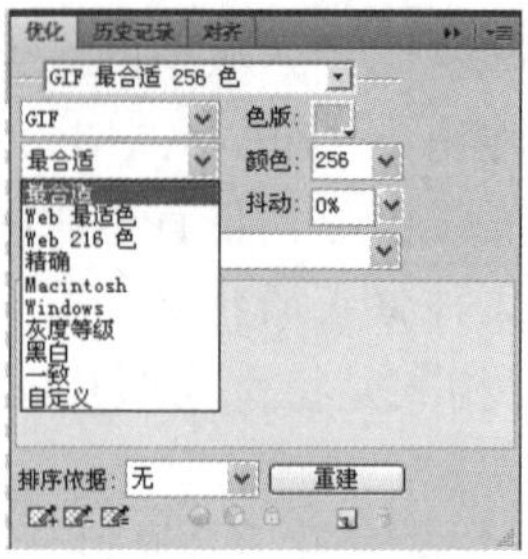

图 10-69 选择调色板

（2）Web 最适色。一种自适应调色板，其中接近安全网页颜色的色彩都被转换成最接近的安全网页色彩。

（3）精确。一个包含使用于图像中确切颜色的调色板，仅包含不大于 2510 种颜色的图像可以使用这样的调色板。

（4）Windows 和 Macintosh。包含由系统平台定义的标准 2510 种颜色。

（5）灰度。一种少于 2510 种灰色的调色板。选择这个调色板可以把输出的图像转换成灰度。

（6）黑白。一个仅包括黑、白两种颜色的调色板。

（7）一致。一种基于 RGB 颜色值的数学调色板。

（8）自定义。可以被修改的，可以从外部导入调色板或 GIF 文件的调色板。选择的色彩深度就是输出图像的颜色数量。GIF 格式通常输出八位（2510 色）或更少，如图 10-70 所示的是设定了不同颜色数量的图像效果。

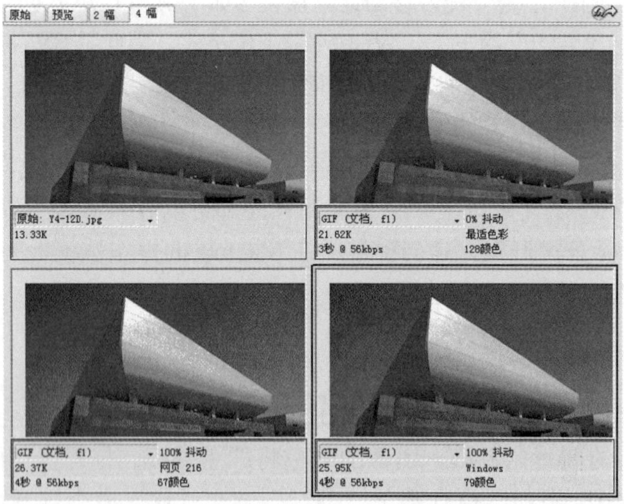

图 10-70 设定不同颜色数量的图像效果

2. 设置失真

从理论上讲，GIF 文件是无损的，但在实际上，有时若要让 GIF 文件压缩得比通常所占的存储空间还小，可以在优化面板中进行失真量的设置。这个值越高，压缩得就越多，但得到图像的质量也就越低，如图 10-71 所示图像的对比，左侧图形为不失真，右侧图形为 50%失真。

3. 设置抖动

在一些图像中，当两种或两种以上的颜色相近时，很难分辨出来，以为是一种颜色，抖动的功能就是利用调色板上有限的颜色模拟调色板上不存在的颜色。当输出带有复杂混合或渐变的图像或把照片图像输出成索引格式的 GIF 文件时，抖动近似的颜色会起到很好的作用。

4. 设置交错

在网页浏览器上查看时，交错式图像随下载逐渐出现。它们首先以低分辨率显示，到下载结束时，过渡为完整分辨率，从优化面板的“选项”菜单中选择“交错”即可。

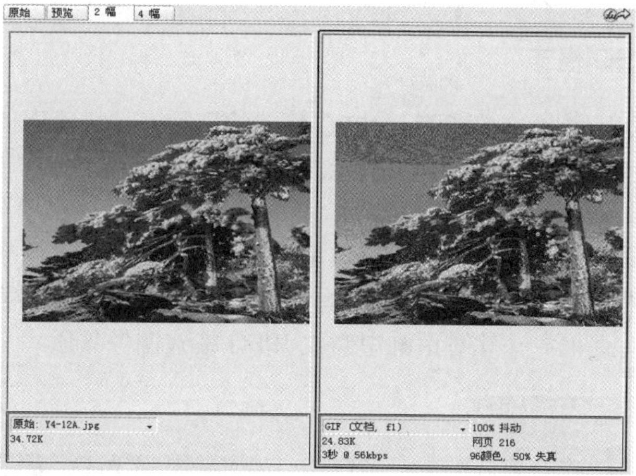

图 10-71 左侧图形不失真，右侧图形为 50%失真

5. 设置透明

可以为 GIF 格式设置透明区域，这样在网页浏览器中，透过这些区域可以看到网页的背景。在 Fireworks CS5 中，“预览”选项卡上的灰白方格图案表示透明区域。

导出包含透明区域的 GIF 图像时，应该使用索引透明。有了索引色透明，可以在导出时将特定颜色设为透明。索引色透明时，可打开或关闭具有特定颜色值的像素，因为格式支持索引色透明。所以它是网页上最常用的透明形式，如图 10-72 所示是设置了索引色透明的图像。

图 10-72 设置为索引色透明的图像

默认情况下，Fireworks CS5 中的 GIF 图像在导出时不具有透明度。尽管图像或对象后面的画布在 Fireworks CS5 中的“原始”视图中显示为透明，但这并不意味着将该图像以 GIF 格式导出到网页上时它的背景也显示为透明。若要设置图像导出到网页上时它的背景显示为透明，就必须在导出前选择“索引色透明”选项。

还可以使用“Alpha 透明”选项，但它并不常用于网页图像，因为只有 PNG 格式才支持它，而大多数网页浏览器并不支持 PNG 格式。“Alpha 透明”选项常用在包含渐变透明和半透明像素的图像中。在向 Flash 或 Director 导出文件时，Alpha 透明也很方便，因为这两种应用程序都支持这种透明类型。

注意：将色彩设为透明只影响图像的导出文件，而不影响实际图像。

10.7.3 优化 JPEG 格式

JPEG 格式经常被存储为 24 位颜色，JPEG 格式的压缩方式特殊化了压缩渐变和过渡图像的过程，打开“优化”面板，如图 10-73 所示。

1. 调整优化面板中的“品质”

设置可以提高或降低 JPEG 格式的图像质量。选择较低质量将产生较小尺寸的文件。单击优化面板上的“选择性品质”右侧的编辑选择性品质选项按钮，将打开如图 10-74 所示的“可选 JPEG 设置”对话框，在此对话框中修改 JPEG 格式图像品质。

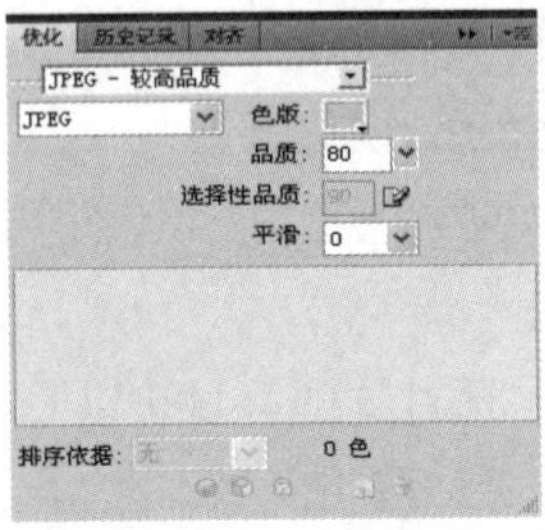

图 10-73　JPEG 格式“优化”面板

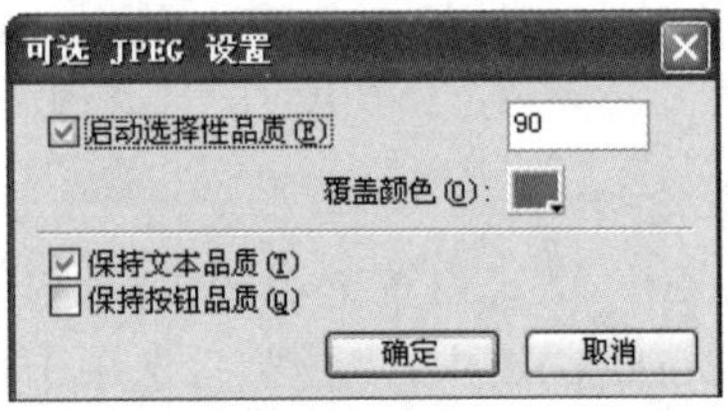

图 10-74　“可选 JPEG 设置”对话框

2. JPEG 格式的选择性压缩

JPEG 格式的选择性压缩可以解决这样的问题：选择 JPEG 图像的不同区域给以不同的压缩级别。图像中特别关注的区域可以在较高的级别上压缩，不太重要的区域可以在较低的级别上压缩。这样既可以减少图像的总体尺寸，又可能保持重要区域的质量。

JPEG 格式的选择性压缩操作方法如下：

（1）使用选择工具选择准备大级别压缩的图形区域。

（2）执行菜单“修改”→“选择性 JPEG”→“将所选保存为 JPEG 模板”命令，在优化面板中单击“编辑选择性品质选项”按钮，选择“启动选择性品质”并在文本框中输入数值。

（3）经过压缩前后的比较，确定这种压缩性选择。

例如，有一只小鸟在花朵上飞翔的图像，为了在压缩中使小鸟的图像不受较大的影响，下面是选择性压缩的操作过程。

（1）使用选择工具先选择小鸟之外的图形区域。

（2）执行菜单“修改”→“选择性 JPEG”→“将所选保存为 JPEG 模板”命令，打开优化面板。

（3）在优化面板中单击“编辑选择性品质选项”按钮，选择“启动选择性品质”，在文本框中输入数值并单击“确定”按钮，完成选择性压缩。

经选择性压缩前后的结果如图 10-75 所示。

3. 柔化边缘

调整优化面板中的“平滑”设置可以减小文件尺寸。平滑柔化坚硬的边缘，设置的数值越大对输出的 JPEG 图像柔化效果越强烈，同时产生越小尺寸的文件。

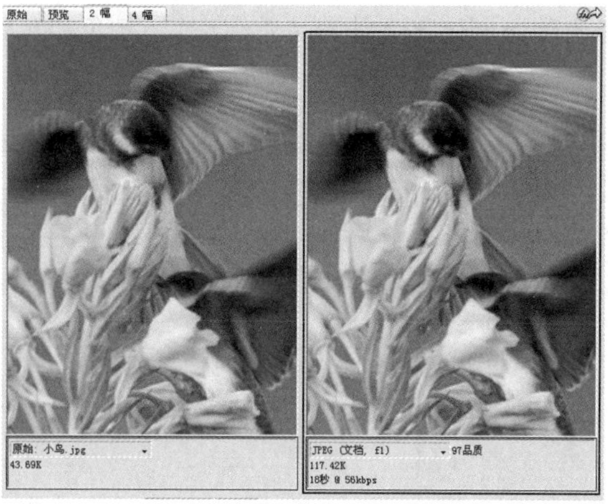

图 10-75 经选择性压缩前后的结果

4. 锐化色彩边缘和细节

从优化面板中的“选项”弹出菜单中选择“锐化 JPEG 边缘”，以保持两种颜色之间的细小边缘。当输出带有文本的 JPEG 图像时，使用这一选项以维持这些区域的锐化度。

5. 渐进 JPEG

从优化面板中的“选项”弹出菜单中选择“连续的 JPEG”可以输出交错渐进的 JPEG 图像。它类似于交错的 GIF 文件，交错处理的图像先以低分辨率快速出现，然后随着下载过程的继续转换成原有的分辨率。

10.7.4 使用导出向导

如果对优化和导出网页图像不太熟悉，可以使用“导出向导”对话框。使用“导出向导”对话框的操作过程如下：

（1）选择“文件”→“导出向导…”命令，打开“导出向导”对话框，如图 10-76 所示。在此对话框中先必须选择导出文件的格式或者确定导出的目标文件大小。如果更愿意优化到目标文件大小，则“导出向导”将优化导出文件，使其适合在最下面一栏中由设计者设置的目标文件。设置完成后单击“继续”按钮关闭此对话框。

（2）上一步完成后，将打开如图 10-77 所示的选择目标组合框。在这个组合框中，设计者必须选择图形图像输出的目标位置，再单击“继续”按钮关闭此对话框。

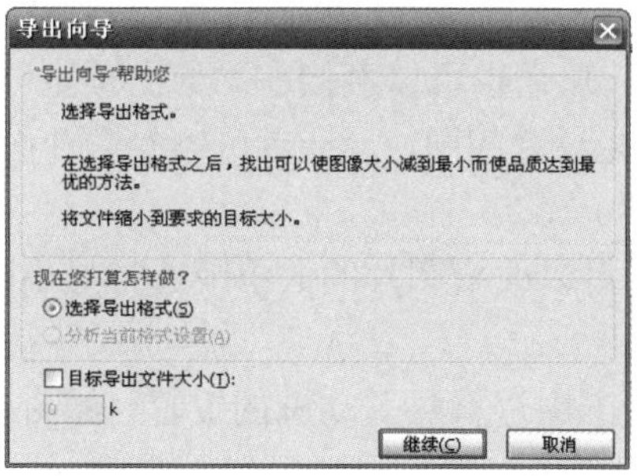

图 10-76 “导出向导”对话框

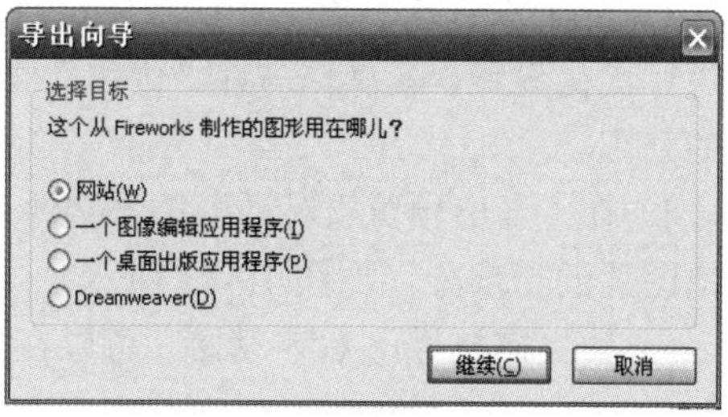

图 10-77 “选择目标”组合

（3）上一步完成后，将打开“分析结果”对话框，如图 10-78 所示，这里仅需要设计者了解更多的导出信息。

（4）在完成以上步骤之后，系统将打开如图 10-79 所示的“图像预览”对话框，在此对话框中，设计者可以对输出的不同格式文件的品质、大小、颜色和实际效果等进行比较，最终确定导出文件的格式。

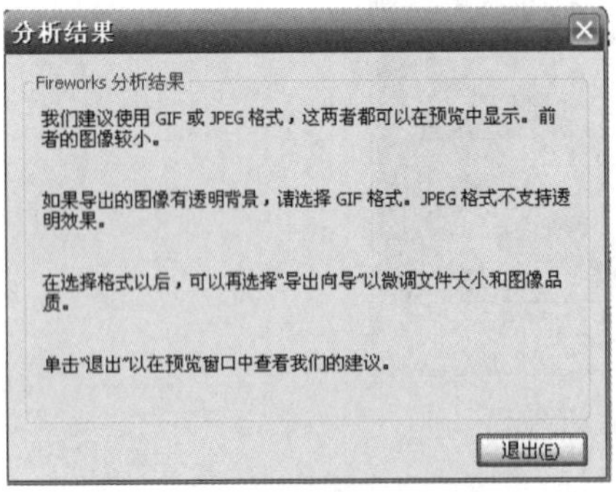

图 10-78 “分析结果”对话框

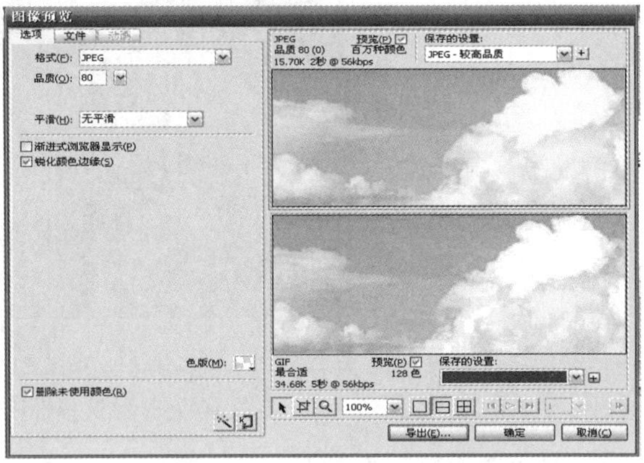

图 10-79 “图像预览”对话框

下面介绍图像文件导出的实例。

（1）选择“文件”→“导出预览”命令，打开“导出预览”对话框，如图 10-80 所示。

图 10-80 “导出预览”对话框

（2）在该对话框中可看到图片输出效果的预览图，如果已经使用“优化”面板对图片进行了优化处理，可以看到，“导出预览”对话框中的所有设置与在“优化”对话框的设置完全一样，单击“导出”按钮将图片导出即可。

（3）如果没有在“优化”面板中进行过优化处理，那么也可以直接在“导出预览”对话框中进行优化设置，其操作与在“优化”面板中进行优化设置相同，设计者可以参看前面相关章节的介绍。

（4）在“导出预览”对话框的“文件”选项卡中，可以改变图片的大小或选择导出区域，只导出图片的一部分，如图 10-81 所示。

（5）如果需要导出 GIF 动画，可以在“动画”选项卡中进行相关动画的设置，如图 10-82 所示。

（6）在完成设置后，单击“导出”按钮就可以将图片导出。

优化输出是网络图像的特点，优秀的设计师可以在文件大小与设计效果之间找到平衡点。使用 Fireworks CS5 进行图像的优化，直观而快捷，无疑是目前进行网站设计的最好选择。

图 10-81　“导出预览”对话框

图 10-82　“动画”选项卡

10.8　实践技能训练

通过本实例的学习将熟练掌握如何运用 Fireworks CS5 软件完成一个复杂页面的制作。本实例的最终结果如图 10-83 所示。

图 10-83 实例结果图

10.8.1　导入图像

（1）启动 Fireworks CS5，新建一个 620×372 的文档，在文档窗口的菜单栏中选择“文件”→“打开”菜单命令，打开“打开”对话框。

（2）在对话框中选择 wysjsc/10-01.png 打开文件，如图 10-84 所示。

（3）单击“打开”按钮，在文档中打开 10-01.png 文件，如图 10-85 所示。

10.8.2　绘制页面图像

（1）输入文本。在工具栏中选择 T 文本工具，并在已经打开的图像文件上单击，形成一个文本输入框。

（2）在文本框内输入“我运动，我快乐”文本。

（3）运用样式。选中所输入的文本，运用“样式”面板中 Text Corporate Light Bg 014 样式，如图 10-86 所示。

（4）设置文本的排列顺序。选择文本在属性面板中单击 “文本方向”按钮，在弹出的菜单中选择 垂直方向从左向右 选项，设置文本的排列方式。

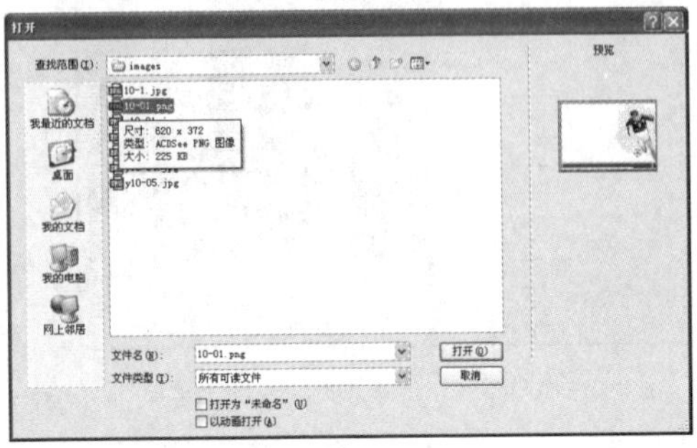

图 10-84　选择文件

图 10-85　打开文件

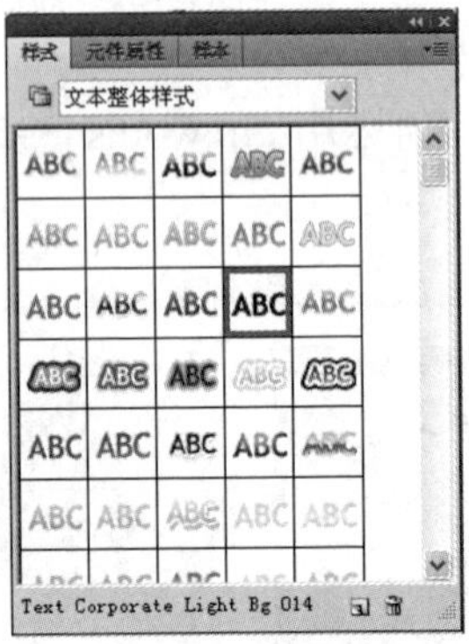

图 10-86　运用样式

（5）修改样式。在属性面板的“文本”下拉列表框中选择“华文行楷”字号设置为 38，文本的颜色设置为#006600，在“效果”区域中单击“发光”效果，在弹出的对话框中将发光颜色设置为#DDF7B0，其他设置如图 10-87 所示。

图 10-87　修改文本属性

（6）运用样式及其属性后的文本效果如图 10-88 所示。

图 10-88　运用结果后的效果图

10.8.3　创建按钮

（1）选择绘图工具。在工具面板中选择▢“圆角矩形绘图工具”。

（2）设置绘图属性。在属性面板中将填充设置为“实心”，颜色为#006600，笔触的颜色为#FFFF00，其他设置参照如图 10-89 所示的设置。

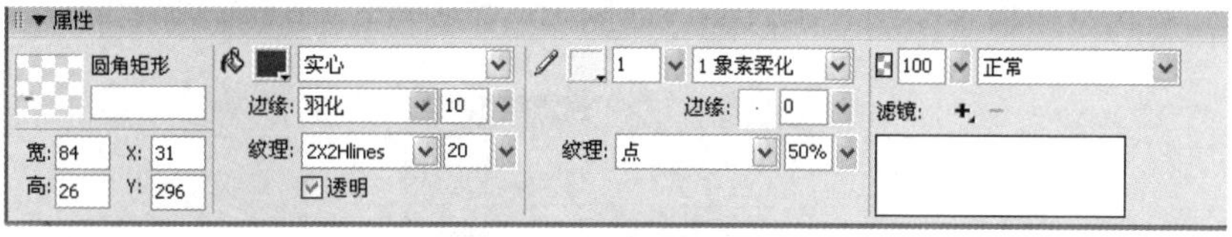

图 10-89　设置绘图工具

（3）分别在（20，333）、（110，333）、（200，333）、（290，333）、（380，333）的位置绘制宽度为 75、高度为 20 的圆角矩形框。

（4）分别在圆角矩形框内输入“网球运动”、“游泳运动”、“台球运动”、“排球运动”、“足球运动”，其中文本设置为宋体 13 号，颜色为白色，如图 10-90 所示。

图 10-90　设置文本

（5）将“网球运动”、“游泳运动”、“台球运动”、“排球运动”、“足球运动”文本及矩形框转换为按钮元件。分别命名为：元件 1、元件 2、元件 3、元件 4、元件 5。

（6）设置按钮。将各按钮中文字设置为：鼠标“滑过”时颜色为#660000；鼠标“按下”时为#661122 的颜色交换，如图 10-91 所示。

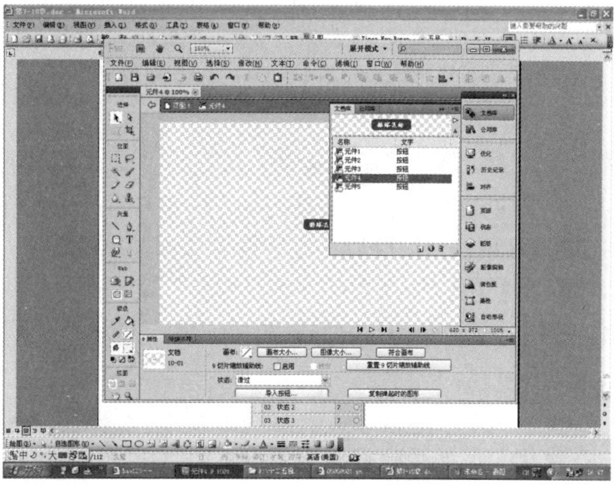

图 10-91　设置按钮

具体设置颜色的方法可以选中“滑过”或“按下”标签所对应按钮的文本，在属性面板中修改文本的颜色。

10.8.4 设定交互图像

（1）添加状态。在 Fireworks 中称每个独立的画面为一个状态（Fireworks CS5 以前的版本中称为帧）在状态面板中添加 5 个状态，如图 10-92 所示。

图 10-92 添加状态

（2）在状态 1 导入 wysjsc/10/images 文件夹中的 010-1.jpg 图像，图像位于（30，30）的位置。按照相同的办法在状态 2、状态 3、状态 4、状态 5、状态 6 依次导入位于 wysj010/images 文件夹中 y010-01.jpg～y010-05.jpg 图像。其中图像的大小为（260×260）。

（3）创建按钮切片。分别为五个按钮和所导入的图像创建矩形切片，如图 10-93 所示。

图 10-93 创建切片

（4）创建鼠标移动到按钮上交互图像效果。拖动“网球运动”按钮切片中的行为手柄到左边的图像切片处，在出现的“交换图像”对话框的“交换图像自”下拉菜单中选择“状态 2”，如图 10-94 所示。

（5）重复前面的操作步骤。创建“游泳运动”按钮与“状态 3”图像的交互行为、“台球运动”按钮与“状态 4”图像的交互行为、“排球运动”按钮与“状态 5”图像的交互行为、“足球运动”按钮与“状态 6”图像的交互行为，最后效果如图 10-95 所示。

（6）在文档窗口在菜单栏中选择“文件”→“保存”菜单命令。将所绘制的页面图像保存到 wysj010/final 文件夹中，命名为 010-01.png 图像文件。

10.8.5 页面图像的优化

（1）优化图像。在优化图像面板中将该图像设置为“JPEG 较小文件”选项，“品质”设置为 60，“平滑”设置为 2，如图 10-96 所示。

图 10-94　设置交换图形

图 10-95 设置五个按钮的交换图像后效果图

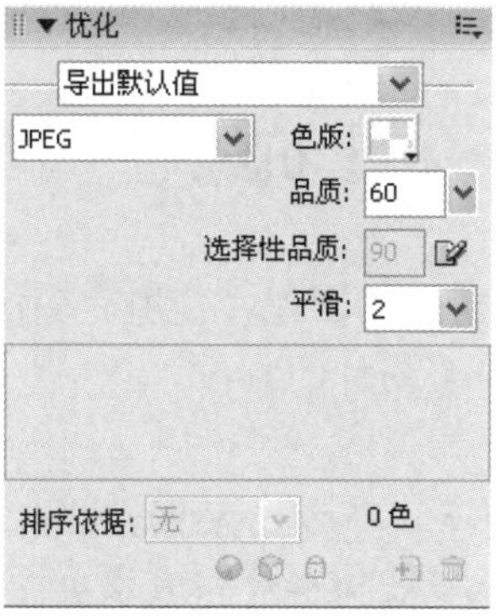

图 10-96　优化页面图像

（2）建立切片。使用矩形切片工具完成对图像的切片创建操作，所完成的结果如图 10-97 所示。

（3）导出为 HTML 文档。在文档窗口的菜单栏中选择“文件”→“导出”菜单命令。导出页面图像到 wysj010/final/zhsl 文件夹中，文件名为 010-01. htm，如图 10-98 所示。

图 10-97　创建图像切片

图 10-98　导出 HTML 文档

上机练习

1．使用 Fireworks 处理网页相册中的图像，使所有图像的长和宽相等。

2．按照样图 10-99（a）完成一个图片的制作。

（1）制作网页图像。

1）导入图像。启动 Fireworks CS5，导入 wysjsc/N09-01.png 图像文件。

2）绘制页面图像。参照样图 wysjsc/N09-A 完成该页面图像的框架，在所导入的图像文档上的（8，248）处输入文本，样式为 style23，字号为 35，文本的宽度为 320，高度为 30。

3）按钮、样式和特效的使用。在页面的左列插入宽度为 110px，高度为 28px 的按钮，按钮类型为 4-state Button 中的一种，设置文本字体为隶书、粗体，大小为 25，方式位置从上到下依次为（3，20）、（3，70）和（3，120）。

4）设置交互图像或文本。创建鼠标移动的三个按钮（技巧、教程和论坛）上交互图像的效果，交互图像宽度为 150px，高度为 150px，在（350，130）的区域中显示，三个按钮的交互图像分别与 wysjsc/N09-01A.png、wysjsc/N09-01B.png、wysjsc/N09-01C.png 图像对应初始状态为 wysjsc/N09-01A.png。完成后注意保存。

（2）优化页面图像。

1）优化图像。设置为选择“JPEG 较小文件”选项，“品质”为 60，“平滑”为 2。

2）建立切片。参照样图 10-99（b）完成对图像的切片操作。

3）导出为 HTML 文档。

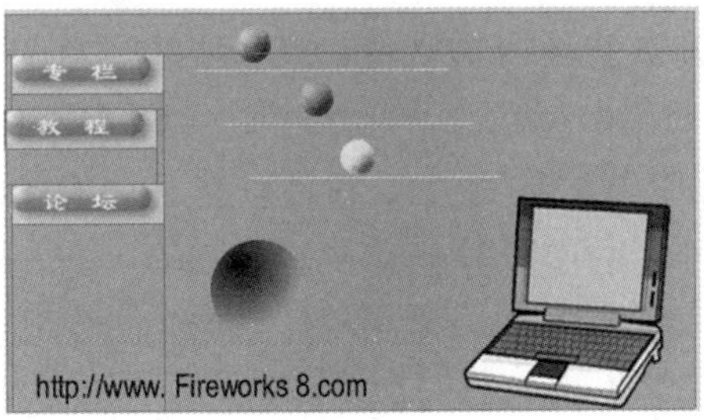

（a）N10.A

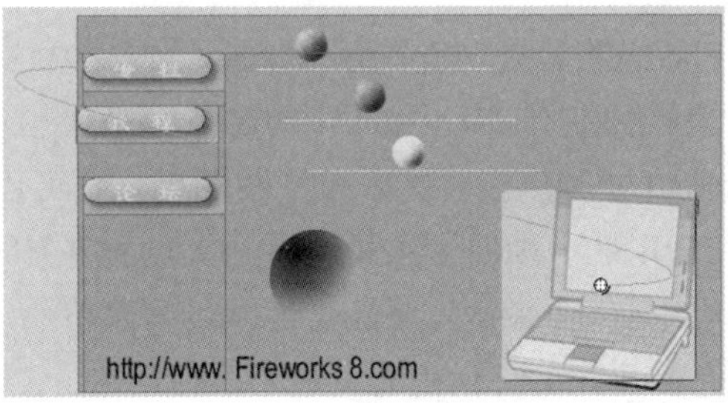

（b）N10.B

图 10-99　样图

第 11 章　网页动画制作

11.1　Flash CS5 概述

Flash CS5 是 Adobe 公司推出的一种优秀的矢量动画编辑软件，CS5 是其最新的版本。利用该软件制作的动画尺寸要比位图动画文件（如 GLF 动画）尺寸小很多，用户不但可以在动画中加入声音、视频和位图图像，还可以制作交互式的影片或者具有完备功能的网站。

Flash 是一种创作工具，设计人员和开发人员可使用它来创建演示文稿、应用程序和其他允许用户交互的内容。Flash 可以包含简单的动画、视频内容、复杂演示文稿和应用程序以及介于它们之间的任何内容。通常，使用 Flash 创作的各个内容单元称为应用程序，即使它们可能只是很简单的动画。可以通过添加图片、声音、视频和特殊效果，构建包含丰富媒体的 Flash 应用程序。

Flash 特别适用于创建通过 Internet 提供的内容，因为它的文件非常小。Flash 是通过广泛使用矢量图形做到这一点的。与位图图形相比，矢量图形需要的内存和存储空间小很多，因为它们是以数学公式而不是大型数据集来表示的。位图图形之所以更大，是因为图像中的每个像素都需要一组单独的数据来表示。

Flash 之所以能如此风靡全球，是因为它具有许多优异的特点。下面以其中最重要的 5 个特点进行讲述。

1. 文件占用空间小，传输速度快

Flash 动画的图形系统是基于矢量技术的，因此下载一个 Flash 动画文件很快。矢量技术下存储少量数据就可以描述一个相对复杂的对象，与以往采用的位图相比，其数据量大大下降了，只有原先的几千分之一，因此比较适合在因特网中使用，它有效地解决了多媒体与大量数据之间的矛盾。

2. 矢量绘图，传播广泛

一般的网页动画图像是基于点阵技术的位图图像，这个图像由大量的像素点构成，比较逼真，但灵活性较差，并且在对图像进行放大时，由于点与点之间距离的增加，图像的品质会有较大幅度的降低，会产生锯齿状的像素块。而 Flash 最重要的特点之一便是能用矢量绘图，只需要少量的矢量数据就可以很好地描述一个复杂的对象。其次，由于位图图像是由像素组成的，因此其体积非常大；而矢量图像仅由线条和线条所封闭的填充区域组成，体积非常小。此外，Flash 动画采用“流式”播放技术，在观看动画时可以不必等到动画文件全部下载到本地后才能观看，而可以边观看边下载，从而减少了等待的时间。

3. 动画的输出格式

Flash 是一个优秀的图形动画文件的格式转换工具，它可以将动画以 GIF、QuickTime 和 AWI 的文件格式输出，也可以以帧的形式将动画插入到 Director 中去。

4. 强大的交互功能

在 Flash 中，高级交互事件的行为控制使 Flash 动画的播放更加精确并容易控制。设计者可以在动画中加入滚动条、复选框、下拉菜单和拖动物体等各种交互组件。Flash 动画甚至可以与 Java 或其他类型的程序融合在一起，在不同的操作平台和浏览器中播放。Flash 还支持表单交互，使得包含 Flash 动画表单的网页可应用于流行的电子商务领域。

5. 可扩展性

通过第三方开发的 Flash 插件程序，可以方便地实现一些以往需要非常繁琐的操作才能实现的动态效果，大大地提高了 Flash 影片制作的工作效率。

11.1.1 Flash CS5 的开始界面

运行 Flash CS5，首先映入读者眼帘的是操作的“开始”页面，页面中列出了一些常用的任务，左边是打开最近用过的项目，中间是创作各种类型的新项目，右边是从模板创建各种动画文件，如图 11-1 所示。

图 11-1　“开始”界面

（1）打开最近项目：列表中显示最近操作过的文件，可选择一项打开，单击列表中的“打开”图标，可选择并打开列表中没有列出的 Flash 文件。

（2）从模板创建：提供创建文档的常用模板，用户可以直接单击其中一种模板类型。

（3）新建：提供 Flash CS5 可以创建的文档类型，用户可以直接单击选择。

（4）学习：对 Flash CS5 常用知识介绍。

11.1.2 Flash CS5 的工作界面

启动 Flash CS5，并在“开始”页中选择一项进行，就可进入 Flash 的工作环境，如图 11-2 所示的工作界面，主要有舞台、主工具栏、工具箱、时间轴、属性面板和多个控制面板等部分。

11.1.3 时间轴

时间轴用于组织和控制文档内容在一定时间内播放的图层数和帧数。与胶片一样，Flash 文档也将时长分为帧。图层就像堆叠在一起的多张幻灯片一样，每个图层都包含一个显示在舞台中的不同图像。时间轴的主要组件是图层、帧和播放头，如图 11-3 所示。

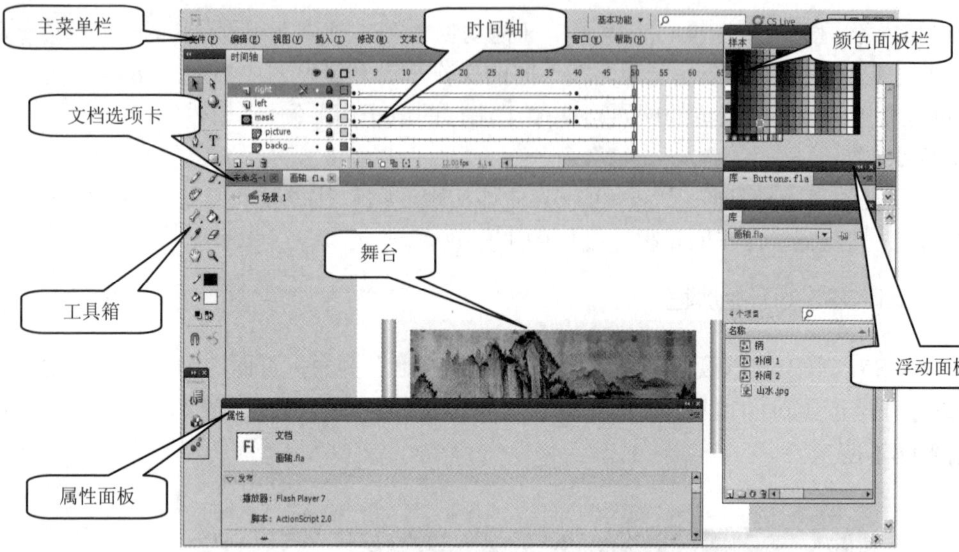

图 11-2　Flash CS5 的工作界面

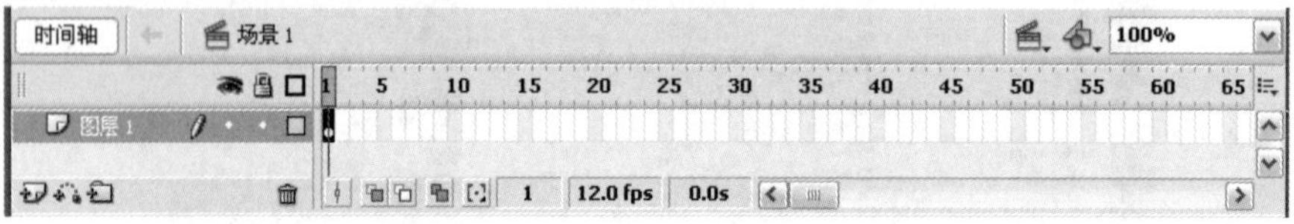

图 11-3　时间轴

文档中的图层列在时间轴左侧的列中。每个图层中包含的帧显示在该图层名右侧的一行中。时间轴顶部的时间轴标题指示帧编号。播放头指示当前在舞台中显示的帧。播放 Flash 文档时，播放头从左向右通过时间轴。

时间轴状态显示在时间轴的底部，它指示所选的帧编号、当前帧频以及到当前帧为止的运行时间。

11.1.4　工具箱

工具箱是 Flash CS5 中最常用的面板，用鼠标单击能选中各种工具，如图 11-4 所示。用户可以自定义工具编排，执行“编辑”→“自定义工具面板”命令，打开“自定义工具栏”对话框，可根据需要重新安排和组合工具的位置，如图 11-5 所示，在“可用工具”列表中选择工具，单击“增加”按钮，就可以将选择的工具添加到“当前选择”列表中。单击“恢复默认值”按钮就可以恢复系统默认的工具设置。

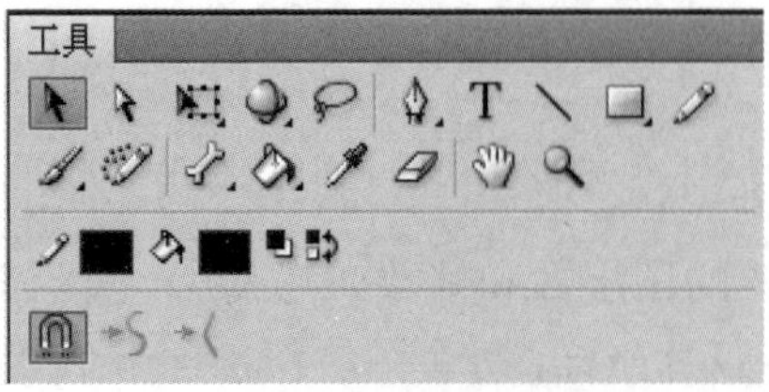

图 11-4　工具箱

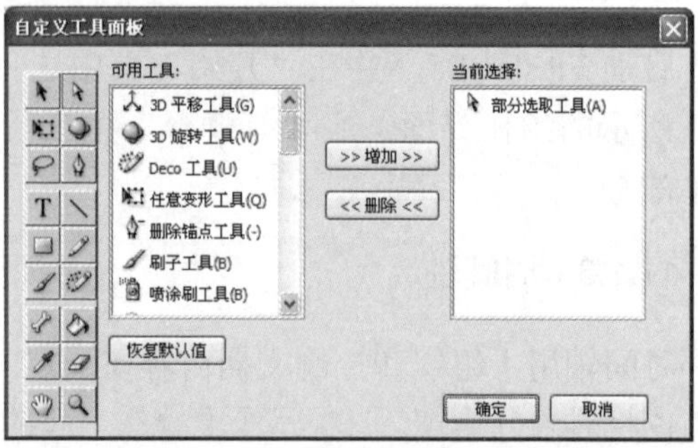

图 11-5　“自定义工具栏”对话框

11.2　在网页中添加特效文字

在网页制作过程中，文字是最常用的对象，我们可以制作一些特效文字作为网页标题，如空心字、立体字、五彩字等，来增加网页的美观性，吸引浏览者。下面介绍几种常用特效字的制作方法。

1．五彩字

五彩字的制作方法，是先将输入的文本转换为图像对象，然后对它填充渐变色，最后再对渐变色稍加调整即可，五彩字的制作效果如图 11-6 所示。

图 11-6　五彩字效果图

制作方法：

（1）将文本转换为图像对象。

1）在 Flash CS5 中新建一个空白文件，选择“绘图”工具栏上的“文本工具”按钮T，在舞台的中央输入文字“五彩斑斓”；在“属性”面板上设置“文本类型”为“静态文本”，字体为“华文新魏”，文字大小为 90，文字颜色为黑色。

2）选择“绘图”工具栏上的“箭头工具”按钮，选中该文本；按 Ctrl+B 键两次将这四个字转换为图形对象，如图 11-7 所示。

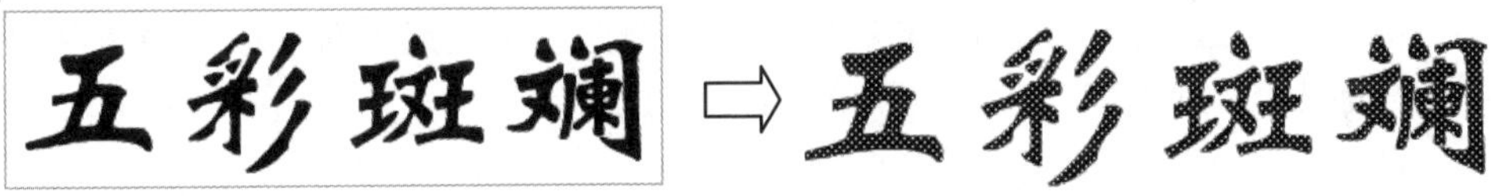

图 11-7　将文字转换为图形对象

（2）填充渐变色。

1）在舞台的空白区域单击鼠标，取消对文字的选中状态。

2）选择“绘图”工具栏“颜色”区中的“填充色”按钮，在弹出的调色板中选择五彩渐变色，如图 11-8 所示。

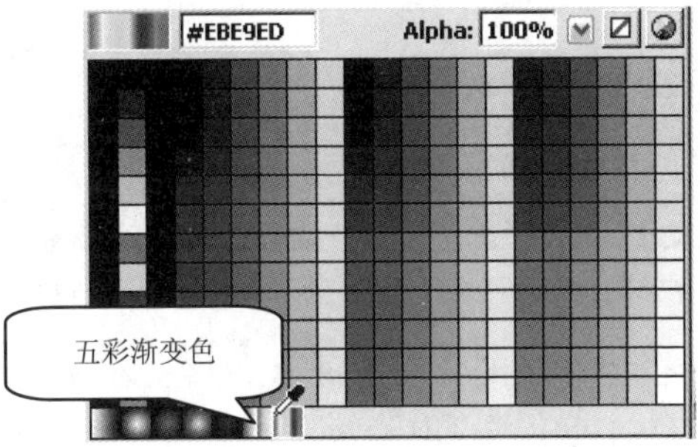

图 11-8　选择填充色

3）选择“绘图”工具栏上的“箭头工具“按钮，在文字左上角按住鼠标不放，向文字右下角拖动鼠标，当拖出的矩形框将全部文字包围时，松开鼠标，将文字全部选中，如图 11-9 所示。

图 11-9　选取文字

4）选择“绘图”工具栏上的“颜料桶工具”按钮。将鼠标指针移到文字上，单击鼠标，将文字填充为五彩渐变色，如图 11-10 所示。

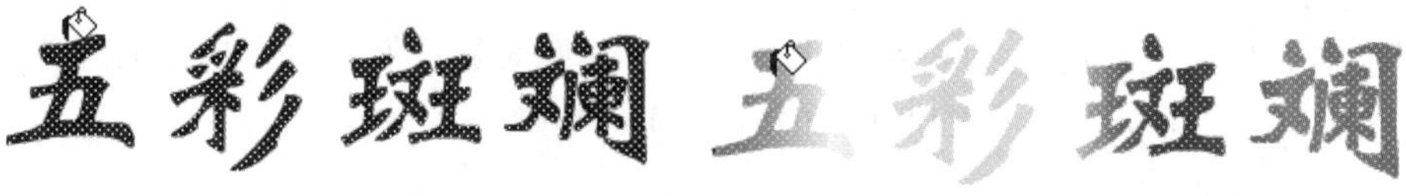

图 11-10　填充五彩渐变色

5）选择“绘图”工具栏上的“填充变形工具”按钮，将鼠标指针移动到文字上，单击鼠标，在文字周围出现填充变形的控制点，如图 11-11 所示；将鼠标指针移到“旋转”控制点，按住鼠标不放，向右下角转动，使五彩渐变色向右斜一些角度，松开鼠标，制作完成。

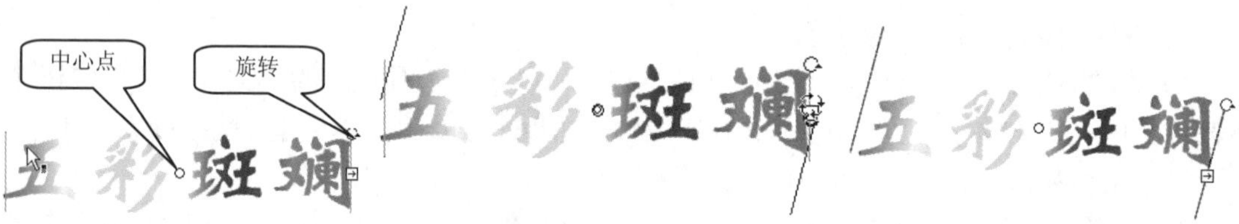

图 11-11　旋转渐变色

2. 空心字

空心字的制作方法是：先将输入的文字转换为图形对象，然后对它进行描边，最后将文字的实心部分删去，得到空心字，效果如图 11-12 所示。

制作方法：

（1）将文字转换为图形对象。

1）在 Flash CS5 中新建一个空白文件，在“属性”面板中单击“背景色”按钮，在弹出的调色板中选择黑色，将文本的背景色设置为黑色。

2）选择“绘图”工具栏上的“文本工具”按钮，在舞台的中央输入文字“荷塘月色”；选中文字，在“属性”面板中设置“文本类型”为“静态文本”，字体为“华文彩云”，文字大小为 80，文字颜色为红色，效果如图 11-13 所示。

图 11-12　空心字效果图

图 11-13　输入文字

3）选择“绘图”工具栏上的“箭头工具”按钮，将文本选中，按 Ctrl+B 键两次将这 4 个字转换为图形对象；在舞台空白处单击，取消对文字的选中状态。

（2）制作空心字。

1）在舞台右上角的“显示比例”下拉列表框中，选择“全部显示”，放大显示这四个字。

2）选择“绘图”工具栏上的“墨水瓶工具”按钮，在属性面板中单击“笔触颜色”

按钮，在弹出的调色板中选择白色，设置描边颜色为白色；设置“笔触高度”（即线条粗细）为 2，“笔触样式”为实线，如图 11-14 所示。

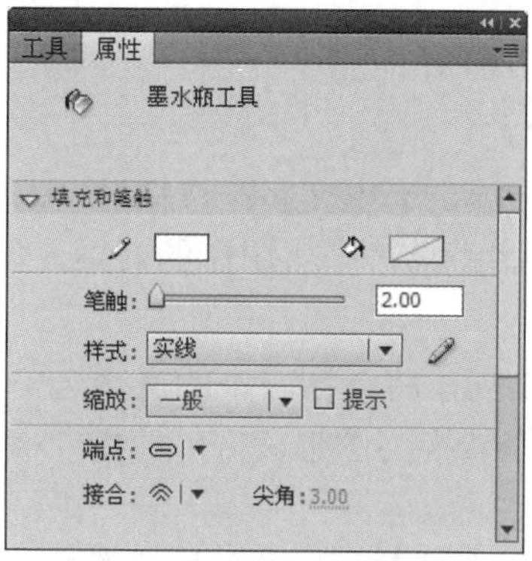

图 11-14　设置描边的线条属性

3）将鼠标指针移到文字上，当鼠标指针变成形状时，单击鼠标，为文字描上白边；按照这种方法依次将所有文字的轮廓都描上白边，如图 11-15 所示。

4）选择工具栏上的“箭头工具”，按住 Shift 键的同时，分别用鼠标单击文字的实心部分，将它们全部选中，如图 11-16 所示；按 Delete 键将文字的实心部分删除，完成空心字的制作。

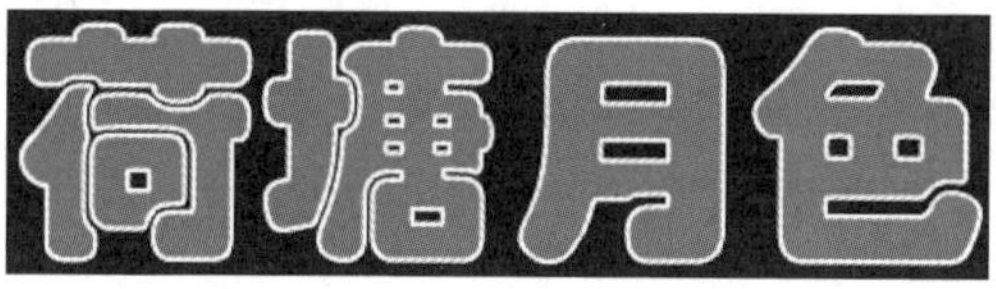

图 11-15　为文字描边

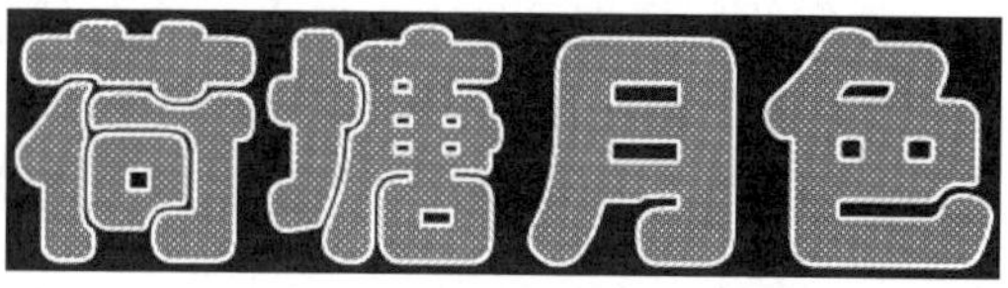

图 11-16　选中文字的实心部分

3. 阴影字

阴影字是网页中较为常用的一种特效文字，制作阴影字的方法是：先输入文字，然后将文字复制，并将复制后的文字与原文字错开一些，产生出阴影字的效果。为了增加阴影字的美观，完成后应该对文字进行描边，效果如图 11-17 所示。

制作方法：

（1）制作阴影文字。

1）在 Flash CS5 中新建一个空白文件，选择“绘图”工具栏上的“文本工具”按钮，在舞台中央输入文字“生命的起源”；在“属性”面板中，设置“文本类型”为“静态文本”，字体为“华文中宋”，文字大小为 90，文字颜色为灰色（颜色值为#999999），效果如图 11-18 所示。

图 11-17　制作阴影效果

2）在“时间轴”面板左侧的图层窗格中，双击“图层 1”层的名称，将图层名改为“阴影”。

3）单击“时间轴”面板左下角的“插入图层”按钮，在“阴影”图层上新建一个图层，双击图层名，将其改为“正文”，如图 11-19 所示；在该图层上输入文字“生命的起源”，设置文字的字体和大小与前面一样，将文字颜色设置为浅蓝色。

图 11-18 输入文字

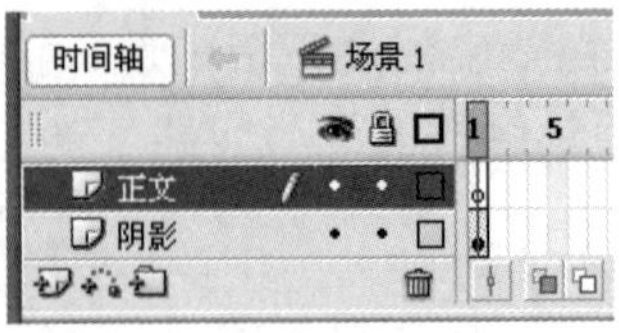

图 11-19 新建图层

4）单击“正文”图层的第 1 帧，选中文字；按键盘上的方向键向上、向左若干次，使上层文字与下层的阴影文字错开一些距离，产生阴影的效果，如图 11-17 所示。

（2）为文字描边。

1）单击“正文”图层的第 1 帧，将该图层中的文字选中。

2）按 Ctrl+B 键两次，将文字转换为图形，将鼠标指针移到舞台上的空白区域单击，取消对文字的选中状态。

3）选择“绘图”工具栏上的“墨水瓶工具”按钮，在属性面板中单击“笔触颜色”按钮，在弹出的调色板中选择浅灰色（颜色值为#CCCCCC），设置描边颜色为浅灰色；设置“笔触高度”（即线条粗细）为 1，“笔触样式”为实线。

4）将鼠标指针移到文字上，当鼠标指针变成形状时，单击鼠标，为文字描边；按照这种方法依次将所有文字的轮廓进行描边，阴影字制作完成。

4. 立体字

立体字的制作方法是：先输入文字，然后将文字复制，分别对它们填充不同的颜色，并描边；然后将复制后的文字和原文字重叠摆放，并错开一定的距离，擦除重叠部分多余的线条，再用直线连接它们的顶点，产生出立体的透视效果，立体效果如图 11-20 所示。

制作方法：

（1）制作文字。

1）在 Flash CS5 中新建一个空白文件，设置好文件的属性。

2）选择“绘图”工具栏上的“文本工具”按钮，在舞台中央输入文字 Apollo；在“属性”面板中，设置“文本类型”为“静态文本”，字体为 Arial Black，文字大小为 90，文字颜色为浅灰色（颜色值为#CCCCCC），如图 11-21 所示。

图 11-20 “立体字”效果图

图 11-21 输入文字

3）选择“绘图”工具栏上的“箭头工具”按钮，将文本选中，按住 Ctrl 键的同时向下拖动文本，复制出一个相同的文本框，如图 11-22 所示。

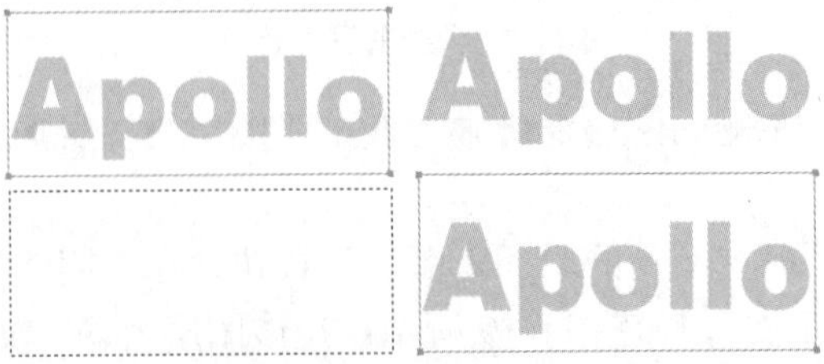

图 11-22 复制文本框

4）选中上方文字，按 Ctrl+B 键两次，将文字转换为图形，在舞台的空白区域上单击鼠标，取消对文字的选中状态。

5）选择“绘图”工具栏上的“墨水瓶工具”按钮，在“属性”面板中，单击“笔触颜色”按钮，在弹出的颜色板中选择灰色（颜色值为#999999），设置描边颜色为灰色；设置“笔触高度”（即线条的粗细）为 2，“笔触样式”为实线。

6）将鼠标指针移到上方文字，当鼠标指针变成形状时，单击鼠标，为文字描边；按照这种方法依次将上方文字的轮廓都描上灰边，如图 11-23 所示。

图 11-23　为文字描边

7）选中下方文字，在“属性”面板上，将文字颜色由浅灰色改变为橙色（颜色值为#FFCC00）；方法同步骤 5，为下方文字描上红边，如图 11-24 所示。

（2）制作立体效果。

1）选择“绘图”工具栏上的“箭头工具”按钮，在下方文字的左上角按下鼠标不放，向右下角拖动，拖出一个矩形框，将下方文字全部包围时松开鼠标，选中下方全部文字。

2）将选中的下方文字拖动到上方文字的位置，并使它们错开一些距离，如图 11-25 所示。

图 11-24　制作两组文字

图 11-25　摆放上下两组文字

3）选择“绘图”工具栏上“查看”区中的“缩放工具”按钮，将鼠标指针移到字母 A 上，单击鼠标，将字母 A 局部放大。

4）选择“绘图”工具栏上的“线条工具”按钮，在“属性”面板上，设置“笔触颜色”为灰色（颜色值为#999999），“笔触高度”为 2，“笔触样式”为“实线”。

5）将鼠标指针移到字母 A 的左下角，将左下角的两个顶点之间画一条线段连接起来，如图 11-26（a）所示；运用同样的方法将字母其他顶点之间用线段连接，如图 11-26（b）所示。

6）将下层字母中多余的线条删除，并将它们的各个顶点连接；选择“绘图”工具栏上的“颜料桶工具”按钮，在该工具栏的“颜色”区中设置“填充色”为浅灰色（颜色值为#CCCCCC），并将下层字母 A 中的白色部分填充为浅灰色，完成立体字母 A 的制作，如图 11-26 所示。

（a）连接两个顶点　　（b）制作立体字母 A

图 11-26　制作立体字的过程

7）依次对其余几个字母执行相同的操作，立体字制作完成。

11.3 利用 Flash CS5 制作常用的图案

11.3.1 绘制四角星、五角星

在制作网页时，经常会遇到需要添加一些星形图案，如五角星、夜空中的星星（用这些图形还可以制作国旗、国徽和群星闪耀等）等。掌握星形图案的绘制方法，可以绘制出其他类似的几何图形，如正多边形等。下面以五角星、四角星为例来介绍它们的绘制方法，效果如图 11-27 所示。

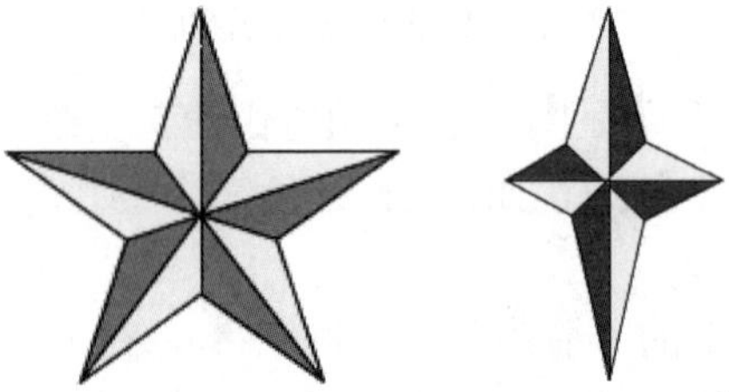

图 11-27 五角星和四角星的效果图

制作方法：

（1）绘制五角星。

1）在 Flash CS5 中新建一个空白文件，选择“视图”→“网格”→“显示网格”菜单命令（或按 Ctrl+’键），在舞台上显示网格线。

2）单击“绘图”工具栏上的“线条工具”按钮，在“属性”面板上，设置“笔触颜色”为黑色、“笔触高度”为 1，在舞台上绘制一条竖直线。

3）单击“绘图”工具栏上的“箭头工具”按钮，单击直线，将其选中；单击“绘图”工具栏上的“任意变形工具”按钮，将鼠标指针移到直线的中心控制点上，按住鼠标左键不放，将其拖动到直线下端的顶点上，如图 11-28 所示。

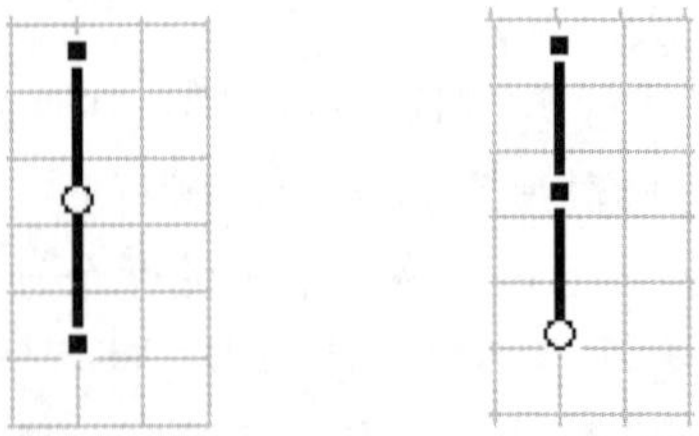

图 11-28 调整直线中心点的位置

4）选择“窗口”→“变形”菜单命令，在弹出的“变形”面板中，选择“旋转”选项，在“旋转角度”框中输入 72.0 度，单击该面板右下角的“复制并应用变形”按钮四次，复制出另外四条直线，每条直线之间的夹角均为 72.0 度，如图 11-29 所示。

5）单击“绘图”工具栏上的“线条工具”按钮，将图形中的各个顶点用直线连接起来，如图 11-30（a）所示；单击“绘图”工具栏上的“箭头工具”按钮，分别选中多余的线条，按 Delete 键将它们删除，此时的图形如图 11-30（b）所示。

6）单击“绘图”工具栏上的“颜料桶工具”按钮，并在该工具栏的“颜色”区中设置

“填充色”为黄色，在五角星的部分图形中填充黄色，如图 11-31（a）所示；再将“填充色”设置为红色，在五角星其余图形中填充红色，如图 11-31（b）所示，五角星绘制完成。

（2）绘制四角星。

1）在 Flash CS5 中新建一个空白文件，选择“视图”→“网格”→“显示网格”菜单命令（或按 Ctrl+’键），使绘制过程处于吸附网格线状态。

2）单击“绘图”工具栏上的“线条工具”按钮，在“属性”面板上，设置“笔触颜色”为黑色、“笔触高度”为 1，在舞台上绘制四条直线，如图 11-32（a）所示；并用“线条工具”按钮将各直线的顶点用直线连接起来，如图 11-32（b）所示。

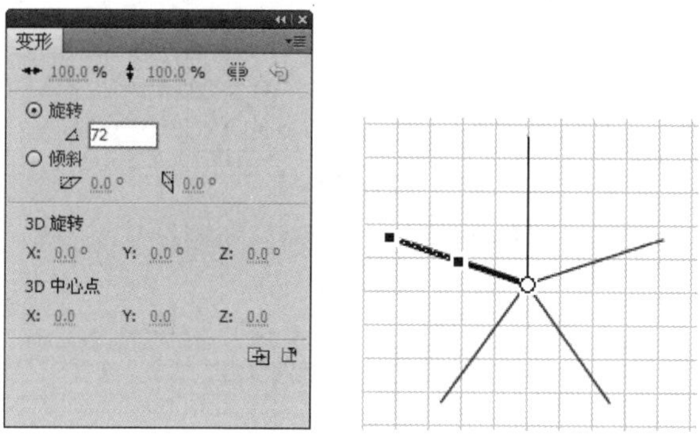

图 11-29　旋转直线

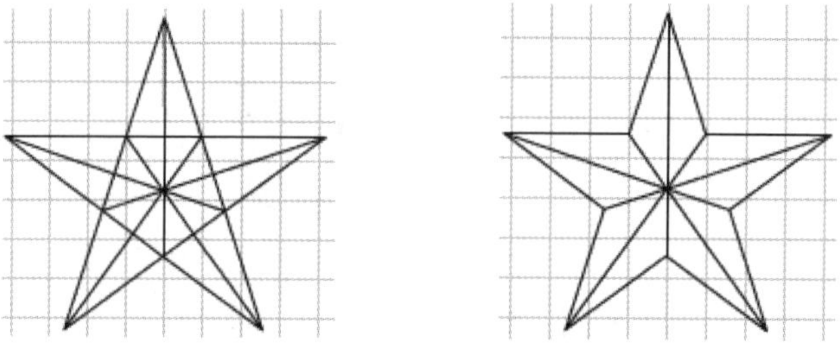

（a）用直线连接各顶点　　（b）删除多余线条

图 11-30　绘制五角星

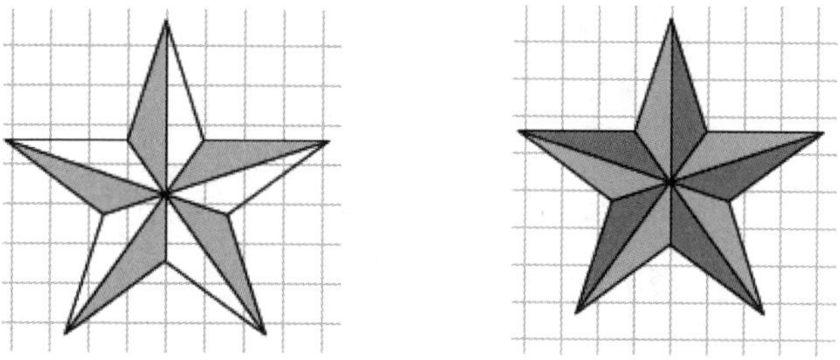

（a）填充黄色　　（b）填充红色

图 11-31　给五角星上色

3）单击“绘图”工具栏上的“颜料桶工具”按钮，并在该工具栏上的“颜色”区中，设置“填充色”为黄色，在四角星的部分图形中填充黄色；设置“填充色”为蓝色，在四角星其余图形中填充蓝色，如图 11-33 所示。

4）单击“绘图”工具栏上的“箭头工具”按钮，分别选中四角星内部的直线，按 Delete 键将它们删除，完成四角星的制作。

11.3.2 绘制太极八卦图与二进制数

太极八卦图是中国古老的文化科学遗产，是我国劳动人民智慧文明的结晶。德国数学家莱布尼兹受此图的启发，完善、撰写了《二进制数与算术》一书，成为现代电子计算机二进制数的创始人。太极图就是一个圆，里面画着两条黑白相间、首尾相顾的鱼；八卦图是一个正八边形，每条边上都有一个特殊的符号，每个符号由三个或断或连的线段组成，效果图如图 11-34 所示。

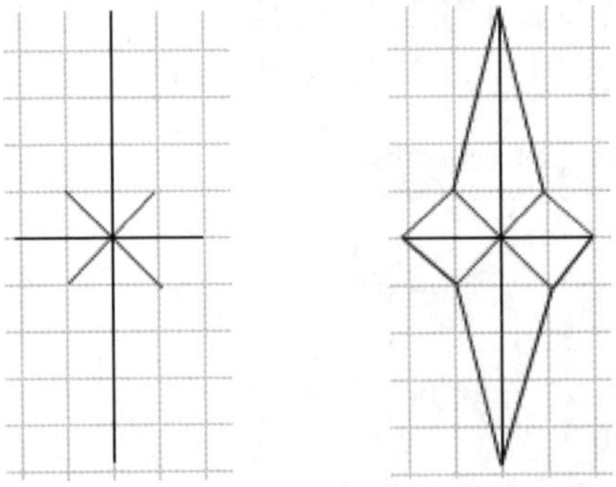

（a）绘制直线　　（b）连接顶点

图 11-32　绘制四角星

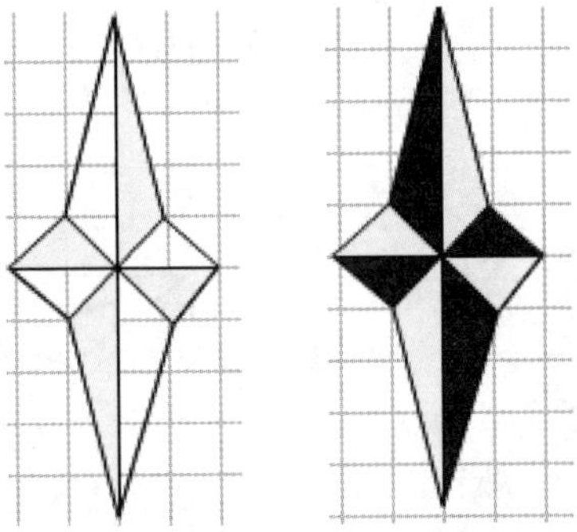

图 11-33　为四角星填充黄色和蓝色

图 11-34　“太极八卦与二进制数”效果图

制作方法：

（1）绘制太极图。

1）在 Flash CS5 中新建一个空白文件，选择“视图”→“网格”→“编辑网格”菜单命令（或按 Ctrl+’键），在弹出的“网格”对话框中，选择“显示网格”和“对齐网格”选项，设置网格线水平、垂直间距均为 25px（像素），如图 11-35 所示，关闭对话框。

2）单击“绘图”工具栏上的“椭圆工具”按钮，在“属性”面板上，设置“笔触高度”为 2，将线条粗细设为 2；选中“绘图”工具栏上“颜色”区中的“填充色”按钮，单击

“无颜色”按钮，将填充色设为无颜色；按住 Shift 键的同时拖动鼠标在舞台上绘制一个空心圆（占 4×4 个网格），如图 11-36 所示。

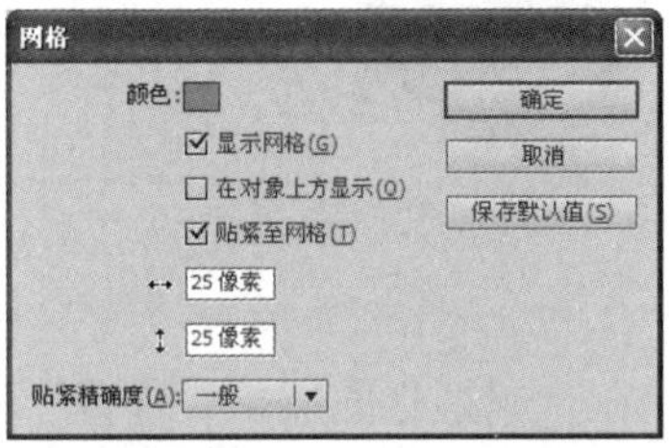

图 11-35　“网格”对话框

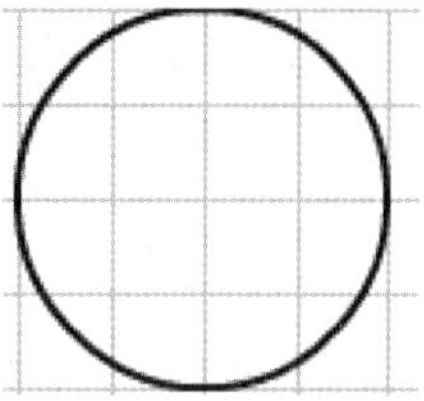

图 11-36　绘制空心圆

3）在舞台右上角的“显示比例”下拉选项中，选择“全部显示”，将圆放大显示。

4）将鼠标指针移到圆内如图 11-37（a）所示的网格点上，按住 Shift 键的同时，向右上角拖动鼠标，绘制一个与圆内切的空心小圆，如图 11-37（b）所示；重新将鼠标指针移到该网格点上，向右下角拖动鼠标，再绘制一个与圆内切的空心小圆，如图 11-37（c）所示。

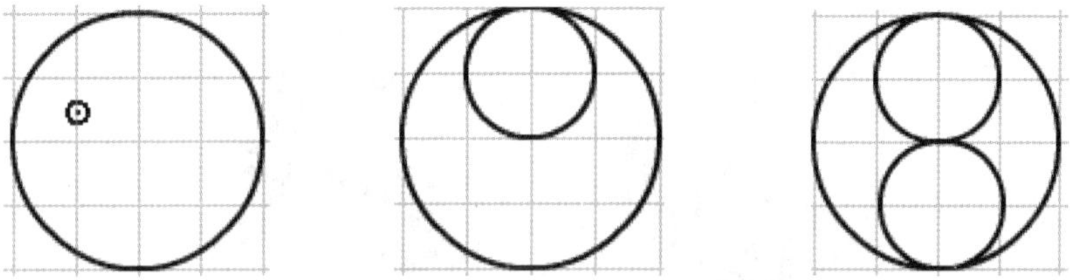

（a）移动到网格点上　（b）绘制第一个内切小圆　（c）绘制第 2 个内切小圆

图 11-37　绘制 2 个内切小圆

5）单击“绘图”工具栏上的“箭头工具”按钮，将鼠标指针移到上方小圆左侧的半圆曲线上，单击鼠标，选中这条曲线，按 Delete 键将它删除，如图 11-38（a）所示用同样的方法，删除下方小圆右侧的半圆曲线，如图 11-38（b）所示。

6）单击“绘图”工具栏上的“椭圆工具”按钮，在该工具栏上的“颜色”区中，设置“笔触颜色”为无颜色，“填充色”为黑色，在上方原来的小圆的中心位置上绘制一个黑色的小圆；设置“填充色”为白色，用相同的方法，在下面原来小圆的中心位置上绘制一个白色小圆。

7）单击“绘图”工具栏上的“颜料桶工具”，设置“填充色”为白色，将鼠标指针移到左侧区域，单击鼠标，将其填充为白色，如图 11-39（a）所示；设置“填充色”为黑色，用相同的方法，将右侧区域填充为黑色，如图 11-39（b）所示，太极图就绘制完成。

（a）删除上方小圆左侧的半圆曲线　（b）删除下方小圆右侧的半圆曲线

图 11-38　删除多余的曲线

（2）绘制八卦图。

1）选择“视图”→“网格”→“对齐网格”菜单命令，取消“对齐网格”命令的选中状态，使绘制图形过程中不再吸附网格线。

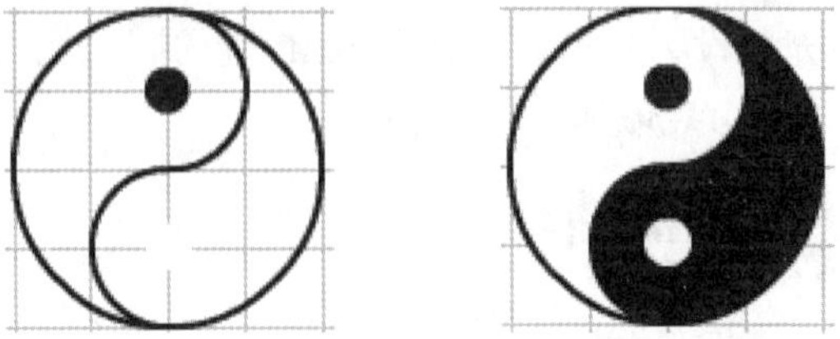

（a）填充白色　　（b）填充黑色

图 11-39　填充颜色

2）单击“绘图”工具栏上的“线条工具”按钮，在“属性”面板上，设置“笔触颜色”为黑色，“笔触高度”为 2，在太极图的上方绘制三条短直线（八卦图符）；单击“箭头工具”，用鼠标拖出一个矩形框，将这三条短直线全部选中。

3）单击“绘图”工具栏上的“任意变形工具”，将鼠标移到这三条短直线的中心点上，用鼠标将其中心点拖到太极图的中心位置上，如图 11-40 所示。

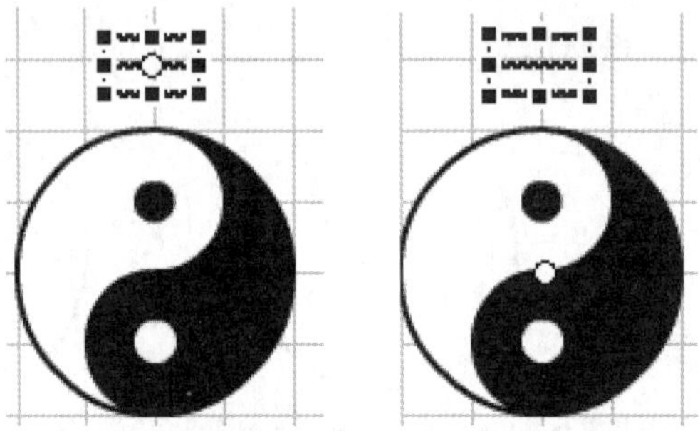

图 11-40　调整图形的中心点的位置

4）选择“窗口”→“变形”菜单命令，弹出“变形”面板，选择“旋转”选项，在“旋转角度”框中输入 45 度（360°÷8=45°），单击面板右下角的“复制并应用变形”按钮七次，复制出另外七个八卦图符，如图 11-41 所示。

图 11-41　复制出另外七个八卦图符

5）单击“绘图”工具栏上的“橡皮擦工具”，在该工具栏的下方的“选项”区中，单击“橡皮擦形状”按钮，在弹出的选项中，选择最小的方块形状；依次将鼠标指针移到八卦图符一些直线的中间，单击鼠标将其擦除，使其形成断线，如图 11-42 所示，太极八卦图绘制完成。

（3）制作说明文字。

1）单击“绘图”工具栏上的“箭头工具”按钮，移动鼠标指针到太极八卦图的左上角，按住鼠标不放，向右下角拖出一个矩形框，当矩形框将全部图形包围时，松开鼠标，将整个图形全部选中，按 Ctrl+G 键，将其组合成一个图形对象，如图 11-43 所示。

图 11-42　绘制八卦图

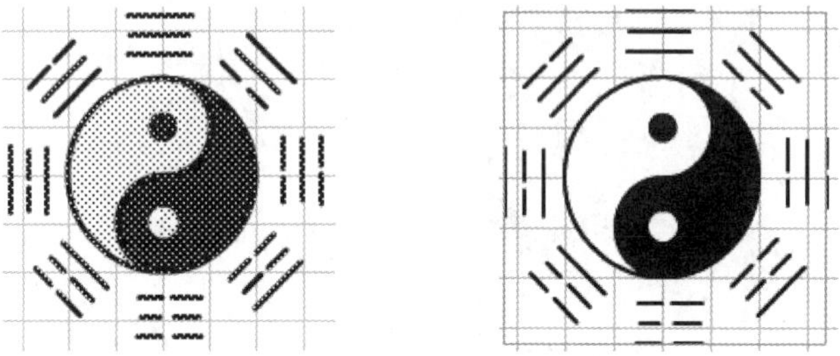

（a）将图形全部选中　　（b）组合图形

图 11-43　将太极八卦图组合成一个图形对象

2）选中该图形，将其拖动到舞台的左上角；单击“绘图”工具栏上的“文本工具”按钮 T，在“属性”面板上，设置字体为“华文新魏”，文字大小为 40，文字颜色为红色，在舞台右上角输入标题文字“太极八卦与二进制数”。

3）在太极八卦图的正下方输入如图 11-44（a）所示的文字，字体为“华文楷体”，大小为 30、颜色为绿色；在标题的正下方输入如图 11-44（b）所示的文字及图符，其中文字“两仪、四象、八卦”的字体为“华文中宋”、大小为 20、颜色为蓝色；文字“阳爻、阴爻”的字体为“华文中宋”、大小为 15，颜色为黑色；最下面一行文字的字体为“黑体”，大小为 20，颜色为黑色，整个太极八卦图就制作完成。

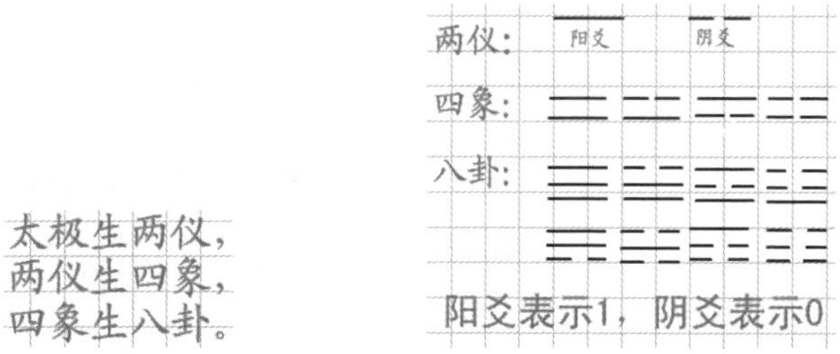

（a）舞台左下角文字　　（b）舞台右下角文字

图 11-44　输入文字

11.3.3　绘制香港特别行政区区旗

中华人民共和国香港特别行政区区旗是一面中间配有五颗星的动态紫荆花图案的红旗。红旗代表祖国，紫荆花代表香港，紫荆花红旗象征香港是祖国不可分割的一部分，在祖国的怀抱中兴旺发达。花蕊上的五颗星象征着香港同胞心中热爱祖国。花呈白色表示有别于代表祖国其他部分的红色，即象征“一国两制”。下面利用“钢笔工具”来绘制香港特别行政区区旗，效果图如图 11-45 所示。

制作方法：

（1）导入图片文件。

1）在 Flash CS5 中新建一个空白文件，选择“文件”→“导入”菜单命令，弹出如图 11-46 所示的“导入”对话框，在“查找范围”下拉列表框中，选择导入文件的位置；选中要导入的文件“香港区旗.gif”，单击“打开”按钮，将该图片文件导入。

图 11-45　香港特别行政区区旗

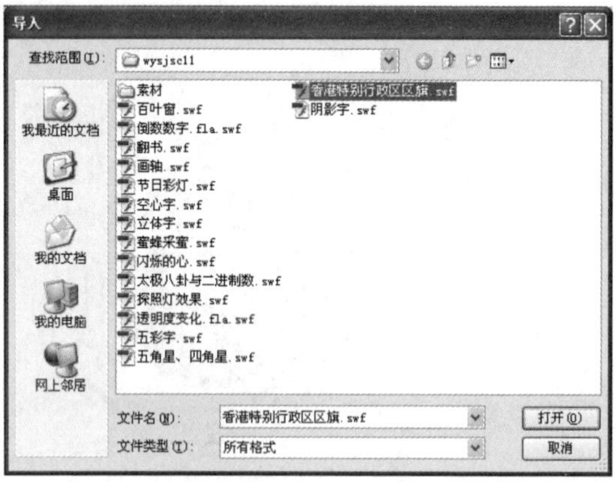

图 11-46　导入图片文件

2）在“时间轴”面板上，双击“图层 1”层的名称，将图层的名称改为“图片”；单击该图层的“锁定”列，出现“锁定”图标，表示该图层已被锁定，该图层中的图片将不能被编辑，防止误操作。

（2）绘制图形。

1）单击“时间轴”面板左下角的“插入图层”按钮，在“图片”图层上新建一个图层，双击该图层的名称，将其改名为“绘画”，如图 11-47 所示。

2）在“绘图”工具栏上单击“查看”区中的“缩放工具”按钮，将鼠标指针移到舞台中央上方的紫荆花花瓣上单击，将其局部放大。

3）选择“编辑”→“首选参数”菜单命令，在弹出如图 11-48 所示的“首选参数”对话框中，单击“类别”选项卡中的“绘画”选项，在“钢笔工具”栏中，选中“显示钢笔预览”选项，并取消对“显示实心点”的选中状态，单击“确定”按钮完成设置。

图 11-47　插入图层

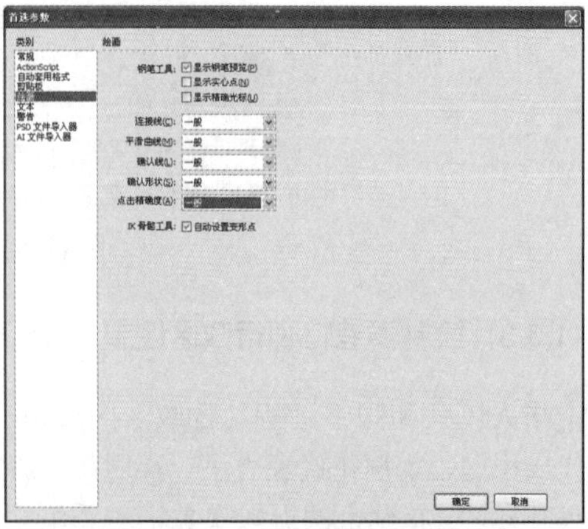

图 11-48　“首选参数”对话框

4）选中“绘画”图层，单击“绘画”工具栏上的“钢笔工具”按钮，在“属性”面板上，设置“笔触颜色”为黑色，“笔触高度”为 1，“填充颜色”为无颜色，如图 11-49 所示。

5）在舞台中央上方紫荆花的花瓣底部单击，出现第 1 个节点（转角点）；在花瓣的左侧边缘，按住鼠标不放并拖动，调整曲线的形状使其与花瓣的形状吻合，松开鼠标，出现第 2 个节点（曲线点），如图 11-50 所示。

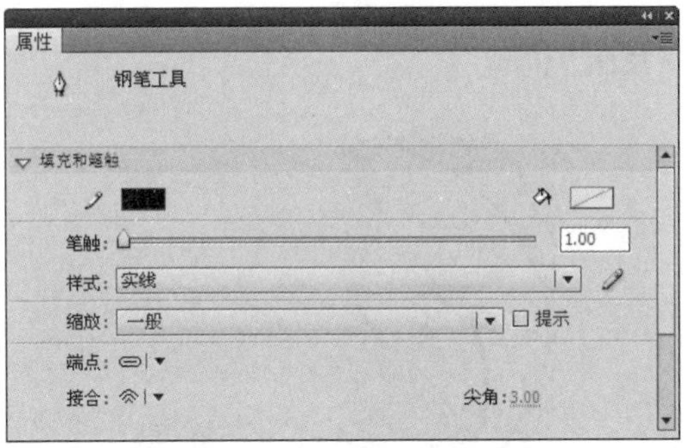

图 11-49　“属性”面板

图 11-50　绘制曲线

6）方法同第 5）步，继续在花瓣边缘的上方创建第 3 个节点，如图 11-51（a）所示。

7）在花瓣的尖角处单击（不拖动鼠标），创建第 4 个节点（转角点），如图 11-51（b）所示。

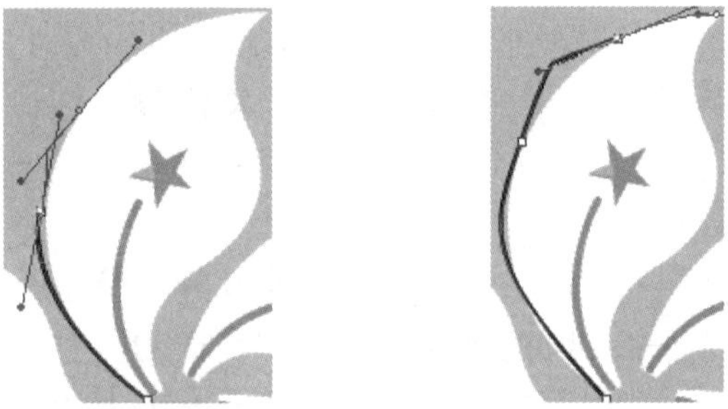

（a）第 3 个节点（曲线点）　（b）第 4 个节点（转角点）

图 11-51　创建节点

8）使用同样的方法绘制其余曲线，并将最后绘制的线条顶点与开始点重合，封闭花瓣图形，如图 11-52 所示。

图 11-52　描出花瓣的轮廓

9）如果绘制的线段不是很平滑，可以单击“绘图”工具栏上的“箭头工具”按钮，选中需要光滑处理的线段，再单击该工具栏下方“选项”区中的“平滑”按钮数次，就可以使线段变得平滑。

10）继续使用“钢笔工具”，依次在花瓣内五角星的顶点处单击，创建多个节点（转角点），各节点间用直线连接；单击“绘图”工具栏上的“箭头工具”按钮，分别选中多余的线段，按 Delete 键将它们删除，如图 11-53 所示。

11）继续使用“钢笔工具”，在“属性”面板上，设置“笔触颜色”为红色，“笔触高度”为 2；单击“主要”工具栏（选择“窗口”→“工具栏”→“主工具栏”菜单命令）上的“贴紧至对象”按钮，取消“贴紧至对象”状态。

12）将鼠标指针移到花瓣内曲线的顶点处单击，如图 11-54（a）所示；然后将鼠标指针移到曲线尾部，单击的同时拖动鼠标，绘制一条与原曲线相吻合的红色曲线，最后将鼠标指针移到该曲线上单击，结束曲线的绘制，如图 11-54（b）所示。

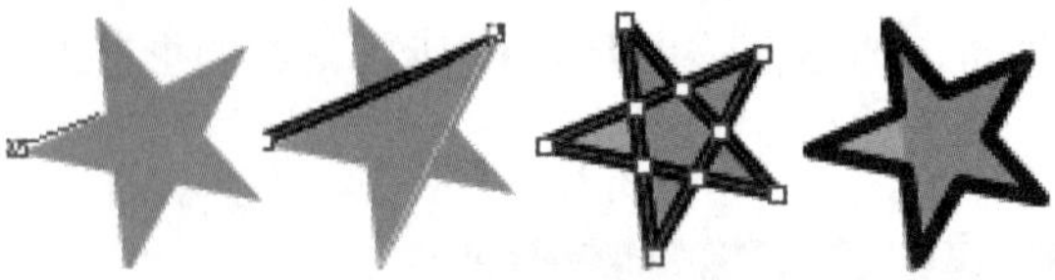

图 11-53　绘制五角星

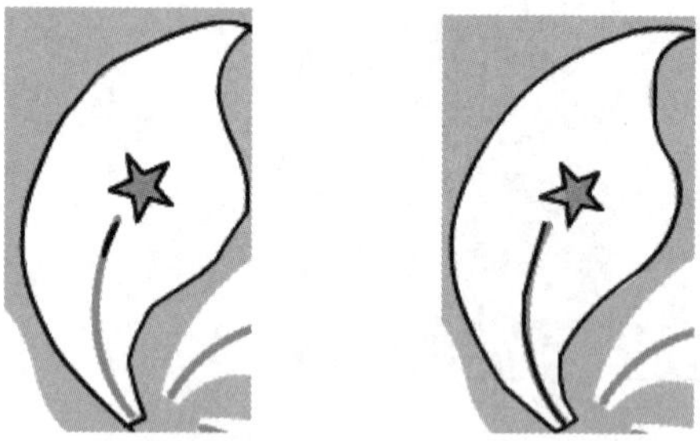

（a）曲线起点的位置　　（b）曲线结束的位置

图 11-54　绘制曲线

13）选择“绘图”工具栏上的“部分选取工具”按钮，将鼠标指针移到上一步骤中绘制的曲线上，单击鼠标，显示出全部节点，拖动曲线下方的节点到花瓣的轮廓线上。

14）单击“绘图”工具栏上的“颜料桶工具”按钮，在该工具栏的“颜色”区中，设置“填充色”为红色，将鼠标指针移到花瓣中五角星内单击，将五角星填充为红色，将花茎填充为金黄色。

15）单击“绘图”工具栏上的“箭头工具”按钮，分别在花瓣及五角星的轮廓线上单击，将它们选中后，按 Delete 键将它删除，如图 11-55（a）所示；然后用鼠标在整个花瓣图形周围拖出一个矩形框，将该图形全部选中，按 Ctrl+G 键将其组合成一个图形对象，如图 11-55（b）所示。

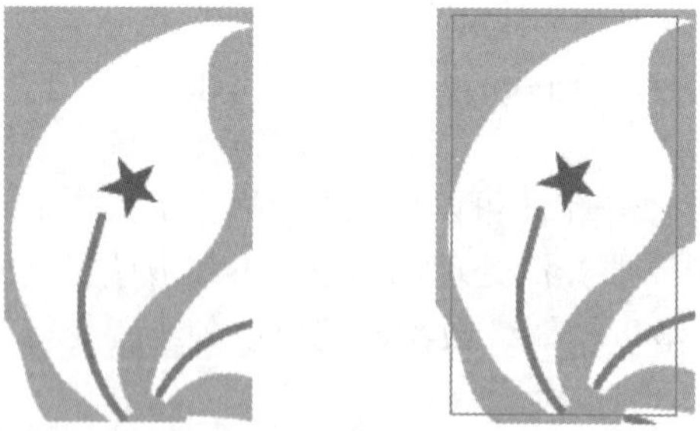

（a）删除轮廓线　　（b）组合图形

图 11-55　删除轮廓线及组合

（3）旋转并复制图形。

1）单击“绘图”工具栏上的“任意变形工具”按钮，选择“修改”→“组合”命令将所有的绘图组合好，在图形周围出现变形控制点，用鼠标将中心控制点拖动到紫荆花图案的中心；在弹出的“变形”面板的“旋转”角度框中输入 72，单击面板右下角的“复制并应用变形”按钮四次，复制出另外四个花瓣，如图 11-56 所示。

2）选中“图片”图层，单击“时间轴”面板左下角的“插入图层”按钮，在“图片”层上新建一个图层，双击图层名，将其改为“红旗”。

3）单击“绘图”工具栏上的“矩形工具”按钮，在该工具栏的“颜色”区中，设置“笔触颜色”为无颜色，“填充色”为红色，绘制一个与图片中红旗相同大小的矩形，如图 11-57 所示。

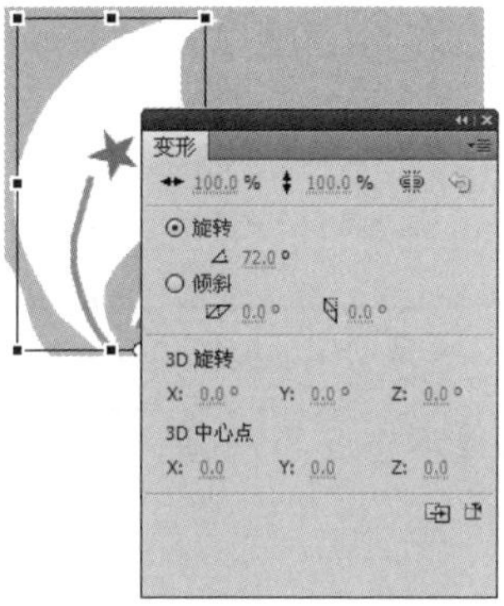

图 11-56　复制图形

图 11-57　绘制矩形

4）单击“绘图”工具栏上的“文本工具”按钮，在“属性”面板上，设置字体为“华纹琥珀”，文字大小为 50，文字颜色为蓝色；在区旗上方输入文字“香港特别行政区区旗”。

5）选中“图片”图层，单击图层窗格右下角的“删除图层”按钮，将该图层删除，整个区旗制作完成。

11.4　元件和实例

11.4.1　元件的简介

元件（又称为图符或组建）是 Flash 创作中的资源单位，包括可重复使用的图形、动画或按钮。它的出现极大地方便了 Flash 的创作，使输入的影片文件体积大大缩小。学过 OOP（面向对象编程）的读者都应该知道对象与实例。元件也是以各种形式存在的。在元件编辑环境中先把标准范例编辑好。作为对象存入元件库中，然后在场景中调用元件库中的元件，此时在场景中的元件就是该对象的一个实例。并可在场景环境中对实例的各个属性如颜色、坐标、声音、效果等进行编辑。没有学过 OOP 的读者可以把对象理解为底片，而实例就是相片，即实例是对象的一个具体实现。修改实例的属性相当于对底片放大或缩小成为相片。

1. 元件分类

在 Flash CS5 中有三种元件，分别是图形元件、影片剪辑元件和按钮元件。

（1）图形元件。图形元件一般是静止的图形，如图 11-58 所示。它可以由多个层构成，但只有一帧，图形元件不能捕获鼠标信息，也不能完成 Action 动作和声音控制。

（2）影片剪辑元件。影片剪辑元件是 Flash 创作的基本资源之一。顾名思义，影片剪辑就是一个影片片断。它的制作过程与制作动画没用什么差别，只不过最终集成为一个元件。

影片剪辑可以插入 Action 语言进行控制，但不能捕获鼠标信息。也就是说，在场景中的影片剪辑不能对鼠标事件响应。影片剪辑有自己的时间轴、工作舞台和层。将影片剪辑调入场景中后，影片剪辑仍将按照自己的时间轴进行播放，如图 11-59 所示。

（3）按钮元件。按钮元件是用于响应鼠标事件的元件，它可以按照相应显示的不同图像状态。在按钮中可以放置图像元件或影片剪辑，但是不能在一个按钮中放入另外一个按钮元件。

按钮元件由四个关键帧组成，因而有四种不同的状态，如图 11-60 所示。

图 11-58 “库”面板中的图形元件

图 11-59 影片剪辑的编辑模式

1）“弹起”帧。代表鼠标指针不在按钮上时的状态。如果不定义点击帧，该状态下的对象就会被作为鼠标响应区域。

2）“指针经过”帧。代表鼠标指针在按钮上时的状态。

3）“按下”帧。代表鼠标单击按钮时的状态。

4）“点击”帧。定义鼠标相应的区域，该帧的状态在影片中是看不见的。如果不需要定义响应帧就可以不定义该帧。

2. 元件的创建

创建元件的方法有如下三种：

第一种：对象转换为元件，在舞台上选取对象来创建元件，被选取的对象仍然在舞台上，但已经变成了元件的实例。被选择的对象还会复制一个新的元件放在库窗口中。

将图形转换为元件的步骤如下：

（1）选取舞台的对象，选择“修改”→“转换为元件”命令或在快捷菜单中选择“转换为元件”命令，还可以按 F8 键。

（2）在弹出“转换为元件”对话框中，输入元件的名称，选择元件的类型，注册定位点，如图 11-61 所示。

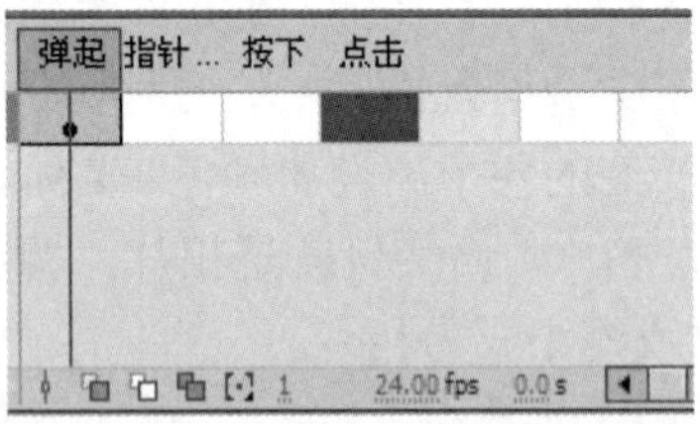

图 11-60 按钮编辑模式下的时间轴

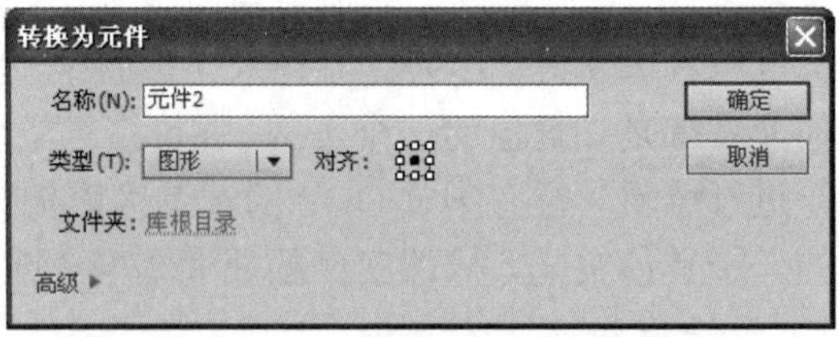

图 11-61 “转换为元件”对话框

这样被选择的图像就成为元件，并且被复制到库中。如果要对已创建的元件进行编辑，可以从“库”面板中双击这个元件，即可进入元件的编辑环境。

注意：*用以存放可以重复使用元件的仓库称为库，其调用的快捷键为 Ctrl+L，也可以选择“窗口”→“库”命令，打开“库”面板。*

第二种：创建新元件。

创建新元件的步骤如下：

（1）通过下列任意一操作创建新元件：

1）从菜单栏中选择“插入”→“新建元件”命令。

2）单击“库”面板底部的按钮。

3）由“库”面板的选项菜单中选择“新建元件”命令，或按 Ctrl+F8 键。

（2）在“创建新元件”对话框中，输入元件名称，选择元件类型，确定定位点。

（3）绘制或者编辑新元件。

（4）完成元件制作后，从菜单中选择“编辑”→“编辑文档”命令，或者在左上角选择“场景”命令，退出元件编辑模式。这样制作的图形对象就称为元件，可放到库里了。

第三种：从共享库中选取。Flash 自带的例子以及常用元件都能从通用的元件库中找到。选择“窗口”→“其他面板”→“公用库”命令，然后在子菜单中寻找可用的实例即可。还可以将找到的元件放进当前场景的“库”面板中以方便使用。

3. 实践技能训练——闪烁的心

创建方法和步骤如下：

（1）按 Ctrl+N 键，创建一个新 FIash 文档。舞台大小、帧频率均使用默认值，文档背景颜色设置为黑色。

（2）绘制矩形，宽为“15.0”，高为“180.0”，无边框，填充色为由黄色（#FFFF00）到白色再到黄色的线性渐变。

（3）使用选择工具调整矩形左上角和右上角顶点的位置，如图 11-62 所示。

（4）选中“光线”，选择“修改”→“转换为元件”命令，打开“转换为元件”对话框，使用默认元件名称“元件 1”，选择“类型”为“图形”，如图 11-63 所示，单击“确定”按钮。

图 11-62　“光线”的制作

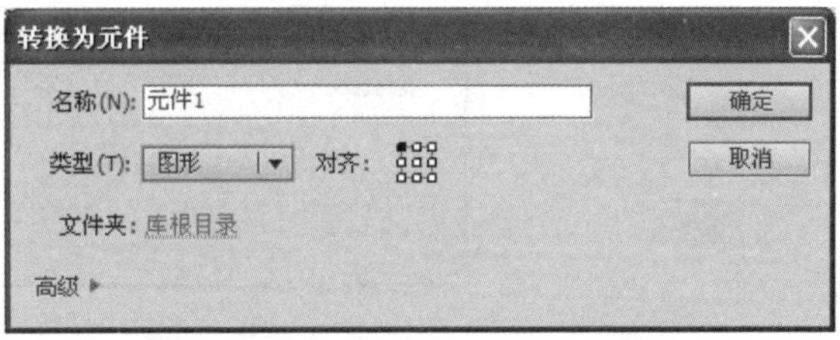

图 11-63　“转换为元件”对话框

（5）使用椭圆工具绘制椭圆形，边框颜色为白色，笔触高度为 1，无填充色。

（6）复制椭圆形，选中副本，选择“修改”→“变形”→“顺时针翻转 90 度”或“逆时针翻转 90 度”命令。将副件置于原件上，如图 11-64（a）所示。删除中心的线段，仅保留四周的线段，如图 11-64（b）所示。

（7）填充颜色为黄色（#FFFF00，Alpha 值为 100%）到白色（Alpha 值为 100%）再到白色（Alpha 值为 0%）的放射性渐变，删除边框线，如图 11-64（c）所示。

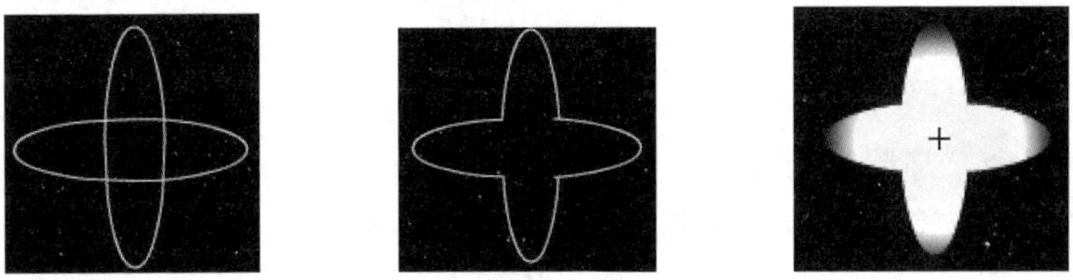

（a）　（b）　（c）

图 11-64　绘制星形

（8）选中“星形”，按 F8 键，打开“转换为元件”对话框，使用默认元件名称“元件 2”，选择“类型”为“图形”，单击“确定”按钮。

（9）按 F11 键，打开“库”面板，单击“库”面板底部的“新建元件”按钮，打开“创建新元件”对话框，使用默认元件名称“元件 3”，选择“类型”为“图形”，单击“确定”按钮。

（10）进入元件编辑模式，分别将“元件 1”和“元件 2”从库中拖到编辑区中，组成如图 11-65（a）所示的图形。

（11）选中右上角的“光线”，选择“修改”→“变形”→“顺时针旋转 90 度”，并调整其位置如图 11-65（b）所示。对左下角的光线应用“逆时针旋转 90 度”，并调整其位置如图 11-65（b）所示。

（12）单击“库”面板底部的“新建元件”按钮，打开“创建新元件”对话框，使用默认元件名称“元件 4”，选择“类型”为“影片剪辑”，如图 11-66 所示，单击“确定”按钮。

（13）进入元件编辑状态。选中第 5 帧，按 F7 键插入空白关键帧。在“库”面板中选择“元件 3”并将其拖到舞台中，如图 11-67（a）所示。

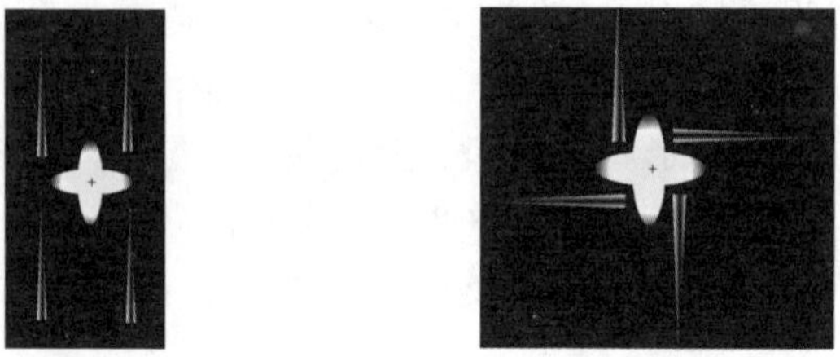

（a）　　（b）

图 11-65　组合光线和星形

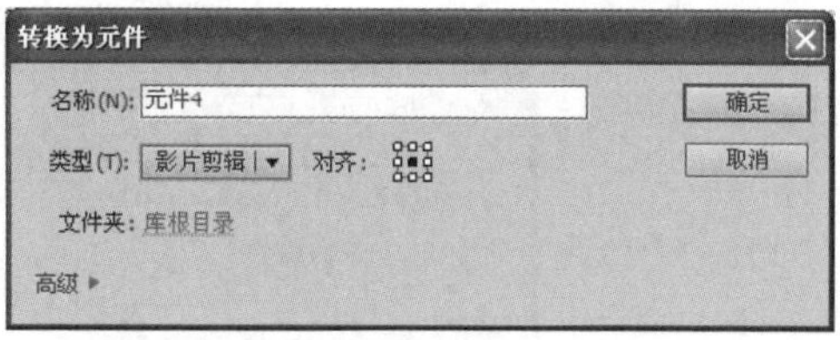

图 11-66　“创建新元件”对话框

（14）在第 10 帧中插入关键帧，并添加一颗“星”，如图 11-67（b）所示。

（15）接下来每间隔 4 帧插入一个关键帧并添加一颗星，共 11 颗，如图 11-67（c）所示。

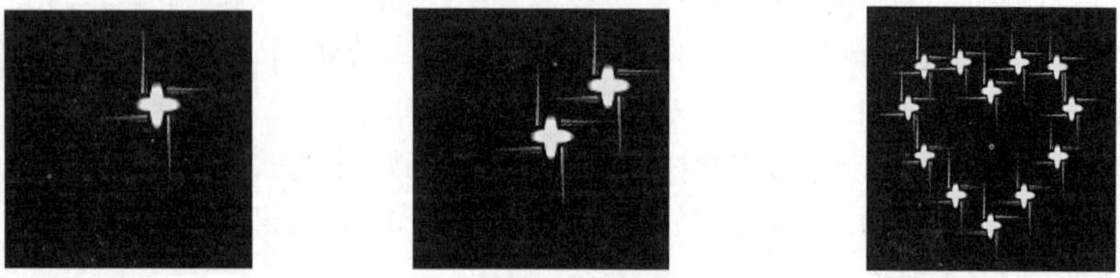

（a）第 5 帧　　（b）第 10 帧　　（c）最后一个关键帧

图 11-67　元件 4

（16）返回场景，删除舞台中的“光线”和“星”。将元件 4 从库中拖到面板中。

（17）按 Ctrl+S 键，保存文档并将文件命名为“闪烁的心.fla”。

（18）按 Ctrl+Enter 键，测试影片。星星依次显示，组成一个心形。

11.4.2　实例

元件创建后，它就自动存入该文件的“库”面板中。将元件从“库”面板中拖动到舞台上，就生成了元件的一个实例。实例是元件的实际运用，在舞台上对实例进行各种操作，如缩放、修改实例的颜色效果、变形等操作都不会影响“库”面板中的元件，对根据同一元件创建的不同实例可以进行不同的设置和修改。

1. 创建实例

创建实例的方法比较简单，只需要在“库”面板中选择需要的元件，按住鼠标左键拖动舞台上释放即可，如图 11-68 所示。

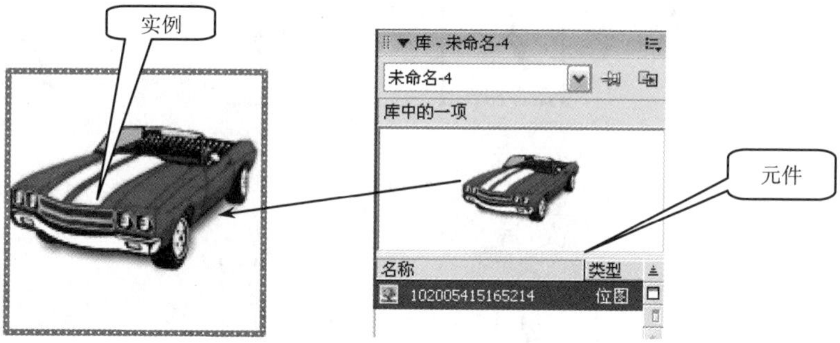

图 11-68 创建实例

2. 编辑实例

实例来源于元件，当元件改变时，其对应的实例也将随之发生改变；而编辑实例却不会影响“库”面板中的元件。每个元件可以有多个与之对应的实例，每个实例都可以独立编辑，互不影响。下面对一个实例进行缩放和旋转。

将元件从“库”面板中拖到舞台上，创建与之对应的实例，可以根据实际制作需要来调整实例的大小和旋转角度，下面以“钢笔”为例介绍缩放和旋转实例的操作方法：

（1）选择“窗口”→“库”菜单命令，弹出“库”面板，将该面板中的图形元件“钢笔”拖动到舞台上，创建与该元件对应的实例，如图 11-69 所示。

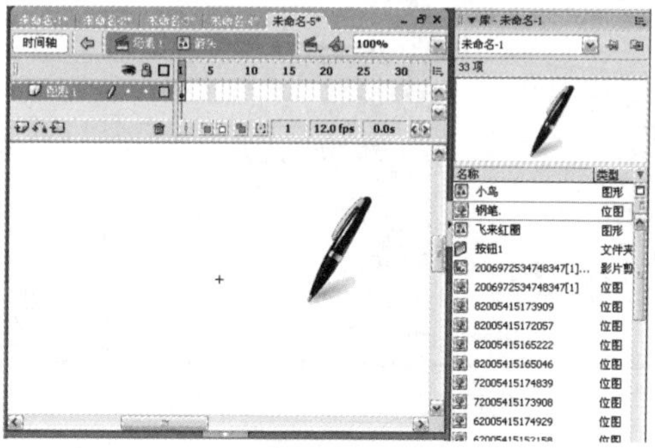

图 11-69 创建实例

（2）选中该实例，单击“绘图”工具栏上的“任意变形工具”按钮，此时在图形周围出现变形控制点，如图 11-70（a）所示。

（3）将鼠标指针移到图形右上角的控制点上，当鼠标指针变形为形状时，按住键不放，向右上角拖动鼠标，将图形等比例放大，如图 11-70（c）所示。

（4）再次选中该实例（钢笔图形），单击“绘图”工具栏上的“任意变形工具”按钮，在该工具栏下方的“选项”区中，将鼠标指针移到图形右上角的控制点上，当鼠标指针变形为形状时，向右下角拖动鼠标，将图形顺时针旋转，如图 11-71 所示。

11.4.3 几种特殊的元件和实例的介绍

在制作 Flash 时，有时可能从外部导入很多的元件，元件导入的方法是：执行“文件”→

“导入”→“导入到库”命令时，将在弹出的“导入”对话框中打开“文件类型”下拉列表，可以看到，Flash CS5 支持图像、声音、视频等几十种格式，如图 11-72 所示。

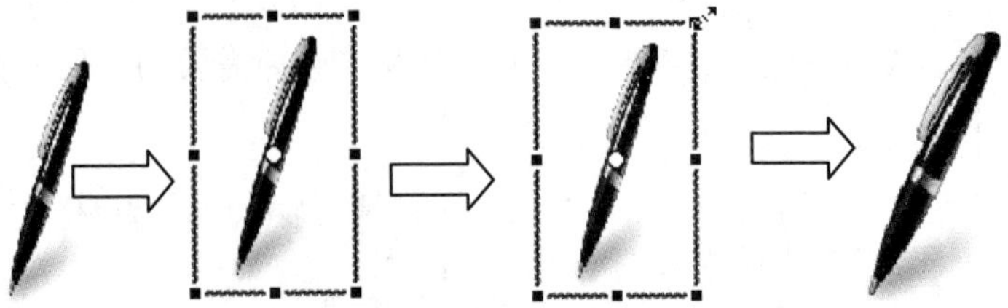

（a）　　　　（b）　　　　（c）

图 11-70　放大实例

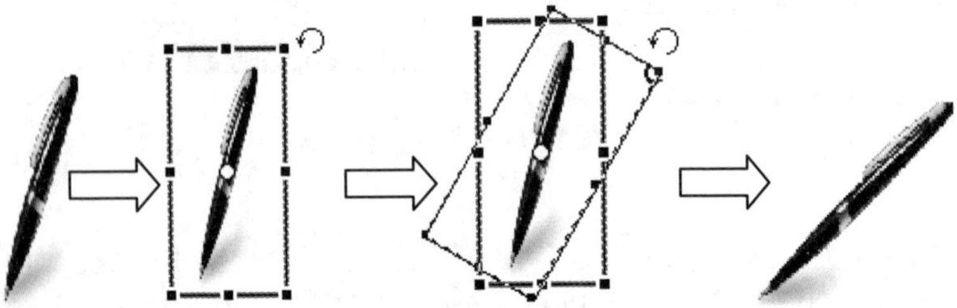

图 11-71　旋转实例

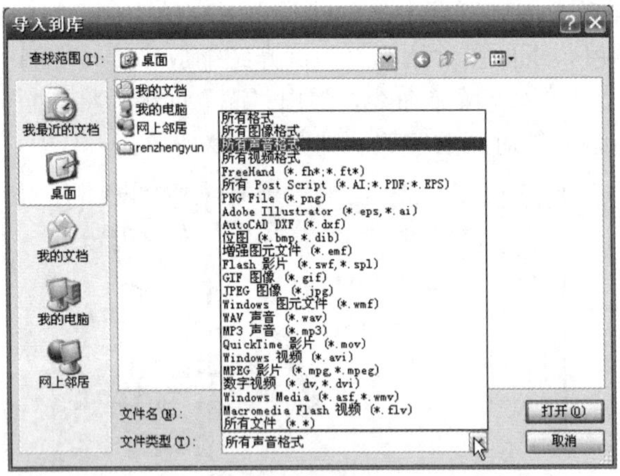

图 11-72　“文件类型”对话框

根据设计的需要，Flash 环境中产生的元件的使用情况可能不会完全一样，大致有以下几种情况：

（1）位图被导入“舞台”后，在“库”中直接为其创建一个“元件”对象，而它在“舞台”上的图片也就被称为“某元件的实例”，但这种“实例”的能力有限，它实际上是一种“成组的元素”，除了可以做“动作变形”及改变位置、大小和方向，其他什么也干不了，要想将位图图形转换为万能的元件，必须选中它，然后按住键盘上的 F8 键，把它重新定义为一个新的元件。

（2）声音被导入“舞台”后，在“舞台”上什么也看不到，在“库”面板中，声音自动被定义为“元件”，它在“舞台”上的“实例”应用，可以在帧的“属性”面板中设置，对于声音在“舞台”上的每个“实例”，可以“斩头去尾”并进行其他的特效处理，而不影响声音“元件”在“库”元件中的原来特征。利用这一特点，可以仅用一个声音文件就能在动画中得到不同的声音效果，由于声音文件一般比较大，从而节约了大量的资源。

（3）视频被导入“舞台”后，同样在“库”中为其定义了一个“元件”，它在“舞台”上的实例仅能改变位置、大小，它实际上是一个“封装”了的“动画系列”。

（4）矢量图被导入“舞台”后，仅出现在“舞台”中，“库”中没有其对应“元件”，舞台中矢量图形保留了原来创作过程中的全部“路径”结构，这是动画制作过程中最为得心应手的动画元素。

（5）当在“场景”中输入一段文字后，它以一种特殊的“组合”方式出现，在你未能把“组合”解散前，仍然可以编辑它，包括文字内容、字体、字号和颜色等属性。更为重要的是，还可以赋予文本对象以特定“角色”（“静态文本”、“动态文本”和“输入文本”等，缺省的是“静态文本”）。而一经解散“组合”，它就与一般的图形“素材”一样。

11.4.4 元件库

“库”是使用频率最高的面板之一，缺省情况下，“库”被安置在“面板集合”中，“库”存放着动画做成的所有元件，灵活地使用“库”，合理地管理“库”，对于动画设计和制作无疑是极其重要的。

1. 管理元件

（1）使用“元件项目列表”。Flash CS5“库”中的“元件项目列表”采用“可折叠文件夹”树状结构，一个较大的动画作品，往往拥有几百个元件，利用“库”中的“项目列表”这一特性可为动画中所有元件作有序归类，图 11-73 为一个 MTV 作品的“库”项目情况。

很多情况下，还要从作品中取用一些元件，这时可以通过执行“文件”→“导入”→“打开外部库”命令，打开一个对话框，选择目标源文件，单击“确定”按钮后，Flash 就会在舞台上打开一个单独的“库”，这时可以把需要的元件拖放到当前文档的“库”中，以后就可随意使用这些被拖入的元件了。

“元件项目列表”的文件夹还可以“嵌套”，不过，过于复杂的文件嵌套，反而觉得不太方便。

（2）元件的排序。当向“库”内添加新元件时，它不时出现在列表的上面，它在列表中的位置似乎是随机安排的，因为默认时，“库”的“元件项目列表”是按“元件名称”排列的，英文名与中文名混杂时，英文在前，中文按照其对应的字符码排列，显然这种排列方式不利于查找元件。

“元件项目列表”的顶部有五个“项目按钮”，它们是“名称”、“类型”、“使用次数”、“链接”和“修改日期”，其实它们是一组“排序”按钮，单击某一按钮，“项目列表”就按其标明的内容排序。

（3）用“图形”识别元件类型。Flash CS5 的“元件列表”中，除了“类型”这一列“名称”外，还提供了更详细的元件“类型图标”，如图 11-74 所示，从这些图标的外观很容易识别各元件的类型，有时，利用“识别图标”，再结合“类型”排序，是查找“元件”的最快捷手段。

2. 元件库的使用

（1）清理多余项目。随着动画制作的进展，“库”项目将变得越来越杂乱。这样将浪费很多宝贵的源文件空间，从“库”菜单中单击“选择未用项目”命令，Flash 会把这些未用的元件全部选中，如图 11-75 所示，这时可以单击菜单中的“删除”命令，也可以直接单击按钮，将它们删除。

图 11-73　组织“元件项目列表”

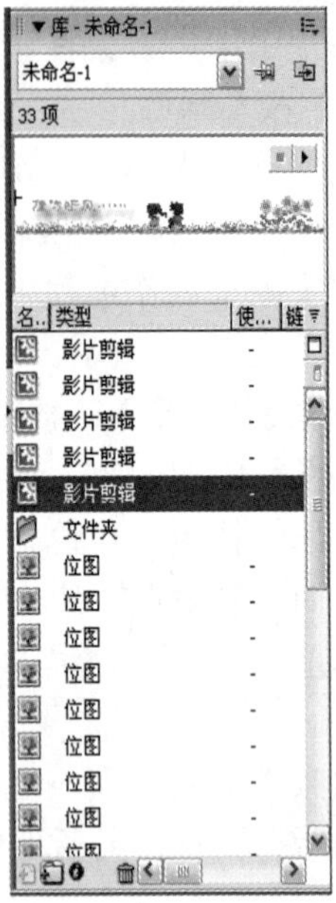

图 11-74　元件的图标识别

清除多余元件项目时，有时可能得重复几次，因为有的元件内还包含了大量其他“子元件”，第一次显示的往往是“母元件”，“母元件”删除后，其他“子元件”才显露出来。另外，该命令有时对一些多余的位图元件起不了作用，只好手动操作。

经过清理的“库”，不仅看上去整洁，而且会使源文件（*.fla）大大缩小。清理“库”后，一定要用“另存为”命令将文件存为另一副本，否则“库”整洁了，而“源文件”却并没有缩小。

（2）公用元件库。在“窗口”→“公用元件库”菜单列表中，可以看到 Flash CS5 为用户提供“学习交互”、“按钮”和“类”三个类别的常用“元件”，选择其中之一，在“舞台”上就会出现一些相应的“公用元件库”。图 11-76 所示为选择“按钮”对应的“公用库”。

图 11-75　清除多余元件项目

图 11-76　“库-按钮”面板

11.5　逐帧动画

逐帧动画是一种常见的动画形式，它的原理是在“连续的关键帧”中分解动画动作，也就是在每一帧中设置不同的画面，连续播放而形成的动画。

逐帧动画的帧序列内容不一样，不仅增加了制作负担而且最终输出的文件量也很大，但它的优势也很明显：因为它与电影播放的模式相似，很适合于表演细腻的动画，如 3D 效果、人物或动物急剧转身等效果。

11.5.1　逐帧动画的概念及表现形式

在时间帧上逐帧绘制帧内容称为逐帧动画，由于是一帧一帧地画，所以逐帧动画具有很大的灵活性，几乎可以表现任何想表现的内容。逐帧动画在时间轴上表现为连续出现的关键帧，如图 11-77 所示。

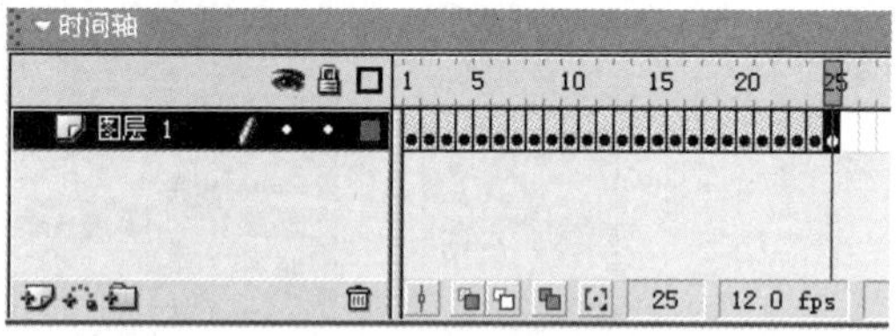

图 11-77　逐帧动画在时间轴上的表现

11.5.2　逐帧动画的制作方法

创建逐帧动画的常见方法有以下几种：

（1）用导入的静态图片建立逐帧动画。用 jpg、png 等格式的静态图片连续导入到 Flash 中，就会建立一段逐帧动画。

（2）绘制矢量逐帧动画。用鼠标或压感笔在场景中一帧一帧地画出每帧的内容。

（3）文字逐帧动画。用文字作为帧中的内容，实现文字跳跃、旋转等效果。

（4）指令逐帧动画。在时间帧面板上，逐帧写入动作脚本语句来完成元件的变化。

（5）导入序列图像。可以导入 GIF 序列图像、SWF 动画文件或者利用第三方软件（Swish、Swift、3D 等）产生动画系列。

注意：Flash CS5 支持以下类型的动画。

逐帧动画：使用此动画技术，可以为时间轴中的每个帧指定不同的图像，从而创建与快速连续播放的影片帧类似的效果。要求每一帧的图形元素必须不同，此技术非常有用。

补间动画：使用补间动画可设置对象的属性，如一个帧以及另一个帧的位置和 Alpha 透明度。补间动画对于由对象的连续运动或变形构成的动画非常有用。补间动画在时间轴中显示为连续的帧范围，默认情况下可以作为单个对象进行选择。补间动画功能强大，易于创建。

传统补间：传统补间与补间动画类似，但是创建起来更复杂。传统补间允许一些特定的动画效果，使用基于范围的补间不能实现这些效果。

补间形状：在 Flash 中，可在时间轴中的特定帧绘制一个形状，然后在另一个特定帧绘制另一个形状。Flash 可以在中间设置帧的中间形状，创建一个形状变形为另一个形状的动画。

反向运动：反向运动用于伸展和弯曲形状对象以及链接元件实例组，使它们以自然方式一起移动。可以在不同帧中以不同方式放置形状对象或链接的实例，Flash 将在中间内插帧的位置。

11.5.3 逐帧动画实例

1．倒数数字

操作步骤如下：

（1）执行“文件”→“新建”命令，弹出“新建文档”对话框，新建一个“Flash 文档”，单击“确定”按钮。

（2）单击时间轴上的图层 1 的第 1 帧，使用文字输入工具在绘图区域输入数字 9，如图 11-78 所示，将数字颜色设置为红色，大小设置为 200，如图 11-79 所示。

图 11-78 输入数字 9

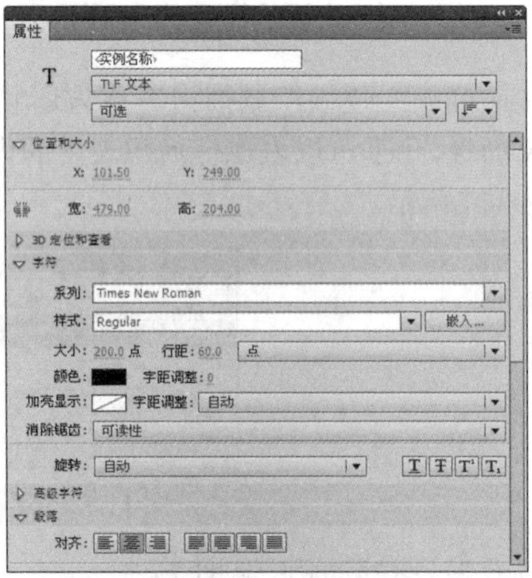

图 11-79 设置文本

（3）这时可以看到，在时间轴上的第 1 帧变成一个黑色的小圆点，这说明已经有对象加入第 1 帧。在第 2 帧的位置右击，选择“插入关键帧”命令，在第 2 帧的位置插入关键帧，这时可以看到，第 2 帧也变成了一个黑色的小圆点，这说明：在插入关键帧的同时将第 1 帧的对象也复制到了第 2 帧上。继续添加其余的关键帧，如图 11-80 所示。

（4）使用“文本工具”，选择第 2 帧，双击鼠标左键，选中文字，将 9 改为 8，并将颜色设置为粉红色，如图 11-81 所示。

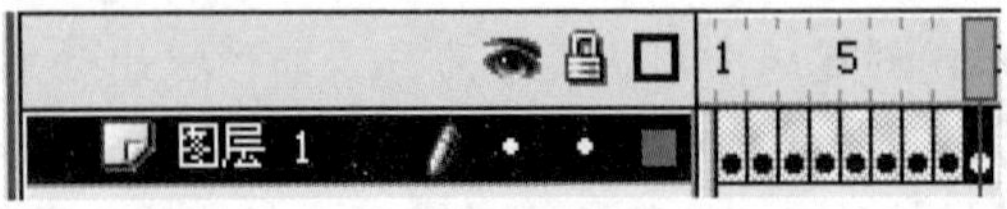

图 11-80 添加第 2 帧到第 9 帧

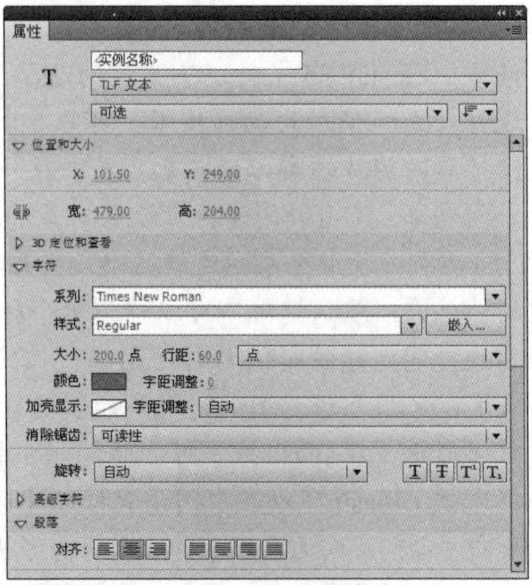

图 11-81 修改文本

（5）以同样的方式依次将其余各关键帧的内容修改为 7、6、5、4、3、2、1、0。颜色依次为蓝色、绿色、黄色、橙色、黑色、紫色、淡蓝色、黑绿色。

（6）按 Enter 键播放动画，可以看到数字的倒数功能出现了，这时执行“控制”→“测试影片”命令，查看动画的执行情况。执行“文件”→“导出”→“导出影片”命令，在弹出的“导出影片”对话框中将动画保存为“倒数文字.fla”。

2. 汉字“龙”的书写

操作步骤如下：

（1）按 Ctrl+N 键，创建一个新 Flash 文档。舞台大小、帧频率及背景颜色均使用默认值。

（2）选择文本工具，并在舞台上输入一个“龙”字，字体为隶书，字号为 200，字体颜色为黑色，如图 11-82 所示。

（3）选中“龙”字，并按 Ctrl+B 键将其打散。

（4）单击第 16 帧，并按 F6 键，插入关键帧。

（5）单击第 2 帧并按 F6 键，插入关键帧，并删除字的一部分，使其如图 11-83 所示。

（6）其他的一些主要帧如图 11-84 至图 11-87 所示，各帧都是通过与写字落笔相反的顺序将字一步一步删除的。

此时，我们得到的是反向的写字过程，而我们要的是顺序写字的过程，没关系，继续进行下一步的操作。

（7）右击第 1～16 帧中的任意一帧，从快捷菜单中选择“选择所有帧”命令。

（8）再次右击被选择的全部帧，从快捷菜单中选择“翻转帧”命令，此时所有帧被反转，这就得到了一个写字过程的动画。

图 11-82　输入“龙”字

图 11-83　第 2 帧

图 11-84　第 5 帧

图 11-85　第 7 帧

图 11-86　第 13 帧

图 11-87　第 16 帧

（9）按 Ctrl+S 键，保存文档并命名为“龙字.fla”。

（10）按 Ctrl+Enter 键，测试影片。

11.6　创建形状补间动画

形状补间动画是 Flash 中非常重要的表现手法之一，运用它可以变幻出各种奇妙的变形效果。

本节从形状补间动画基本概念入手，介绍形状补间动画在时间轴上的表现，了解补间动画的创建方法，学会应用“形状提示”让图形变得自然流畅，最后通过实例的讲解，使读者对形状补间动画有更深刻的理解。

1. 形状补间动画的概念

在一个关键帧中绘制一个形状，然后在另一个关键帧中改变形状或绘制另一个形状，Flash根据二者之间的形状来创建的动画被称为“形状补间动画”。

2. 构成形状补间动画的元素

形状补间动画可以实现两个图形之间颜色、形状、大小和位置的相互变化，其变形的灵活性介于逐帧动画和动画补间动画两者之间，使用的元素多为用鼠标或压感笔绘制出的形状，如果使用图形元件、按钮或文字，则必须先“分离”，才能创建变形动画。

3. 形状补间动画在时间轴面板上的表现

形状补间动画建好后，时间帧面板上的背景色变为淡绿色，在起始帧和结束帧之间有一个箭头，如图 11-88 所示。

4. 创建形状补间动画的方法

在动画开始播放的地方创建或选择一个关键帧，并设置要开始变化的形状，一般一帧中以一个对象为好，在动画结束处创建或选择一个关键帧并设置要变成的形状，再单击开始帧，在“属性”面板上单击“补间”旁边的下拉按钮，在弹出的菜单中选择“形状”，此时，时间轴上的变化如图 11-88 所示，一个形状补间动画就创建好了。

5. 形状补间动画的属性面板

Flash 的“属性”面板随鼠标选定的对象不同而发生相应的变化，当建立了一个形状补间动画后，单击帧，属性面板如图 11-89 所示。

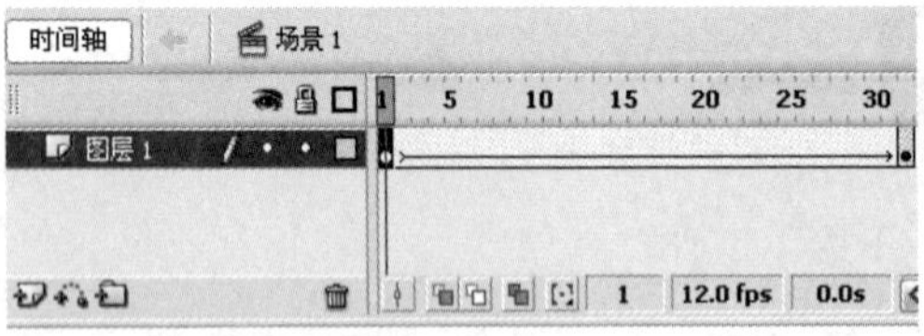

图 11-88　形状补间动画在时间轴面板上的表示标记

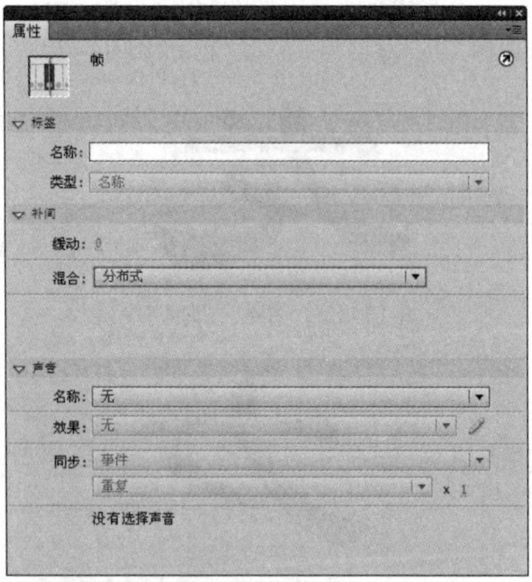

图 11-89　形状补间动画的属性面板

形状补间动画的“属性”面板上只有两个参数：“缓动”选项和“混合”选项。

（1）单击“缓动”选项右边的按钮，会弹出滑动杆，拖动上面的滑块可以调节参数值，也可以在文本框中直接输入具体的数值。设置后，形状补间动画会随之发生相应的变化。

1）在–1～–100 的负值之间，动画运动的速度从慢到快，朝运动结束的方向加速补间。

2）在 1～100 之间，动画运动的速度从快到慢，朝运动结束的方向减慢补间。

默认情况下，补间帧之间的变化速率是不变的。

（2）“混合”选项下拉列表框中有“角形”选项和“分布式”选项两项供选择。

1）“角形”选项：动画中间形状会保留有明显的角和直线，适合于具体锐化转角和直线的混合形状。

2）“分布式”选项：动画中间形状比较平滑和不规则。

6. 形状提示的使用

形状补间动画看似简单，实则不然，Flash 在“计算”两个关键帧中图形的差异时，远不如我们想象中的那么“聪明”，尤其是图形前后差异较大时，变形结果会显得乱七八糟。这时，利用“形状提示”功能会大大改善这一情况。

（1）形状提示的作用。在“起始形状”和“结束形状”中添加相应的“参考点”，使 Flash 在计算变形过渡时依一定的规则进行，从而较有效地控制变形过程。

（2）添加形状提示的方法。单击形状补间动画的开始帧，执行“修改”→“形状”→“添加形状提示”命令，该帧在形状上就会增加一个带字母的红色圆圈。相应地，在结束帧形状中也会出现一个“提示圆圈”。用鼠标左键单击并分别按住两个“提示圆圈”，放置在适当的位置，拖放成功后开始帧上的“提示圆圈”变成黄色，结束帧上的“提示圆圈”变为绿色，拖放不成功或不在一条曲线上的时候，“提示圆圈”颜色不变，如图 11-90 所示。

图 11-90　添加形状提示后各帧的变化效果

7. 形状渐变动画实例——翻书

（1）按Ctrl+N键，创建一个新Flash文档。舞台大小、帧频率及背景颜色均使用默认值。

（2）按Ctrl+F8键，创建一个名为“cover1”的图形元件。

（3）在元件编辑模式中，使用矩形工具绘制宽164.0、高216的矩形，无边框，填充颜色为#1C4064。输入文本“红楼梦”，字体为楷体_GB2312，大小为25，颜色为#CC9933。使用矩形工具绘制矩形线框，颜色为黑色，宽度为1，围绕在文本周围，如图11-91所示。

（4）按Ctrl+F8键，创建一个名为“cover2”的图形元件。绘制一个大小和填充颜色均与“cover1”相同的矩形。

（5）返回场景，打开“库”面板，将元件“cover1”拖动到舞台中。

（6）分别在时间轴的第10帧和第25帧插入关键帧。

（7）选中第25帧中的实例，选择任意变形工具，在对象上显示控制手柄。将变形中心移到实例的左侧边中心位置，如图11-92所示。

图 11-91　元件“coverl”

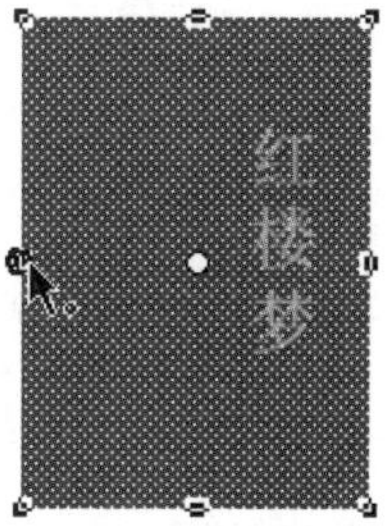

图 11-92　左移变形中心

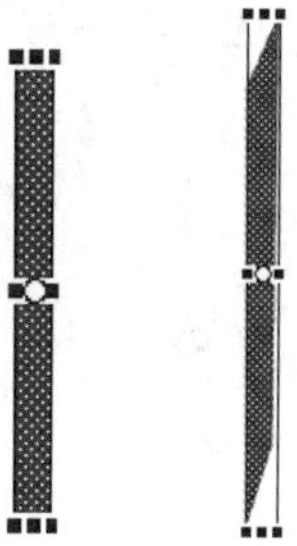

图 11-93　实例变形

（8）向左拖动实例右边上中心位置上的控制柄，先将实例压扁，然后再向上拖动，如图 11-93 所示。

（9）右击时间轴的第 10 帧，从快捷菜单中选择“创建补间动画”命令。

（10）选择第 26 帧，按 F5 键插入静止帧。

（11）添加图层 2。选择第 26 帧，按 F7 键，插入空白关键帧。将元件“cover2”拖动到舞台中，位置如图 11-94 所示，然后在第 45 帧插入关键帧。

（12）选中图层 2 第 26 帧中的实例，使用任意变形工具，将变形中心移到实例右侧边的中心位置（如图 11-95 所示），并改变实例形状（如图 11-96 所示）。

（13）右击图层 2 第 26～45 帧之间的任意帧，从快捷菜单中选择“创建补间动画”命令。清除图层 1 的第 26 帧。

（14）添加图层 3，将元件“cover2”拖动到舞台中，位置与图层 1 中的实例重合，并将图层 3 移到图层 1 的下方。

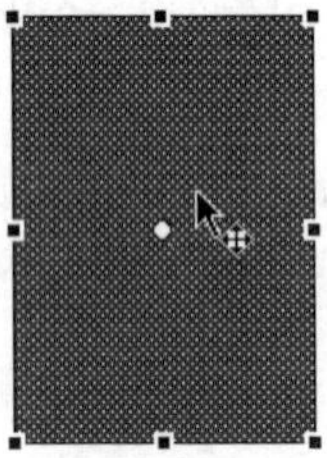

图 11-94　插入元件“cover2”

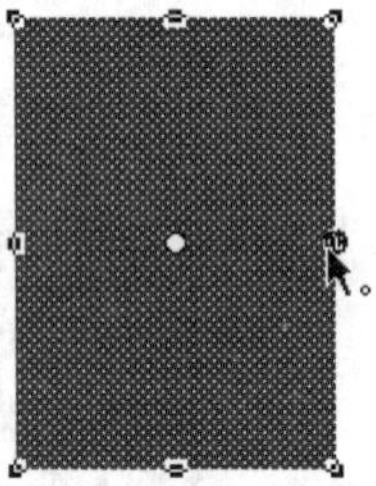

图 11-95　右移变形中心

图 11-96　变形实例

（15）在图层 3 中绘制矩形，宽和高比“cover2”略小 2 像素，填充色为浅黄色并置于“cover2”上方。第 45 帧中书打开时的情景如图 11-97 所示。

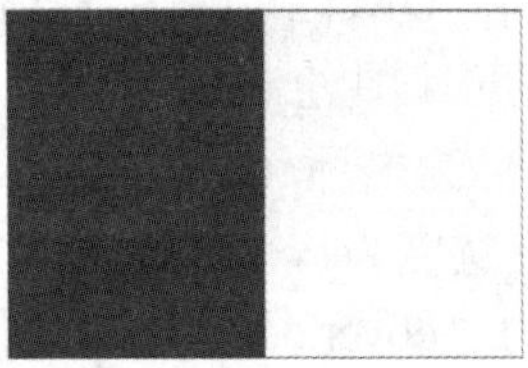

图 11-97　第 45 帧

（16）按 Ctrl+S 键，保存文档并命名为“翻书.fla”。

（17）按 Ctrl+Enter 键，测试影片，效果如图 11-98 所示。

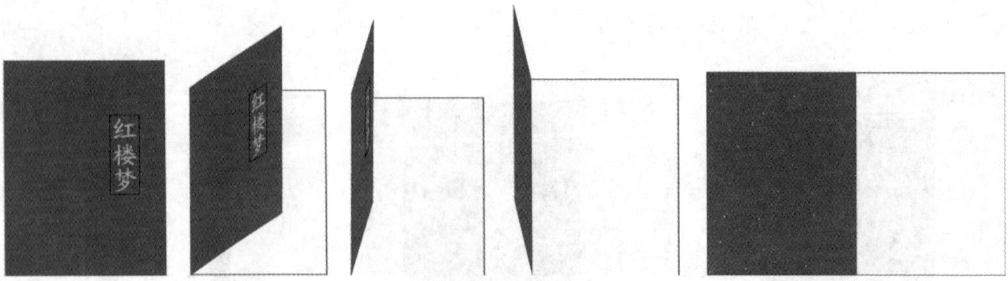

图 11-98　翻书动作

11.7　遮罩动画

在 Flash 的作品中，经常看到很多眩目神奇的效果，而其中不少就是由遮罩动画来完成的，如水波、万花筒、百叶窗、放大镜、望远镜和探照灯等。

11.7.1　遮罩动画的概念

1. 遮罩图层的概念

遮罩图层动画是 Flash 中的一个很重要的动画类型，很多效果丰富的动画都是通过遮罩动画来完成的，在 Flash 的图层中有一个遮罩图层类型，为了得到特殊的显示效果，可以在遮罩图层上创建一个人字形状的视窗，遮罩层下方的对象就可以通过该“视窗”显示出来，而视窗之外的对象就将不会显示。

可以用面具来理解遮罩层，当一个人戴上面具的时候，只可以从面具上镂空的地方看到一部分脸，脸的其他部分都被面具遮住了。遮罩层的作用也一样。可以根据显示的需要，在遮罩层上挖出一些“洞”，只有在有“洞”的地方才能看到下面的内容，而下面层上的其他内容看不到。

2. 遮罩图层的作用

在 Flash 动画中，“遮罩”主要有两种用途：一个作用是用在整个场景或一个特定的区域，使场景外的对象或特定区域外的对象不可见；另一个作用是用来遮罩某一元件的一部分，从而实现一些特殊的效果。

11.7.2　遮罩动画的创建方法

1. 创建遮罩

在 Flash 中设有一个专门的按钮来创建遮罩层，遮罩层其实就是由普通图层转化而来的。只要在某个图层上右击，在弹出菜单中选择“遮罩层”命令，该图层就会生成遮罩层，“层图标”就会从普通层图标变成遮罩层图标，系统就会把遮罩层下面的一层关联为“被遮罩层”，在缩进的同时图标变为，如果想关联更多层被遮罩，只要把这些图层拖到被遮罩层就可以了，如图 11-99 所示。

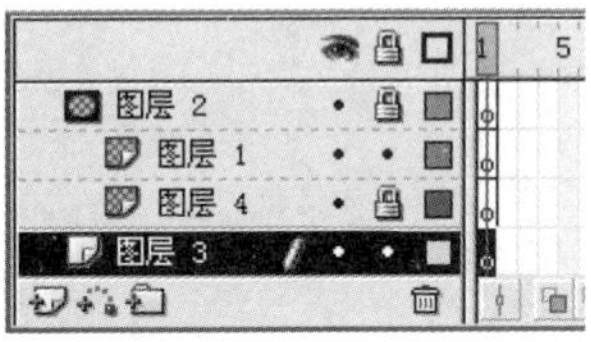

图 11-99　一个遮罩层下面有多个被遮罩层

2. 构造遮罩层和被遮罩层的元素

遮罩层的图形对象播放时是看不到的，遮罩层中的内容可以是按钮、影片剪辑、图形、位图、文字等，但不能使用线条。如果一定要用线条，可以将线条转化为“填充”。

被遮罩层中的对象只能透过遮罩层中的对象被看到。在被遮罩层，可以使用按钮、影片剪辑、图形、位图、文字、线条。

3. 遮罩中可以使用的动画形式

可以在遮罩层和被遮罩层中分别同时使用形状渐变动画、动画补间动画引导线动画等动画手段，从而使遮罩动画变成一个可以施展无限想象力的创作空间。

11.7.3　应用遮罩时的技巧

（1）遮罩层的基本原理是：能够透过该图层中的对象看到“被遮罩层”中的对象及其属性（包括它们的变形效果），但是遮罩层对象中的许多属性如渐变色、透明度、颜色和线条样式等却是被忽略的。比如说不能通过遮罩层的渐变色来实现被遮罩层的渐变色变化。

（2）要在场景中显示遮罩效果，可以锁定遮罩层和被遮罩层。

（3）不能用一个遮罩层试图遮罩另一个遮罩层。

（4）遮罩可以应用在 GIF 动画上。

（5）在制作过程中，遮罩层经常挡住下层的元件，影响视线，无法编辑。这时可以按下遮罩层“时间轴”面板上的显示图层轮廓按钮，使之变成使遮罩层显示边框形状，在这种情况下，还可以拖动边框调整遮罩图形的外形和位置。

（6）在被遮罩层中不能放置动态文本。

11.7.4 实践技能训练

1. 探照灯效果

（1）新建一个 Flash 文档，设定大小为 500×200px，设定背景颜色为黑色。

（2）按 Ctrl+F8 组合键插入一个图形元件，命名为 mask。单击工具箱中的椭圆工具，按住 Shift 键，在其中绘制一个正圆，并且以元件的中心十字为中心点放置。

（3）单击按钮，添加图层 2，右击图层 2，在快捷菜单中选择“遮罩层”命令，将其定义为遮罩层，同时图层 1 成为被遮罩层。

（4）单击按钮，取消图层锁定，按 Ctrl+L 组合键，打开库，选取图层 2 的第 1 帧，将库中的元件 mask 拖到场景图层 1 的第 1 帧中。

（5）选取图层 1 的第 1 帧，用文本工具在场景中输入“探照灯效果”，设置字体为黑体，字号为 58 号，颜色为#FFFF00，置于中央位置。

（6）在图层 2 的第 1 帧中，调整其中元件 mask 的大小和位置，使其位于文字的左侧，如图 11-100 所示。

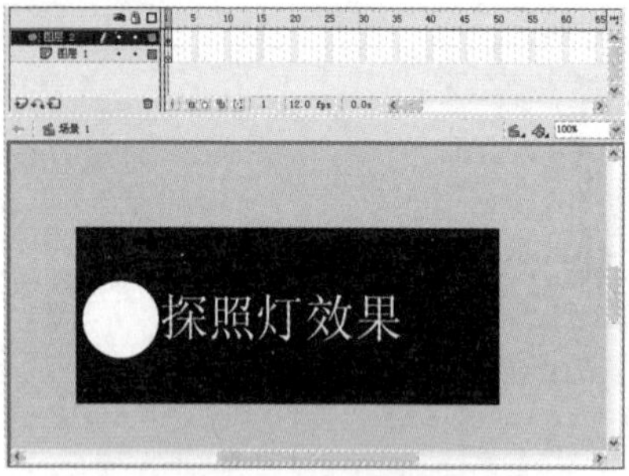

图 11-100 第 1 帧的状态图

图 11-101 第 20 帧的状态图

（7）单击图层 1 的第 40 帧，按 F5 键插入普通帧，使文字保持 40 帧。

（8）分别单击图层 2 的第 20 帧和第 40 帧，按 F6 插入关键帧。

（9）单击图层 2 的第 20 帧，选择其中的元件 mask，将其移动至文字的右侧，如图 11-101 所示。

（10）在图层 2 的第 1 帧和第 20 帧，在属性菜单中设置补间为“动画”，创建动画，如图 11-102 所示。

（11）保存文档并测试影片。

2. 百叶窗效果

（1）按 Ctrl+N 键新建一个 Flash 文档，舞台大小、帧频率及背景颜色均使用默认值。

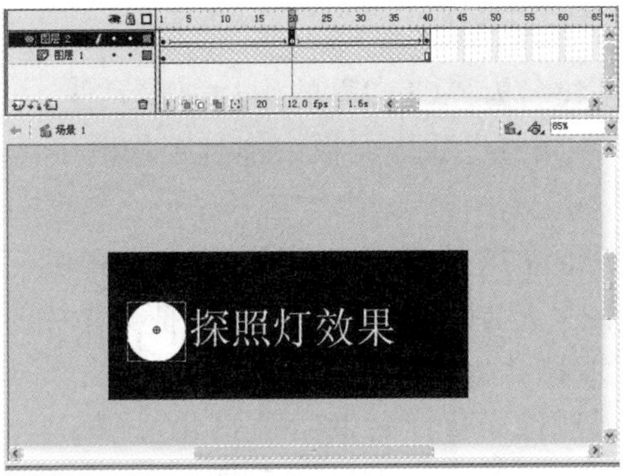

图 11-102 创建动画的时间轴效果

（2）执行“文件”→“导入”→“导入到舞台”命令，导入“百叶.jpg”图片到舞台上，如图 11-103 所示。

（3）添加图层 2，使用矩形工具绘制矩形，大小与下一层中的图像相同，无边框，填充颜色为#CCCCFF。

（4）添加图层 3，选择矩形工具，在图层 3 中绘制一个比图片稍宽，高较小的矩形，如图 11-105 所示。

图 11-103 素材图片

图 11-105 绘制矩形

（5）选中矩形，按 F8 键，打开“转换为元件”对话框，将矩形转换成名为“bar”的图形元件，然后把舞台上的矩形删除。

（6）按 Ctrl+F8 键，打开“创建新元件”对话框，创建名为“Clip1”的影片剪辑元件，单击“确定”按钮，此时将自动进入“Clip1”的编辑环境。

（7）将元件“bar”从库面板中拖到工作区中。选中实例，依次按 Ctrl+X 键剪切实例，选择“编辑”→“粘贴到中心位置”命令，将实例粘贴到舞台中心。

（8）依次在时间轴第 2 帧和第 20 帧处按 F6 键，插入关键帧，并删除第 1 帧中的矩形。

（9）选中第 20 帧中的矩形，选择任意变形工具，向上拖动矩形的底边，使小矩形的高度变小，并保持宽度不变，如图 11-106 所示。

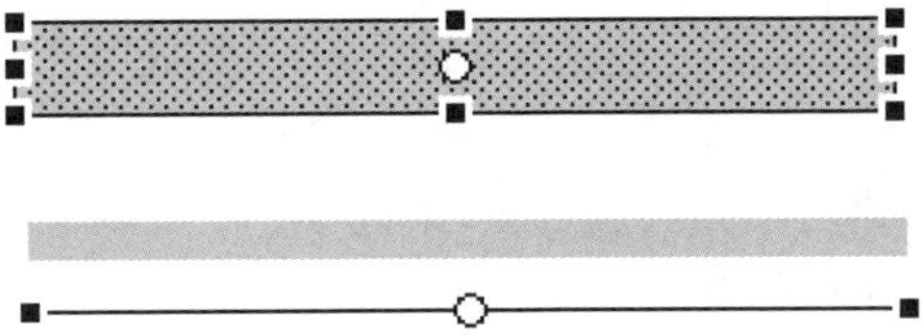

图 11-106 使矩形缩放

（10）右击第 2 帧，从快捷菜单中选择“创建补间动画”命令，这样就有了一个逐渐变窄的矩形动画。

（11）按 Ctrl+F8 键，创建名为“Clip2”的影片剪辑元件。

（12）将影片剪辑元件“Clip1”从库面板中拖到工作区中，并创建多个实例排成一列，如图 11-107 所示。

（13）返回到场景，将“Clip2”从库面板中拖到图层 3 中。

（14）右击时间轴面板图层控制区的图层 3，从快捷菜单中选择“遮罩层”命令。

（15）按 Ctrl+S 键，保取档并将文件命名为“百叶窗.fla”。

（16）按 Ctrl+Enter 键，测试影片，效果如图 11-108 所示。

图 11-107　元件 Clip2

图 11-108　百叶窗效果图

3. 光影变换

（1）按 Ctrl+N 键新建一个 Flash 文档。舞台大小、帧频率均使用默认蓝色（#OOOOFF）。

（2）选择矩形工具，启用“对象绘制”模式绘制一个无边框矩形，填充色为白黑交替出现的线性渐变，如图 11-109 所示。

（3）选中矩形，按 Ctrl+X 键剪切形状，然后选择“编辑”→“粘贴到中心位置”命令，将其剪切粘贴到舞台中心。

（4）增加图层 2，使用文本工具T；输入文本“光影”，字体为“隶书”，大小为 80，颜色为黑色。

（5）选中文本，重复步骤（4），如图 11-110 所示。

图 11-109　绘制矩形

图 11-110　文本居中后的效果

（6）选中文本，连续按两次 Ctrl+B 键将其分离。

（7）复制分离的文本。添加图层 3。将复制的文本粘贴到图层 3 中的当前位置。

（8）选中图层 2 中分离的文本，选择“修改”→“形状”→“柔化填充边缘”命令，打开“柔化填充边缘“对话框，并设置对话框如图 11-111 所示，效果如图 11-112 所示。

（9）单击图层 1 第 15 帧，按 F6 键，插入关键帧。

（10）将图层 2 和图层 3 都延伸到第 15 帧。

（11）单击图层 1 第 1 帧，调整该帧中对象的位置，使其右边与文本的右边对齐，如图 11-113 所示。

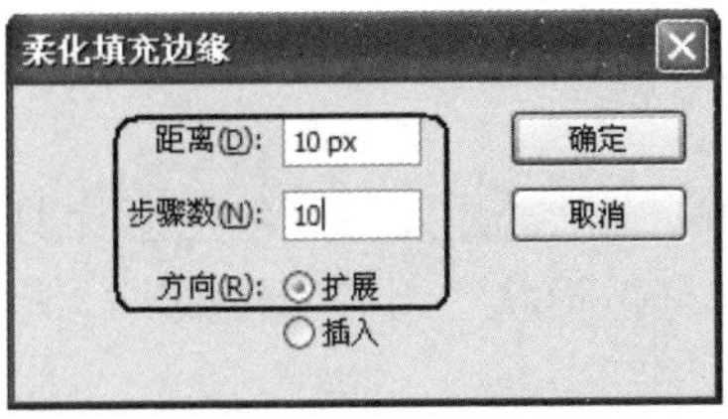

图 11-111　“柔化填充边缘”对话框

图 11-112　柔化对象边缘

（12）单击图层 1 第 30 帧，调整该帧中对象的位置，使其左边与文本的左边对齐，如图 11-114 所示。

图 11-113　右对齐

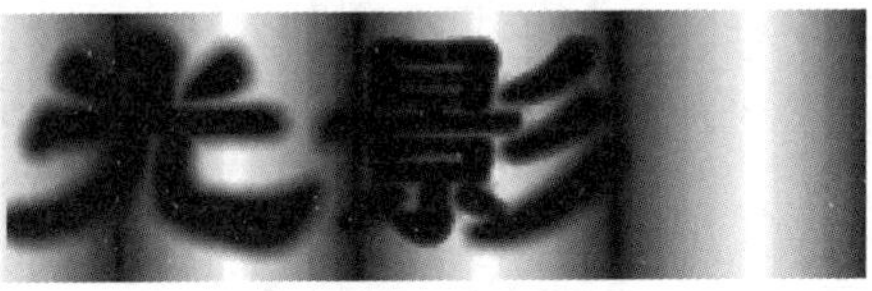

图 11-114　左对齐

（13）右击图层 2，从快捷菜单中选择“遮罩层”命令。

（14）右击图层 1 第 1 帧，从快捷菜单中选择“创建补间动画”命令。

（15）选中图层 3 中的形状，使用颜料桶工具，更改分离文本的填充为自黑交替出现的线性渐变包如图 11-115 所示。

（16）选中图层 1 的 1～15 帧，右击，从快捷菜单中选择“复制帧”命令。右击图层 1 第 16 帧，在弹出的菜单中选择“粘贴帧”，将复制的帧粘贴到此帧开始的帧序列中。

（17）选中图层 1 的 16～30 帧，右击，从快捷菜单中选择“翻转帧”命令，则在 16～30 帧中矩形移动的方向与 1～15 帧中的方向相反。

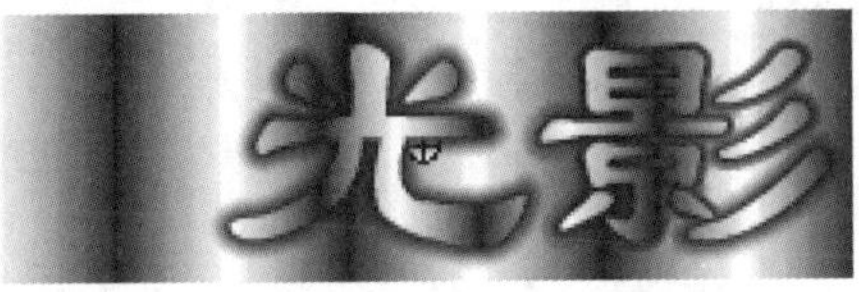

图 11-115　将文本填充为渐变色

图 11-1116　光影变换特效制作的效果

（18）按 Ctrl+S 键，保存文档并将文件命名为“光影效果.fla”。

（19）按 Ctrl+Enter 键，测试影片，效果如图 11-116 所示。

11.8　创建动画补间动画

动画补间动画是 Flash 中应用非常重要的动画之一，与“形状补间动画”不同的是，动画补间动画的对象必须是“元件”或“成组对象”。

运用动画补间动画，用户可以设置元件的大小、位置、颜色、透明度和旋转等属性，配合别的手法，甚至能作出令人称奇的仿 3D 的效果来。本节将详细讲述动画补间动画的特点及创建方法，并分析动画补间和形状补间动画的区别。

11.8.1　动画补间动画的概念

（1）动画补间动画的概念。在一个关键帧上放置一个元件，然后在另一个关键帧改变这个元件的大小、颜色、位置、透明度等，Flash 根据二者之间的帧创建的动画被称为动画补间动画。

（2）构成动画补间动画的元素。构成动画补间动画的元素是元件，包括影片剪辑、图形元件、按钮、文字、位图和组合等，但不能是形状，只有把形状“组合”转换成“元件”后才能作动画补间动画的素材。

（3）动画补间动画在时间帧面板上的表现。动画补间动画建立后，时间轴面板的背景色变为淡紫色，在起始帧和结束帧之间有一个箭头，如图 11-117 所示。

（4）创建动画补间动画的方法。在动画开始播放的地方创建或选择一个关键帧并设置一个元件，一帧中只能播放一个项目，在动画要结束的地方创建或选择一个关键帧并设置该元件的属性。再单击开始帧，在“属性”面板上单击“补间”旁边的下拉按钮，在弹出的菜单中选择“动画”，或右击鼠标，在弹出的菜单中选择“创建补间动画”，就建立了“动画补间动画”。

11.8.2 动画补间动画的属性面板

在时间线“动画补间动画”的起始帧上单击，帧属性面板如图 11-118 所示。

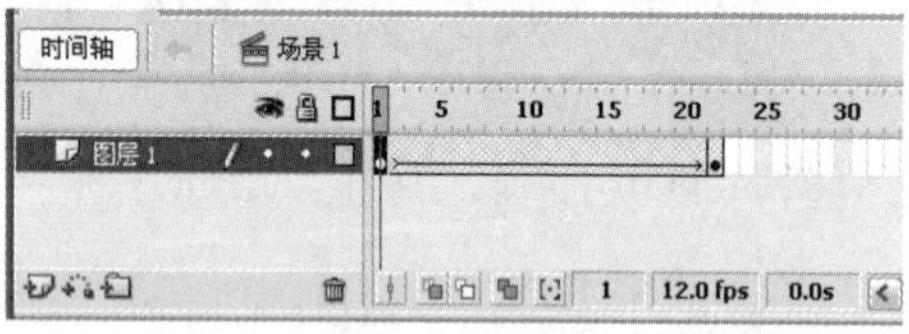

图 11-117 动画补间动画在时间轴上的表现

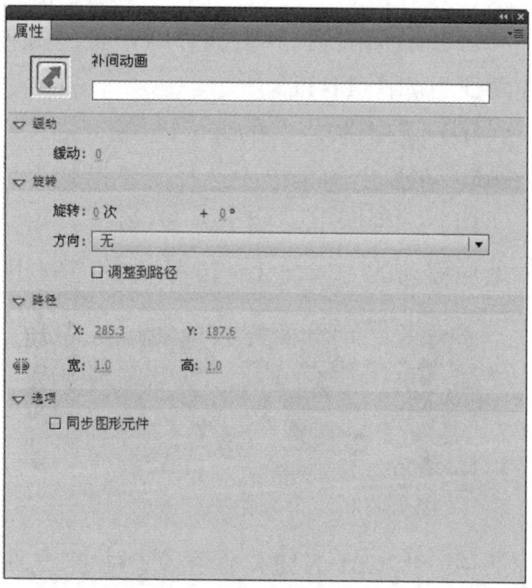

图 11-118 动画补间动画的“属性”面板

（1）单击“缓动”右边的按钮，弹出拉动滑杆，拖动上面的滑块或直接输入数值，可设置参数值，设置完后，动画补间动画的效果会按照下面的设置作出相应的变化：

1）在–1～–100 之间的负值，动画运动的速度从慢到快，朝运动结束的方向加速补间。

2）在 1～100 之间的正值，动画运动的速度从快到慢，朝运动结束的方向减慢补间。

默认的情况下，补间帧之间的变化速率是不变的。

（2）单击“编辑”按钮，可以打开“自定义缓入/缓出”对话框，设置更丰富的变化。

（3）在“旋转”下拉列表框中有四个选项，选择“无”（默认设置）可静止元件旋转；选择“自动”可使元件在需要最小动作的方向上旋转一次；选择“顺时针”（CW）或“逆时针”（CCW），并在后面输入数字，可使元件在运动时顺时针或逆时针旋转相应的圈数。

（4）选择“调整到路径”复选框，将补间元素的基线调整到运动路径。此项功能主要用于引导线运动。

（5）选择“同步”复选框，将使图形元件实例的动画和主时间轴同步。

（6）选择“对齐”复选框后，根据其注册点将补间元素附加到运动路径，此功能也用于引导线运动。

11.8.3　实践技能训练

1. 蜜蜂采蜜

该实例的最终效果如图 11-119 所示。蜜蜂从舞台的右侧飞入，弯弯曲曲落到花丛中。

图 11-119　蜜蜂飞舞

操作步骤：

（1）新建 Flash 文档，设置文档大小为 600×400，帧频率设为 15fps。

（2）在时间轴上新建两个图层，将这三个图层从上至下分别命名为 bee、flower、bg，然后在 bg 层上用矩形工具绘制背景为矩形，采用线性渐变填充，由上至下从无色渐变到紫红色。

（3）在 flower 层绘制一些鲜花，绘制时应尽量使用元件。然后分别在 bg 层和 flower 层时间轴的第 100 帧按下 F5 功能键插入帧，使静态图像始终不变。

（4）将 bg 层和 flower 层锁定，创建名为 body 和 wing 的图形元件，分别绘制蜜蜂的身子和一片半透明的翅膀，分别如图 11-120 和图 11-121 所示。

（5）创建名为 bee 的图形元件，用 body 元件和 wing 元件组成该元件，如图 11-122 所示。

图 11-120　body 元件

图 11-121　wing 元件

图 11-122　bee 元件

（6）退出元件编辑状态，从“库”中拖曳 bee 元件至 bee 图层第 1 帧的舞台上，右击第 1 帧，在弹出的菜单中选择“创建补间动画”命令，再在时间轴的第 100 帧处按下 F6 功能键，制作蜜蜂的运动动画，此时时间轴如图 11-123 所示。

（7）选中 bee 图层，单击时间轴的“创建引导层”按钮，为 bee 层的运动动画添加一个引导层，Flash 会自动将该层命名为“引导层：bee”，如图 11-124 所示。

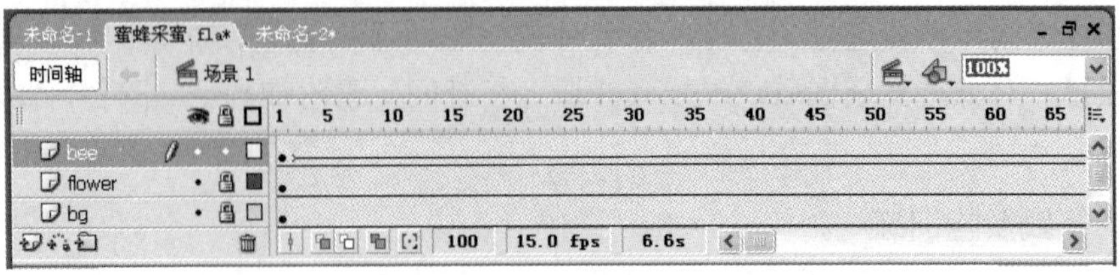

图 11-123　时间轴窗口

图 11-124　添加运动引导层

（8）可以看到 bee 图层的图标较其他图标后退了一格，表明该图层已经受到上面图层的控制，在引导层用铅笔工具的“平滑”选项绘制蜜蜂飞舞的路径，如图 11-125 所示。

（9）将“引导层”锁定，开启 bee，用选择工具分别移动到第 1 帧和第 100 帧的蜜蜂，让其分别位于引导线的首尾。移动时会发现蜜蜂对象自动吸附在引导线上面，如果按下工具箱“选项”区域的“贴紧至对象”按钮，则更有利于移动。

（10）然后用任意边形工具对蜜蜂进行旋转，保证蜜蜂头的朝向与引导线的切线方向一致，如图 11-126 所示（旋转时已经将 flower 层设置为不可见）。

图 11-125　绘制引导线

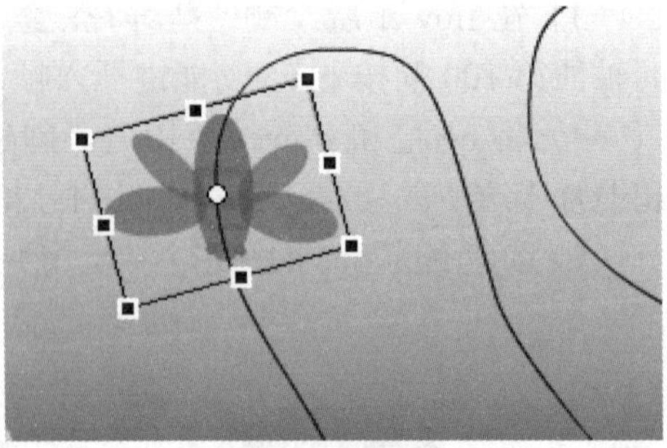

图 11-126　旋转蜜蜂的方向

（11）按回车键直接测试动画，可以看到蜜蜂沿着飞行路线前进。但尽管在首尾两帧蜜蜂的方向与飞行方向不一致，但中间处的效果并不让人满意，如图 11-127 所示。

（12）选择时间轴 bee 在第 1 帧至第 99 帧的任意一帧上，打开“属性”面板，选择“调整到路径”复选框，如图 11-128 所示，此时再测试动画便可以看到蜜蜂的朝向与飞行的方向很好地吻合，如图 11-129 所示。

（13）保存并测试动画，可以看到蜜蜂弯弯曲曲飞到花朵上的效果，如图 11-130 所示。

图 11-127　飞行方向与蜜蜂朝向不一致

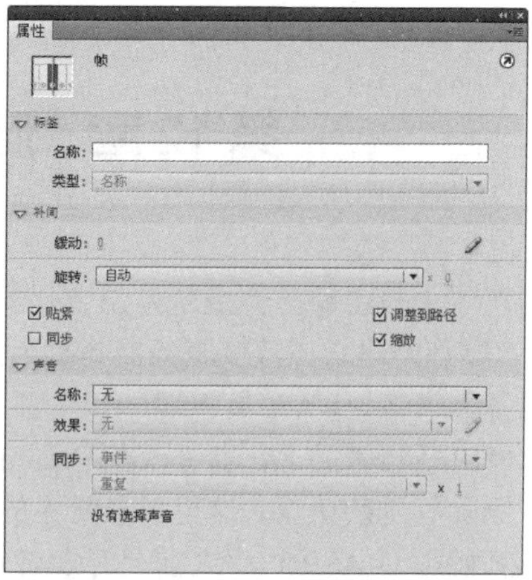

图 11-128　选择“调整到路径”复选框

图 11-129　调整到路径

图 11-130　测试动画效果

本章思考与练习

1. 安装 Flash CS5，并从开始菜单栏中启动 Flash CS5。
2. 什么是普通帧、关键帧、空白关键帧？如何插入普通帧、关键帧、空白关键帧？
3. 如何创建元件和实例，元件和实例之间的区别是什么？
4. 如何将声音导入到 Flash CS5 中，声音的压缩方式有几种？
5. 如何添加运动引导层？如何将运动对象吸附在引导路径上？
6. 如何为按钮添加声音？

上机练习

1. 创建一个按钮并测试按钮四种状态的功能。
2. 使用自动变形工具调整填充色块的渐变属性，做光影变幻文字效果动画。
3. 试做一个人影集展的动画。
4. 试做一个控制色彩的按钮。

第 12 章　服务器段程序的开发

动态网页最主要的特点就是结合后台数据库自动更新页面。任何数据的添加、删除、修改、检索等都是建立在链接服务器基础上的。利用动态网页技术，可以将数据库嵌入到网页中，来实现各种表格处理、会员管理、论坛、聊天室、网上购物各种功能。即使不了解 ASP、SAP.NET、JSP 和 PHP 等语言的人，也可以在 Dreamweaver CS5 中实现各种注册页面和数据的在线录入、修改、删除等复杂功能。这里以最常见的 ASP 为例来讲解。

在开始编写 ASP 程序之前，开发者首先需要对网页的“动态”和“静态”概念有一个认识。这里所说的“动”和“静”并非是网页上文字或图片的运动或静止，而是内容的“改变”或“固定”。同时，还需要对 ASP 的工作原理有一个初步的认知，为熟练使用 ASP 开发打下基础。

12.1　动态网页与 ASP

首先来了解静态网页和动态网页的区别：普通网页是用 HTML 语言编写的，被称为静态页面，一旦写好，除非改变这些 HTML 源代码，否则无法更新网页上的内容。这类网页是以.htm 或.html 结尾的。

这样就会遇到一些问题无法解决。比如说，一个网站希望向访问者提供全世界 1000 个地区的天气预报信息，如果只有 HTML 作为工具，就必须每一天为每个城市开发一个页面，以便访问者找到某一个城市相应的页面，来获取信息。可想而知，如果每天要制作这么多的网页，需要很多的人力和物力开销。如果有了 ASP，情况就不一样了，只需要制作一个页面，在这个页面需要显示天气信息的地方从数据库取得数据，也就是说页面的样子是通过 HTML 来做好的，只是相应的数据从数据库中获取，那么只要做好一个页面，就可以根据不同的城市代码，从数据库获取相应的数值，从而实现“一劳永逸”的效果。

依靠这样的思路，为了达到便捷的更改网页内容的需要，人们把网页、数据库以及程序中的变量等概念联系起来，创造了“动态网页”的概念，这种页面实质上是 HTML 和一些语言结合的结果。如 ASP 是 HTML 和 VBScript 的结合，然后再结合了数据库（用来存放信息的地方）的操作。

一个 ASP 文件的后缀为.asp，其内容包含实现动态功能的 VBScript 或 JavaScript 语句，如果去掉那些 VBScript 或 JavaScript 语句，它和标准的 HTML 文件没有任何区别。

此外，ASP 提供了一些内建对象。利用这些内建对象，可以使脚本更加强大，例如可以方便地实现从浏览器中接收和发送信息等。

更为重要的是 ASP 可以和诸如 Access、 SQL Server 这样的数据库进行挂接。对于在线商务、在线论坛这样各种更为复杂、需要动态更新的站点都需要这样的数据库支持，而且需要随数据库内容的更新而自动更新。

通过上面的描述可以看到，ASP 就是由服务器端脚本、对象以及组建拓展过的标准网页（标准网页可以理解为在普通的网页中“嵌入”了一些扩展指令），另一方面，ASP 也可以理解为一种支持 ASP 扩展的 Web 服务器环境。它最终显示在浏览器中的网页并不是在建立初期就存在的，而是当某个浏览器向 Web 服务器提出请求时，它才根据需要产生所需要的标准网页。这克服了过去 HTML 编写的网页不能更改的缺点，从而使网页上可以存在许多动态的信息。

ASP 是一套服务器端的脚本运行环境，当用户从浏览器向 Web 服务器请求一个.asp 文件时，Web 服务器并不像处理普通的 HTML 文件那样直接传送给浏览器，而是全面读取请求文件，并执行该文件中包含的所有脚本命令，然后生成一个标准的 HTML 页面传送给浏览器，即把含有 ASP 指令的那部分语句替换为标准的 HTML 语句之后，在传送回浏览器。现在来比较下面两段代码：

```
<html>
<head></head>
<body>
   Hello world!
</body>
</html>

<html>
<head></head>
<body>
   <% response.write("Hello world!") %>
</body>
</html>
```

可以看到，除了粗体字的一行之外，两段代码都是相同的，对于安装了 ASP 支持环境（例如 Windows 2000 自带的 IIS 程序）的 Web 服务器，当它“读”到第二段代码中的粗体字的“<%”符号时，它就知道，下面开始的就是 ASP 脚本了，从而把包括在一对“<%”和“%>”中的内容根据 ASP 的规则转换为 Hello world!，然后再传送给浏览器，也就是说，对于浏览器而言，它“看到”的仍然是上面的第一段代码。

对于 Web 服务器来说，ASP 与 HTML 有着本质的区别，HTML 不经任何处理送回给浏览器，而 ASP 的每一个命令都首先被用来生成 HTML 代码，然后再送回给浏览器。

另一方面，对于浏览器来说，ASP 和 HTML 几乎是没有区别的，仅仅只是后缀为.asp 和.htm 的区别，当浏览器提出对 ASP 文件的请求后，接受到的仍然是标准 HTML 格式的文件，因此它适合任何浏览器。

根据以上特性，就可以用 ASP 方便地实现诸如表格信息收集、计数器、留言簿、公告栏、聊天室甚至电子商务等必须要数据库和文件操作支持的功能。

12.2　ASP 的开发

12.2.1　ASP 语言开发基础

ASP 本身并不是一种脚本语言，它只是提供了页面中的脚本运行环境。但是要学好 ASP 就必需掌握它的语法规则。

1. 变量、常量、过程

在介绍脚本语言之前，应该理解简单的概念，即变量和进程。

所谓变量是计算机内存中已经命名的存储位置，包含数字或字符串等数据，它使用户便于理解脚本的名称，为用户提供了存储、检索和操作数据的途径。程序是由一个或多个进程组成的，在 VBScript 中进程就是“指令块”，通常意义上的进程，如 Sub 只是为了简单的数据处理。

在 VBScript 中，严格来讲变量是不用声明的。

如<% Mystring="This my string" %>

即使在使用变量前不需要声明变量，也要养成在编程时对变量必须“先声明，后使用”的良好习惯，因为这样有助于防止错误发生。声明一个变量意味着告诉脚本引擎，有一个特定名称的变量，这样就可以在脚本中引用该变量。在 VBScript 中声明一个变量可以使用 Dim 语句，如下所示：

```
<script language="vbscript">
<!-
'要求在脚本中声明所有的变量
option Explicit
Dim Mystring
    Mystring="This my string"
    -->
    </script>
```

常量是用来代替一个数字或字符串的名称，它在整个脚本中保持不变。可以用 Const 语句在 VBScript 中创建用户自定义常数。使用 Const 语句可以创建名称具有一定含义的字符型或数字型常数，并给它赋予原义值。例如：

```
<%const Mystring="这是一个常数"%>
<%const Mystring=100%>
```

在这里一定要注意，字符串文字包含在（" "）之间，这是区分字符串型常数和数字型常数最明显的方法，日期文字和时间文字包含在两个（#）之间，例如：

```
<%const CutoffData=#28-2-2006#%>
```

在理解了常量和变量之后，下面来看什么是过程。它是一组能执行指定任务且具有返回值的脚本命令。可以定义自己的过程，然后在脚本中反复调用它们。可以将过程定义放在调用过程的 ASP 文件中，也可以将通用过程放在一个共享的 ASP 文件中，然后用 SSI#include 指令将其包含进其他调用其过程的 ASP 文件中。还可选择另外一种方法，即把这些功能打包在 ActiveX 组件中。过程定义可出现在<script >和</script>标记内部且必须遵循声明脚本语言的规则。如果过程所用的语言与脚本语言不同，则要使用<script >元素。主脚本语言中的过程用脚本分界符“<%”和“<%”分隔。用 HTML<script >标记时，必须使用两个属性来保证服务器端能够处理脚本。使用<script >标记的语法如下：

```
<script runat=server language=Jscript>
procedure definition
</script>
```

这里的 runat=server 属性通知 Web 服务器在服务器上处理脚本。若不设置该属性，脚本将由客户端浏览器处理。language 属性决定此脚本块所用的脚本语言。可以指定任何一种脚本具有脚本引擎的语言。

在 VBScript 中，过程分为两类，即 Sub 过程和 Function 过程。Sub 过程是包含在 Sub 过程 End Sub 过程语句之间的一组 VBScript 语句，执行操作但不返回值。Sub 过程可以使用参数。如果 Sub 过程无任何参数，则 Sub 语句必须包含空括号。

Function 过程式包含在 Function 和 End Function 语句之间的一组 VBScript 语句。Function 过程与 Sub 类似，但是 Function 过程可以返回值。Function 过程可以使用参数（可以是调用过程中的常数、变量或表达式）。如果 Function 过程无任何参数，则 Function 语句必须包含空括号。Function 过程通过函数名返回一个值，这个值是在过程的语句中赋给函数名的。

在下面的示例中 Sub 过程使用两个固有的 VBScript 函数，即 MsgBox 和 InputBox，来提示用户输入信息。然后显示根据这些信息计算的结果。计算由使用 VBScript 创建的 Function 过程完成，Celsius 函数将华氏度换算成摄氏度。Sub 过程 ConvertTemp 调用此函数时，包含参数值的变量被传递给函数。换算结果返回到调用过程并显示在消息框中。

```
sub ConvertTemp()
Temp=InputBox("请输入华氏温度。",1)
MsgBox"温度为"& Celsius(temp) & "摄氏度。"
End  sub
Function Celsius(fdegrees)
Celsius=(fdegrees-32)*5/9
End Function
```

所给过程传递数据的途径是使用参数。参数被作为要传递过程数据的占位符。参数名可以是任何有效的变量名。使用 Sub 语句和 Function 语句创建过程时，过程名后必须紧跟括号。括号中包含所有的参数，参数间用逗号分隔。在下面的示例中，

```
Function celsius(fdegrees)
celsius=(fdegrees-32)*5/9
End Function
```

要从中获取数据，必须使用 Function 过程。函数和过程一样都是命名了的代码块，但它们却有很大的区别，过程完成程序任务，函数则返回值。如想获取某个数的平方根，只要将该数传给 VBScript 的 Spr()函数，此函数会立即返回该数的平方根。

如 A= Spr(16)，则 A=4。

2. 条件语句

If…Then…Else 语句用于计算条件是否为 True 和 False，并且根据计算结果指定要运行的语句。通常条件是使用比较运算符对值或变量进行比较的表达式，If …Then…Else 语句可以按照需要进行嵌套。

下面来创建两个范例文件 fablil.asp 和 fabli2.asp，将以下语句输入到记事本中，并保存为文件 fablil.asp。

```
<html>
<head>
<title>fanli1.asp</title>
</head><body bgcolor="#ffffff">
<form action="fabli2.asp" method=get>
your First Name<input name="FirstName" MaxLeng=20><p>
your Last Name<input name="LastName"MaxLeng=20><p>
<input type=submit><input type=reset>
</form>
</body>
</html>
```

将以下语句输入到记事本中，并保存为文件 fabli2.asp。

```
<html>
<head>
<title>fabli2.asp</title>
</head>
<% fname=request.querysting("Firstname")
lname=request.querysting("Lastname")
If fname="孙"and  lname="涛"ther %>
hi.You mustbe the first president!
<%  else  %>
hi!Nice to Meet You
```

```
<% end    if%>
</body>
</html>
```

文件 fablil.asp 产生一个文本输入框，要求用户输入姓名。

文件 fabli2.asp 则是用 If 语句来判断用户输入的姓名是否为“孙涛”，并作出相应的反馈。

If...Then...Else 语句的一种变形允许从多个条件中选择，即添加 Else...If 子句以扩充 If ...Then...Else 语句的功能，可以控制基于多种可能的程序流程。

在多个条件中进行选择的更好方法是使用 Select Case 语句。Select Case 语句结构提供了 If ...Then...Else If 结构的一种变通形式，可以从多个语句块中选择执行其中的一个。

3. 循环用语

循环用语的作用就是重复执行程序代码，循环可分为三类：一类在条件变为“假”之前重复执行语句，一类在条件变为“真”之前重复执行语句，另一类按照指定的次数重复执行语句。在 VBScript 中可使用下列循环语句。

Do...Loop：当（或直到）条件为“真”时循环。

While...Wend：当条件为“真”时循环。

For...Next：指定循环次数，使用计数器重复运行语句。

For Each...Next：对于集合中的每项或数组中的每个元素，重复执行一组语句。

Do Loop 语句还可以使用以下语法：

```
Do
[statements][Exit Do]
[statements]Loop [{While | Until}condition]
```

While...Wend 语句是为那些熟悉其用法的用户提供的。但是由于 While...Wend 缺少灵活性，所以建议最好使用 Do...Loop 语句。

IIS 4.0 包括 Microsoft Script Debugger（script 调试工具），提供脚本程序的调试功能。可以使用 Microsoft Script 调试工具来进行对使用 VBScript、JavaScript 编写的脚本程序，以及 Java Applet、beans 和 ActiveX 组件的调试工作。

有的脚本程序在用户端浏览器端执行，有的脚本程序（<%…%>中的部分）在服务器端执行。Microsoft Script Debugger 可以侦错用户端执行的脚本程序以及服务器端执行脚本程序。

在用户端浏览器执行的脚本程序是在用户端的浏览器当中执行，包括在标准 HTML 代码中的 VBScript、JavaScript 部分。在浏览器载入此 HTML 代码或按下按钮触发事件时，将执行此包括脚本程序的 HTML 代码。用户端浏览器执行的脚本程序，主要用于对 HTML 表单输入的基本检查等功能。

在服务器端执行的脚本程序是在 IIS 服务器执行，先在 IIS 服务器上执行，执行结果产生标准的 HTML 代码，再传送到用户端浏览器。服务器端执行的脚本程序，主要用于 HTML 表单输入的处理，以及存取服务器上数据库的资料等。

Microsoft Script Debugger 提供以下的除错功能：

（1）设定中断点。

（2）逐步追踪脚本程序。

（3）设定书签。

（4）检视呼叫堆叠。

（5）检视和更改变数值。

（6）执行脚本指令。

12.2.2　ASP 内建对象

在面向对象编程中，对象是指由当作完整实体的操作和数据组成的变量。对象是基于特定模型的，在对象中客户使用对象的服务通过由一组方法或相关函数的接口访问对象的数据，然后客户端可以调用这些方法执行某个操作。要使用组件提供的对象，创建对象的实例并将这个新的实例分配变量名。使用 ASP 的 Server.CreateObject 方法可以创建对象的实例，使用脚本语言的变量分配指令可以为对象实例命名。如 Set db= Server.CreateObject("ADODB.Connection")。

这里的变量 DB 就是 ASP 程序创建的访问数据库的对象实例。

Action Server Pages 提供了可在脚本中使用的内建对象。这些对象使用户更容易收集通过浏览器请求发送的信息、响应浏览器以及存储用户信息，从而使对象开发者摆脱了很多烦琐的工作。下面将通过实例来进行学习内建对象。

1. Request 对象

可以使用 Request 对象访问任何基于 HTTP 请求传递的信息，包括从 HTML 表格用 POST 方法或 GET 方法传递的参数、Cookie 和用户认证。Request 对象能够访问客户端发送给服务器的二进制数据。

Request 的语法：

Request.集合/属性/方法

（1）Form。Form 集合通过使用 POST 方法的表格检索邮送到 HTTP 请求正文中的表格元素的值。

语法：Request.Form(element)[(index)|Count]

参数：element 指定集合要检索的表格元素的名称。

index 为可选参数，使用该参数可以访问某参数中多个值中的一个。它可以是 1 到 Request.Form(parameter).Count 之间的任意整数。

Form 集合按请求正文中参数的名称来索引。Request.Form(element)的值是请求正文中有 element 值的数组。通过调用 Request.Form(element).Count 来确定参数中值的个数。如果参数未关联多个值，必须指定 Index 值。Index 参数可以是从 1 到 Request.Form(parameter).Count 中的任意数字。如果引用多个表格参数中的一个，而未指定 Index 值，返回的数据将是以逗号分隔的字符串。

（2）QueryString。QueryString 集合检索 HTTP 查询字符串中变量的值，HTTP 查询字符串由问号（?）后的值指定。

如<A href="example.asp?string=this is a example">sting sample</A>

生成值为 this is a example 的变量名字符串，通过发送表格或由用户在浏览器在地址栏中输入查询也可以生成查询字符串。

语法：Request.QueryString(variable)[(index)|.Count]

QueryString 集合可以以名称检索 query_string 变量。Request.QueryString（参数）的值是出现在 query_string 中所有参数的值的数组。通过调用 Request.QueryString(parameter).Count 可以确定参数有多少个值。

也可以使用 QueryString 来达到与前一个范例相同的功能。只需要将 Request. Form 部分替换如下：

```
<%
For Each I In Request.querystring("baby")
```

```
Response.Write I & "<.BR>"
Next
%>
```

（3）Cookies。Cookie 其实是一个标签，当访问一个需要唯一标识网址的站点时，它会在硬盘上留下一个标记，下一次访问同一个站点时，站点的页面会查找这个标记。每个站点都有自己的标记，标记的内容可以随时读取，但只能由该站点的页面完成。每个站点的 Cookie 与其他所有站点的 Cookie 存在同一个文件夹中的不同文件内。这项功能经常被使用在要求认证客户密码以及 BBS、聊天室等 ASP 程序中。

语法：Request. Cookies(Cookie)[(key)|.attribute]

参数：Cookie 指定要检索其值的 Cookie。

Key 可选参数，用于从 Cookie 字典中检索子关键字的值。

Attribute 指定 Cookie 自身的有关信息，如 Haskeys 只读，指定 Cookie 是否包含关键字。

可以通过包含一个 key 值来访问 Cookie 字典的子关键字。如果访问 Cookie 字典时未指定 key，则所有关键字都会作为单个查询字符串返回。如果 My Cookie 两个关键字为 First 和 Second，而在调用 Request. Cookies 时并未指定其中任何一个关键字，将返回下列字符串。

```
First=firstkeyvalue&Second=secondkeyvalue
```

如果客户端浏览器发送了两个同名的 Cookie，那么 Request. Cookies 将返回其中路径结构较深的一个。如果有两个同名的 Cookie，其中一个的路径属于为/www/，而另一个为/www/home/，客户端浏览器会同时将两个 Cookie 都发送到/www/home/目录中，那么 Request. Cookies 只返回第 2 个 Cookie。

要确定某个 Cookie 是不是 Cookie 字典，可使用下列脚本。

```
<%=Request. Cookie("mycookie").HasKeys%>
```

如果 Mycookie 是一个 Cookie 字典，则前面的赋值为 true；否则为 false。下面来看看一个 Cookie 的应用实例：

```
<%
Nickname=request.form("nick")response.cookies("nick")=nickname
用 Response 对象将用户名写入 Cookie 之中
Response.write"欢迎" &request.cookie("nick") &"光临小站！"
%>
<HTML><head><meta http－equiv="Connect－Type"connect="text/html;charset=gb2312">
<title>cookie</title>
<meta name="GENERATOR"content="Microsoft FrontPage 3.0"></head>
<body>.
<form method="post"action="cookie.asp">
<p><inpet type="text"name="nick"size="20"
<input type="submit"value="发送"name="B1">
<input type="reset"value="重填"name="B2"></p>
</form>
</body>
</HTML>
```

这其实是一个基于 Web 的 BBS 或 CHAT 的 ASP 程序中常见的手法，它将用户在起始页面上填入的姓名保存在 Cookie 中，这样后面的程序就可以很容易地调用该用户的 nick 了。

（4）Server Variables。在浏览器中浏览网页的时候使用的传输协议是 HTTP，在 HTTP 的标题文件中返回记录客户端的信息，如客户的 IP 地址等，有时服务器端需要根据不同的客户端信息作出不同的反应，这时候就需要用 Server Variables 集合获取所需信息。

语法：Request. Server Variables

2. Response 对象

与 Resquest 是获取客户端发送给服务器 HTTP 信息相反，Response 对象是用来控制发送给用户的信息，包括直接发送信息给浏览器、重定向浏览器到另一个 URL 或设置 Cookie 的值。

Response 语法：

Response.集合/属性/方法

（1）属性。

1）Buffer。Buffer 属性指示是否缓冲页输出。当缓冲页输出时，只有当前页的所有服务器脚本处理完毕或者调用了 Flush 或 End 方法后，服务器才将响应发送给客户端浏览器，服务器将输出发送给客户端浏览器后就不能在设置 Buffer 属性。因此应该在 ASP 文件的第 1 行调用 Response. Buffer。

2）Charset。Charset 属性将字符集名称附加到 Response 对象中 content-type 标题的后面。对于不包含 Response.Charset 属性的 ASP 页面，content-type 标题将为 content-type：text/html。

可以在 ASP 文件中指定 content-type 标题，如：

```
<%Response. Charset="slj">%>
```

将产生以下结果：

```
content-type:text/html;Charset=slj
```

提示：无论字符串表示的字符集是否有效，该功能都会将其插入 content type 标题中。如果某个页包含多个含有 Response. Charset 的标记，则每个 Response. Charset 都将替代前一个 Charset Name。这样，字符集将被设置为该页中 Response. Charset 的最后一个实例所指定值。

3）Content Type。Content Type 属性指定服务器响应的 HTTP 内容类型。如果未指定 contentType，则默认为 text/HTML。

4）Expires。Expires 属性指定了在浏览器上缓冲存储的页距过期还有多少时间。如果用户在某个页过期之前又回到此页，就会显示缓冲区中的页面。如果设置 Response. expires=0，则可使缓冲的页面立即过期。这是一个较实用的属性。当客户通过 ASP 的登录页面进入 Web 站点后，应该利用该属性使登录页面立即过期，以确保安全。

5）Expires Absolute。与 Expires 属性不同，Expires Absolute 属性指定缓存于浏览器中的页面的确切到期日期和时间。在未到期之前，若用户返回至该页，该缓存中的页面就显示。如果未指定时间，该主页在当天午夜到期。如果未指定日期，则该主页在脚本运行当天的指定时间到期。如下示例指定页面在 1998 年 12 月 10 日上午 9 时 0 分 30 秒到期。

```
<% Response. ExpiresAbsolute=#Dec12,1998    9:00:30# %>
```

（2）方法。

1）Clear。可以用 Clear 方法清除缓冲区中的所有 HTML 输出。但 Clear 方法只清除响应正文而不清除响应标题。可以用该方法处理错误情况。但是如果没有将 Response. Buffer 设置为 true，则该方法将导致运行错误。

2）End。End 方法使 Web 服务器停止处理脚本并返回当前结果。文件中剩余的内容将不被处理。如果 Response. Buffer 已设置为 true，则调用 Response. End 将缓冲输出。

3）Flash。Flash 方法是立即发送缓冲区中的输出。如果没有将 Response. Buffer 设置为 true，则该方法将导致运行错误。

4）Redirect。Redirect 方法使浏览器立即重定向到程序指定的 URL。这也是一个经常用到的方法，这样程序员就可以根据客户的不同响应，为不同的客户指定不同的页面或根据不同的情况指定不同的页面。一旦使用了 Redirect 方法，任何在页中显示设置的响应正文内容都将忽略。然而，此方法不向客户端发送该页设置的其他 HTTP 标题，将产生一个将重定向 URL 作为链接包含的自动响应正文。Redirect 方法发送下列显示标题，其中 URL 是传递给该方法的值。例如：

```
<%Response. Redirect("www.sina.com")%>
```

5）Write。Write 方法是平时最常用的方法之一，它将指定的字符串写到当前的 HTTP 输出。

（3）集合。Response.对象只有一个集合——cookie。

Cookies 集合设置 cookie 的值。若指定的 cookie 不存在，则要创建它。若存在，则设置新的值并且将旧值删去。

语法：Response. cookies(cookie)[(key) | .attribute]=value

这里的cookie是指定cookie的名称。而如果指定了key，则该cookie就是一个字典。Attribute 指 cookie 自身的有关信息。Attribute 参数可以是下列之一：

1）Domain 若被指定，则 cookie 将被发送到对该域的请求中去。

2）Expires 指定 cookie 的过期日期。为了在会话结束后将 cookie 存储在客户端磁盘上，必须设置该日期。若此项属性的设置未超过当前日期，则在任务结束后 cookie 将到期。

3）HasKeys 指定 cookie 是否包含关键字。

4）Path 若被指定，则 cookie 将只发送到该路径的请求中。如果未设置该属性，则使用应用程序的路径。

3. Application 对象

下面介绍非常实用且重要的 ASP 的 Application 内建对象。

在 ASP 的内建对象中除了用于发送、接收和处理数据的对象外，还有一些经常使用的对象。在同一虚拟目录及其子目录下的所有 ASP 文件构成了 ASP 应用程序。可以使用对象，在给定的应用程序的所有用户之间共享信息，并在服务器运行期间持久地保存数据。而且 Application 对象还有控制访问应用层数据的方法和可用于在应用程序启动和停止时触发过程的事件。

（1）属性。虽然 Application 对象没有内置的属性，但可以使用以下句法设置用户定义的属性，也可称为集合。

```
Application("属性/集合名称")=值
```

可以使用如下脚本声明并建立 Application 对象的属性。

```
<%
Application("MyVar")="Hello"
Set Application("MyObj")= Server.CreateObject("MyComponent")
%>
```

一旦分配了 Application 对象的属性，它就会持久地存在，直到关闭 Web 服务器使得 Application 停止。由于存储在 Application 对象中的数值可以被应用程序的所有用户读取。所以 Application 对象的属性特别适合在应用程序的用户之间传递信息。

（2）方法。Application 对象有两个方法：Lock 方法和 Onlock 方法。它们都是用于处理多个用户对存储在 Application 中的数据进行写入的问题。

1）Lock 方法禁止其他客户修改 Application 对象的属性。Lock 方法阻止其他客户修改存储在 Application 对象中的变量，以确保在同一时刻仅有一个客户可修改和存取 Application 变量。如果用户没有明确调用 Unlock 方法，则服务器将在 ASP 文件结束或超时后解除对 Application 对象的锁定。

来看看下面这段用 Application 来记录页面访问次数的程序：

```
<%
Dim NumVisitsNumVisits=0
Application.LockApplication("NumVisits")= Application("NumVisits")+1
Application.Unlock
%>
```

欢迎光临本网页，你是本页的第<%=Application("NumVisits")%>位访客！

将以上脚本保存在 ASP 文件中，就给页面添加了一个计数器。

2）和 Lock 方法相反，Unlock 方法允许其他客户修改 Application 对象的属性。在上面的例子中，Unlock 方法解除对象的锁定，使得下一个客户端能够增加 Num Visits 的值。

（3）事件。

1）Application_OnStart 事件在首次创建新的会话（即 Session_OnStart 事件）之前发生。当 Web 服务器启动并允许对应用程序所包含的文件进行请求时触发 Application_OnStart 事件。Application_OnStart 事件的处理过程必须写在 Global.asa 文件之中。

Application_OnStart 事件的语法如下：

```
<script language=ScriptLanguage runat=Server>
Sub Application_OnStart…
End Sub
</script>
```

2）Application_OnEnd。Application_OnEnd 事件在应用程序退出时于 Session_OnEnd 事件之后发生，Application_OnEnd 事件的处理过程也必须写在 Global.asa 文件之中。

下面来看看在使用 Application 对象时必须注意的一些事项。

不能在 Application 对象中存储 ASP 内建对象。例如下面的每一行都返回一个错误。

```
<%
Set Application("Var1")=Session
Set Application("Var2")=Request
Set Application("Var3")=Response
Set Application("Var4")=Server
Set Application("Var5")= Application
Set Application("Var6")=ObjectContext
%>
```

若将一个数组存储在 Application 对象中，不要直接更改存储在数组中的元素。例如，下列的脚本无法运行。

```
<% Application("StoredArray") (3)= "new value"%>
```

这是因为 Application 对象是作为集合被实现的。数组元素 Application(3)未获得新的赋值。而此值将包含在 Application 对象集合中时，并将覆盖此位置以前存储的信息。建议在将数组存储在 Application 对象中时，在检索或改变数组中的对象前获取数组的一个副本。在对数组操作时，应再将数组全部存储在 Application 对象中，这样所进行的任何改动将被存储下来。

4. Session 对象

与 Application 对象具有相近的另一个经常使用的 ASP 内建对象就是 Session。可以使用 Session 对象存储特定的用户会话所需的信息。当用户在应用程序的页之间跳转时，存储在 Session 对象中的变量不会清除，而用户在应用程序中访问页面时，这些变量始终存在。当用户请求来自应用程序的 Web 页时，如果该用户还没有会话，则 Web 服务器将自动创建一个 Session 对象。当会话过期或被放弃后，服务器将终止该会话。

通过向客户程序发送唯一的 cookie 可以管理服务器上的 Session 对象。当用户第一次请求 ASP 应用程序中的某个页面时，ASP 要检查 HTTP 的信息，查看是否在报文中有名为 ASP Session ID 的 cookie 发送过来，如果有则服务器会启动新的会话，并为该会话生成一个全局唯一的值，再把这个值作为新 ASP Session ID cookie 值发送给客户端，正是使用这种 cookie，可以访问存储在服务器上属于客户程序的信息。

Session 对象最常见的作用就是存储用户的首选项。如果用户指明不喜欢查看图形，就可以将该信息存储在 Session 对象中。另外其还经常被用在鉴别客户身份的程序中。要注意的是，会话状态仅在支持 cookie 的浏览器中保留，如果客户关闭了 cookie 选项，Session 也就不能发挥作用了。

（1）属性。

1）Session ID。Session ID 属性返回用户的会话标识。在创建会话时，服务器会为每一个会话生成一个单独的标识，会话标识以长整形数据类型返回。在很多情况下 Session ID 可以用于 Web 页面注册统计。

2）Timeout。Timeout 属性以分钟为单位为该应用程序的 Session 对象指定超时时限。如果用户在该超时时限之内不刷新或请求网页，则该会话将终止。

（2）方法。Session 对象仅有一个方法，就是 Abandon，Abandon 方法删除所有存储在 Session 对象中的对象并释放这些对象的源。如果未明确地调用 Abandon 方法，一旦会话超时，服务器将删除这些对象。当服务器处理完当前页时，下面示例将释放会话状态。

```
<% Session. Abandon%>
```

（3）事件。Session 对象有两个事件可用于在 Session 对象启动和释放运行过程。

1）Session_OnStart 事件在服务器创建新会话时发生。服务器在执行请求的页之前先处理该脚本。Session_OnStart 事件是设置会话期变量的最佳时机，因为在访问任何页之前都会先设置它们。

尽管在 Session_OnStart 事件包含 Redirect 或 End 方法调用的情况下 Session 对象仍会保持，然而服务器将停止处理 Global.asa 文件并触发 Session_OnStart 事件的文件中的脚本。

为了确保用户在打开某个特定 Web 页时始终启动一个会话，就可以在 Session_OnStart 事件中调用 Redirect 方法。当用户进入应用程序时，服务器将为用户创建一个会话并处理 Session_OnStart 事件脚本。可以将脚本包含在该事件中以便检查用户打开的页是不是启动页，如果不是，就指示用户调用 Response. Redirect 方法启动网页，其程序如下所示：

```
<script runat=Server Language=Vbscript>
SubSession_OnStart
startPage="/MyApp/StartHere.asp"
currentPage=Request.ServerVariables("script_name")
if strcomp (currentPage,startPage,1) then
Response. Redirect(startPage)
end if
End Sub
</script>
```

上述程序只能在支持 cookie 的浏览器中运行。因为不支持 cookie 的浏览器不能返回 Session ID cookie，所以每当用户请求 Web 页时，服务器都会创建一个新会话。这样对于每个请求服务器都将处理 Session_OnStart 脚本并将用户重定向到启动页中。

2）Session_OnEnd 事件在会话被放弃或超时发生。关于使用 Session 对象需要注意的事项与 Application 对象相近，请参照前文。

如果用户在指定时间内没有请求或刷新应用程序中的任何页，会话将自动结束。这段时间的默认值是 20 分钟。可以通过在 Internet 服务管理器中设置“应用程序选项”属性页中的“会话超时”属性改变应用程序的默认超时限制设置。应根据 Web 应用程序的要求和服务器的内存空间来设置此值。

当然也可以设置一个大于默认设置的超时值，Session.Timeout 属性决定超时值。还可以通过 Session 对象的 Abandon 方法显示结束一个会话。例如，在表格中提供一个“退出”按钮，将按钮的 Action 参数设置为包含下列命令的 ASP 文件的 URL。

```
<% Session. Abandon%>
```

12.2.3　ADO 简介

如今很多网站都要求使用数据库，如果不会使用数据库，就不能编写出功能强大的 ASP 应用程序。ASP 用 Database Access 组件与数据库进行连接，Database Access 组件通过 ActiveX Data Objects 访问存储在数据库或其他表格化数据结构中的信息。

Microsoft 对应用程序访问各种各样的数据源所使用的方法是 OLEDB，OLEDB 介于 ODBC 层和应用程序之间。在 ASP 页面中，ADO 介于 OLEDB 之上的“应用程序”。ADO 调用首先被送到 OLEDB，接着被送到 ODBC 层。OLEDB 是一套组件对象模型接口，但它是相当复杂的。这样需要一个连接应用程序与 OLEDB 的桥梁，这就是 ADO，而且它支持开放式数据库连接标准的关系型数据库。

现在讲述如何使用 ADO 来访问数据库，首先看一下服务器端所需要的 ADO 执行环境。

（1）安装 Windows NT/2000 Server 或是 Personal Web Server。

（2）安装 Internet Information Server 3.0 以上版本。

（3）在用户端所需要的 ADO 执行环境，需要浏览器。

（4）创建数据库源名，即创建了配置 ODBC 数据源。

（5）创建数据库链接，ASP 文件中如果要访问数据，必须创建与数据库的链接，其语法如下：

```
Set Conn=Server CreateObject("adobd.connecttion")
```

这条语句创建了链接对象 Conn，接下来：

```
Conn.open "dsn_name","username","password"
```

这条语句打开链接，用到了 DSN，本例中 DSN 名为 dsn_name，其后的两个参数分别是访问数据库的用户名和口令，为可选参数。

如前边对系统 DSN 的设置，这一段代码如下所示。

访问 Access 数据库系统 DSN：

```
Set Conn=Server CreateObject ("adobd.connecttion")
Conn.Open"test_dsn"
```

访问 SQL Server 数据库系统 DSN：

```
Set Conn=Server CreateObject ("adobd.connecttion")
Conn.Open"test_dsn_sql","sa","passwd"
```

其中 sa 为访问 SQL Server 数据库的账号，passwd 为账号的访问口令，具体内容创建数据库时设定。

在 ADO 中还可以不通过 ODBC 而直接与 Access 数据相连，这种方法在个人主页中大量使用，这里只简单提一下。

```
Connection.Open"driver={Microsoft Access Driver(*.mdb)};
Dbp=c:\test.mdb"
```

（6）创建数据对象。RecordSet 保存的是数据库命令结果集，并标有一个当前记录，以下是创建方法：

```
Set RecordSet=Conn.Execute(sqtstr)
```

这条语句创建并打开了对象 RecordSet，其中 Conn 是创建链接对象，sqlstr 是一个串，代表一条标准的 SQL 语句，例如：

```
sqlstr ="SELECT*FROM authors"
Set RecordSet=Conn.Execute(sqlstr)
```

这条语句执行后，对象 RecordSet 中就保存了表 authors 中的所有记录。

（7）操作数据库。Execute 方法的参数是一个标准的 SQL 语句串，所以可以利用它方便地执行数据插入、修改、删除等操作，例如：

```
Sqlstr="DELETE FROMauthors"
Conn.Execute (sqlstr)          //执行删除操作
Sqlstr="UPDATE authors SET salary=3 WHERE id='FZ0001'"
Conn.Execute(sqlstr)           //执行删除操作
```

（8）关闭数据对象和链接。在使用了 ADO 对象之后，一定要记住关闭它，因为它使用了服务器的资源，如果不释放将导致服务器资源浪费并影响服务器性能。通过调用方法 Close 实现关闭，然后再释放它，如 Conn.Close。

ADO（ActiveX Data Objects）是 Microsoft 提出的应用程序接口，用以实现访问关系或非关系数据库中的数据。ADO 是 DAO/RDO 的后续产品，吸取了 DAO 和 RDO 的精华部分，简化了 DAO 和 RDO 使用的对象模式。与 DAO、RDO 相比，ADO 包含的属性、方法、对象和事件更少，但是更具有 Internet 的针对性和灵活性。

ADO 是为数据访问方法 OLEDB 而设计的，是一个专门针对 Internet 的应用程序编程接口。OLEDB 是 Microsoft 开发的一种底层接口，适用通用的访问规范，不需要考虑格式和存储方法。OLEDB 能够对各种类型的数据进行处理，甚至包括电子邮件、非关系数据库、文件系统、文本、自定义的对象和图像等。

ODBC 的应用程序接口是无法在 ASP 中使用的，而 ADO 却是可以在 ASP 中使用的标准对象。因此对于 Web 应用程序的开发者来说，通过在 ASP 页面中使用 ADO 对象来实现数据库的访问是目前比较常用的方法。

12.3 搭建动态应用程序开发环境

对于静态网页，直接用浏览器打开就可以完成测试，但是对于动态网页无法直接用浏览器打开，因为它属于应用程序，必须有一个执行 Web 应用程序的开发环境才能进行测试。

12.3.1 安装因特网信息服务器（IIS）

IIS 是网页服务组件，它包括 Web 服务器、FTP 服务器、NNTP 服务器和 SMTP 服务器，分别用于网页浏览、文件传输、新闻服务和邮件发送。安装 IIS 的具体步骤如下：

（1）选择“开始”→“控制面板” →“添加/删除程序”命令，弹出“添加或删除程序”对话框，如图 12-1 所示。

（2）在对话框中单击“添加/删除 Windows 组件”选项，弹出“Windows 组件向导”对话框，如图 12-2 所示。

（3）在每个组件之前都有一个复选框，勾选“Internet 信息服务（IIS）”选项，双击该选项，弹出如图 12-3 所示的“Internet 信息服务（IIS）”对话框。

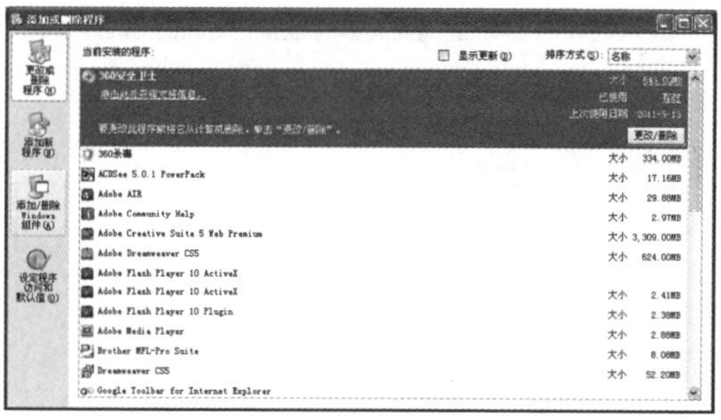

图 12-1　“添加或删除程序”对话框

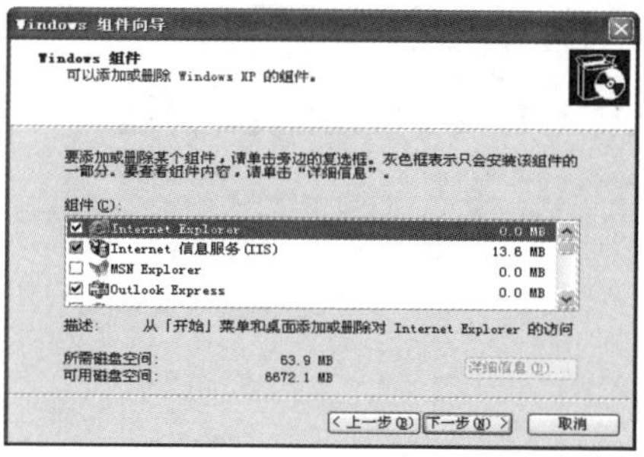

图 12-2　“Windows 组件向导”对话框

（4）当选择完成所有希望使用的组件以及子组件后，单击“确定”按钮，返回到“Windows 组件向导”对话框，单击“下一步”按钮，弹出如图 12-4 所示的对话框。

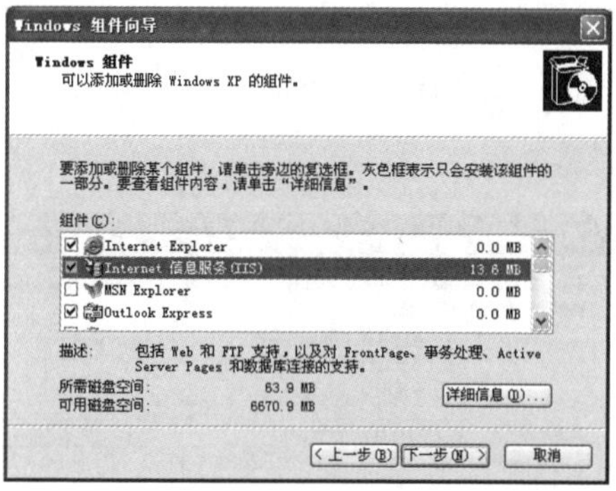

图 12-3　“Internet 信息服务（IIS）”对话框

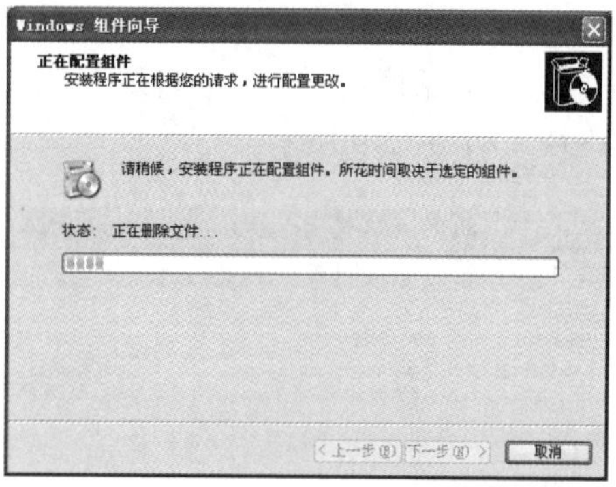

图 12-4　复制文件窗口

（5）复制文件完成后，安装完成，如图 12-5 所示。

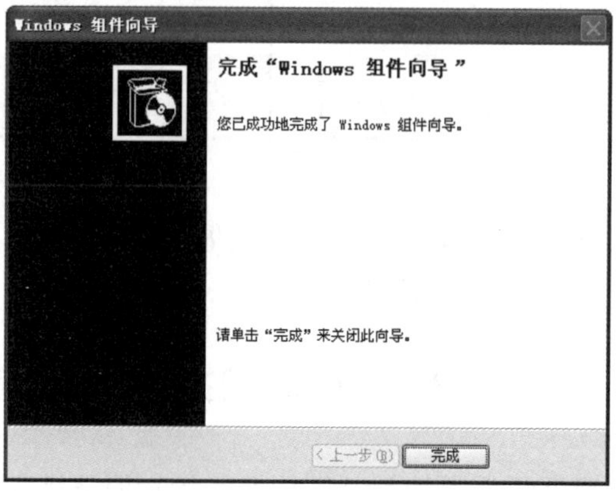

图 12-5　安装完成

12.3.2　设置因特网信息服务器 IIS

设置 IIS 的目的是为了发布和测试动态网也，设置 IIS 的具体步骤如下：

（1）选择“开始”→“控制面板”→“性能和维护”→“管理工具”→“Internet 信息服务”命令，弹出“Internet 信息服务”对话框，如图 12-6 所示。

（2）在对话框中右击“默认网站”选项，在弹出的菜单中选择“属性”选项，如图 12-7 所示。

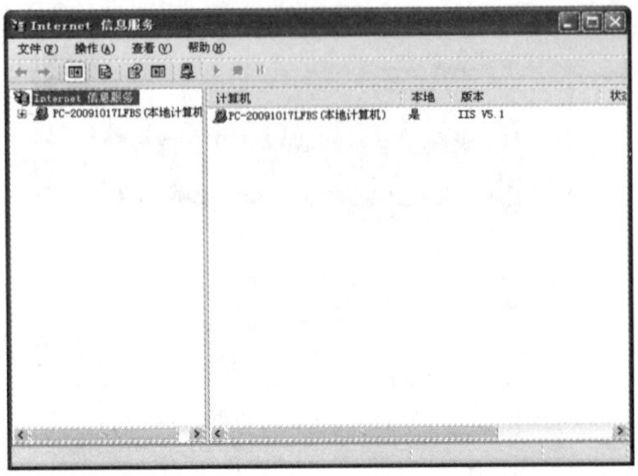

图 12-6 “Internet 信息服务”对话框

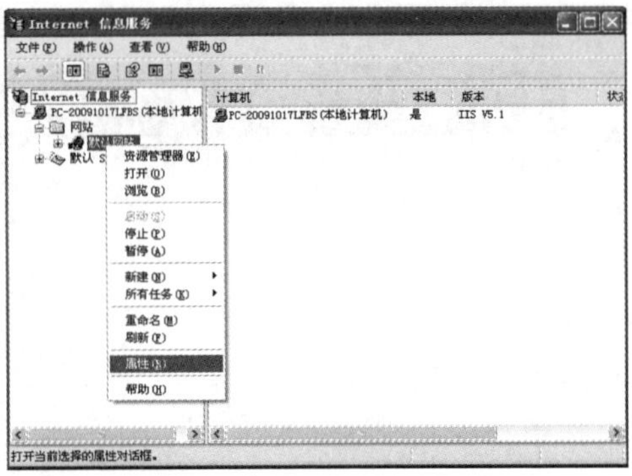

图 12-7 选择“属性”选项

（3）弹出“默认网站属性”对话框，在对话框中切换到“网站”选项卡，在“IP 地址”文本框中输入 IP 地址 192.168.73.16，如图 12-8 所示。

（4）在对话框切换到“主目录”选项卡，单击“本地路径”文本框右边的“浏览”按钮，选择路径，如图 12-9 所示。

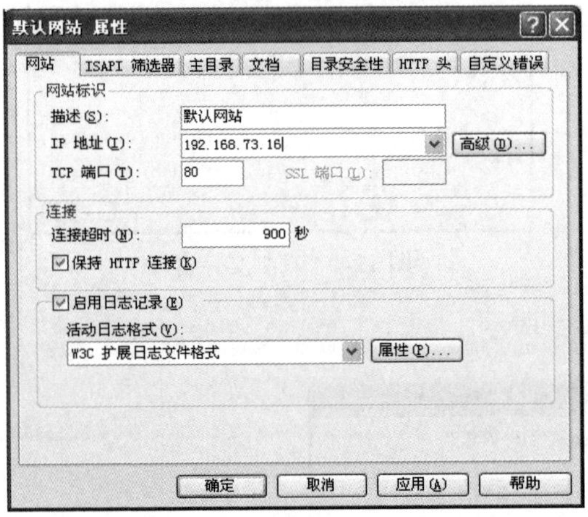

图 12-8 “网站”选项卡

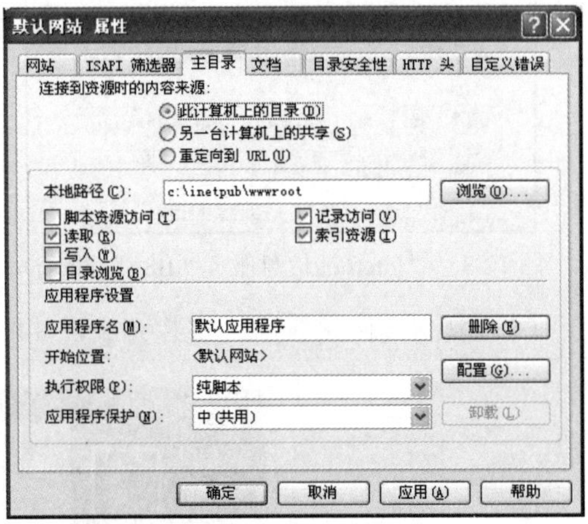

图 12-9 “主目录”选项卡

（5）在对话框中切换到“文档”选项卡，可以修改浏览器默认主页及调用顺序，如图 12-10 所示。单击“确定”按钮，即可完成 IIS 的设置。

12.4 设计数据库

创建数据库时，应该根据数据库的类型和特性，将它们分别保存在各自独立的存储空间中，这些空间成为表。表示数据库的核心，一个数据库可包含多个表，每个表具有唯一的名称，这些标识可以是相关联的，也可以是彼此独立的。常用的数据库有三种：Microsoft Access、Microsoft SQL Server 和 Oracle。小型网站多使用 Microsoft Access 数据库，只有大型网站才使用 Microsoft SQL Server 和 Oracle 数据库。

下面对留言簿的数据库中的每个字段作简要介绍，以便更好学习后面的内容，这里使用 Access 数据库，主要包括以下字段：

（1）ID：自动编号。

（2）username：访问者姓名。

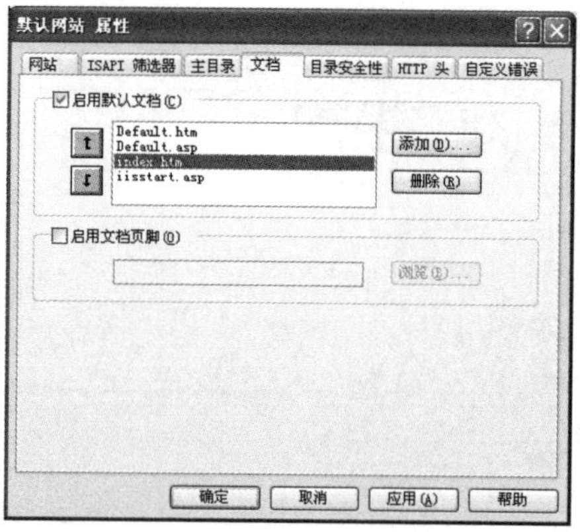

图 12-10　“文档”选项卡

（3）Email：访问者邮箱。

（4）Homepage：访问主页。

（5）title：留言主题。

（6）Content：留言内容。

（7）createDate：留言时间。

（8）Revert：回复。

（9）revertDate：回复时间。

创建数据库的具体步骤如下：

（1）启动 Microsoft Access 2003，选择“文件”→“新建”命令，打开“新建文件”面板，如图 12-11 所示。

（2）在面板中单击“空数据库”选项，弹出“文件新建数据库”对话框，选择保存数据的位置，在对话框中的“文件名”文本框中输入数据库的名称，如图 12-12 所示。

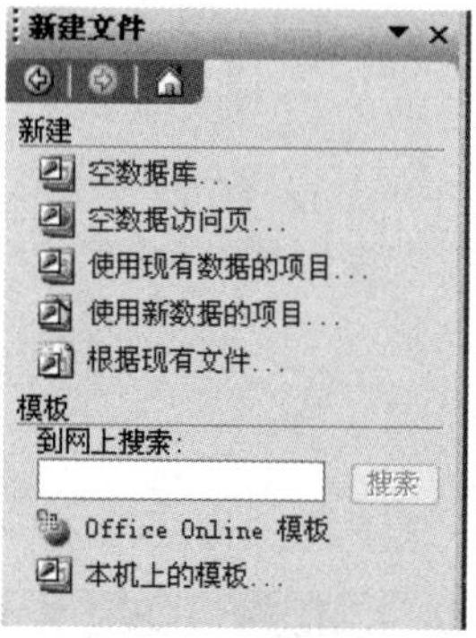

图 12-11　“新建文件”面板

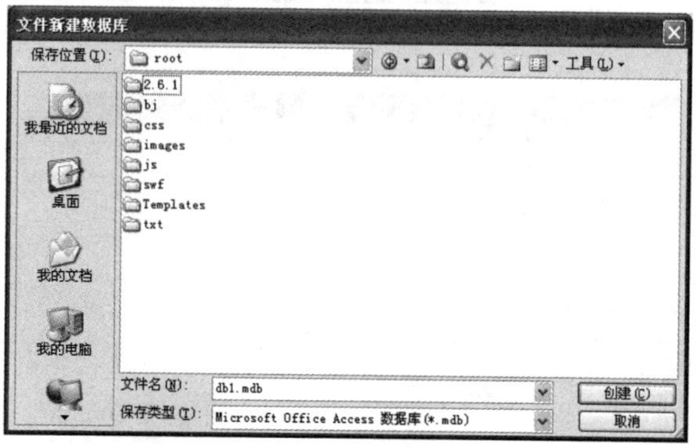

图 12-12　“文件新建数据库”对话框

（3）单击“创建”按钮，弹出如图 12-13 所示的对话框，在对话框中双击“使用设计器创建表”选项。

（4）弹出“表”窗口，在窗口中设置“字段名称”和“数据类型”，如图 12-14 所示。

（5）将光标放置在字段 ID 中，右击，在弹出的菜单中选择“主键”选项，如图 12-15 所示，即可将该字段设置为主键。

（6）选择“文件”→“保存”命令，弹出“另存为”对话框，在对话框中的“表名称”文本框中输入表的名称，如图 12-16 所示。

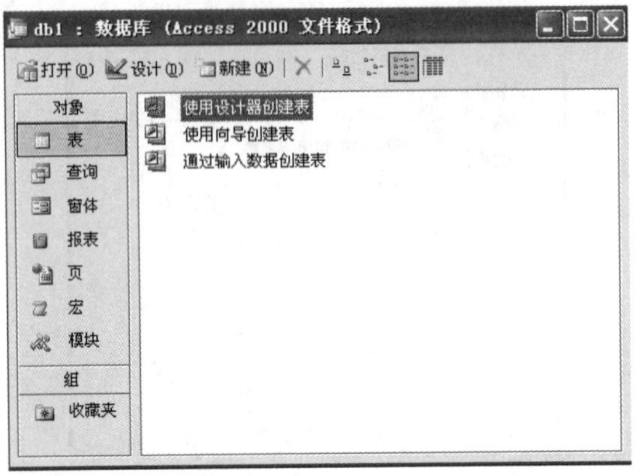

图 12-13　双击“使用设计器创建表”选项

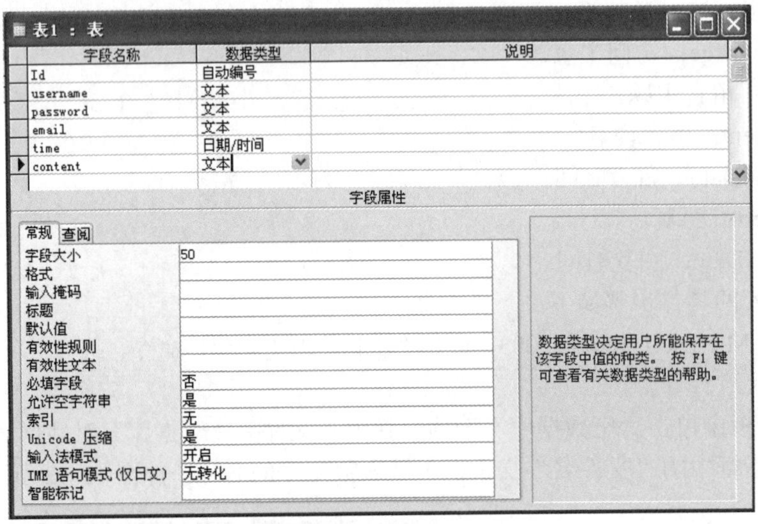

图 12-14　“表”窗口

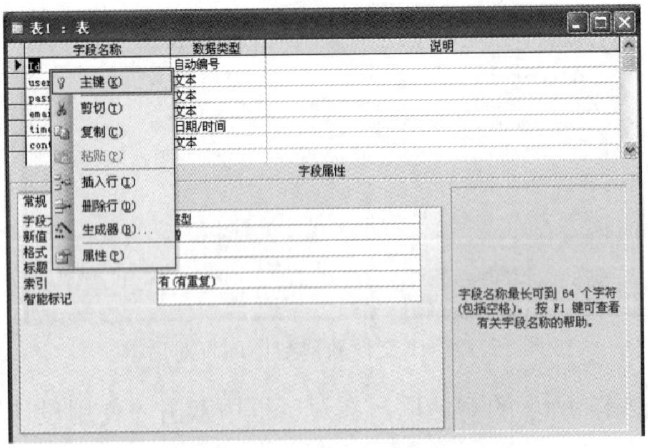

图 12-15　选择“主键”选项

图 12-16　“另存为”对话框

12.5　建立数据库连接

数据库的连接就是对需要连接的数据库的一些参数进行设置，否则应用程序将不知道数据库在哪里和如何与数据库建立连接。

12.5.1　定义系统 DSN

在使用数据库绑定将动态内容添加到网页之前，必须建立一个数据库连接，否则 Dreamweaver CS5 将无法使用数据库作为动态页面的数据源，而在建立数据库连接之前必须定义系统 DSN，具体操作步骤如下：

（1）选择“开始”→“控制面板”→“性能和维护”→“管理工具”　→“数据源（ODBC）”命令，弹出“ODBC 数据源管理器”对话框，在对话框中切换到“系统 DSN”选项卡，如图 12-17 所示。

（2）单击右侧的“添加”按钮，弹出“创建新数据源”对话框，在对话框中的“名称”列表中选择“Driver do Microsoft Access(*mbd)”选项，如图 12-18 所示。

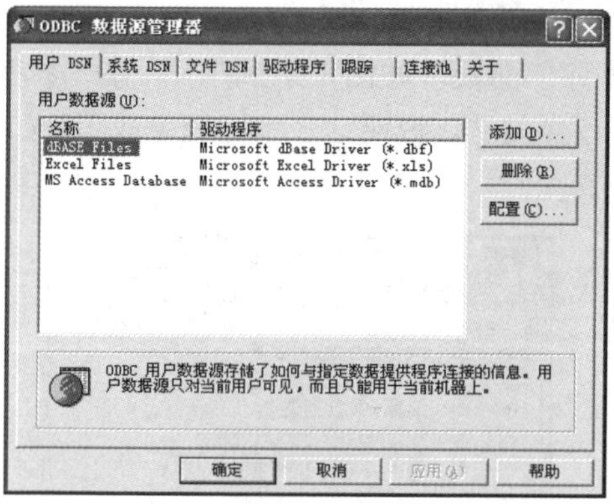

图 12-17　“系统 DSN”选项卡

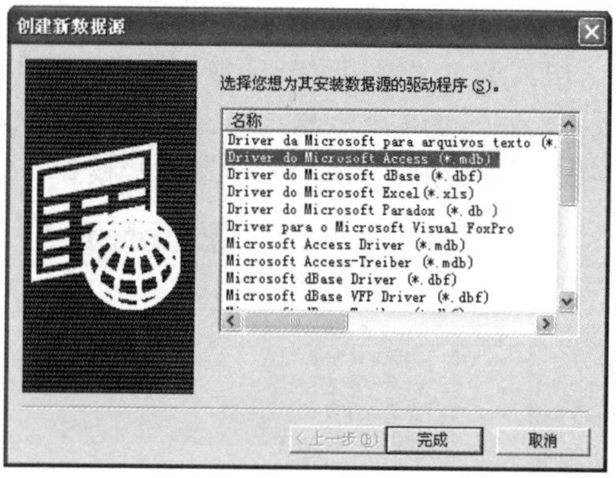

图 12-18　“创建新数据源”对话框

（3）单击“完成”按钮，弹出“ODBC Microsoft Access 安装”对话框，在对话框中的“数据源名”文本框中输入数据源名称，单击“确定”按钮，弹出“选择数据库”对话框，如图 12-19 所示。

（4）在对话框中选择数据库的路径，单击“确定”按钮，如图 12-20 所示。

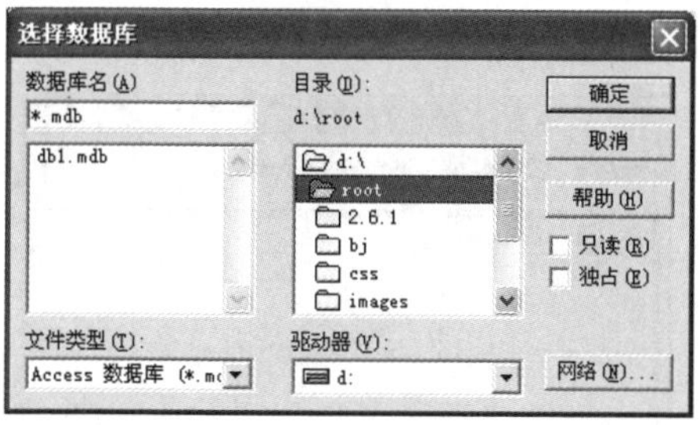

图 12-19　“选择数据库”对话框

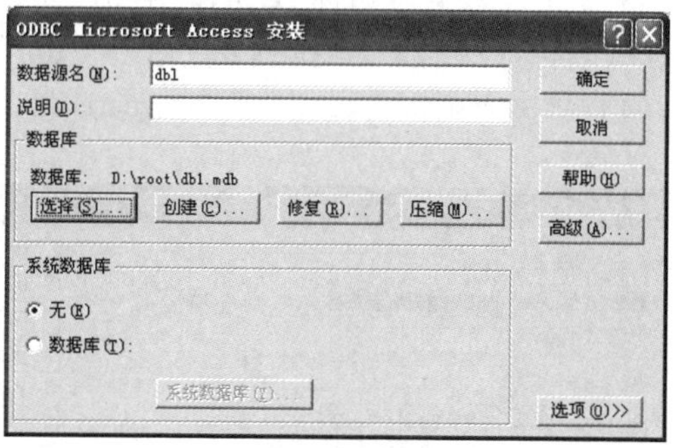

图 12-20　“ODBC Microsoft Access 安装”对话框

（5）单击“确定”按钮，返回到“ODBC 数据源管理器”对话框，在对话框中显示创建的数据源，如图 12-21 所示。单击“确定”按钮，即可创建数据源（ODBC）。

12.5.2　建立系统 DSN

数据库建立好以后，接下来要定义这个网站使用的数据库连接，只有如此，这个网站才能通过数据库连接来存取数据库的信息。上一节已经设置好了系统 DSN，下面就来建立系统 DSN 连接，具体操作步骤如下：

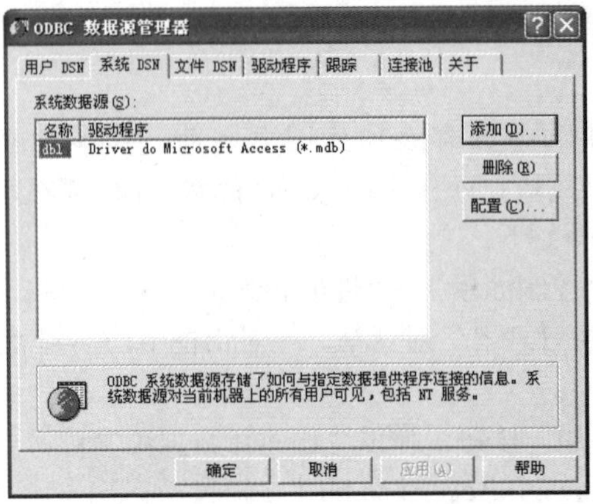

图 12-21 “ODBC 数据源管理器”对话框

（1）选择“窗口”→“数据库”，打开“数据库”面板，如图 12-22 所示。在“数据库”面板中，列出了 4 个步骤，前 3 个是准备工作，都已经勾选，说明这 3 步已经完成了。如果没有完成，就必须在完成后才能连接数据库。

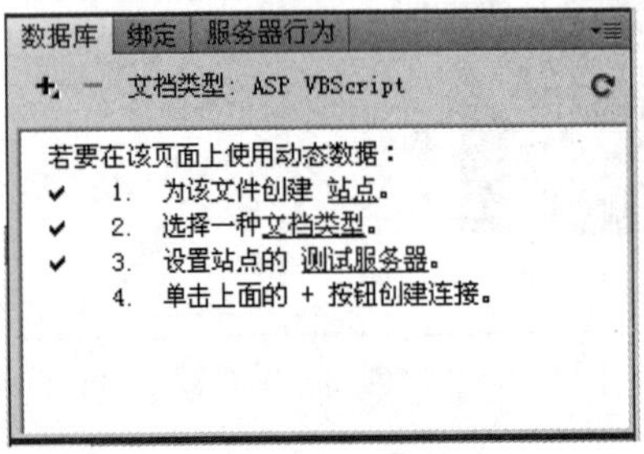

图 12-22 “数据库”面板

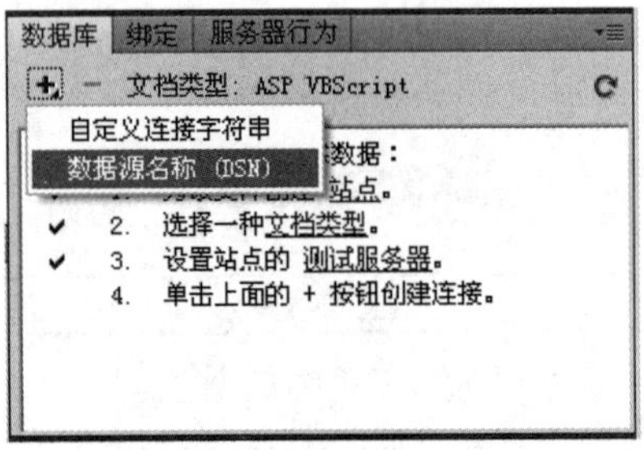

图 12-23 选择“数据源名称（DSN）”选项

（2）在面板中单击 按钮，在弹出的菜单中选择“数据源名称（DSN）”选项，如图 12-23 所示。

（3）弹出“数据源名称（DSN）”对话框，在对话框中的“连接名称”文本框中输入“conn”，“数据源名称（DSN）”下拉列表中选择“dbl”，如图 12-24 所示。

（4）单击“确定”按钮，即可成功连接，此时“数据库”面板如图 12-25 所示。

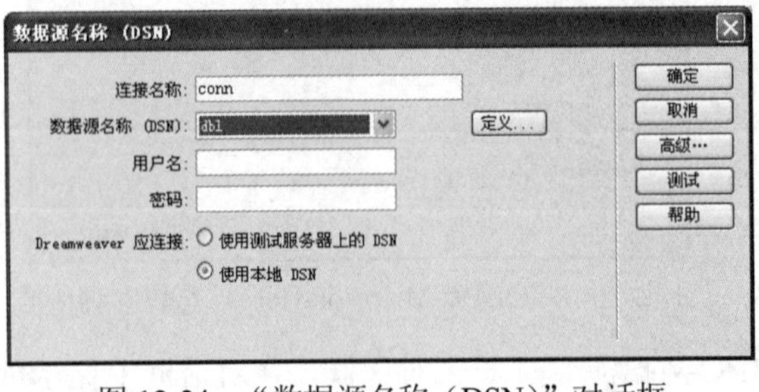

图 12-24 “数据源名称（DSN）”对话框

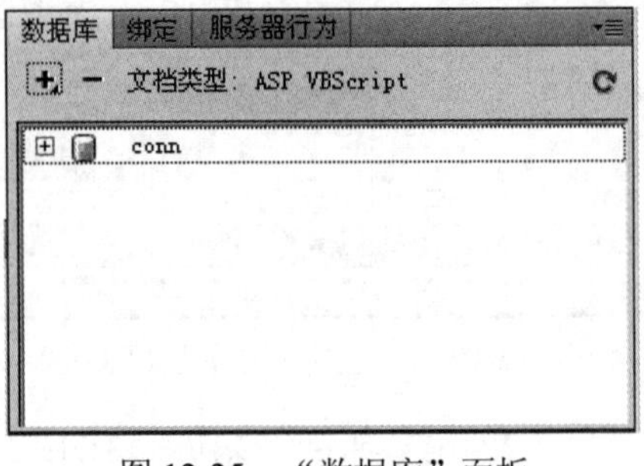

图 12-25 “数据库”面板

12.6 编辑数据表记录

动态网页最主要的特点就是结合后台数据库自动更新网页，离开了数据库也就谈不上动态网页了。数据是通过创建记录集来实现它在网页上的绑定的，而不是直接使用数据库。

12.6.1　查询并显示记录

动态网页在使用后台数据库时，必须创建一个存储检索数据的记录集。记录即在存储内容的数据库和生成的页面的应用服务器之间起一种桥梁作用。记录集由数据库查询返回的数据组成，并且临时存储在应用程序服务器的内存中，以便进行快速数据检索，当服务器不再需要记录集时，就会将其丢弃。查询并显示记录的具体操作步骤如下：

（1）选择“窗口”→“绑定”命令，打开“绑定”面板，在面板中单击 按钮，在弹出的菜单中选择“记录集（查询）”选项，如图 12-26 所示。

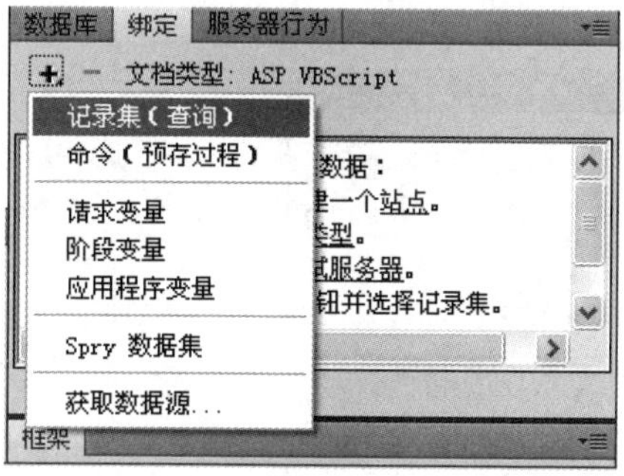

图 12-26　选择“记录集（查询）”选项

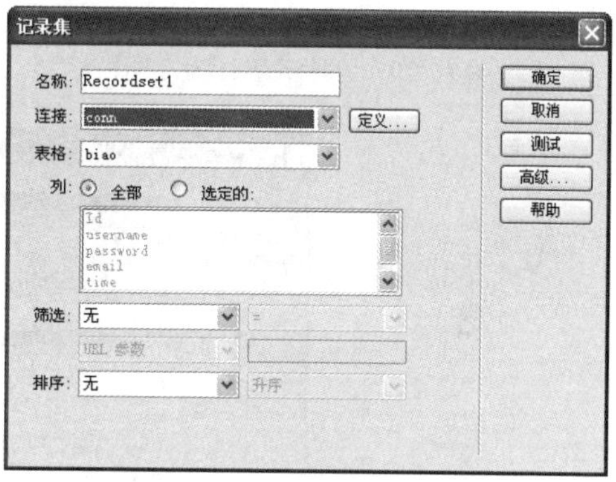

图 12-27　“记录集”对话框

（2）弹出“记录集”对话框，在对话框中的“名称”文本框中输入记录集的名称，“连接”下拉列表中选择“conn”，“表格”下拉列表中选择“biao”，“列”勾选“全部”单选按钮，如图 12-27 所示。

（3）单击“确定”按钮，即可创建记录集，如图 12-28 所示。

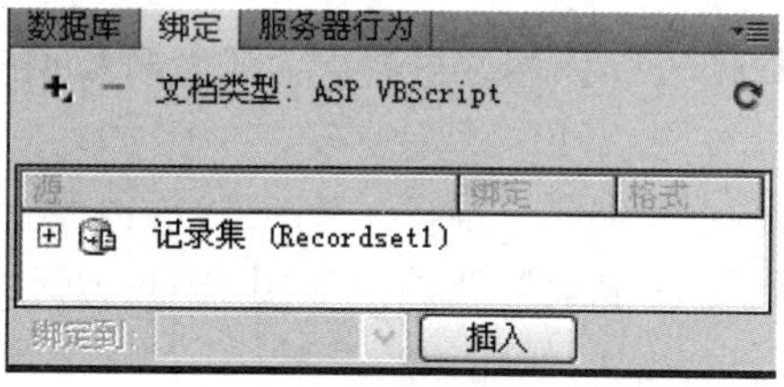

图 12-28　创建记录集

12.6.2　插入记录

一般来说，要通过 ASP 页面向数据库中添加纪录，需要提供用户输入数据的页面，利用 Dreamweaver CS5 的“插入记录”服务器行为，就可以添加记录，具体操作步骤如下：

（1）打开要插入记录的页面，该页面应该包含具有“提交”按钮的 HTML 表单。

（2）将光标放置于表单中，选择菜单中的“窗口”→“服务器行为”命令，打开“服务器行为”面板，如图 12-29 所示。

（3）在面板中单击 按钮，在弹出的菜单中选择“插入记录”选项，如图 12-30 所示。

（4）选择选项后，弹出“插入记录”对话框，如图 12-31 所示。

（5）在对话框中设置完毕后，单击“确定”按钮，即可插入记录。

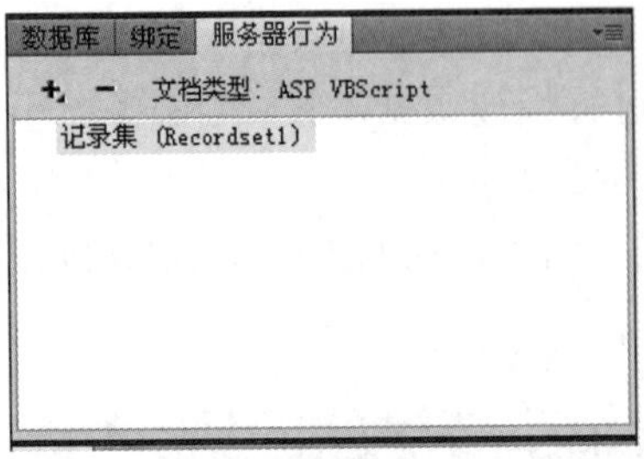

图 12-29 “服务器行为”面板

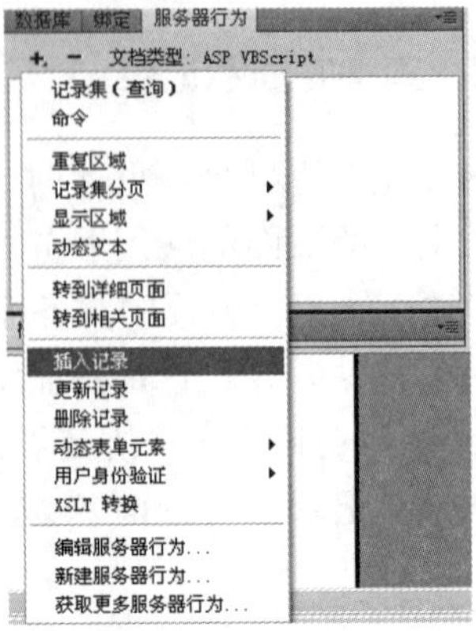

图 12-30 “插入记录”选项

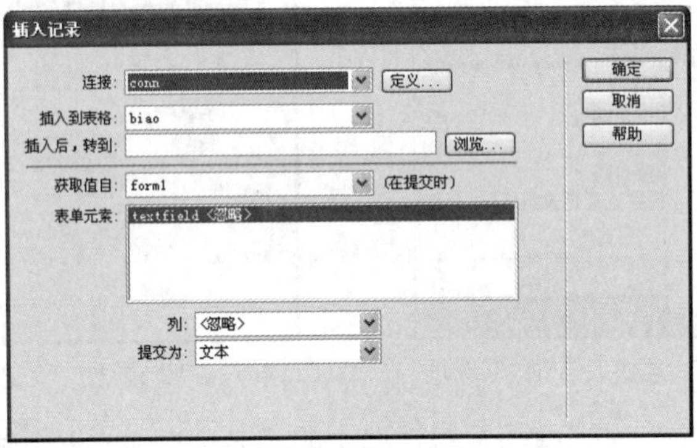

图 12-31 “插入记录”对话框

12.6.3 更新记录

动态网站中可能包含更新记录的页面，更新记录的页面执行两种不同的操作：首先，它显示已经存在的数据，这些数据可以被修改；其次，它更新数据库以反映所做的修改。更新记录具体操作的步骤如下：

（1）选择“窗口”→“服务器行为”命令，打开“服务器行为”面板，在面板中单击 按钮，在弹出的菜单中选择“更新记录”选项，如图 12-32 所示。

（2）弹出“更新记录”对话框，如图 12-33 所示。

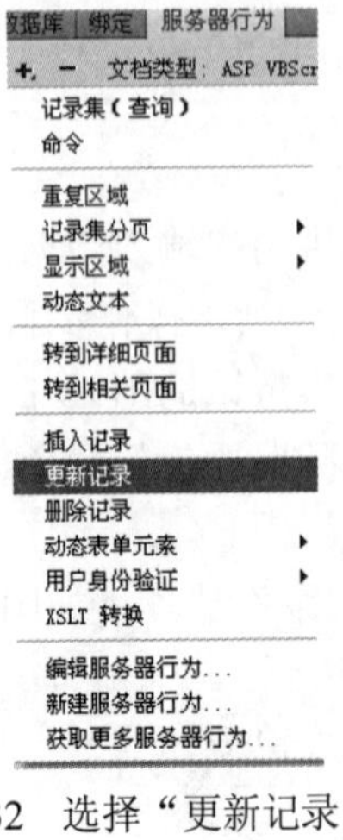

图 12-32 选择“更新记录”选项

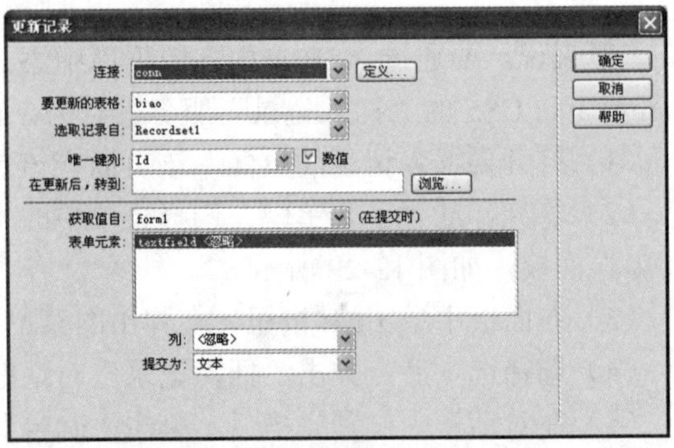

图 12-33 “更新记录”对话框

（3）在对话框中进行相应的设置，单击“确定”按钮，即可创建更新记录服务器行为。

12.6.4　删除记录

利用“删除记录”服务器行为，可以在页面中实现删除记录的操作。删除记录的页面执行两种不同的操作，首先显示已存在的数据，可以选择将要被删除的数据；其次从数据库中删除此记录以反映选择记录删除的结果。

（1）选择“窗口”→“服务器行为”命令，打开“服务器行为”面板，在面板中单击按钮，在弹出的菜单中选择“删除记录”选项，如图 12-34 所示。

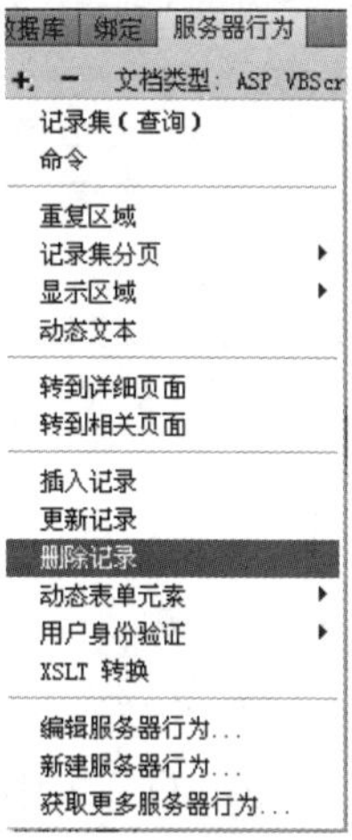

图 12-34　选择“删除记录”选项

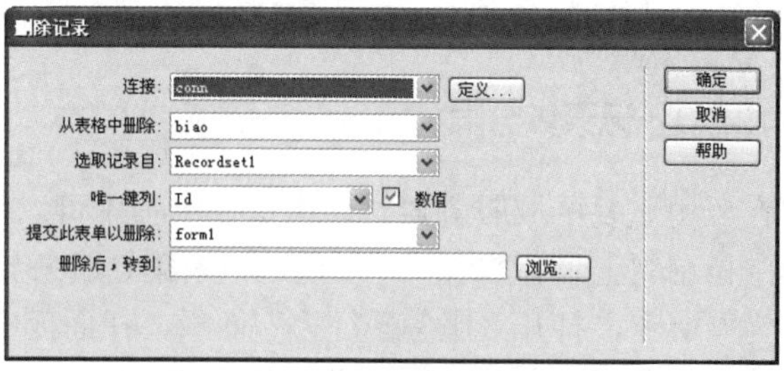

图 12-35　“删除记录”对话框

（2）弹出“删除记录”对话框，如图 12-35 所示。

（3）在对话框中进行相应的设置，单击“确定”按钮，即可创建删除记录服务器行为。

12.7　添加服务器行为

如果想显示从数据库中取得的多条或者所有纪录，则必须添加一些服务器行为，这样就会按要求连续显示多条或所有的纪录。

12.7.1　插入重复区域

（1）选择要创建重复区域的部分，选择“窗口”→“服务器行为”命令，打开“服务器行为”面板，在面板中单击按钮，在弹出的菜单中选择“重复区域”选项，如图 12-36 所示。

（2）选择选项后，弹出“重复区域”对话框，在对话框中“记录集”下拉列表中选择相应的记录集，在“显示”区域中指定页面的最大记录数，默认值为 10 条记录，如图 12-37 所示。

（3）单击“确定”按钮，即可插入重复区域。

12.7.2　插入显示区域

需要显示某个区域时，Dreamweaver CS5 可以根据条件动态显示。选择“窗口”→“服务器行为”命令，打开“服务器行为”面板，在面板中单击按钮，在弹出的菜单中选择“显示区域”选项，在弹出的子菜单中根据需要选择，如图 12-38 所示。

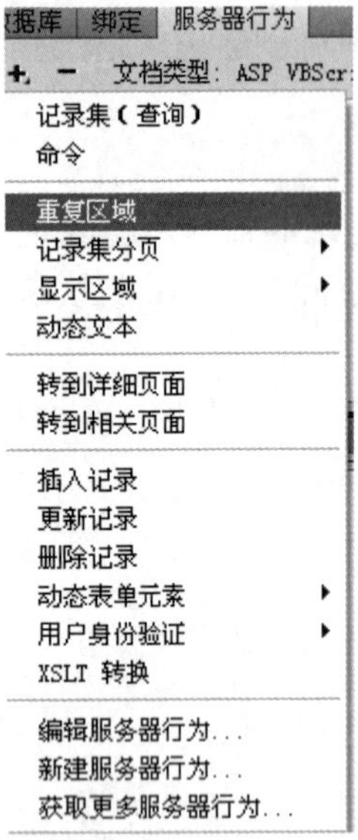

图 12-36 选择“重复区域”选项

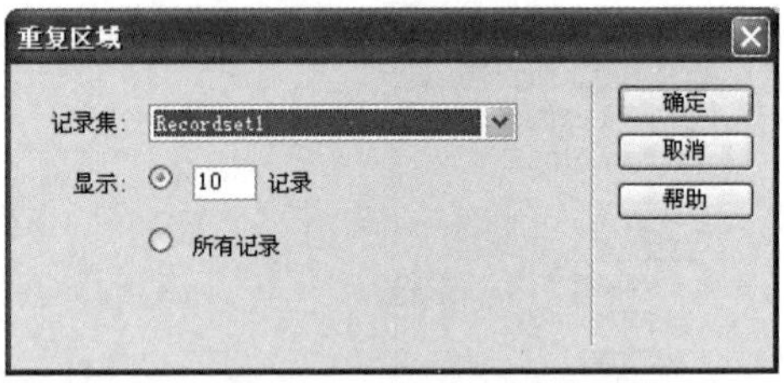

图 12-37 “重复区域”对话框

12.7.3 记录集分页

在应用重复区域服务器时，指定在一页中可以显示的最大记录条数。当记录的总数大于页面中显示的记录条数时，可以通过记录集导航条显示在多个页面中。选择“窗口”→“服务器行为”命令，打开“服务器行为”面板，在面板中单击按钮，在弹出的菜单中选择“记录集分页”选项，在弹出的子菜单中根据需要选择，如图 12-39 所示。

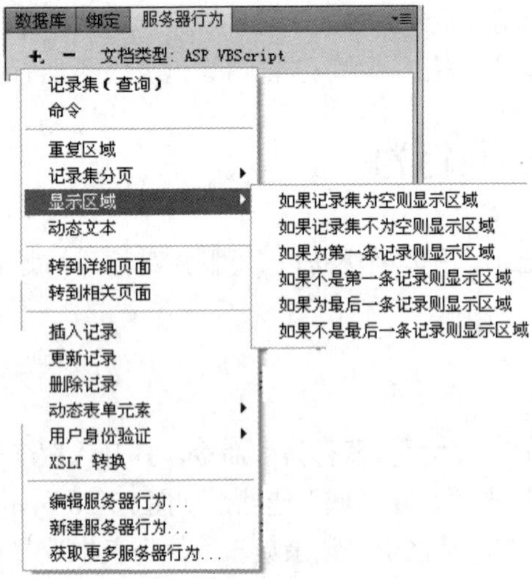

图 12-38 “显示区域”选项

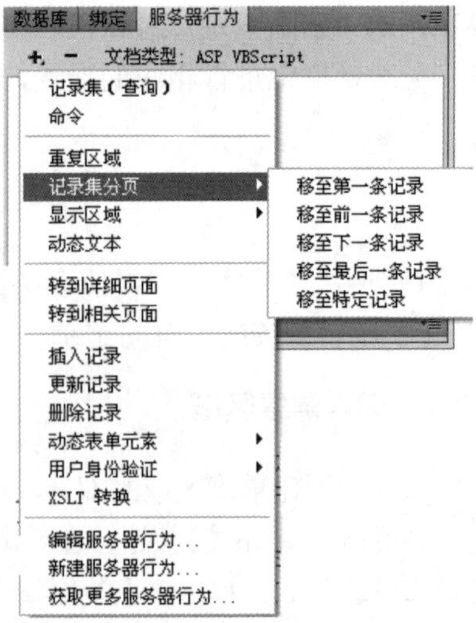

图 12-39 选择“记录集分页”选项

12.7.4 转到详细页面

在 Dreamweaver CS5 中，参数是以 HTML 表单的形势进行收集并以某种方式传送的。如果表单使用 POST 方式传递，参数则被附加到 URL 上，在表单的 Action 属性中指定。

（1）在列表页面中，选中要设置为指向详细页上的动态内容。

（2）选择“窗口”→“服务器行为”命令，打开“服务器行为”面板，在面板中单击按钮，在弹出的菜单中选择“转到详细页面”选项，在弹出的“转到详细页面”对话框中根据需要选择，如图 12-40 所示。

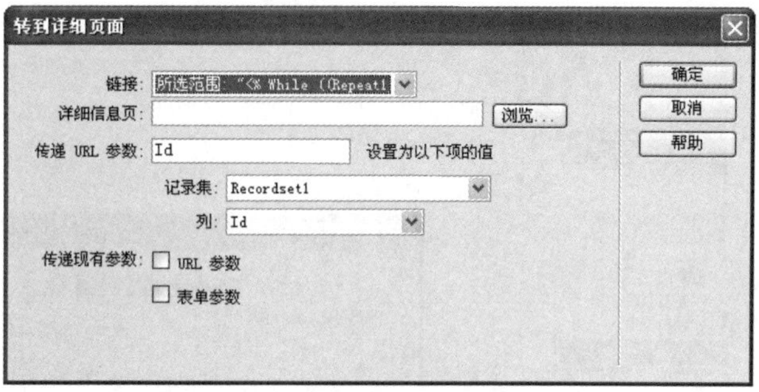

图 12-40　“转到详细页面”对话框

12.7.5　转到相关页面

可以建立一个链接打开另一个页面而不是它的子页面，并且传递信息到该页面，这种页面与页面之间进行参数传递的两个页面，称之为相关页。

（1）在要传递参数的页面中，选中要实现相关页跳转的文字。

（2）选择“窗口”→“服务器行为”命令，打开“服务器行为”面板，在面板中单击按钮，在弹出的菜单中选择“转到相关页面”选项，在弹出的“转到相关页面”对话框中根据需要选择，如图 12-41 所示。

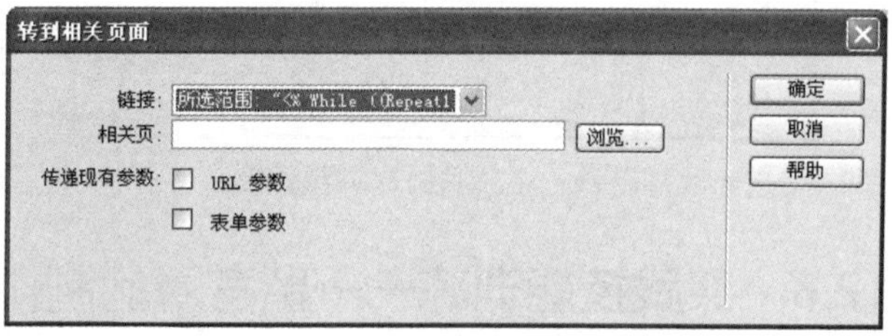

图 12-41　“转到相关页面”对话框

12.7.6　用户身份验证

为了能更加有效地管理共享资源的用户，需要规范化访问共享资源的行为。通常采用“注册（新用户取得访问权）”→“登录（验证用户是否合法并分配资源）”→“访问授权的资源”→“退出（释放资源）”这一行为模式来实施管理。

（1）在定义检查新用户名之前需要定义一个插入记录服务器行为。其实“检查新用户名”行为是限制“插入记录”行为的行为，它用来验证插入记录的制定字段值在记录中是否唯一。

（2）打开“服务器行为”面板，在面板中单击按钮，在弹出的菜单中选择“用户身份验证”→“检查新用户名”选项，如图 12-42 所示。

（3）在弹出的“检查新用户名”对话框，如图 12-43 所示，在对话框中“用户名字段”下拉列表中选择需要验证堵塞记录字段（验证该字段在纪录中是否唯一），如果该字段的值已经存在，那么可以在“如果已存在，则转到”文本框中指定引导用户所去的页面。

（4）单击“服务器行为”面板中按钮，在弹出的菜单中选择“用户身份验证”→“登录用户”选项，在弹出的“登录用户”对话框中根据需要选择，如图 12-44 所示。

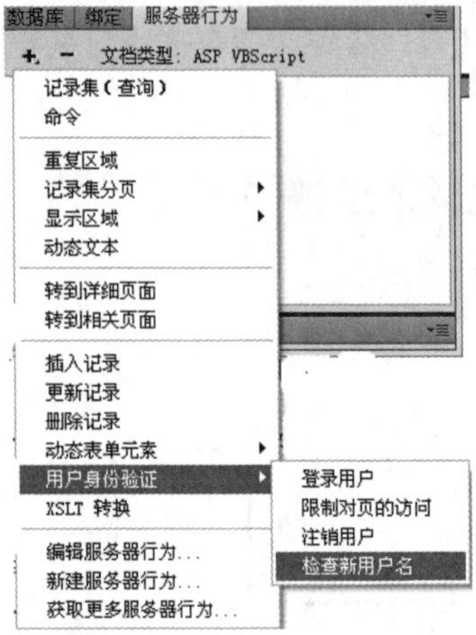

图 12-42　选择“检查新用户名”选项

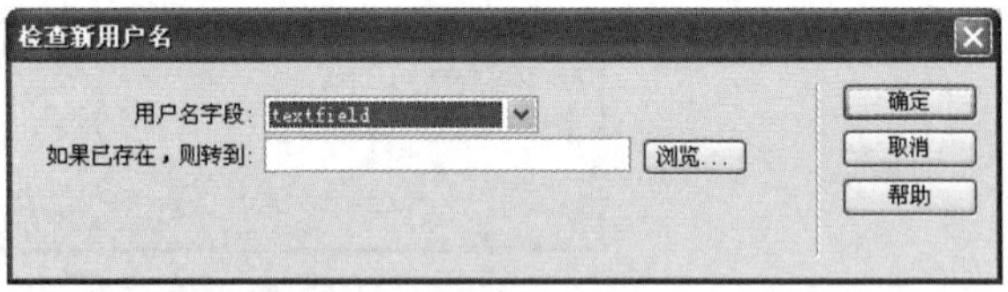

图 12-43　“检查新用户名”对话框

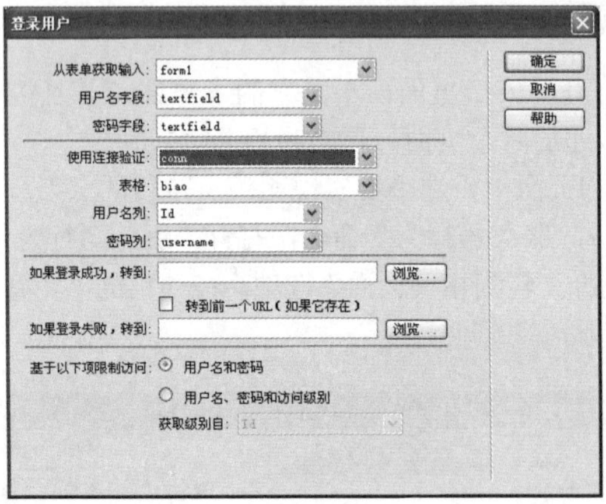

12-44　“登录用户”对话框

12.8　实践技能训练——留言簿的制作

留言簿是为网上所有想交流意见的人提供的一种交流场所，各个网站的管理者可以通过留言簿收集来自该网站浏览者的反馈信息，随着信息技术、通信技术以及多媒体技术的进一步成熟和普及，留言簿已经成为各个网站必不可少的组件。

下面介绍利用 Dreamweaver CS5 制作留言簿的具体过程。

12.8.1　实例分析

本实例是一个功能齐全的留言系统，包括以下三个功能模块：

（1）客户模块：该模块任何人都能进入，包括显示留言的主页面和用户输入留言的页面

（2）管理员模块：该模块是为管理员设计的，包括管理员的首页面、回复留言和删除留言页面等。

（3）权限模块：该模块是为了限制非管理人员进入管理页面而设计的。

12.8.2　文件说明

本实例主要包括以下七个页面：

（1）index.asp。留言簿的首页，是可以连接到留言页面和管理员登录页面的动态页面。

（2）guest.asp。用户留言页面，是所有用户都可以使用的动态页面。

（3）admin.asp。只有管理员才可以进入的动态页面，在该页面中可以恢复和删除用户的留言。

（4）login.asp。管理员登录的动态页面，只有通过此页面的验证才可以进入 admin.asp 页面。

（5）error.html。管理员登录失败转到的静态页面。

（6）reply.asp。管理员回复用户留言的动态页面。

（7）del.asp。管理员删除用户留言的动态页面。

12.8.3　数据库的创建

留言簿所存储的信息都是要保存在数据库中的，所以在制作留言簿之前应该先创建数据库。本实例将采用简单易学的 Access 2003 数据库管理软件来创建数据库。

1. 创建数据库

打开 Office 工具的 Access 2003，创建一个名为 massage.mdb 的数据库，然后将该数据库保存在已经定义站点中，接下来就可以在数据库中创建数据表了。

2. 设计数据表 massagedata

数据表 massagedata 用于保存发表留言用户的信息以及管理员回复的信息，其字段设计如图 12-45 所示。

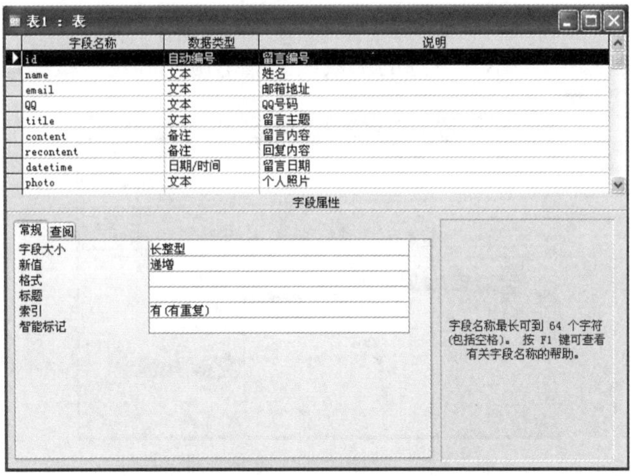

图 12-45　数据表 massagedata 的属性及说明

字段 id 是留言内容的关键字，可以作为传递参数，用以区别不同的字段，这里将其“参数类型”设置为“自动编号”且设置为主键。

字段 name、email、QQ、title 和 photo 分别用于存储留言者的姓名、邮箱地址、QQ 号码、留言主体和个人照片。其中 name 字段是要求留言者必须填写的。在如图 12-46 所示的数据表中选中 name 字段，然后在“常规”选项卡的“必填字段”右侧的下拉列表中选择“是”，在“允许空字符串”右侧的下拉列表中选择“否”。

字段 content 和 recontent 分别用于存储留言内容和回复内容，由于“文本”数据类型最多只能存放 255 个字符，对留言内容来说太少了，所以需要将字段设置为“备注”类型，因为“备注”类型最多可以存放 65535 个字符。其中 content 字段也是必须填写的，可以参照 name

字段的设置方法设置其常规属性。字段 recontent 需要设置一个默认值，在数据表中选择该字段，在“常规”选项卡中的“默认值”文本框中输入“暂无回复”。需要注意的是：此处的双引号必须是英文状态下的。

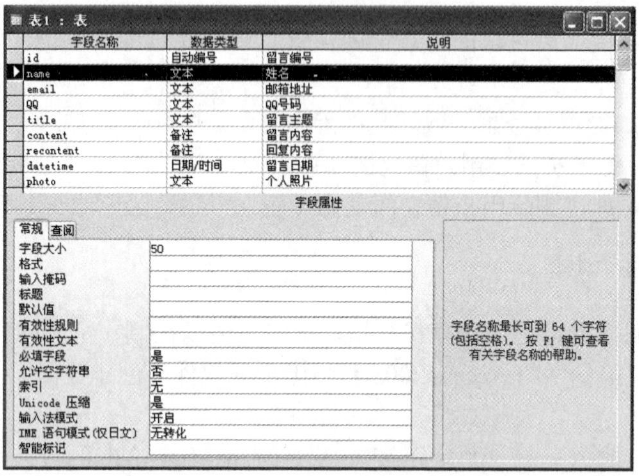

图 12-46　设置 name 字段的常规属性

字段 datetime 是用来存储发表留言的时间，应该将其数据类型设置为“日期/时间”型，并且还需要设置一个默认值。在数据表中选择该字段，在“常规”选项卡中单击“默认值”文本框右侧的按钮，弹出如图 12-47 所示的“表达式生成器”对话框。双击左侧的“函数”选项，从中间的列表框中选择“日期/时间”选项，从右侧的列表框中选择 Now 选项，此时对话框上方的预览区域内就会显示出所选的函数，然后单击“确定”按钮即可。

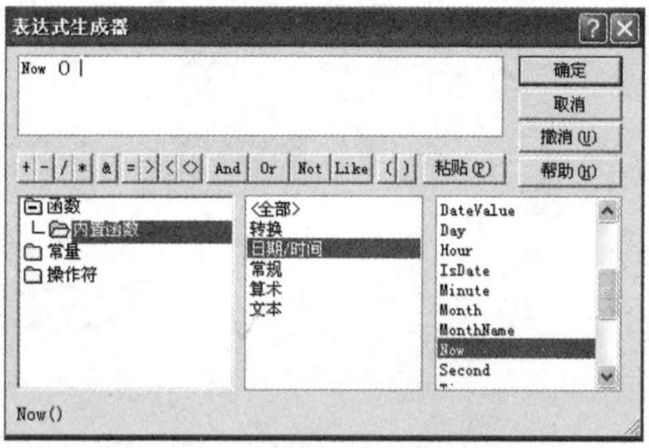

图 12-47　“表达式生成器”对话框

3. 设计数据表 massageadmin

数据表 massageadmin 用于存储管理员的账号和密码，其字段设计如图 12-48 所示，在表中添加一条初始记录用于存储管理员的账号和密码，当用户登录时用于核对管理员的账号和密码是否正确，如图 12-49 所示。

4. 构造自定义的连接字符串

通过自定义连接字符串连接数据库的具体步骤如下：

（1）在 Dreamweaver CS5“文档”窗口的“应用程序”面板中单击“数据库”选项卡，打开“数据库”面板，单击“添加”按钮，从弹出的菜单中选择“自定义连接字符串”菜单项，弹出如图 12-50 所示的“自定义连接字符串”对话框。

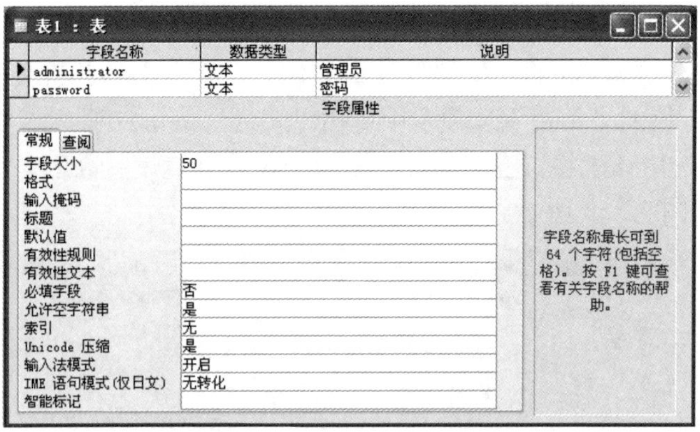

图 12-48　数据表 massageadmin 的属性说明

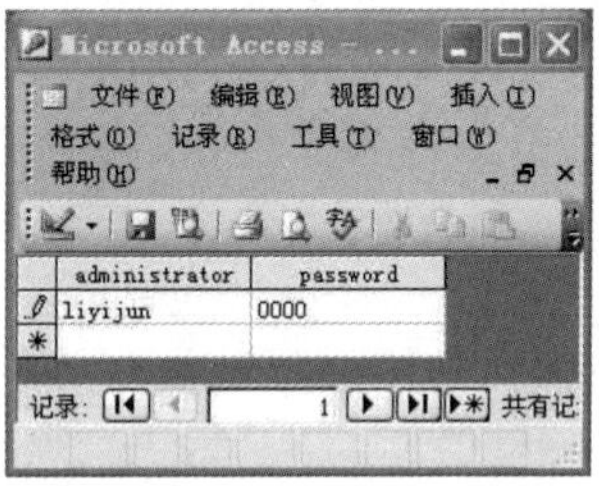

图 12-49 存储管理员账号和密码

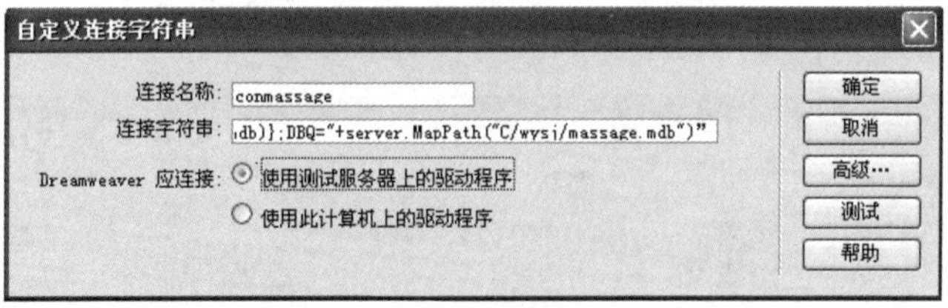

图 12-50　“自定义连接字符串”对话框

（2）在“连接名称”文本框中输入 conmassage，在“连接字符串”文本框中输入字符串 "Driver={Microsoft Access Driver (*.mdb)};DBQ="+server.MapPath(../massage.mdb")。

（3）在“Dreamweaver 应连接”单选按钮组中选择“使用测试服务器上的程序”单选按钮。

（4）单击“确定”按钮完成连接设置，此时数据库面板如图 12-51 所示。

（5）在“数据库”面板中的连接名称上右击鼠标，从弹出的快捷菜单中选择“测试连接”菜单项，如果弹出如图 12-52 所示的对话框，则表示已经成功地连接数据库。

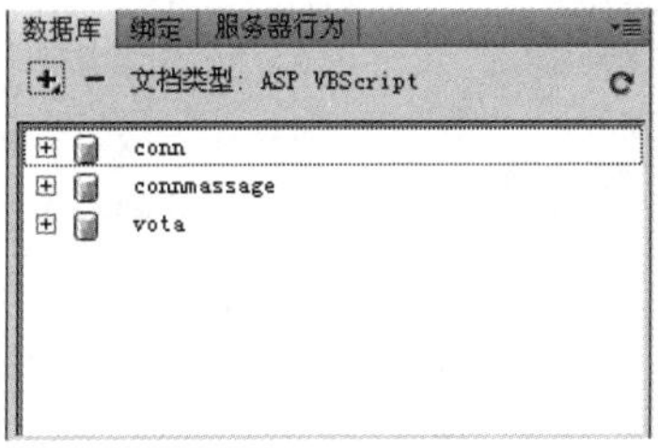

图 12-51　“数据库”面板

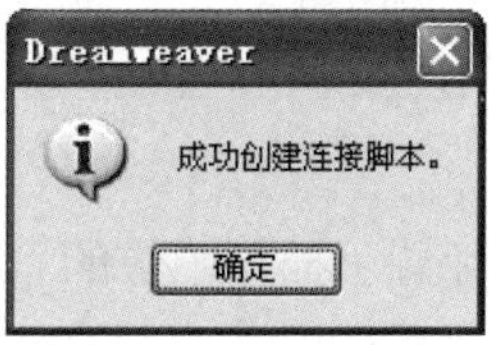

图 12-52　连接成功提示对话框

12.8.4　首页的制作

首页是用于显示用户留言的页面，可以链接到管理页面和书写留言的页面。

1. 创建模板

（1）在 Dreamweaver CS5 的“文档”窗口创建一个空白文档并将其打开。

（2）在“插入”栏的“常用”选项卡中单击“表格”按钮插入一个 1 行 1 列，宽度为 750px 的表格，然后选中该表格，在“属性”面板中设置其宽度、高度、对齐方式、边框以及背景图像等属性，如图 12-53 所示。

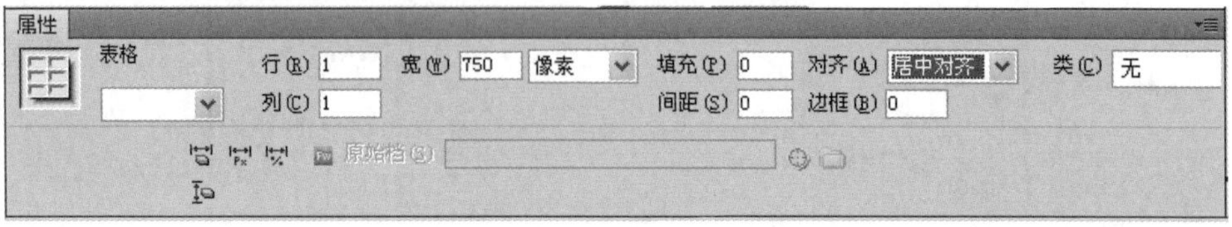

图 12-53　设置表格属性

由于 CS5 中对于单元格填充只提供了“背景颜色”对于填充“背景图像”的，可以切换到代码中，将<table ></table>中的内容修改如下：

```
<body>
<table width="750" border="1">
  <tr>
    <td height="63" background="file:///D|/root/wysjsc12/picture/star.gif"> </td>
  </tr>
</table>
```

（3）将光标置于表格中输入文字“留言簿”，然后选中该文字，在其“属性”面板中设置字体样式、大小、颜色以及对齐方式等属性，如图 12-54 所示。

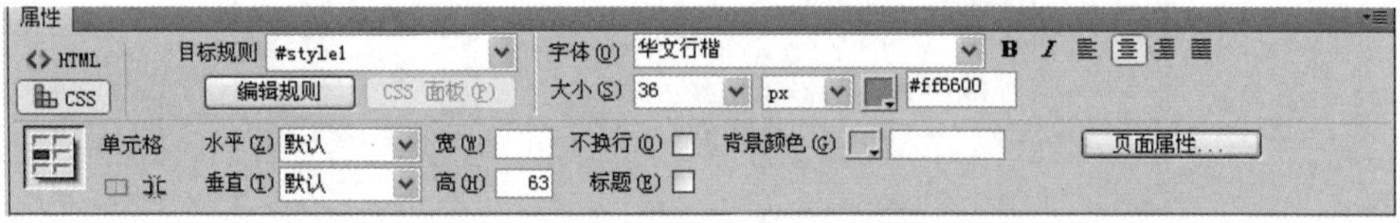

图 12-54　设置文字属性

（4）将光标置于表格右侧，按 Shift+Enter 组合键，光标则到达下一行，且紧贴该表格的底部，在“插入”栏的“常用”选项卡中单击“表格”按钮继续插入一个 1 行 1 列的表格，然后将其宽度设置为 750，边框设置为 1 且居中对齐。

（5）将光标置于刚插入的表格中，在“插入”栏的“常用”选项卡中单击“图像”按钮，从弹出的“选择图像源文件”对话框中选择合适的图像，然后选中图像并在“属性”面板中设置其宽度、高度、对齐方式等属性，如图 12-55 所示。

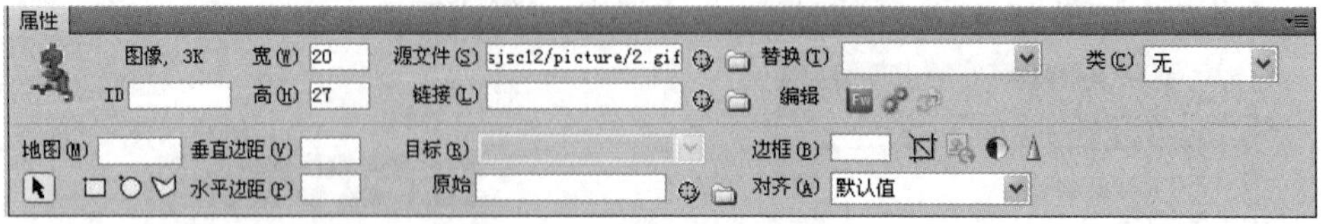

图 12-55　设置图像属性

（6）将光标置于插入图像的右侧，输入四个英文状态下的句点，接着输入文字“欢迎光临我的留言簿”，然后选中输入的文本内容，在“属性”面板中设置字体样式、大小及颜色等属性，如图 12-56 所示。

（7）将光标置于该文本中，单击“代码”视图按钮切换至“代码”视图，然后在标签<td>和</td>之间添加如下代码即可实现滚动文字的效果。

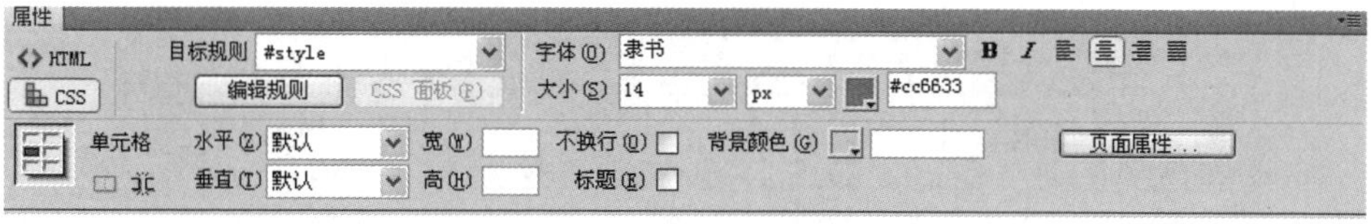

图 12-56　设置文本属性

```
<marquee scrollamount="3" scrolldelay="10" loop="-1">
<img src="../wysjsc/12.1.gif" width="18" height="22" align="absbottom" />
<span class="STYLE2">欢迎光临我的留言簿</span></marquee>
```

（8）将光标置于下一行，继续插入一个宽度为 750，边框为 0 的表格。选中该表格，单击“插入”→“模板对象”→“可编辑区域”命令，弹出如图 12-57 所示的“新建可编辑区域”对话框，在“名称”文本框中输入 majorfield，然后单击“确定”按钮就可以完成创建可编辑区域的操作。

（9）单击“文件”→“另存为模板”命令，弹出如图 12-58 所示的“另存为模板”对话框，从“站点”下拉列表中选择当前站点，在“另存为”文本框中输入该模板的名称 massagetitle，然后单击“保存”按钮。

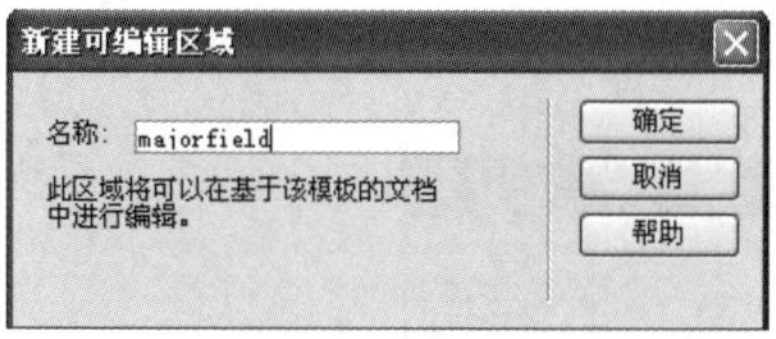

图 12-57　“新建可编辑区域”对话框

图 12-58　“另存为模板”对话框

至此创建模板的操作已经全部完成，此时的“文档”窗口如图 12-59 所示。

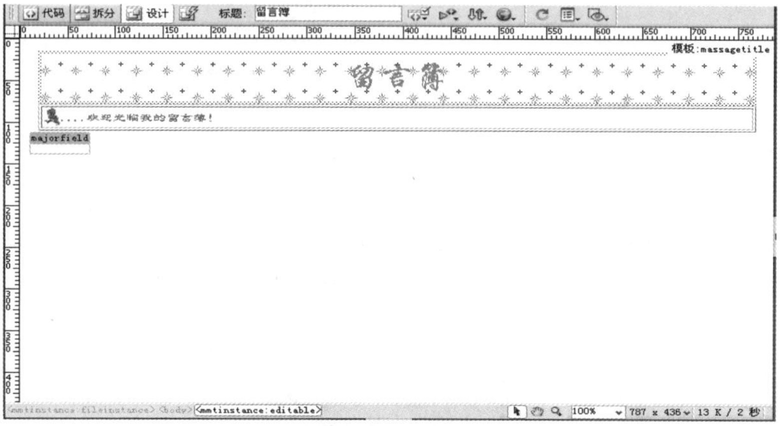

图 12-59　模板效果

2. 制作首页的内容主体

制作首页内容主体的具体步骤如下：

（1）在已经定义的站点中创建一个名为 index.asp 的空白文档并将其打开。打开“资源”面板，在“名称”列表中选择模板 massagetitle，然后单击“应用”按钮将模板应用到文档中。

（2）将光标置于可编辑区域 majorfield 中，然后按照图 12-60 所示设计好表格及文字内容。

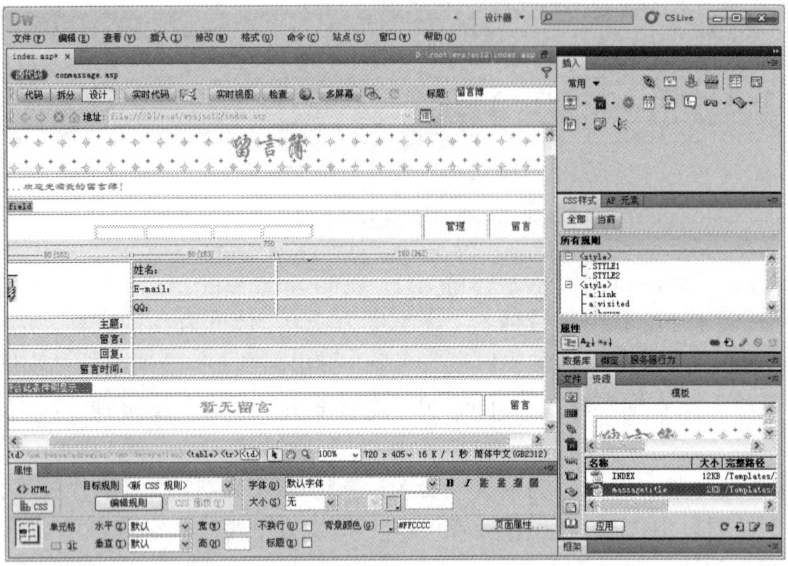

图 12-60　设计文字及表格

（3）打开“数据库”面板连接数据库。

（4）在“应用程序”面板中单击“绑定”选项卡，打开“绑定”面板，单击“添加”按钮，从弹出的菜单中选择“记录集（查询）”菜单项，弹出如图 12-61 所示的“记录集”对话框。

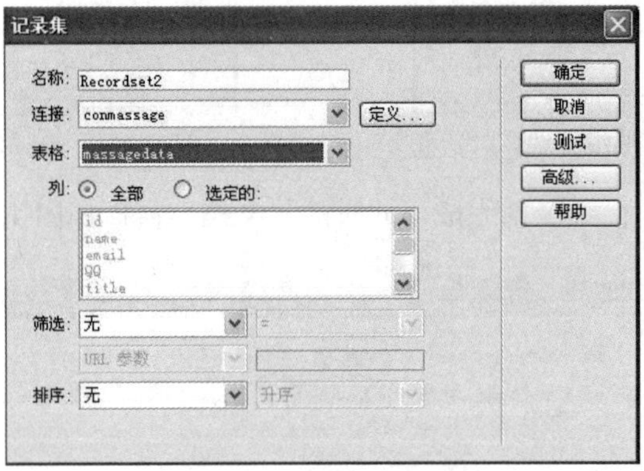

图 12-61　“记录集”对话框

（5）从“连接”下拉列表中选择 conmassag 选项，从“表格”下拉列表中选择 massagedata 选项，然后单击“确定”按钮就可完成对记录集的设置操作，此时“绑定”面板如图 12-62 所示。

图 12-62　添加记录集的“绑定”面板

（6）将记录集中的字段项 id、name、E-mail、QQ、title、content、recontent 和 datetime 分别绑定到对应的单元格中，如图 12-63 所示。

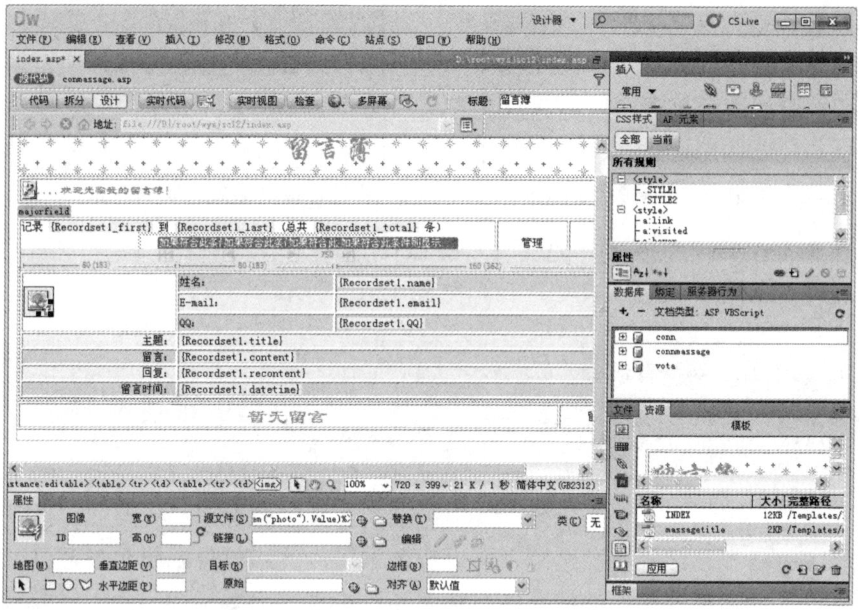

图 12-63　绑定记录集的“文档”窗口

（7）将“留言”和“管理”分别链接到页面 guest.asp 和 login.asp 中，将光标置于“姓名”单元格左侧的单元格中。在“插入”栏中的“常用”选项卡中单击“图像”按钮弹出的“选择图像源文件”对话框，在“选取文件名自”组合框中选中“数据源”单选按钮，如图 12-64 所示。在“域”列表框中选择 photo 字段项，然后单击“确定”按钮即可。

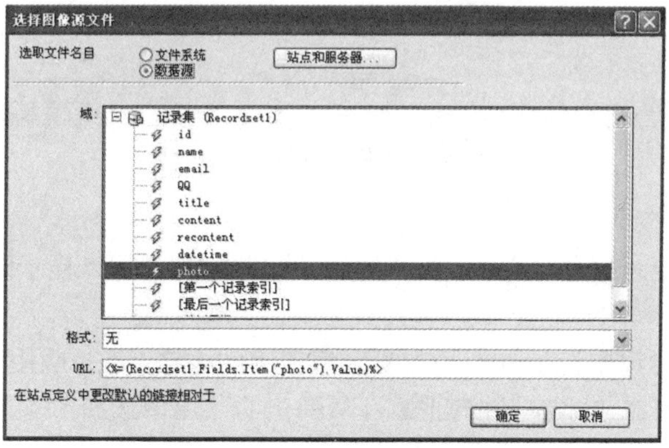

图 12-64　“选择图像源文件”对话框

3. 添加导航按钮和导航状态条

有了导航按钮可以让浏览者更加方便地浏览每一条留言，而导航状态条则可帮助浏览者更加直观地了解留言的整体情况。

（1）将光标置于要插入导航按钮的单元格中，在“插入”栏的“应用程序”选项卡中单击“记录集导航条”按钮，弹出“记录集导航条”对话框，如图 12-65 所示。

（2）从“记录集”下拉列表中选择 Recordset1 选项，在“显示方式”单选按钮组中选择“图像”单选按钮，然后单击“确定”按钮完成导航条的制作。

（3）继续将光标置于该单元格中，在“插入”栏的“应用程序”选项卡中单击“记录集导航状态”按钮，弹出如图 12-66 所示的 Recordset Navigation Status 对话框。

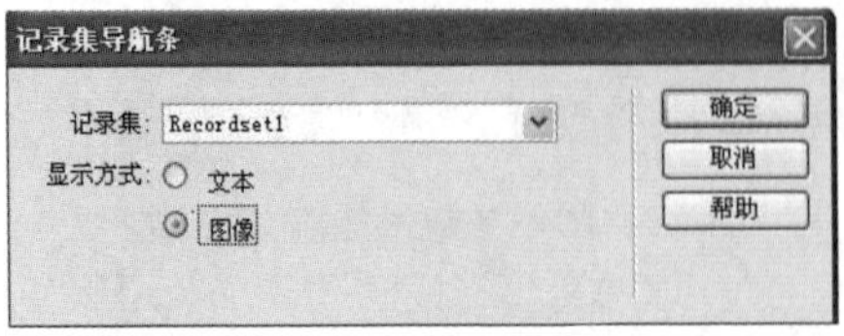

图 12-65　“记录集导航条”对话框

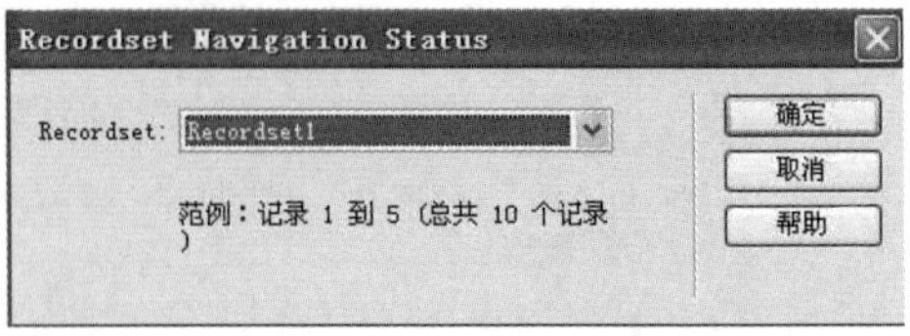

图 12-66　Recordset Navigation Status 对话框

（4）从 Recordset 下拉列表中选择 Recordset1 选项，然后单击“确定”按钮完成添加记录集导航状态条的制作，此时“文档”窗口如图 12-67 所示。

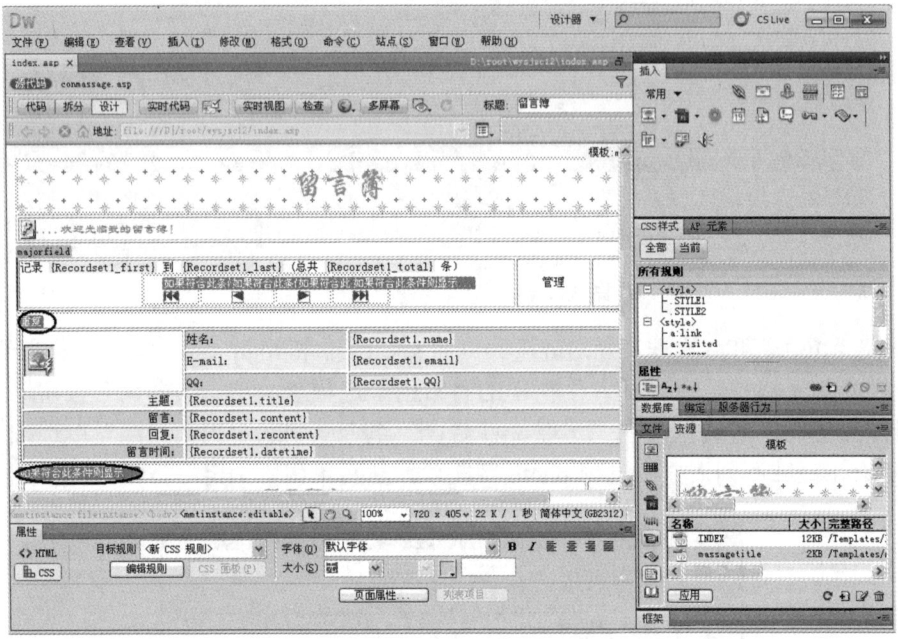

图 12-67　添加导航状态条的“文档”窗口

4. 添加行为

主页需要添加“记录集分页”行为、“重复区域”行为以及“显示区域”行为等行为，具体操作如下：

（1）在“文档”窗口中选中要作为重复区域的中间表格，在“应用程序”面板中选择“服务器行为”选项卡。单击“添加”按钮，从弹出的菜单中选择“重复区域”菜单项，弹出“重复区域”对话框，如图 12-68 所示。

（2）从“记录集”下拉列表中选择 Recordset1 选项，在“显示”单选按钮组中选择“10 记录”单选按钮，单击“确定”按钮完成设置。

（3）在“文档”窗口中选中最后一行的“暂无留言”表格，在“服务器行为”面板中单击“添加”按钮，从弹出的菜单中选择“显示区域”→“如果记录集为空则显示区域”菜单项，弹出“如果记录集为空则显示区域”对话框，如图 12-69 所示。

（4）从“记录集”下拉列表中选择 Recordset1 选项，单击“确定”按钮完成设置，此时的“文档”窗口如图 12-70 所示。

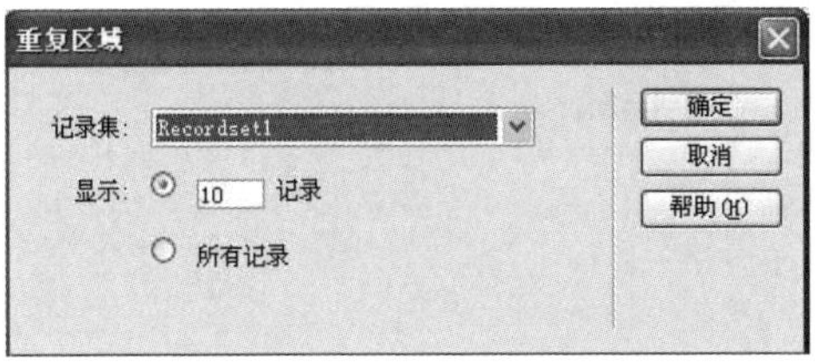

图 12-68　“重复区域”对话框

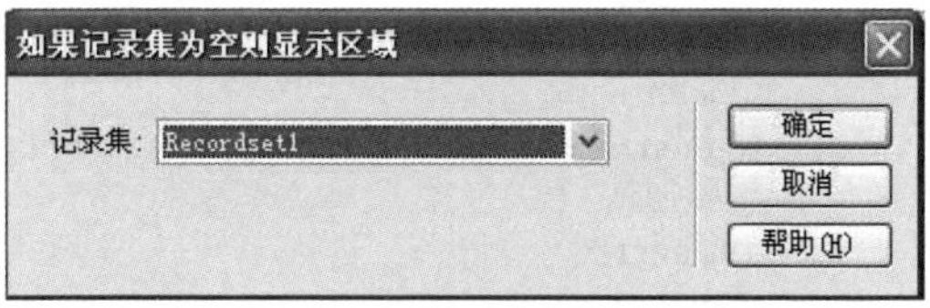

图 12-69　“如果记录集为空则显示区域”对话框

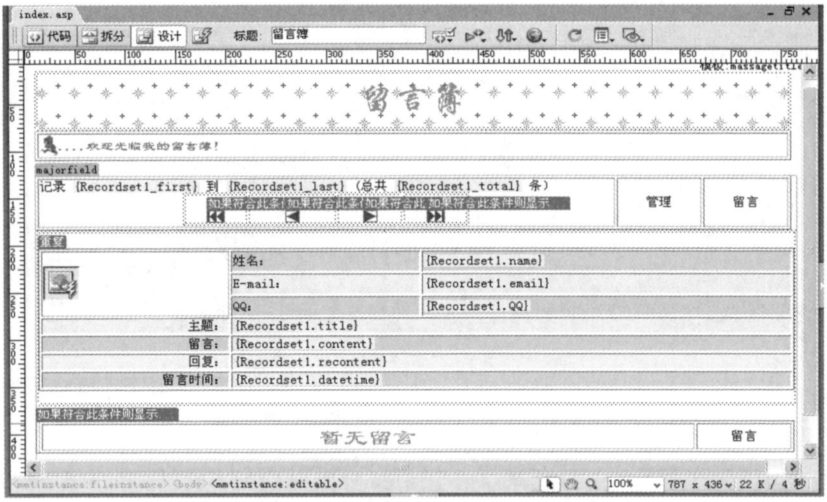

图 12-70　添加行为的“文档”窗口

12.8.5　留言页面的制作

本节主要介绍用户书写留言 guest.asp 的制作过程。

1．制作内容主体

（1）在已经定义的站点中创建一个名为 guest.asp 的空白文档并将其打开，打开“资源”面板，在“名称”列表框中选中模板 massagetitle 选项，然后单击“应用”按钮将模板应用到文档中。

（2）将光标置于可编辑区域 majorfield 中，然后按照图 12-71 所示设计好表格及相应的文字内容，并将最下面的文字“浏览留言”连接到页面 index.asp。

（3）分别选中各个文本域后在其“属性”面板中设置名称为“name、email、qq、title、content”，在最下面的表格中插入两个表单按钮，将其值设为“发表留言”和“重新填写”，并将“发表留言”按钮的动作设置为“提交表单”，将“重新填写”按钮的动作设置为“重设表单”。

（4）将光标置于“姓名”文本框右侧的空白单元格中，在“插入”栏的“常用”选项卡中单击“图像”按钮，插入一幅图像。选中该图像，然后在“属性”面板中设置其名称以及对齐方式等属性，如图 12-72 所示。

（5）将光标置于图像的右侧，在“插入”栏的“表单”选项卡中单击“列表/菜单”按钮插入一个菜单域。选中该菜单域，在“属性”面板中将菜单域的名称设置为 myphoto，然后单击“列表值”按钮弹出如图 12-73 所示的“列表值”对话框。

（6）单击“添加”按钮，在对话框中新建一个项目标签 image<%=i%>，并将该项目标签的“值”设置为 picture/<%=i%>.jpg，然后单击“确定”按钮即可。

（7）在“文档”窗口中单击“代码”视图按钮 代码 切换至“代码”视图中，然后在标签<select>和</select>之间添加如下代码，以实现用户自由地选择个性照片的功能。

```
<select  name="photo" id="photo" onchange="myphoto.src=options[selectdindex]. value">
< % for i=1to 8 % >
<option value="picture/< %=i% >.jpg">image< % =i % >
</option>
< % next %>
</select>
```

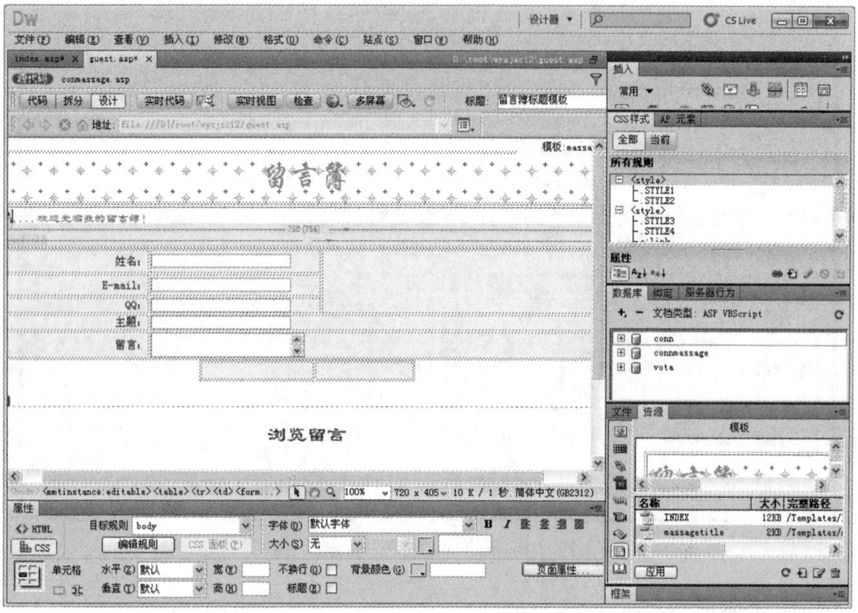

图 12-71　设计页面及表格

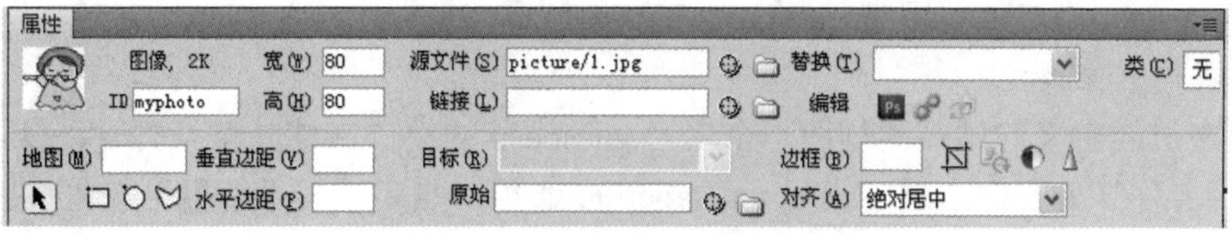

图 12-72　设置图像属性

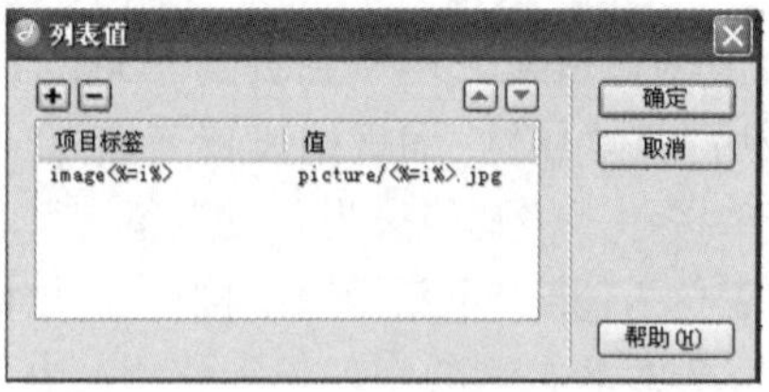

图 12-73　“列表值”对话框

（8）切换至“设计”视图中，在菜单域右侧输入文字“个性照片”，并在“属性”面板中设置其字体样式、大小、颜色等属性。设置完成后的“文档”窗口如图 12-74 所示。

2. 客户端验证

客户端验证功能是在书写留言的页面中实现的，具体操作步骤如下：

（1）在“文档”窗口中选中整个表单，在“标签检查器”面板中单击“行为”选项卡打开“行为”面板，单击“添加”按钮 ，从弹出的菜单中选择“检查表单”菜单项，弹出“检查表单”对话框，如图 12-75 所示。

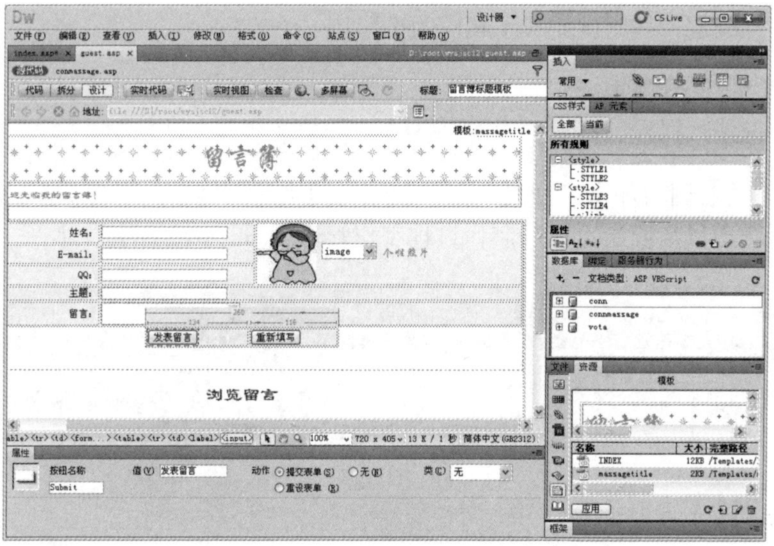

图 12-74　留言页面主体效果图

（2）从“命令的栏位”列表框中分别选择“文本‘name’在表单‘from1’”、“文本‘title’在表单‘form1’”和“文本‘content’在表单‘form1’”选项，并选中“必须的”复选框。

（3）从“命名的栏位”列表框中选择“文本‘email’在表单‘form1’”选项，在“可接受”单选按钮组中选中“电子邮件地址”单选按钮。

（4）单击“确定”按钮即可完成设置。

3. 插入记录

要想将用户填写的留言添加到数据库中，就需要向页面添加一个“插入记录”的服务器行为，具体操作步骤如下：

（1）在“应用程序”面板中单击“服务器行为”选项卡，打开“服务器行为”面板，单击“添加”按钮 +，从弹出的菜单中选择“插入记录”菜单项，弹出“插入记录”对话框，如图 12-76 所示。

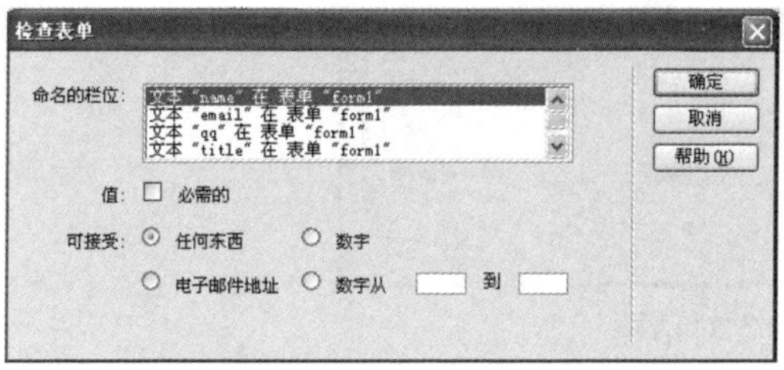

图 12-75　“检查表单”对话框

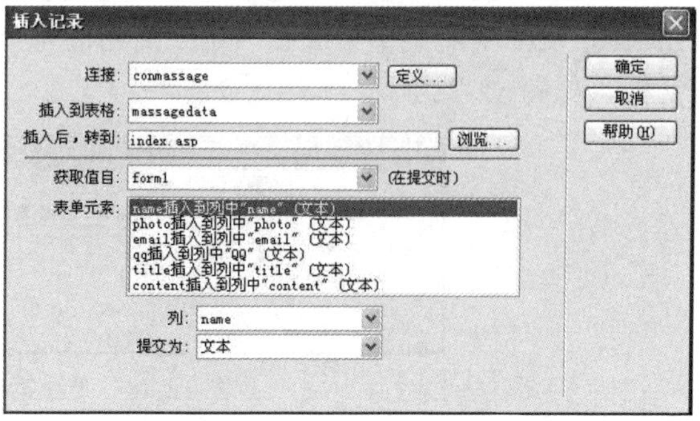

图 12-76　“插入记录”对话框

（2）从“连接”下拉列表中选择 conmassage 选项；从“插入到表格”下拉列表中选择 massagedata 选项；单击“插入后，转到”文本框右侧的“浏览”按钮，从弹出的“选择文件”对话框中选择文件 index.asp；从“获取值自”下拉列表中选择“form1”选项。

（3）检查“表单元素”列表框中各个表单元素与字段列是否对应正确，如果不正确则可选择对应错误的表单元素，然后分别从“列”和“提交为”下拉列表中选择正确的字段列及提交方式即可。

（4）单击“确定”按钮就完成了相应的设置。

12.8.6 管理页面的制作

管理页面 admin.asp 是只有管理员才可以进入的页面。该页面与显示留言的主页面类似，只是在每条留言的右侧增加了“回复”和“删除”两个超级链接。管理页面的最终效果如图 12-77 所示。用户可以参照主页面的制作过程制作管理页面。

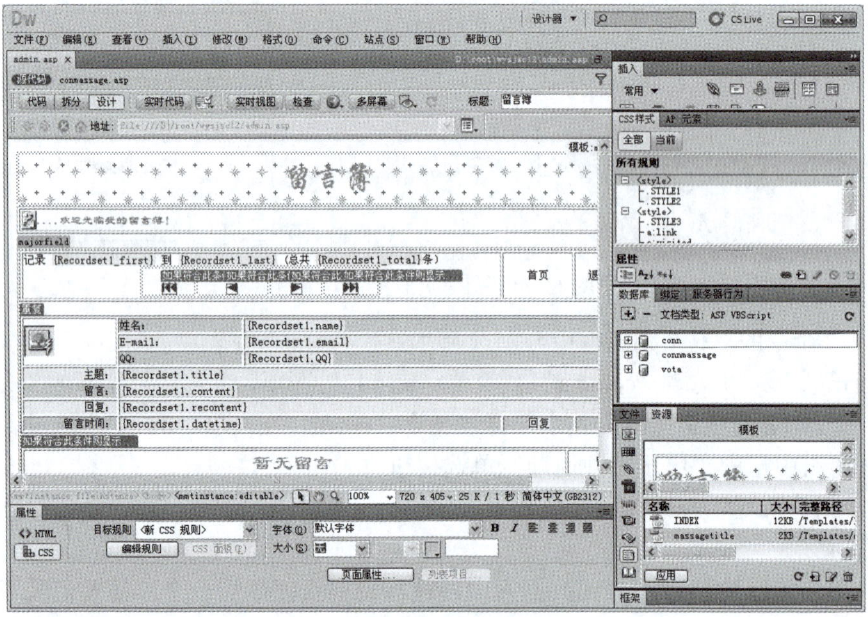

图 12-77 管理页面效果

下面分别介绍退出管理、回复以及删除的设置方法。

1. 退出管理

（1）在“文档”窗口中选中文本“退出管理”，打开“服务器行为”面板，单击“添加”按钮，从弹出的菜单中选择“用户身份验证”→“注销用户”菜单项，弹出“注销用户”对话框，如图 12-78 所示。

图 12-78 “注销用户”对话框

（2）在“在完成后，转到”文本框中输入 index.asp；或者单击“浏览”按钮，从弹出的“选择文件”对话框中选择文件 index.asp。

（3）单击“完成”按钮完成设置。

2. 回复

（1）在“文档”窗口中选中文本“回复”，打开“服务器行为”面板，单击“添加”按钮，从弹出的菜单中选择“转到详细页面”菜单项，弹出“转到详细页面”对话框，如图 12-79 所示。

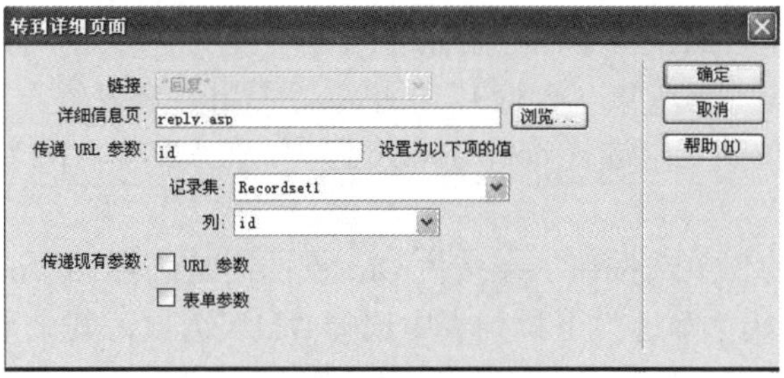

图 12-79　“转到详细页面”对话框

（2）单击“详细信息页”文本框右侧的“浏览”按钮，从弹出的“选择文件”对话框中选择文件 reply.asp，也可以直接在文本框中输入文件路径及名称。

（3）从“记录集”下拉列表中选择 Recordset1 选项，从“列”下拉列表中选择 id 选项。单击“确定”按钮完成设置。

3. 删除

（1）在“文档”窗口中选择文本“删除”，打开“服务器行为”面板，单击“添加”按钮，从弹出的菜单中选择“转到详细页面”菜单项，弹出“转到详细页面”对话框，如图 12-58 所示。

（2）单击“详细信息页”文本框右侧的“浏览”按钮，从弹出的“选择文件”对话框中选择文件 del.asp，也可以直接在文本框中输入文件路径及名称。

（3）从“记录集”下拉列表中选择 Recordset1 选项，从“列”下拉列表中选择 id 选项。单击“确定”按钮完成设置。

12.8.7　回复页面的设置

回复页面 reply.asp 主要用于管理员回复用户发表的留言。具体操作过程如下：

（1）在已经定义的站点中创建一个名为 reply.asp 的空白文档并将其打开。

（2）在“文件”面板中单击“资源”选项卡打开“资源”面板，从“名称”列表框中选择模板 massagetitle，然后选择“应用”按钮将模板应用到文档中。

（3）参照图 12-80 所示设计页面及相应的文字内容，为“回复留言”按钮设置“提交表单”动作，然后将文字“不予回复”连接到页面 damin.asp，“浏览留言”链接到页面 index.asp。

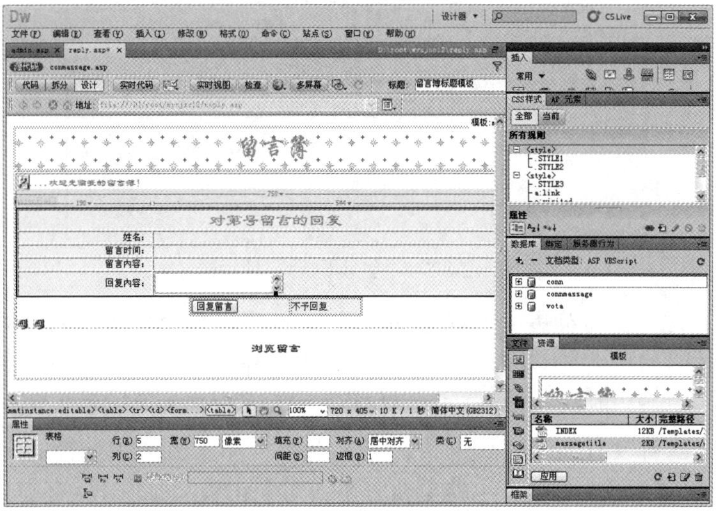

图 12-80　设计回复页面

（4）在“应用程序”面板中单击“绑定”选项卡打开“绑定”面板，单击“添加”按钮，从弹出菜单中选择“记录集（查询）”菜单项，弹出“记录集”对话框。

（5）在“链接”下拉列表中选择 conmassage 选项，在“表格”下拉列表中选择 massagedata 选项。

（6）选中“选中的”单选按钮，在按住 Ctrl 键的同时选择 id、name、content、recontent 和 datetime 等字段项，从“筛选”下拉列表中选择“id”选项，其余采用默认值即可。

（7）单击“确定”按钮完成添加记录集的操作。

（8）分别将记录集中的字段项绑定到对应的单元格中，如图 12-81 所示。

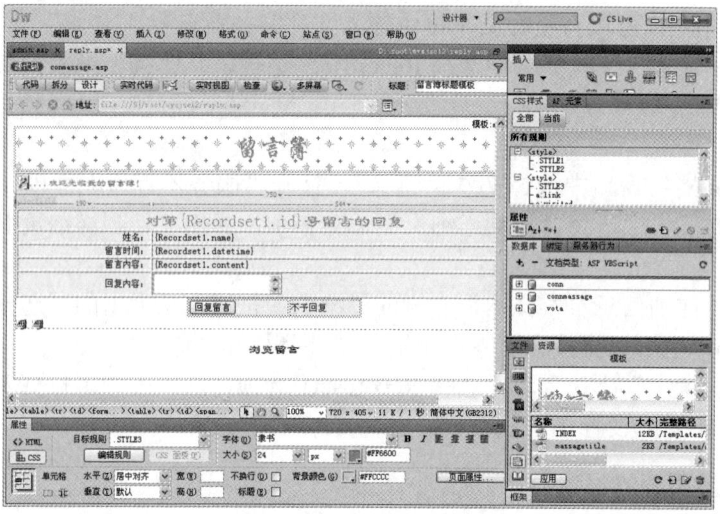

图 12-81　绑定记录集

（9）打开“服务器行为”面板，单击“添加”按钮，从弹出的菜单中选择“更新记录”菜单项，弹出“更新记录”对话框，如图 12-82 所示。

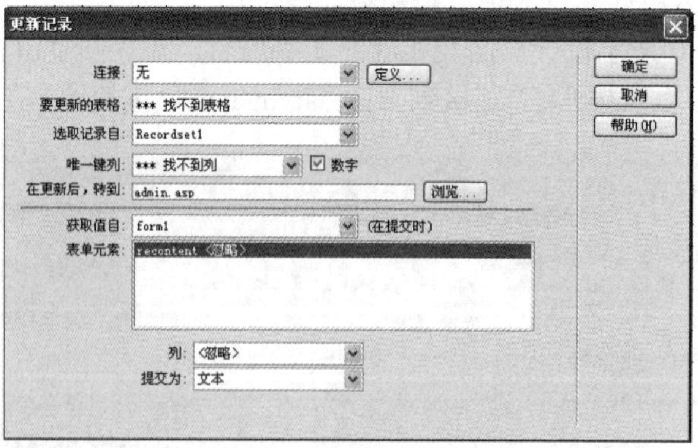

图 12-82　“更新记录”对话框

（10）从“连接”下拉列表中选择 conmassage 选项；从“要更新的表格”下拉列表中选择 massagedata 选项；从“选取记录自”下拉列表中选择 Recordset1 选项，从“唯一键列”下拉列表中选择 id 选项，单击“在更新后，转到”文本框右侧的“浏览”按钮，从弹出的“选择文件”对话框中选择文件 admin.asp；从“获取值自”下拉列表中选择 form1 选项。

（11）检查“表单元素”组合框中的更新列是否对应正确，如果对应有错误，则可以从“列”和“提交为”下拉列表中选择相应的选项，单击“确定”按钮完成设置。

12.8.8　删除页面的制作

删除页面 del.asp 主要用于删除用户的留言，该页面根据管理页面 admin.asp 传过来的 id 值，利用“命令”菜单项实现删除操作，所以该页面不需要制作前台界面。该页面的具体操作步骤如下：

（1）在“应用程序”面板中单击“服务器行为”选项卡，打开“服务器行为”面板，单击“添加”按钮，从弹出的菜单项中选择“命令”菜单项，弹出“命令”对话框，如图 12-83 所示。

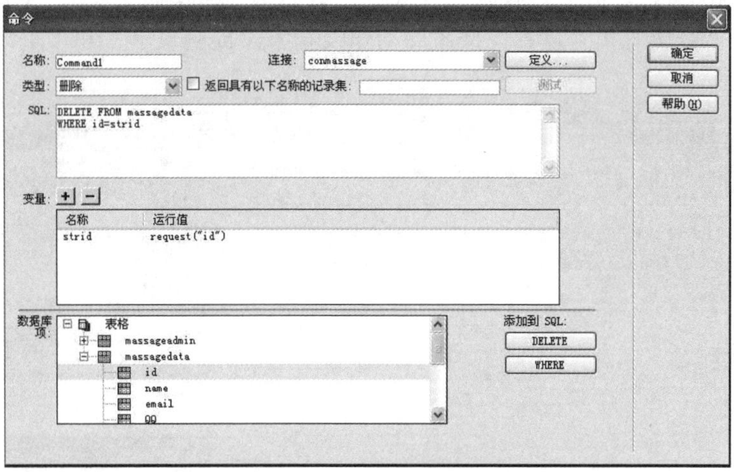

图 12-83　“命令”对话框

（2）从“连接”下拉列表中选择 conmassage 选项，从“类型”下拉列表中选择“删除”选项，然后添加一个名为 strid 的变量，设置其“运行值”为 Request("id")，利用“数据库项”树在 SQL 文本框中添加如下代码：

```
DELETE FORM massagedata
WHERE id=strid
```

（3）单击“确定”按钮完成命令的设置操作。然后单击“代码”视图按钮切换至“代码”视图中，在标签上面添加如下代码：

```
<% if(commdel_strid<>"")then
set Commdel=Server.CreateObject("ADODB.Command")
Commdel.ActiveConnection=MM_conmassage_STRING
Commdel.CommandText="DELETE FORM massagedata WHERE id="+Replace(Commdel_strid,"'","''")+""
Commdel.CommandType=4
Commdel.CommandTimeout=0
Commdel.Prepared=true
end if
'执行删除操作后，转道其他页面
response.Redirect("admin.asp")
%>
```

至此删除页面制作完成，然后保存该文档即可。

12.8.9　登录机制

由于普通用户只有留言和预览留言的权利，所以不需要登录。而对于管理员来说，当进入管理员页面进行维护、删除和修改时，就要有一个登录机制来保证这些页面是不能被其他用户进入的。

1. 登录页面的制作

限制用户登录采用的方法是：首先在数据库中存储管理员的用户名和密码，当访问者要访问这些限制访问的页面时，系统就会要求访问者输入用户名和密码，然后将用户输入的数据与数据库中的记录进行核对，符合则允许进入，否则不允许登录该限制页面。

制作登录页面的具体步骤如下：

（1）在已经定义的站点中创建一个名为 login.asp 的空白文档。打开“资源”面板，选择模板 massagetitle 选项后单击“应用”按钮，将模板应用到该文档中。

（2）在文档的可编辑区域内插入一个表单，参照图 12-84 在该表单中制作登录页面的表格，然后分别将“提交”和“重置”按钮的动作设置为“提交表单”和“重设表单”。

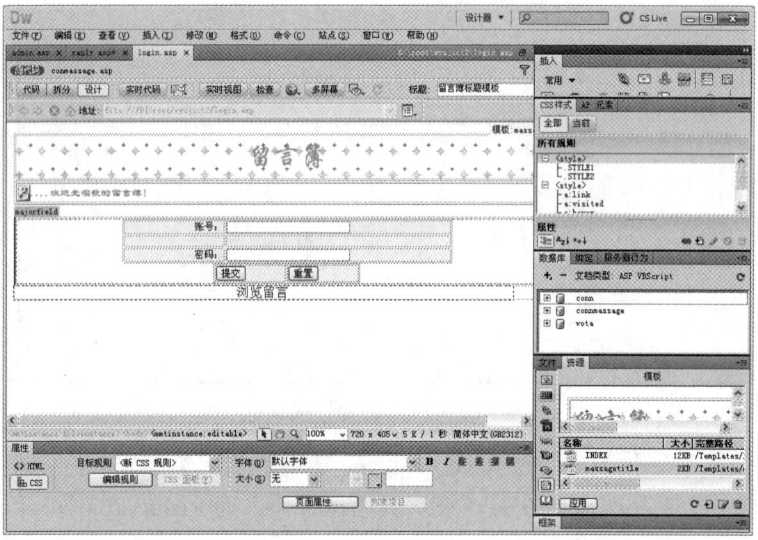

图 12-84 制作登录页面

（3）在表单的下方输入“浏览留言”，在“属性”面板中设置其字体样式及大小等属性，并将其链接到主页面 index.asp。

（4）打开“服务器行为”面板，单击“添加”按钮，从弹出的菜单中选择“用户身份验证”→“登录用户”菜单项，弹出如图 12-85 所示的“登录用户”对话框并进行如下的设置。在“从表单获取输入”文本框中输入 forml，在“用户字段名”的文本框中输入 number1，在“密码字段”文本框中输入 password，在“使用连接验证”文本框中输入 conmassage，在“表格”文本框中输入 massageadmin，在“用户名列”文本框中输入 administrator，在“如果登录成功，转到”文本框中输入 admin.asp，在“如果登录失败，转到”文本框中输入 error.html，在“基于以下项限制访问”单选按钮组中单选“用户名和密码”，设置完成后单击“确定”按钮即可完成登录页面的制作。

2. 登录失败页面的制作

登录失败页面的制作很简单，只需要新建一个名为 error.html 的空白文档，在文档中输入登录失败的信息，然后将“重试”和“返回”分别链接到页面 lonin.asp 和 index.asp 即可，如图 12-86 所示。

3. 限制未登录用户访问

页面 admin.asp、del.asp 和 reply.asp 是禁止非授权用户访问的页面，所以需要添加“限制对页的访问”服务器行为来判断是否允许登录，具体的操作步骤如下：

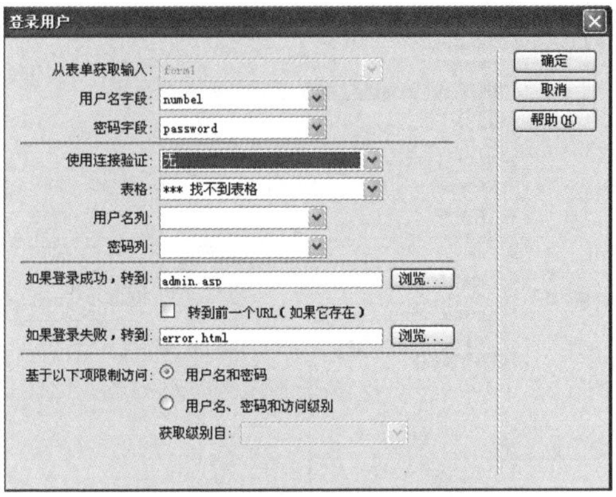

图 12-85　“登录用户”对话框

图 12-86　登录失败的页面

（1）分别打开页面 admin.asp、del.asp 和 reply.asp 这些需要限制登录用户访问权限的页面。

（2）打开“服务器行为”面板，单击“添加”按钮，从弹出的菜单中选择“用户身份验证”→“限制对页的访问”菜单项，弹出“限制对页的访问”对话框，如图 12-87 所示。

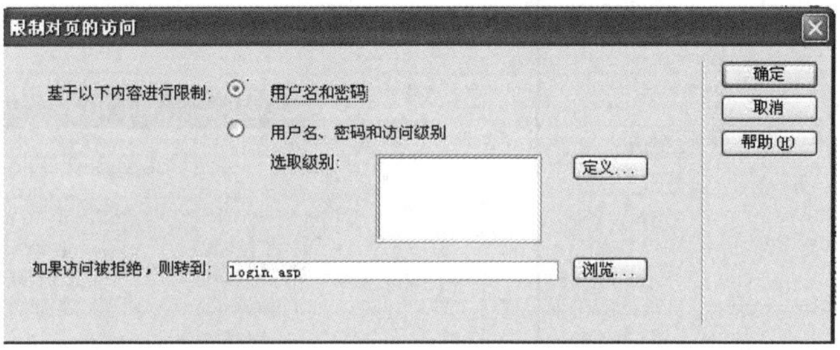

图 12-87　“限制对页的访问”对话框

（3）选中“用户名和密码”单选按钮，然后单击“如果访问被拒绝，则转到”文本框右侧的“浏览”按钮，从弹出的“选择文件”对话框中选择文件 login.asp。

这样当访问者访问页面 admin.asp、del.asp 或 reply.asp 时，系统就会自动弹出页面 login.asp，要求用户输入用户名和密码。

12.8.10　共享源文件夹

在编辑网页的过程中，如果要通过浏览器来预览，有时候会出现“数据库使用中”的错误信息提示。这种情况很可能是因为主窗口中的数据库所在之处的安全设置有一些问题，此时需要将站点根文件夹设置为共享。

将站点根文件夹设置为共享的具体操作如下：

（1）在站点根文件夹上右击，从弹出的快捷菜单中选择“共享和安全”菜单项，如图 12-88 所示。

（2）随即会弹出站点文件夹的“属性”对话框，切换至“Web 共享”选项卡，如图 12-89 所示。

（3）选中“共享文件夹”单选按钮，弹出“编辑别名”对话框，如图 12-90 所示。

（4）在“别名”文本框中输入别名，选中“读取”和“写入”复选框，弹出“Web 共享”对话框，如图 12-91 所示，从中单击“是”按钮即可。

（5）设置完成后的“属性”对话框如图 12-92 所示。

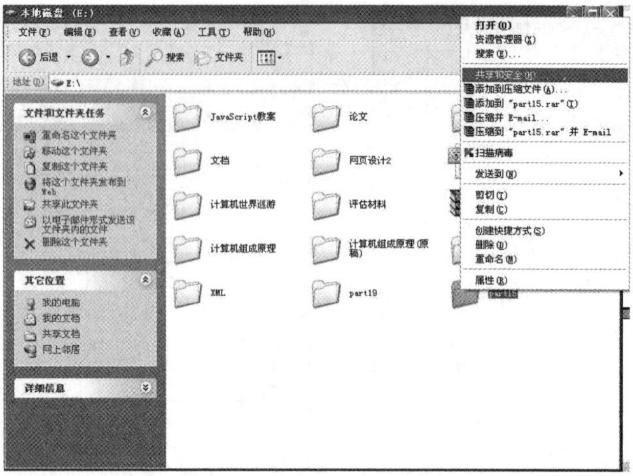

图 12-88　选择“共享和安全”菜单项

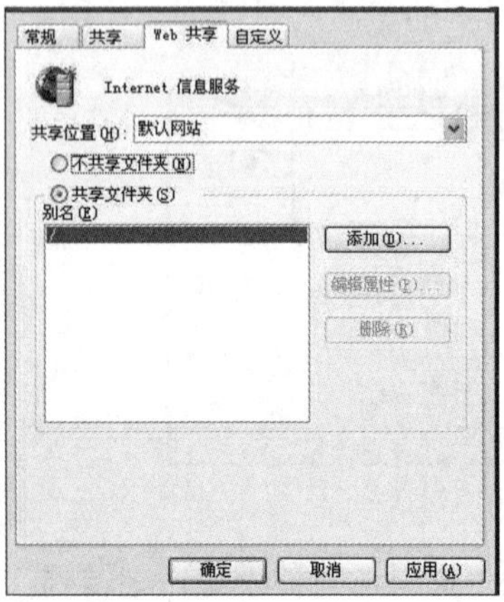

图 12-89　“Web 共享”选项卡

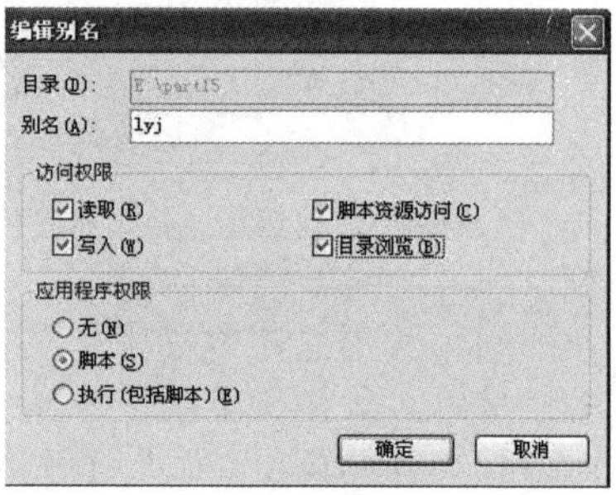

图 12-90　“编辑别名”对话框

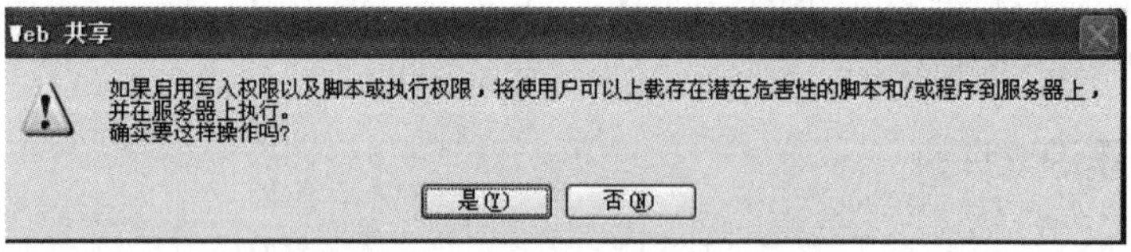

图 12-91　“Web 共享”对话框

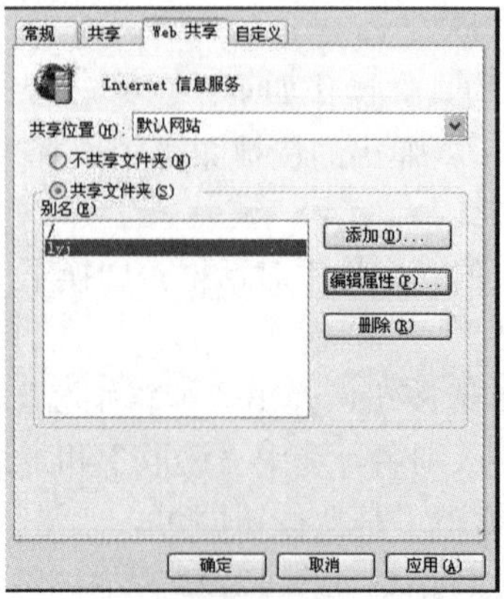

图 12-92　站点文件夹的“属性”对话框

如果仍然有问题，则可尝试将整个站点的文件夹设置为共享，即切换至“共享”选项卡，选中“在网络上共享这个文件夹”复选框，同时选中“允许网络用户更改我的文件”复选框，然后单击“确定”按钮即可。

本章思考与练习

1．简述静态网页与动态网页的区别。
2．简述搭建服务器平台的过程。

上机练习

1．制作如图 12-93 所示效果的动态网页。

（a）　（b）

图 12-93　动态网页

2．制作用户登录检测的动态网页。

参考文献

[1] 胡崧，于慧．Dreamweaver CS5 从入门到精通．北京：中国青年出版社，中国青年电子出版社，2010．

[2] 胡崧．超梦幻劲爆网页 Dreamweaver CS5 /Flash CS5 / Photoshop CS5 完美结合．北京：中国青年出版社，中国青年电子出版社，2010．

[3] 赵良涛．巧学巧用 Dreamweaver CS5、Flash CS5、Fireworks CS5．北京：人民邮电出版社，2010．

[4] 腾飞科技，肖瑞奇．巧学巧用 Dreamweaver CS5 制作网页．北京：人民邮电出版社，2010．

[5] 刘贵国，姬莉霞．Dreamweaver CS4、Flash CS4、Fireworks CS4 实用标准教程．北京：中国青年出版社，中国青年电子出版社，2009．

[6] 任正云，严永松．多媒体计算机技术．北京：北京交通大学出版社，清华大学出版社，2010．

[7] 任正云，王伟，刘小军．Flash 8 网络广告与动漫设计案例教程．北京：中国水利水电出版社，2009．

[8] 任正云．多媒体计算机技术．北京：中国水利水电出版社，2009．

[9] 任正云，陆大修．网页设计与制作．北京：中国水利水电出版社，2007．

[10] 神龙工作室．Dreamweaver 8 完全自学手册（中文版）．北京：北京人民邮电出版社，2007．

[11] 张鑫．Dreamweaver 8、Flash 8、Fireworks 8 网页设计三剑客．北京：中国青年出版社，2006．

[12] 贾勤，张毅等．网页设计三合一能力教程．北京：中国铁道出版社，2006．

[13] 于鹏，闫建红，朱光明．Flash 网络广告及动漫设计范例导航．北京：清华大学出版社，2007．

[14] 梁晓明．Flash 8 动漫设计与静帧造型．北京：中国青年出版社，2006．

[15] 周黎，刘传梁，蒋涛．Flash 动画设计典型商业案例．北京：电子工业出版社，2006．

[16] 刘传海，李彪．Flash 动漫设计全程实录．北京：电子工业出版社，2006．

[17] 余强．Flash MX 网页动画特效设计精粹．北京：北京希望电子工业出版社，2006．

[18] 邵杰．网页设计三合一教程．北京：地质出版社，2006．

[19] 冯跃辉，黄智诚．新编网页设计与制作教程．北京：冶金工业出版社，2005．

[20] 孙良军．Dreamweaver MX 2004 入门与实例演练．北京：中国青年出版社，中国青年电子出版社，2005．

[21] 全国计算机信息高新技术考试教材编写委员会．职业技能培训教程 Dreamweaver MX Flash MX Fireworks MX 三合一．北京：电子科技大学出版社，北京希望电子出版社，2004．

[22] 鲁晓成，王志敏．网页设计与制作．武汉：华中科技大学出版社，2004．

[23] 方其桂．Flash MX 课件制作方法与技巧．北京：人民邮电出版社，2003．